我国柴油车排放管控技术方案研究

丁 焰　贺 泓　尹 航　徐洪磊　吴 烨　主编

中国环境出版集团・北京

图书在版编目（CIP）数据

我国柴油车排放管控技术方案研究/丁焰等主编. —北京：中国环境出版集团，2021.12
ISBN 978-7-5111-4974-9

Ⅰ. ①我… Ⅱ. ①丁… Ⅲ. ①柴油汽车—汽车排气—空气污染控制—研究 Ⅳ. ①X734.2

中国版本图书馆 CIP 数据核字（2021）第 251486 号

中华人民共和国自然资源部地图审核批准书
审图号：GS（2021）8563 号

出 版 人 武德凯
责任编辑 黄 颖
责任校对 任 丽
封面设计 宋 瑞

出版发行 中国环境出版集团
（100062 北京市东城区广渠门内大街 16 号）
网 址：http：//www.cesp.com.cn
电子邮箱：bjgl@cesp.com.cn
联系电话：010-67112765（编辑管理部）
010-67147349（第四分社）
发行热线：010-67125803，010-67113405（传真）
印 刷 北京建宏印刷有限公司
经 销 各地新华书店
版 次 2021 年 12 月第 1 版
印 次 2021 年 12 月第 1 次印刷
开 本 787×1092 1/16
印 张 19.25
字 数 460 千字
定 价 123.00 元

编写委员会

主　　编: 丁　焰　贺　泓　尹　航　徐洪磊　吴　烨

编写人员（按姓名拼音排序）:

陈伟程　成薛峰　程　颖　高美真　谷雪景　韩　媛
郝春晓　何巍楠　何卓识　黄健畅　黄志辉　吉　喆
纪　亮　姜文汐　李　刚　刘　欢　刘胜强　刘士光
刘　屹　刘　莹　鲁嘉欣　马　冬　马　帅　钱立运
单文坡　单玉龙　宋国华　宋媛媛　谭晓雨　唐祎骕
田　苗　王宏丽　王　慧　王军方　王小桐　王运静
王志伟　吴　睿　吴潇萌　吴　烨　肖　寒　解淑霞
闫　琰　杨道源　杨孝文　尹　洁　余运波　张少君
张　燕　赵海光　郑晓彬

前　言

党中央、国务院一向高度重视大气污染防治工作，全国空气质量持续改善，但面临的形势依然非常严峻，京津冀及周边地区秋冬季以 $PM_{2.5}$ 为首要污染物的区域性大气重污染频发，引发社会各界的高度关注。2017 年 4 月 26 日，国务院常务会议研究确定：为进一步推动解决大气重污染的突出难点，打好蓝天保卫战，会议确定，开展由生态环境部（原环境保护部）牵头，科技、中科院、农业、工信、气象、卫生、高校等多部门和单位协作的集中攻关，汇聚跨部门科研资源，组织优秀科研团队，聚焦重点、创新机制，形成业务统一平台，由中央财政安排专项资金，确定明确的路线图和推进时间表，进行综合性大规模观察和研究，针对京津冀及周边地区秋冬季大气重污染成因、重点行业和污染物排放管控技术、居民健康防护等难题开展攻坚，实现重大突破，推动京津冀及周边地区空气质量持续改善，减轻群众呼吸之忧，为全国和其他重点区域大气污染防治提供经验和借鉴。

大气重污染成因与治理攻关项目“柴油机排放及强化管控措施”课题，由中国环境科学研究院牵头，中国科学院生态环境研究中心、交通运输部规划研究院、清华大学、中国科学院城市环境研究所、北京交通大学、北京交通发展研究院等 15 家科研院所和企业共同参加，课题研究内容和成果也陆续在京津冀及周边主要省市进行了示范落地。2017—2019 年项目实施期间，项目组开展了广泛的调研，到北京、河北、山东、山西等地有关部门、研究机构、运输企业、工业企业、港口码头、机场等进行实地调研，选择柴油车、天然气汽车等车辆进行实际排放测试，对典型后处理装置车辆安装了在线监控，并与实际排放测试结果进行了比对分析，建立了基于实际交通流排放特征的清单模型；项目组还对主要货运通道进行调研，基本摸清典型通道的物流集散特征，了解公路货物运输货类及流向，建立动态货运交通流分布模型；选择示范城市开展了在用柴油车污染物减排技术升级，研制了针对不同用途在用柴油车运行特点的后处理技术装备和材料，给出了适用于长途货运车辆、公交车、市政等不同运行区域车辆的升级方案。经研究基本摸清了京津冀及周边地区柴油车、非道路移动机械、船舶等污染源排放的基本特点及污染治理存在的"瓶颈"问题，研发了柴油机排放远程在线监控、在用车排放治理、油品和高排放车辆快速识别等关键技术，提出了基于车、油、路、企"一揽子"的综合解决方案，并在"2+26"城市进行了试点示范。项目研究过程中，既坚持独立科学研究，又与生态环境、交通运输等部门密切配合，以多种形式与主管部门深入交流与交换意见，秉承边研究、边产出、边应用的宗旨，为《推进交通运输结构调整三年行动计划（2018—2020年）》以及《柴油货车污染治理攻坚战行动计划》的出台和实施提供重要的技术支撑。

本书是"柴油机排放及强化管控措施"课题研究成果的总结和提炼。全书分为上下篇，共11章。上篇主要从全国范围阐述分析了我国柴油车（机）排放对空气质量的影响及柴油车（机）排放管控体系和措施（第1~2章）；介绍车油路统筹下柴油车过程管控、结构调整、末端治理的技术措施及强化管控方案以及柴油机排放监控决策核查技术和平台（第3~6章）；下篇主要分析京津冀及周边地区的柴油车（机）的现状及问题（第7章），以及该区域交通结构调整方案（第8章），通过北京市和唐山市实际示范案例（第9~10章），介绍典型城市柴油车（机）的管控方法；第11章是本书总结和柴油车（机）下一步管控建议。

本书是"柴油机排放及强化管控措施"攻关课题项目组全体成员努力的结果，也是项目组成员单位多年的研究积淀。现将课题成果整理成册，希望本书能为政府相关部门决策、企业经营、科研院所以及相关的研究同行提供有益的参考，本书涉及内容多、领域广、专业性强，在编写的过程中，我们虽力求准确阐述，但编者深知自己专业水平有限，认知高度和深度不够，时间仓促，错漏之处在所难免，敬请读者批评指正。

丁焰

2021年3月

目　录

上　篇

上　篇

第 1 章

我国柴油车（机）排放现状*

汽车行业是我国国民经济的支柱产业之一，行业发展与经济走势联系紧密，“十三五”期间，我国每年汽车产销量仍持续蝉联全球第一，产销量保持在 2 500 万辆以上（图 1-1）。另外，非道路移动源包括工程机械、农业机械、船舶等，也是我国经济、交通运输发展的重要支撑，近年来，随着我国经济的发展，取得了快速增长。汽车等移动源在给我们普通居民生活带来便捷的同时，巨大的保有量也不可避免地带来了一些不利影响，大部分移动源使用化石燃料，其产生的尾气排放是城市空气污染的重要贡献源之一。近几年来，随着空气质量治理的深入，移动源污染问题日益凸显，其 NO_2 排放已成为我国 NO_x 排放的首要来源。

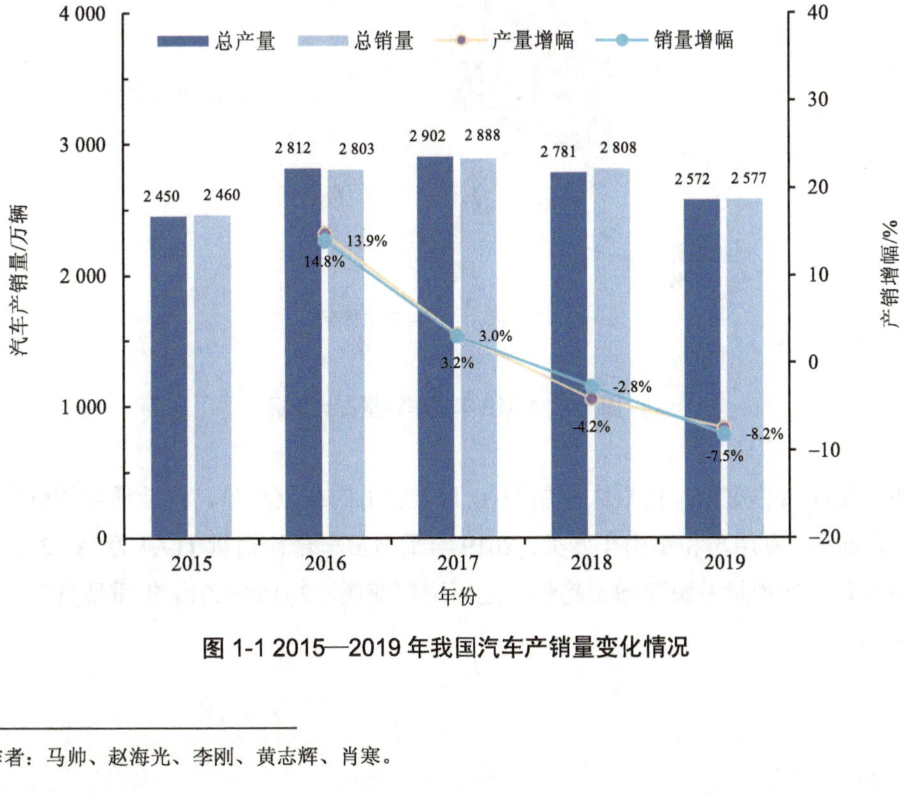

图 1-1 2015—2019 年我国汽车产销量变化情况

* 本章作者：马帅、赵海光、李刚、黄志辉、肖寒。

1.1 我国柴油车行业发展及排放现状

1.1.1 我国柴油车产销量发展现状

“十三五”期间，我国汽车产销量再创历史新高，2017年年底，汽车产销量分别达到2 901.5万辆和2 887.9万辆。而自2018年起，我国汽车行业开始积极推进转型升级，行业主要经济效益指标增速趋缓，产销量开始回落，首次出现负增长。2019年，我国汽车产销量继续出现下滑，汽车产销量分别为2 572.1万辆和2 576.9万辆，产销量同比分别下降7.5%和8.2%，产销量降幅比2018年分别扩大3.3个和5.4个百分点。

新能源车辆一直处在较为快速的增长中。2019年，我国新能源汽车生产124.2万辆，销售120.6万辆，产销量均占世界的50%以上，已连续5年产销量居世界第一位。截至2019年年底，我国新能源车保有量达到381万辆，全年增加120万辆，增长46%，占世界保有量50%以上。

2019年货车市场中，轻型货车和重型货车销量占比分别为49%和30%（图1-2），其中，重型货车产销量分别达到119.3万辆和117.4万辆，同比分别增长7.3%和2.3%。

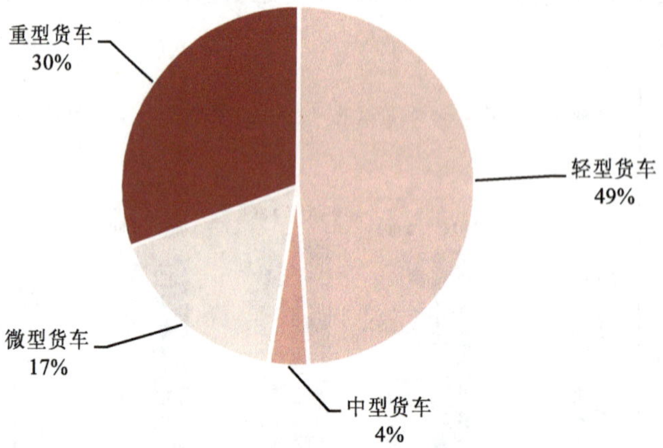

图1-2 2019年货车销量占比情况

重型货车俗称重卡，指最大总质量在12 t以上的载货汽车。行业通常的分类包括载货车、自卸车、专用车和牵引车四类。2019年重型货车合计销量117.4万辆，2015—2017年，重型货车产销量呈快速增长趋势，之后增幅变缓，2015—2019年重型货车产销量情况见图1-3。

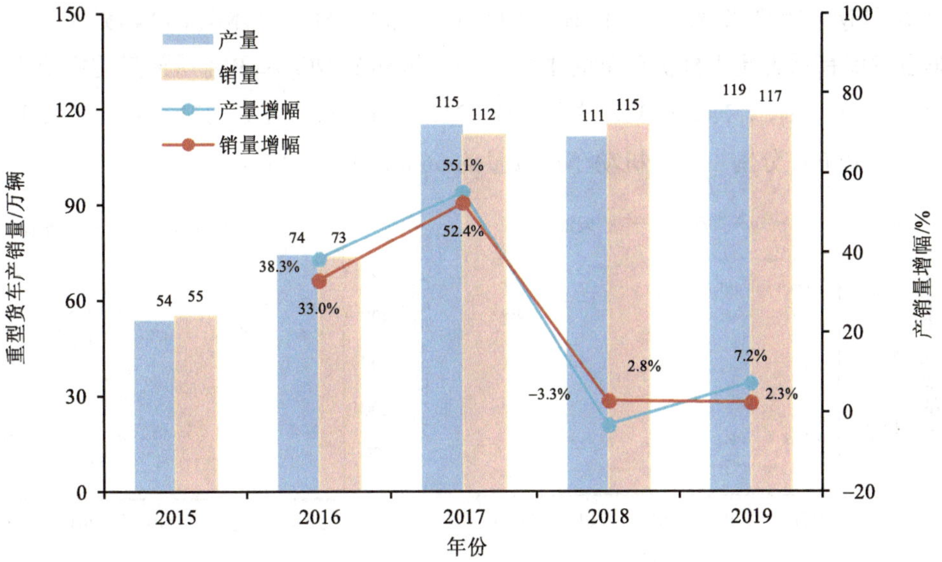

图 1-3　2015—2019 年重型货车产销量情况

1.1.2　柴油车保有量现状

截至 2018 年年底，全国机动车保有量达 3.27 亿辆，2014—2018 年全国机动车保有量年均增长率为 7.37%[1-5]（图 1-4）。柴油车基本维持在 2 000 万辆左右，占全国机动车保有量的 6.31%～8.28%。2014—2018 年柴油车保有量平均增长率为 1.23%。

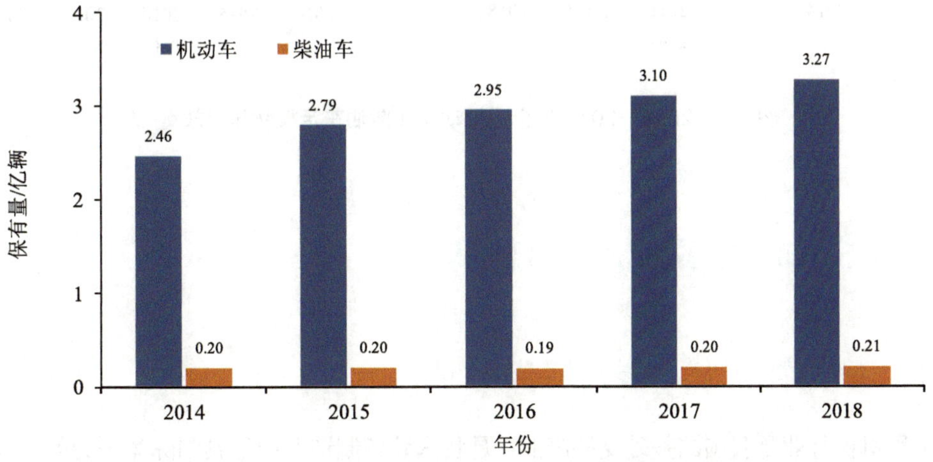

图 1-4　2014—2018 年全国机动车和柴油车保有量

1.1.3　我国柴油车排放量情况

2014—2018 年，全国机动车一氧化碳（CO）、碳氢化合物（HC）、氮氧化物（NO_x）、颗粒物（PM）年排放量除 CO 和 HC 2015 年小幅增长外，总体呈下降趋势（图 1-5）。柴油车虽然保有量占比不到机动车的 10%，却是机动车 NO_x 和 PM 排放量的主要来源。全国柴油车 CO、HC、NO_x 和 PM 分别排放 331.7 万 t、71.2 万 t、371.6 万 t 和 42.2 万 t[5]，其中 NO_x 和 PM 分别占全部机动车排放量的 66.02%和 95.48%。

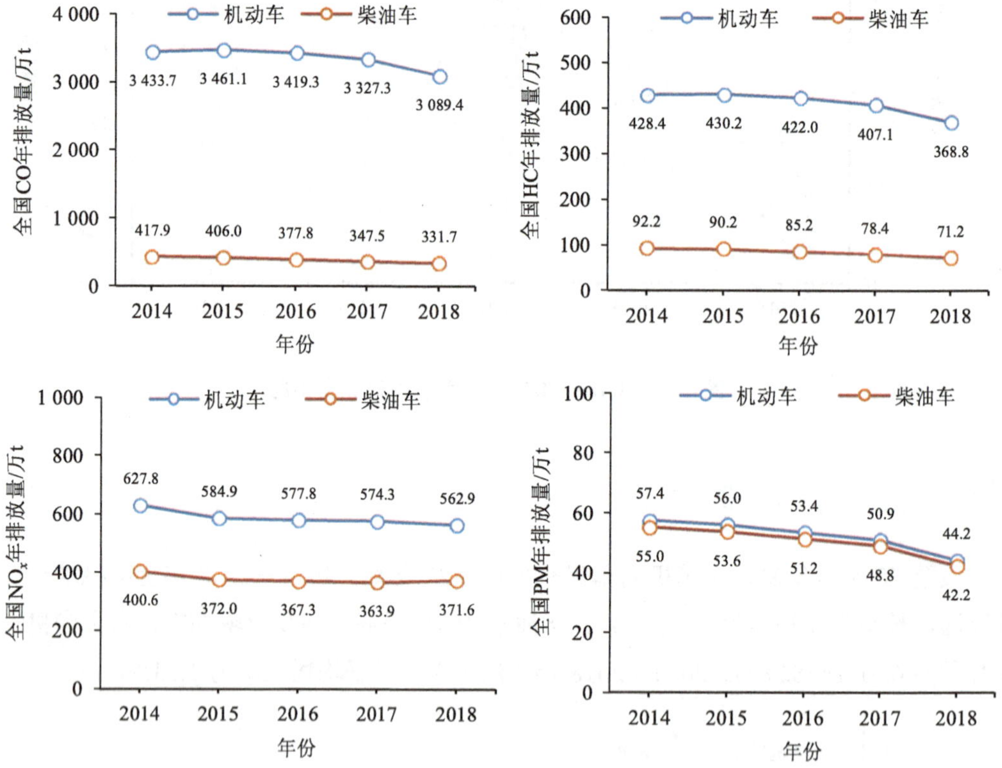

图 1-5 2014—2018 年全国机动车和柴油车污染物年排放量

1.2 我国非道路移动机械排放情况

1.2.1 工程机械产销量发展现状

工程机械行业是我国的基础支柱产业，是我国装备制造业中最具国际竞争力的行业。我国是全球工程机械产品类别、产品品种最齐全的国家之一，工程机械品类齐全，系列化、成套化优势突出。我国现有生产企业近 5 万家，拥有 20 大类、109 组、450 种机型、1 090 个系列、上万个型号的产品设备。根据国际权威统计机构英国 KHL 集团发布的 2018 年全球工程机械制造商排行榜，前 10 名中有 2 家中国企业上榜，分别是徐工机械和三一重工。我国工程机械有 400 多个机型，从市场结构来看，叉车、挖掘机、装载机、起重机、压路机、推土机、平地机占据了我国工程机械市场上绝大部分的份额。2015—2019 年，工程机械总销售量整体呈增长趋势，尤其是 2016—2018 年增长快速，2019 年仅小幅增长（图 1-6）。

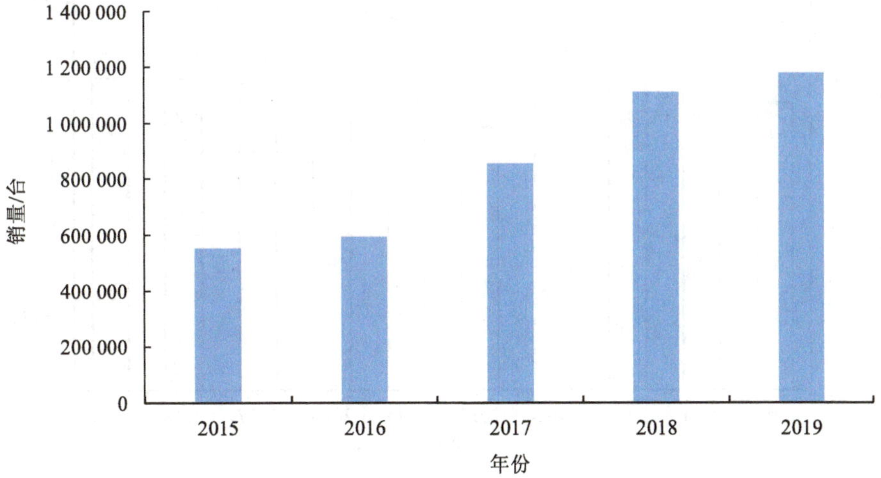

图 1-6　2015—2019 年工程机械主要产品总销量情况[6]

1.2.2　农业机械产销量发展情况

农业机械作为农作物种植及相关生产环节必不可少的机械化设备在全球范围内被广泛应用。地域、经济的差距使各国走上了不同的农业机械化发展道路。受全球经济走势低迷、大宗商品价格大幅下跌、传统农机进入下行通道等因素的影响，全球农业机械市场规模在 2014—2016 年出现了持续下滑，期间，以约翰迪尔公司、凯斯纽荷兰公司为代表的全球农业机械巨头均出现大幅业绩下滑。在 2017 年，全球农业机械市场开始呈现复苏态势，进入 2019 年又出现小幅下滑。

我国政府高度重视农业现代化和农业机械化发展，尤其是经过 2005—2014 年的黄金十年后，我国已经发展成为全球第一大农业机械制造和使用国。我国能够研发生产农、林、牧、渔、农用运输、农产品加工等 7 个门类所需的 65 大类、350 个中类、1 500 个小类的 4 000 多种农业机械产品，主要农业机械产品年产量 500 万台左右，保有量超过 8 000 多万台（套），农业机械总动力达到 10 亿 kW，形成了与我国农业发展水平基本相适应的大、中、小机型和高中低档兼具的农机产品体系，满足 90%的国内农业机械市场需求，支撑农作物机械化水平达到 68%。

根据国家统计局统计，我国农业机械总动力 2010—2019 年的增长趋势如图 1-7 所示，农业机械总动力仅在 2016 年出现过下降，主要是因为农用运输车不再纳入统计。2016 年以后呈现增长态势，2019 年中国农业机械总动力约为 10.06 亿 kW，同比 2018 年增长 0.2%。根据国务院 2018 年 12 月发布的《国务院关于加快推进农业机械化和农机装备产业转型升级的指导意见》，到 2025 年，全国农机总动力将达到 11 亿 kW。

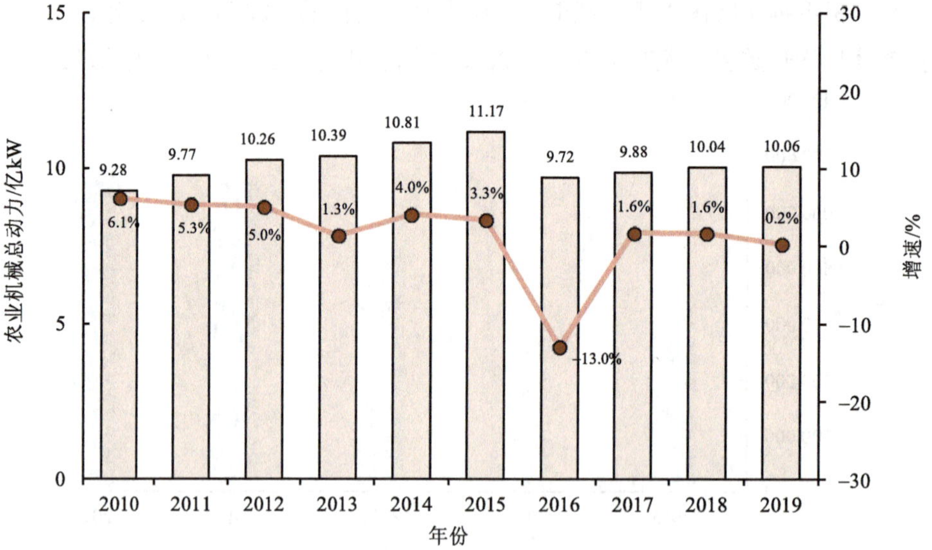

图 1-7 2010—2019 年中国农业机械总动力增长趋势

农业机械包括输送机械、收获机械、耕整机械、种植施肥机械、植保机械、排灌机械、园林机械等类型。根据农业机械工业协会统计数据，2019 年农业机械主要产品的销量及与 2018 年相比变化趋势如图 1-8 所示，销量最大的为中型轮式拖拉机（中轮拖），除了大、中型轮式拖拉机和圆捆压捆机相比 2018 年销量增加外，其余产品销量均不同幅度下降。

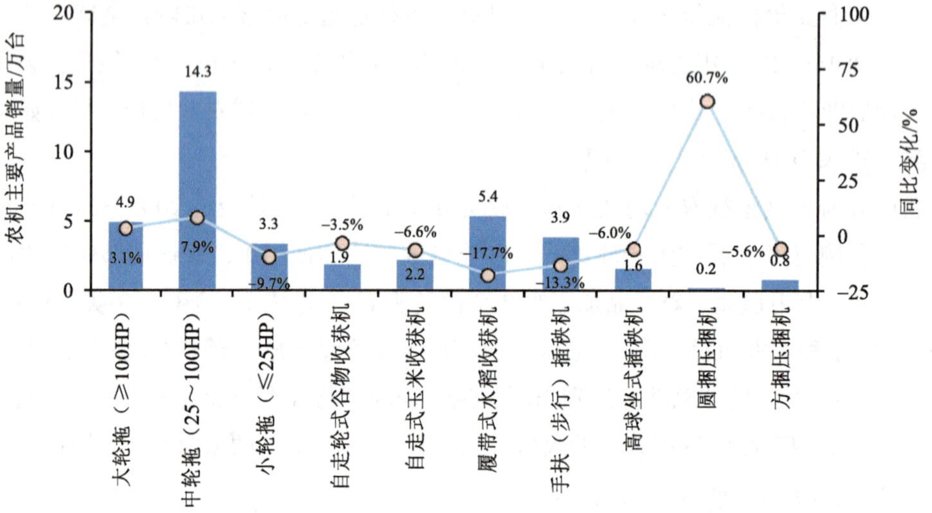

图 1-8 2019 年农机主要产品的销量及与 2018 年相比变化趋势

1.2.3 我国非道路移动源排放现状

非道路移动源主要排放二氧化硫（SO_2）、HC、NO_x 和 PM 等污染物，2018 年全国非道路移动源分别排放上述污染物 59.5 万 t、76.2 万 t、562.1 万 t 和 44.5 万 t。其中，NO_x 和 PM 在移动源中的占比均在 50%左右，主要贡献源为农业机械、工程机械和船舶，排放量不容忽视（图 1-9～图 1-11）。

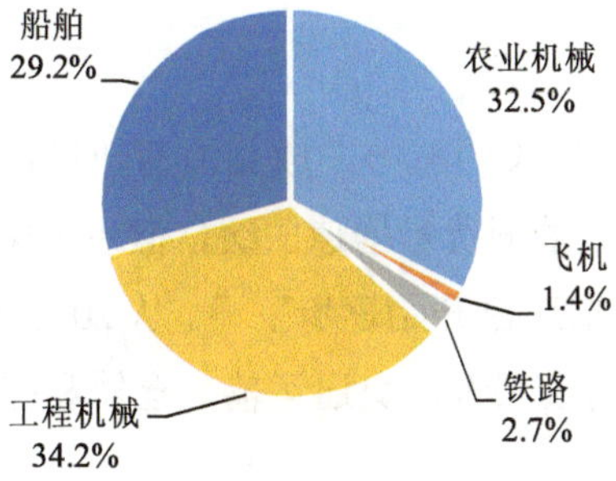

图 1-9　非道路移动源 NO_x 排放量构成

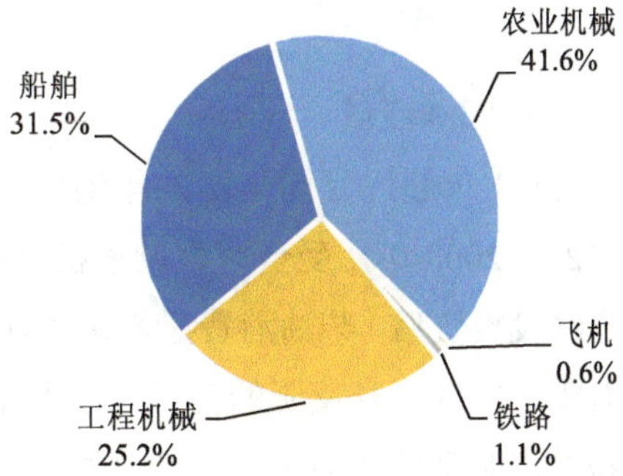

图 1-10　非道路移动源 PM 排放量构成

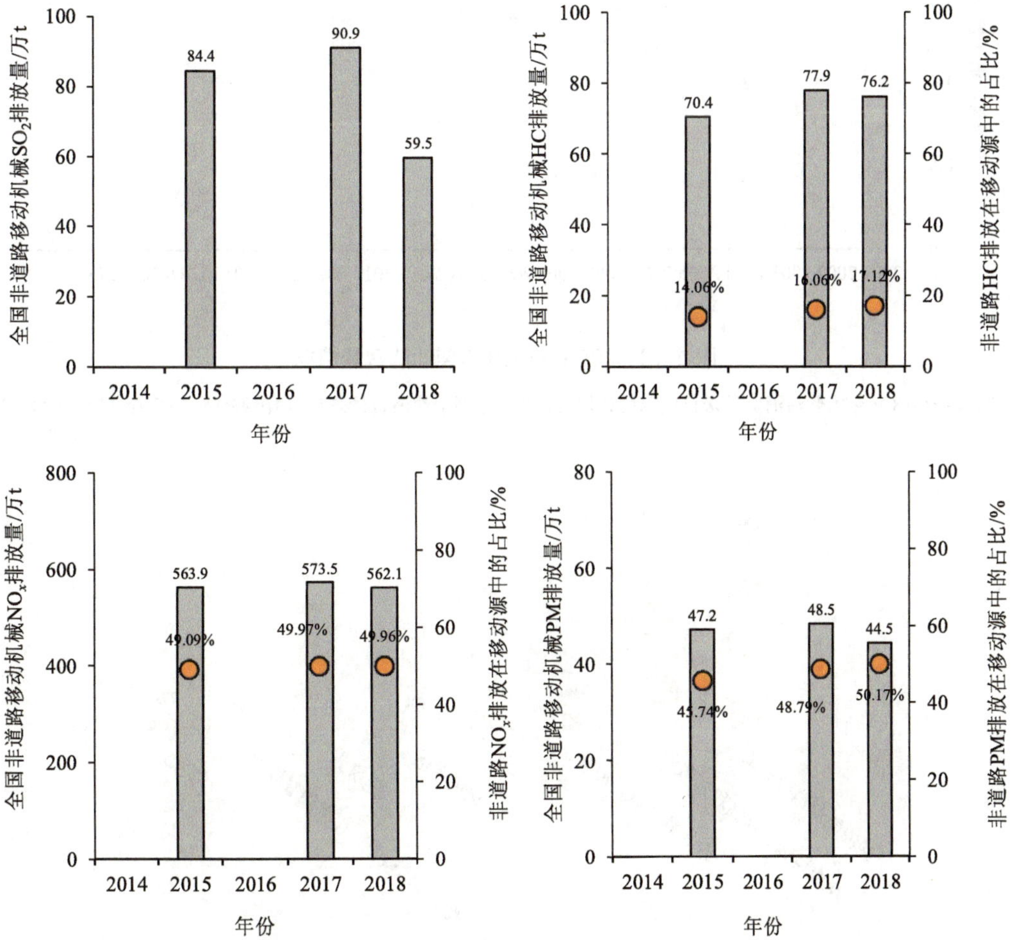

图 1-11　2014—2018 年全国非道路移动源排放量及在移动源中的占比

1.3 柴油及 NO_x 还原剂现状

1.3.1 消费量现状

1.3.1.1 柴油消费量

从 2000 年起，我国柴油的年消费量呈现稳步增长的态势，成品油消费量快速增长（图 1-12）。2008 年，受全球金融危机影响，中国柴油消费量增速放缓，但在国家加大基础设施建设投资后，柴油消费量增速再次回升，但增速已开始逐步下滑。从 2016 年开始，柴油消费量出现不升反降的情况。从柴油消费量构成来看，交通运输、仓储和邮政占比达到 68%，是消费量最大的行业（图 1-13）。

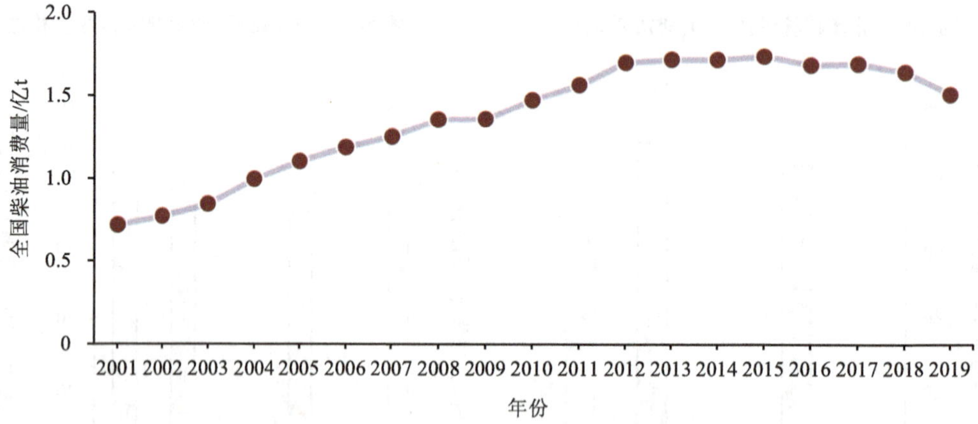

图 1-12 1996—2019 年柴油消费量情况

注：2001—2018 年全国柴油消费量来自国家统计局。2019 年全国柴油消费量来自《中国移动源环境管理年报（2020）》。

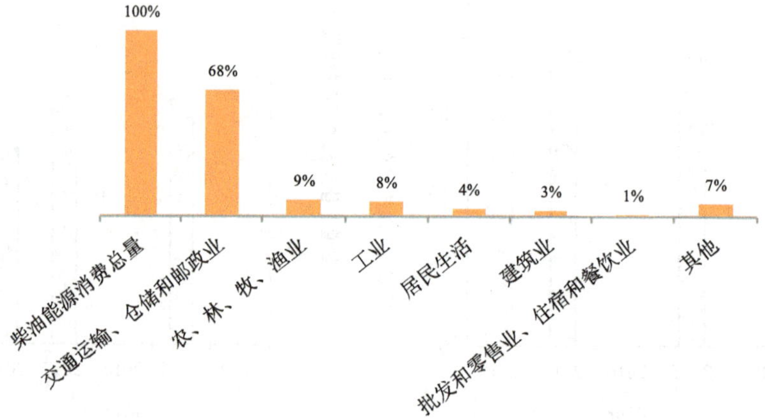

图 1-13 2018 年我国柴油消费量构成

1.3.1.2 车用尿素消费量

根据中国内燃机工业协会对主要车用尿素生产企业2019年尿素生产消费量的统计数据，54家生产企业车用尿素水溶液年生产总量为355.4万t，年销售量为177.2万t。

根据柴油车保有量及新增注册量，并考虑选择性催化还原技术（SCR）的装配比例，估算了2019年国Ⅳ及以上柴油车的车用尿素水溶液年需求量为638.7万t。测算需求量与实际销售量的差距仍然很大，究其原因，一方面是仍然存在不添加车用尿素水溶液的行为；另一方面是生产车用尿素水溶液的小企业众多，并没有包括在尿素水溶液范围之内，这也侧面印证了对车用尿素水溶液行业监督管理的任重道远。

1.3.2 车用柴油和车用尿素标准

从2002年起，我国实施车用柴油和普通柴油国Ⅰ标准。近几年，随着对汽车环保要求的不断严格、后处理技术不断提高，对于油品的要求也越来越高。按照《柴油货车污染治理攻坚战行动计划》（环大气〔2018〕179号）规定，自2019年1月1日起，全国全面供应符合国Ⅵ标准的车用柴油，停止销售普通柴油和低于国Ⅵ标准的车用柴油，取消普通柴油标准，实现车用柴油、普通柴油、部分船舶用油“三油并轨”。全国车用燃料标准实施进度见图1-14，车用柴油环保指标见表1-1。

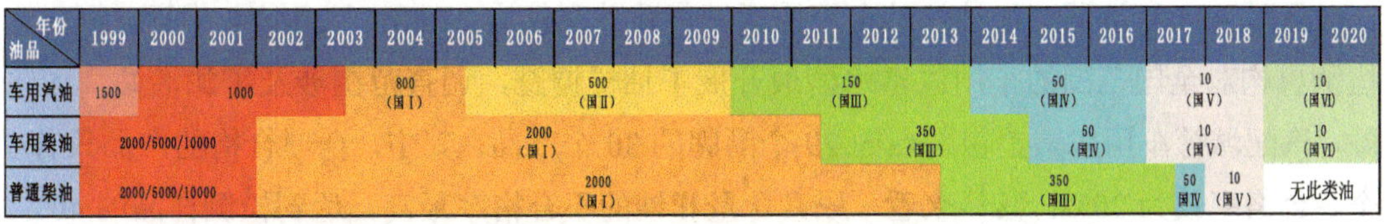

图1-14 全国油品标准实施进度

表1-1 车用柴油（0#）环保指标

环保指标	GB 19147—2016 车用柴油（Ⅵ）	GB 25199—2017 B5柴油（Ⅵ）
硫含量/（mg/kg）	≤10	≤10
十六烷值	≥51	≥51
密度/（kg/m^3）	810～845	810～845
多环芳烃/%	≤7	≤7
润滑性：磨斑直径/μm	≤460	≤460
实施日期	2019年1月1日	2019年1月1日

1.3.3 柴油和车用尿素质量现状

柴油。根据生态环境部近几年开展的车用汽、柴油品质调查结果：2016 年，委托第三方机构开展油品调查抽样结果显示，长三角区域（江、浙、沪、皖）汽油合格率为 98.3%，柴油合格率为 90.9%；京津冀区域（北京市、天津市和河北省廊坊市、保定市、沧州市）汽油样品全部合格，车用柴油样品合格率为 70%，个别油样硫含量超标 253 倍。2017 年，对保定市、唐山市等五市加油站（主要是民营加油站）油品质量再次进行抽样调查，柴油样品合格率仅为 50%左右。同时，生态环境部要求各地严厉打击黑加油站点、流动罐车销售假劣柴油行为，2016 年仅河南省就打掉了 10 000 多家[7]。2019 年，在京津冀周边“2+26”城市，以及张家口市、承德市、秦皇岛市等 31 个城市对加油站进行摸底式检查，共抽检柴油样品 19 552 个，其中 878 个样品不合格，样品达标率为 95%。全国市场监管部门等也积极组织油品质量的监督抽测工作，从全国范围来看，汽油与柴油中硫含量随着标准的不断加严逐步降低，汽油已基本杜绝了硫含量超标的现象，柴油环保指标的达标率也呈现较明显的上升趋势。

NO_x 还原剂，即车用尿素。2017—2018 年，对重点区域 879 座加油站销售车用尿素的情况进行了统计，其中京津冀区域 455 家加油站的车用尿素销售覆盖率为 61.76%，长三角区域 424 座被调查加油站的车用尿素销售覆盖率仅为 22.88%。2018 年中期，第三方检测机构对全国范围的车用尿素水溶液开展了抽样调查，调查范围涉及了加油站、加注站、汽配城等车用尿素销售网点的 29 个品牌的 30 个产品。其中，全项合格的产品只有 9 个，合格率仅为 30%。具体来看，尿素含量和钠的不合格率最高，达到检测样品的 40%。密度、折光率、醛类、钙元素的不合格率也相对较高。

1.4 货物运输行业现状

2014—2018 年全国交通货物运输量（图 1-15），除 2015 年略有下降外，总体呈上升趋势[8-12]。公路运输始终是货运的主体，其货运量占全部方式货运量的比例已从 2014 年的 76.13%提高至 2018 年的 76.93%。2014—2018 年，公路、铁路、水路、民航和管道货运量年均增长率分别为 4.32%、1.41%、4.07%、5.63%和 5.35%，公路货运量持续增加，而铁路货运量增长明显低于其他运输方式。

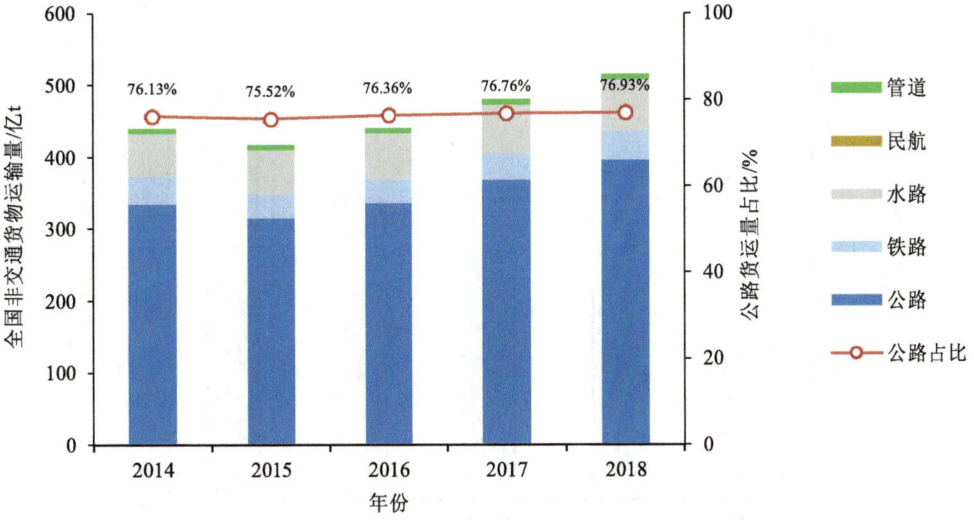

图 1-15　2014—2018 年全国交通货物运输量

1.5　我国空气质量现状

1.5.1　空气质量逐年变好，但重点区域 $PM_{2.5}$ 仍未达标

根据《中国生态环境状况公报》[13-17]，从空气质量达标的角度分析（图 1-16），近 5 年监测城市的空气质量明显好转，监测的 337 个地级及以上城市中空气质量达标率已由 2015 年的 21.6%提高到 2019 年的 46.6%，达标城市上升至 157 个。全国 337 个地级及以上城市 $PM_{2.5}$ 年均质量浓度逐年下降，已由 2015 年的 50 $\mu g/m^3$ 下降至 2019 年的 36 $\mu g/m^3$（图 1-17）。重点区域 $PM_{2.5}$ 浓度情况存在差异，虽然总体呈现出明显的下降趋势（图 1-17），但除珠三角地区外，其他重点区域年均 $PM_{2.5}$ 均未达标，尤其是京津冀及周边地区（“2+26”城市）和汾渭平原地区，与达标线差距较大。与 $PM_{2.5}$ 不同，臭氧（O_3）浓度在全国及重点区域均呈现出快速上升趋势，特别是京津冀及周边地区 2019 年 O_3 质量浓度已达到 196 $\mu g/m^3$（图 1-18）。

2019 年，全国 337 个地级及以上城市中，平均超标天数比例为 18.0%，以 $PM_{2.5}$ 和 O_3 为首要污染物的超标天数分别占总超标天数的 45.0%和 41.7%，$PM_{2.5}$ 超标和 O_3 超标共同成为影响中国城市空气质量改善的主要障碍，因此，协同控制 $PM_{2.5}$ 和 O_3 是空气质量改善的必由之路。

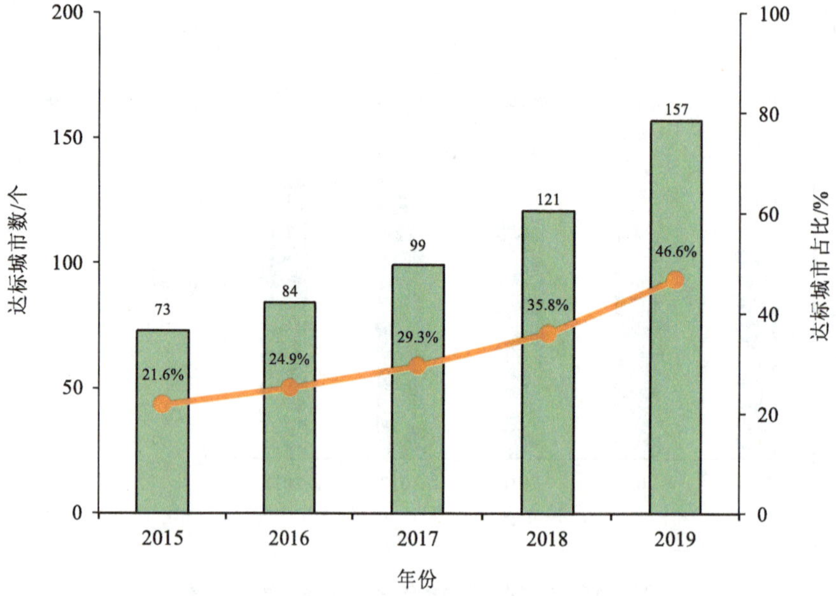

图 1-16 2015—2019 年全国 337 个地级及以上城市空气质量达标情况[11-15]

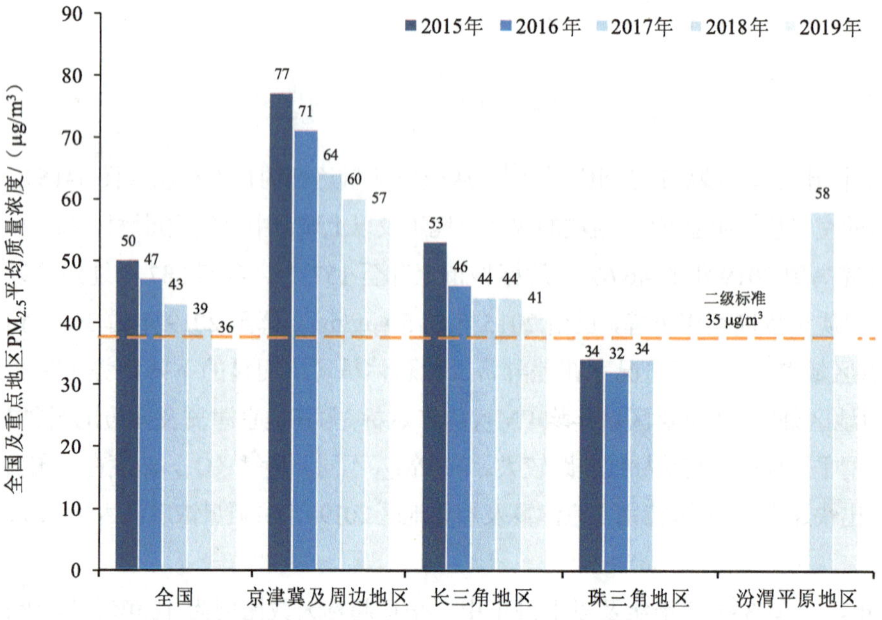

图 1-17 2015—2019 年全国及重点区域 $PM_{2.5}$ 年均质量浓度[11-15]

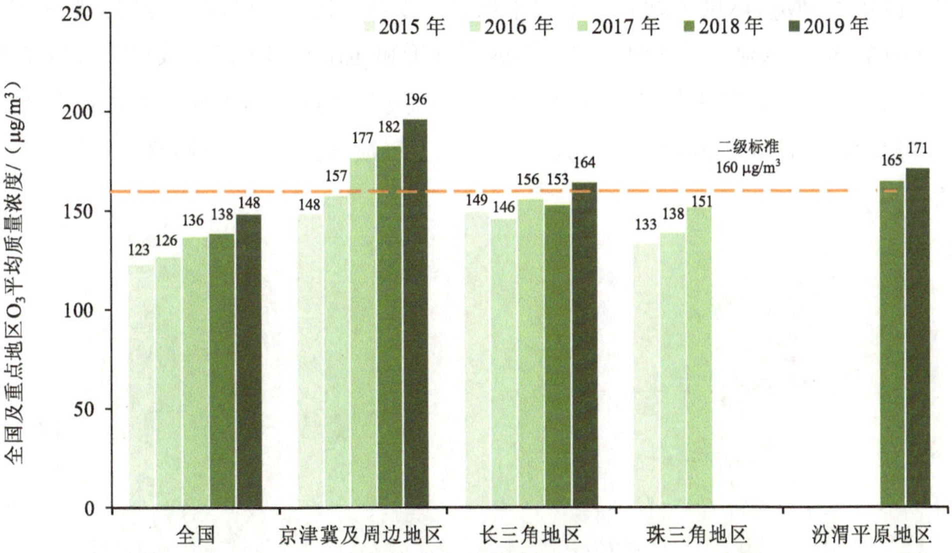

图 1-18　2015—2019 年全国及重点区域 O_3 年均质量浓度[11-15]

注：O_3 浓度已换算为参比状态。

1.5.2　硝酸盐成 $PM_{2.5}$ 的主要组分，移动源影响不容忽视

根据颗粒物组分分析，近几年，硝酸盐已经取代硫酸盐，成为京津冀及周边地区颗粒物中最重要的组成部分。源解析结果表明，移动源已成为多个大城市 $PM_{2.5}$ 最主要的来源，占比达到 30%～50%[4,18-23]。其中，NO_x 的减排主要是控制柴油车（机）的排放，所以亟须对移动源排放污染物进行管控。从近几年移动源排放量变化来看，我国移动源污染物排放总量大，NO_x 尤为突出。根据第二次全国污染源普查（以下简称“二污普”）数据，2017 年全国移动源共排放 NO_x 1 064.9 万 t，占全国排放总量的 59.7%，已成为我国 NO_x 排放的首要来源。其中，机动车保有量快速增长，但是得益于新车排放标准不断加严和老旧车辆持续淘汰，排放总量整体不断下降。与第一次全国污染源普查（以下简称“一污普”）相比，2017 年相比 2007 年，全国机动车保有量增长 1.88 倍，但是颗粒物（PM）排放量下降 83.8%，挥发性有机物（VOCs）排放量下降 59.0%，NO_x 略有升高。而柴油质量问题突出和柴油车排放控制水平不稳定是导致 NO_x 没有明显下降的重要原因。

同时，非道路移动源量大面广，排放量贡献也十分显著。NO_x 和 PM 的排放量分别占移动源排放总量的 44.1%和 72.6%，是今后移动源污染防治工作不可忽视的管控对象。

1.5.3　京津冀及周边地区秋冬季污染频发，亟须采取强化措施

虽然随着《大气污染防治行动计划》的颁布实施，空气质量持续改善，但是京津冀

及周边地区年均 $PM_{2.5}$ 浓度远远高于全国平均水平以及其他重点区域，尤其是秋冬季重污染频发（图 1-19），亟须更有针对性的污染成因分析和强化治理手段来改善京津冀及周边地区的空气质量情况。正是在这样的背景下，“大气重污染成因与治理”攻关项目于 2017 年立项并启动，目的在于改善京津冀及周边地区空气质量，尤其是减少秋冬季期间重污染现象。

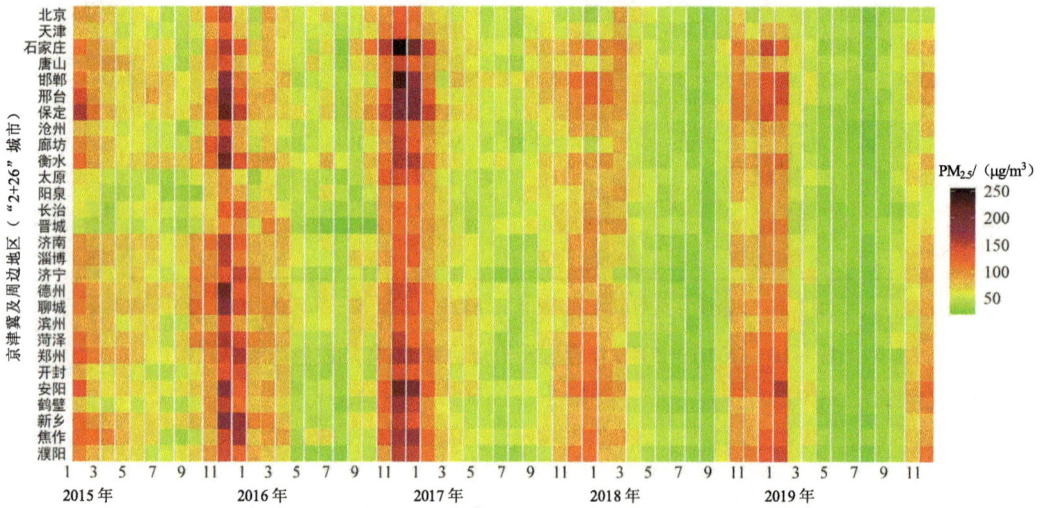

图 1-19　2015—2019 年“2+26”城市 $PM_{2.5}$ 逐日质量浓度示意

可以看出，我国柴油车（机）行业仍处于较为平稳发展的阶段，未来保有量仍有较大增长空间。而移动源是大气重要的污染源之一，尤其以 NO_x 和 VOCs 的排放较为突出，是 $PM_{2.5}$ 和 O_3 协同减排所需重点控制的污染源。其中，柴油车（机）NO_x 排放量占比最大。移动源尤其是柴油车（机）的污染排放管理控制水平，包括管理控制体系和管控措施，对于其减排起着重大作用。

参考文献

[1] 环境保护部. 中国机动车环境管理年报：2015[R/OL]. 北京：环境保护部，2015. http://www.mee.gov.cn/hjzl/sthjzk/ydyhjgl/201605/P020160513584304398771.pdf.

[2] 环境保护部. 中国机动车环境管理年报：2016[R/OL]. 北京：环境保护部，2016. http://www.mee.gov.cn/hjzl/sthjzk/ydyhjgl/201606/P020160615579940685749.zip.

[3] 环境保护部. 中国机动车环境管理年报：2017[R/OL]. 北京：环境保护部，2017. http://www.mee.gov.cn/hjzl/sthjzk/ydyhjgl/201706/P020170605550637870889.pdf.

[4] 生态环境部. 中国机动车环境管理年报：2018[R/OL]. 北京：生态环境部，2018. http://www.mee.gov.cn/hjzl/sthjzk/ydyhjgl/201806/P020180604354753261746.pdf.

[5] 生态环境部. 中国移动源环境管理年报：2019[R/OL]. 北京：生态环境部，2019. http://www.mee.gov.cn/hjzl/sthjzk/ydyhjgl/201909/P020190905586230826402.pdf.

[6] 中国工程机械工业协会. 工程机械行业十四五发展规划[R]. 北京：中国工程机械工业协会，2021.

[7] 环境保护部. 对十二届全国人大五次会议第 7059 号建议的答复[EB/OL]. 北京：环境保护部（2017-06-26）[2021-08-02]. http://www.mee.gov.cn/gkml/hbb/jytafw/201709/t20170928_422790.htm.

[8] 国家统计局. 2014 年国民经济和社会发展统计公报[R/OL]. 北京：国家统计局，[2021-01-13]. http://www.stats.gov.cn/tjsj/zxfb/201502/t20150226_685799.html.

[9] 国家统计局. 2015 年国民经济和社会发展统计公报[R/OL]. 北京：国家统计局，[2021-01-13]. http://www.stats.gov.cn/tjsj/zxfb/201602/t20160229_1323991.html.

[10] 国家统计局. 2016 年国民经济和社会发展统计公报[R/OL]. 北京：国家统计局，[2021-01-13]. http://www.stats.gov.cn/tjsj/zxfb/201702/t20170228_1467424.html.

[11] 国家统计局. 2017 年国民经济和社会发展统计公报[R/OL]. 北京：国家统计局，[2021-01-13]. http://www.stats.gov.cn/tjsj/zxfb/201802/t20180228_1585631.html.

[12] 国家统计局. 2018 年国民经济和社会发展统计公报[R/OL]. 北京：国家统计局，[2021-01-13]. http://www.stats.gov.cn/tjsj/zxfb/201902/t20190228_1651265.html.

[13] 环境保护部. 2015 中国环境状况公报[R/OL]. 北京：环境保护部，2016. http://www.mee.gov.cn/hjzl/sthjzk/zghjzkgb/201606/P020160602333160471955.pdf.

[14] 环境保护部. 2016 中国环境状况公报[R/OL]. 北京：环境保护部，2017. http://www.mee.gov.cn/hjzl/sthjzk/zghjzkgb/201706/P020170605833655914077.pdf.

[15] 环境保护部. 2017 中国生态环境状况公报[R/OL]. 北京：环境保护部，2018. http://www.mee.gov.cn/hjzl/sthjzk/zghjzkgb/201805/P020180531534645032372.pdf.

[16] 生态环境部. 2018 中国生态环境状况公报[R/OL]. 北京：生态环境部，2019. http://www.mee.gov.cn/hjzl/sthjzk/zghjzkgb/201905/P020190619587632630618.pdf.

[17] 生态环境部. 2019 中国生态环境状况公报[R/OL]. 北京：生态环境部，2020. http://www.mee.gov.cn/hjzl/sthjzk/zghjzkgb/202006/P020200602509464172096.pdf.

[18] LI M，LIU H，GENG G，et al. Anthropogenic emission inventories in China：A review[J]. National Science Review，2017，4（6）：834-866. DOI：10.1093/nsr/nwx150.

[19] LI L，HU J，LI J，et al. Modelling air quality during the EXPLORE-YRD campaign - Part II. Regional source apportionment of ozone and $PM_{2.5}$[J]. Atmospheric Environment，2021，247：118063. DOI：10.1016/j.atmosenv.2020.118063.

[20] 北京市环境保护局. 北京市 $PM_{2.5}$ 来源解析正式发布[EB/OL]（2014-04-16）[2021-01-13]. http://sthjj.beijing.gov.cn/bjhrb/index/xxgk69/zfxxgk43/fdzdgknr2/xwfb/607219/index.html.

[21] 济南市环境保护局. 济南市2017年度环境空气PM_{10}、$PM_{2.5}$来源解析结果发布[EB/OL]（2018-05-18）[2021-01-13]. http://jnepb.jinan.gov.cn/art/2018/5/18/art_10429_1115123.html.

[22] 国搜河南. 历时两年河南大气 $PM_{2.5}$ 源解析结果终于出来了—中国搜索河南[EB/OL]（2015-10-29）[2021-01-13]. http://hn.chinaso.com/detail/20151029/1000200032881441446078006867571168_1.html.
[23] 成都市环境保护局. 移动源对 $PM_{2.5}$ 贡献大 大货车排放不可小觑[EB/OL]（2017-11-23）[2021-01-13]. http://sthj.chengdu.gov.cn/cdhbj/c110780/2017-11/23/content_5d59387193b043afa42d4c2fb189aa51.shtml.

第 2 章

柴油车（机）排放管理控制体系和管控措施*

我国已基本建立并逐渐完善机动车环境管理体系，实施了新生产机动车环保信息公开、环保达标监管、在用机动车环保检验、环保召回等一系列环境管理制度，相关法律法规、标准体系不断完善，监管能力逐步加强。初步建立了新生产非道路移动机械环保信息公开、在用非道路移动机械低排区划定等环境管理制度。坚持“车、油、路、企”统筹管控、完善“天地车人”一体化的达标监管技术，实现对柴油车（机）环保的有效管控。

2.1 我国柴油车（机）环保监管体系

2.1.1 新生产柴油车（机）环境管理

新生产柴油车（机）的环境管理是源头防控污染物排放的重要措施。我国对新生产机动车开展的环境管理，主要通过制定和实施机动车污染物排放标准，从设计、定型、生产、销售等环节加强环境监管，保证机动车能够稳定达到排放标准的要求。在非道路移动源环境管理方面，主要是对非道路移动机械、非道路移动机械用柴油发动机、非道路移动机械用小型汽油发动机、船舶柴油发动机等的管理。国内外均主要通过排放标准的不断升级以及配套的监管措施来实现新生产柴油车（机）的管理[1-3]。

排放标准加严是机动车减排最重要的措施之一，同时可以推动控制技术的不断升级。1999 年，国家环保总局制定并颁布了国Ⅰ、国Ⅱ汽车排气污染物排放标准，2016 年、2018 年分别颁布轻型车国Ⅵ、重型车国Ⅵ等排放标准，2020 年全面实行了汽车国Ⅵ标准。重型车排放标准从国Ⅰ到国Ⅳ，产生了一大批先进排放控制技术[4]，PM 限值下降了 97%以上，$THC+NO_x$ 排放限值下降 94%以上（图 2-1），在标准升级中，还增加了车载排放诊断系统

---

* 本章作者：王军方、陈伟程、尹洁、纪亮。

(OBD)、远程在线监控、车载测试等要求。非道路移动机械方面，2007 年颁布了国Ⅰ、国Ⅱ标准，目前正在执行国Ⅲ标准（图 2-2）。船舶排放方面，在 2016 年颁布并于 2019 年起正式实施国Ⅰ标准。截至 2019 年 12 月 31 日，我国现行汽车、非道路移动机械排放标准见表 2-1、表 2-2。

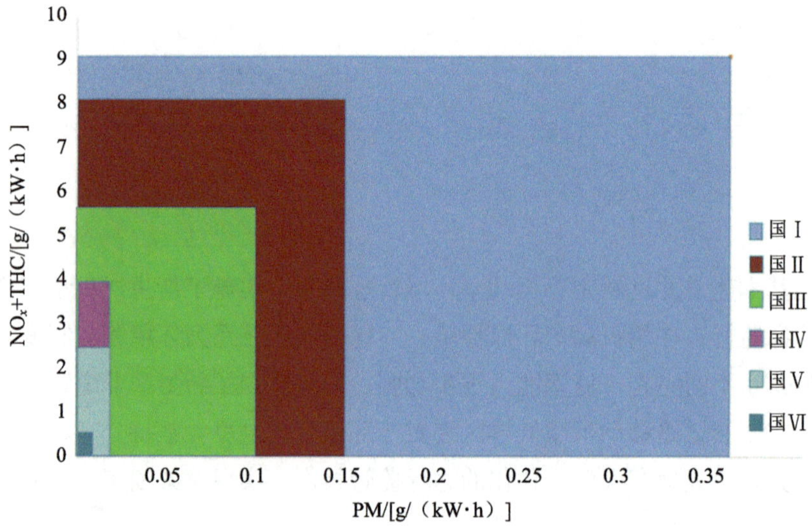

图 2-1　重型柴油车标准升级示意

注：采用稳态工况限值，且国Ⅰ～国Ⅱ为型式认证实验，功率＞85 kW 的发动机排放限值，国Ⅰ～国Ⅴ为 ESC，国Ⅵ为 WHSC）

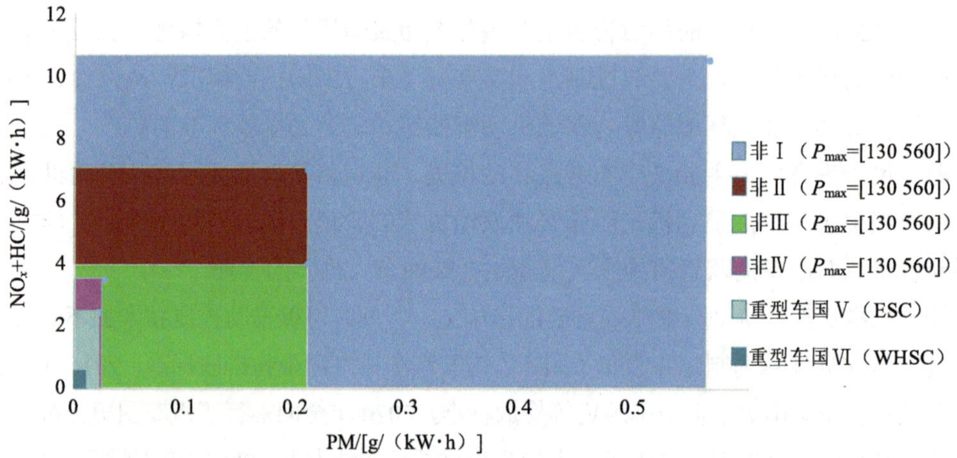

图 2-2　非道路移动机械排放标准升级示意（最大功率 P_{max} 单位为 kW）

表 2-1 现行新生产机动车排放标准

车辆（发动机）类型	标准标号	标准名称
轻型汽车	GB 3847—2018	《柴油车污染物排放限值及测量方法（自由加速法及加载减速法）》
	GB 18285—2018	《汽油车污染物排放限值及测量方法（双怠速法及简易工况法）》
	GB 18352.6—2016	《轻型汽车污染物排放限值及测量方法（中国第六阶段）》
	GB 19755—2016	《轻型混合动力电动汽车污染物排放控制要求及测量方法》
	GB 18352.5—2013	《轻型汽车污染物排放限值及测量方法（中国第五阶段）》
	GB 1495—2002	《汽车加速行驶车外噪声限值及测量方法》
重型汽车（发动机）	GB 17691—2018	《重型柴油车污染物排放限值及测量方法（中国第六阶段）》
	GB 3847—2018	《柴油车污染物排放限值及测量方法（自由加速法及加载减速法）》
	GB 18285—2018	《汽油车污染物排放限值及测量方法（双怠速法及简易工况法）》
	GB 14762—2008	《重型车用汽油发动机与汽车排气污染物排放限值及测量方法（中国Ⅲ、Ⅳ阶段）》
	GB 20890—2007	《重型汽车排气污染物排放控制系统耐久性要求及试验方法》
	GB 11340—2005	《装用点燃式发动机重型汽车曲轴箱污染物排放限值及测量方法》
	GB 14763—2005	《装用点燃式发动机重型汽车燃油蒸发污染物排放限值及测量方法(收集法)》
	GB 1495—2002	《汽车加速行驶车外噪声限值及测量方法》
	HJ 857—2017	《重型柴油车、气体燃料车排气污染物车载测量方法及技术要求》
	HJ 689—2014	《城市车辆用柴油发动机排气污染物排放限值及测量方法（WHTC 工况法）》
	HJ 437—2008	《车用压燃式、气体燃料点燃式发动机与汽车车载诊断（OBD）系统技术要求》
	HJ 438—2008	《车用压燃式、气体燃料点燃式发动机与汽车排放控制系统耐久性技术要求》
	HJ 439—2008	《车用压燃式、气体燃料点燃式发动机与汽车在用符合性技术要求》

表 2-2 新生产非道路移动机械排放标准

机械类型	标准标号	标准名称
非道路移动机械	GB 20891—2014	《非道路移动机械用柴油机排气污染物排放限值及测量方法（中国第三、四阶段）》
	GB 26133—2010	《非道路移动机械用小型点燃式发动机排气污染物排放限值与测量方法（中国第一、二阶段）》
	GB 36886—2018	《非道路移动柴油机械排气烟度限值及测量方法》
船舶	GB 15097—2016	《船舶发动机排气污染物排放限值及测量方法（中国第一、二阶段）》

环境信息公开制度。2016 年，机动车环保信息公开是贯彻落实《中华人民共和国大气污染防治法》的要求，根据《关于开展机动车和非道路移动机械环保信息公开工作的公

告》(国环规大气〔2016〕3 号),机动车和非道路移动机械生产企业、进口企业应当向社会公开其生产、进口机动车和非道路移动机械的排放检验信息和污染控制技术信息。而在此之前,我国机动车实行环保型式检验制度,即对机动车生产企业新设计、定型的机动车产品进行环境风险评估和排放达标能力考核的环境管理制度。企业需按要求向生态环境部(原环境保护部)提交新设计定型机动车的技术资料,经审核合格后,由生态环境部发放环保型式核准证书并发布环保达标车型公告。此文件标志着我国新车环境管理从型式核准制度向环保信息公开制度的转变,强调生产企业、进口企业的主体责任。我国新车环境管理的重心从事前监管向事中、事后监管转移。

新车环保达标监管。包括环保生产一致性和在用符合性监管。其中,环保生产一致性监管是为了保证进入市场的机动车/非道路移动机械用柴油机稳定达到排放标准的要求,生态环境部门根据企业制订的产品生产一致性保证计划和年度实施情况,对机动车/发动机生产企业及其产品进行监督抽检[5]。在用符合性监管是为了确保车辆在全寿命周期的排气中污染物排放都能得到有效控制。即在有效寿命期内,企业按照相关法规对不同车型(或发动机系族),按照制订的自查计划进行自查并公开自查报告,生态环境主管部门进行监督抽检[5]。

环保召回制度。《中华人民共和国大气污染防治法》提出国家建立机动车和非道路移动机械环境保护召回制度。汽车排放缺陷召回制度是在用车排放管理的最有效手段之一。能够有效地控制机动车和非道路移动机械的尾气排放,使其排放控制装置在正常保养和使用的情况下,在规定的使用寿命内不因失效而导致汽车排放超标,从而较好地控制已售出机动车和非道路移动机械存在的排放问题。2021 年,生态环境部和国家市场监督管理总局联合发布《机动车排放召回管理规定》,标志着我国机动车召回制度正在逐步建立。

2.1.2 在用柴油车(机)环保管理

在用车管理主要是为了保证车辆在使用过程中达标排放,主要包括汽车环保定期检验制度、环保监督性抽测、老旧机动车报废、机动车环保定期检验机构监督检查等[6,7]。同时,随着对柴油车管理要求的提高和精细化管控要求的提出,生态环境部门正在构建完善"天地车人"一体化的达标监管技术,综合使用年检、路检、遥感远程在线等技术手段快速发现超标情况,筛查高排放车辆。非道路移动源方面,推进排放控制区的设立和监管以及编码登记工作,确保使用的非道路移动机械正常达标。

机动车环保定期检验。按照《中华人民共和国大气污染防治法》的要求,在用机动车应当按照国家或者地方的有关规定,由机动车排放检验机构定期对其进行排放检验。经检验合格的,方可上路行驶。目前,全国 31 个省(自治区、直辖市)均已开展了机动车环保定期检验工作。2019 年起,实施新的柴油车和汽油车环保定期检验标准,加严了尾气排放限值,并增加了新的检测内容,如柴油车 NO_x 检测和 OBD 检查。

监督性抽测。按照《中华人民共和国大气污染防治法》,县级以上地方人民政府环境保护主管部门可以在机动车集中停放地、维修地对在用机动车的大气污染物排放状况进行监督抽测；在不影响正常通行的情况下，可以通过遥感监测等技术手段对在道路上行驶的机动车的大气污染物排放状况进行监督抽测，公安机关交通管理部门予以配合。公安部交通管理局自 2017 年 5 月 1 日增设驾驶排放检验不合格机动车上道路行驶的违法行为处罚代码(6063)，“环保取证、公安处罚”的联合执法机制初步建立，异地车辆处罚难题得到解决。2019 年，各地加大对在用机动车监督执法力度，根据地方上报数据（《2020 年中国移动源环境管理年报》），通过遥感监测（含黑烟抓拍）、路检路查以及入户检查方式共检查 37 131.31 万辆次，其中发现超标车 1 138.32 万辆次（图 2-3）。参考国外先进经验，我国正在逐步建立在用汽车排放检测与强制维护制度，汽车排放检验与维护制度是指依法对在用汽车排放进行定期检验、监督抽测和维护修理，使汽车排放符合相关标准要求的管理制度。

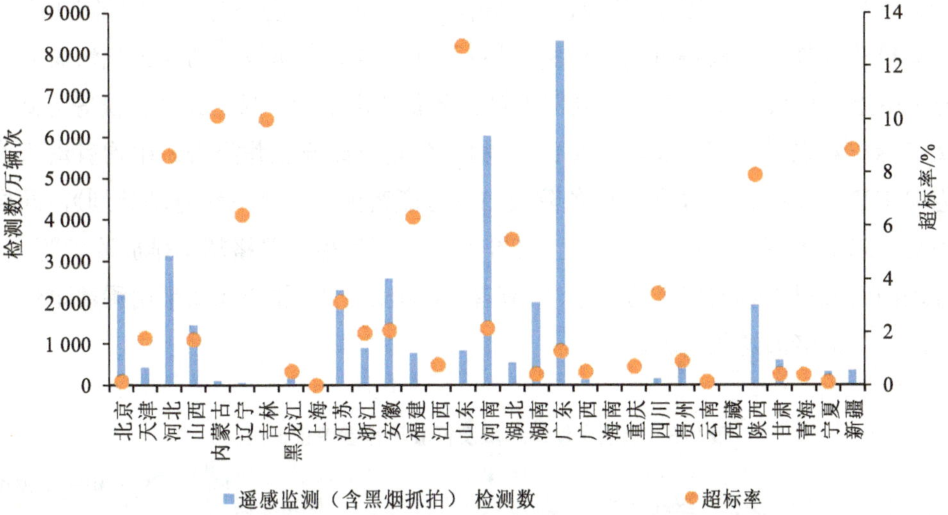

（a）遥感监测情况

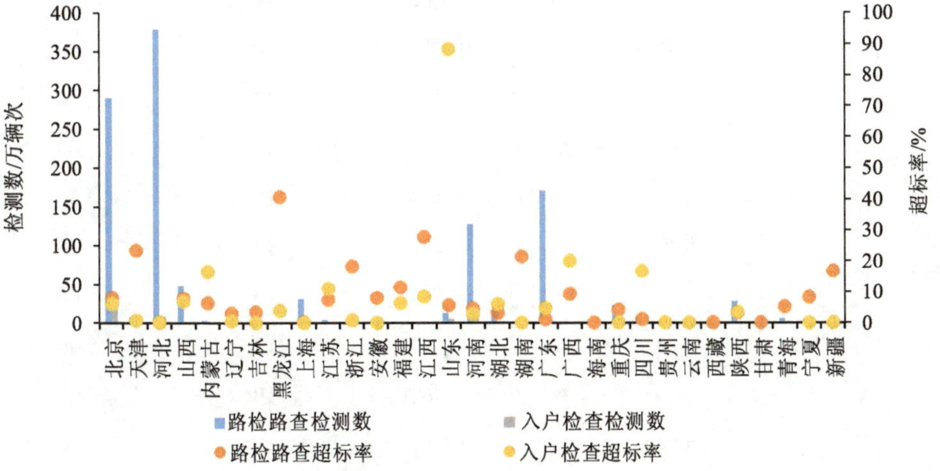

（b）路检路查和入户检查情况

图 2-3　全国各省份开展机动车环保监督抽测情况

构建“天地车人”一体化监控体系。生态环境部正在建设和完善的柴油车监控体系，指利用机动车道路遥感监测（天）、排放检验机构检测联网（地）、重型柴油车远程在线监控（车），以及路检路查和入户监督抽测（人），对柴油货车开展全天候、全方位的排放监控，筛查高排放车辆，确保柴油车达标排放。

老旧机动车报废制度。我国对汽车、农用运输车、摩托车等都有相关报废标准，主要包括报废淘汰和提前淘汰。2012 年，商务部、国家发展改革委、公安部、环境保护部令 2012 年第 12 号《机动车强制报废标准规定》对机动车强制标准相关内容进行了规定，有下列情形之一的应当强制报废：①达到规定使用年限（表 2-3），其中营运重型载货车的使用年限和行驶里程分别为 15 年和 70 万 km；②经修理和调整仍不符合机动车安全技术国家标准对在用车有关要求的；③经修理和调整或者采用控制技术后，向大气排放污染物或者噪声仍不符合国家标准对在用车有关要求的；④在检验有效期届满后连续 3 个机动车检验周期内未取得机动车检验合格标志的。2013 年发布的《大气污染防治行动计划》中提出加快淘汰黄标车和老旧车辆。采取划定禁行区域、经济补偿等方式，逐步淘汰黄标车和老旧车辆。2014—2016 年的国务院《政府工作报告》中均有淘汰黄标车和老旧车辆的任务。2017 年，国务院发布《打赢蓝天保卫战三年行动计划》，同样提出大力淘汰老旧车辆。重点区域采取经济补偿、限制使用、严格超标排放监管等方式，大力推进国Ⅲ及以下排放标准营运柴油货车提前淘汰更新，加快淘汰采用稀薄燃烧技术和“油改气”的老旧燃气车辆。

表 2-3 机动车使用年限及行驶里程参考值汇总

<table>
<tr><th colspan="5">车辆类型与用途</th><th>使用年限/年</th><th>行驶里程参考值/万 km</th></tr>
<tr><td rowspan="14">汽车</td><td rowspan="14">载客</td><td rowspan="14">营运</td><td rowspan="3">出租客运</td><td>小、微型</td><td>8</td><td>60</td></tr>
<tr><td>中型</td><td>10</td><td>50</td></tr>
<tr><td>大型</td><td>12</td><td>60</td></tr>
<tr><td colspan="2">租赁</td><td>15</td><td>60</td></tr>
<tr><td rowspan="3">教练</td><td>小型</td><td>10</td><td>50</td></tr>
<tr><td>中型</td><td>12</td><td>50</td></tr>
<tr><td>大型</td><td>15</td><td>60</td></tr>
<tr><td colspan="2">公交客运</td><td>13</td><td>40</td></tr>
<tr><td rowspan="3">其他</td><td>小、微型</td><td>10</td><td>60</td></tr>
<tr><td>中型</td><td>15</td><td>50</td></tr>
<tr><td>大型</td><td>15</td><td>80</td></tr>
<tr><td colspan="2">专用校车</td><td>15</td><td>40</td></tr>
</table>

车辆类型与用途				使用年限/年	行驶里程参考值/万 km
汽车	载客	非营运	小、微型客车、大型轿车	无	60
			中型客车	20	50
			大型客车	20	60
	载货		微型	12	50
			中、轻型	15	60
			重型	15	70
			危险品运输	10	40
			三轮汽车、装用单缸发动机的低速货车	9	无
			装用多缸发动机的低速货车	12	30
	专项作业		有载货功能	15	50
			无载货功能	30	50
挂车	半挂车		集装箱	20	无
			危险品运输	10	无
			其他	15	无
	全挂车			10	无
摩托车	正三轮			12	10
	其他			13	12
轮式专用机械车				无	50

2.1.3 油品环保管理

油品和车用尿素质量是柴油车达标排放的重要保障，研究发现，油品中硫含量超过 50 ppm①，SCR 催化剂就容易中毒失效[8,9]，对于柴油车微粒物捕集器（DPF）来说，则不能超过 10 ppm[10,11]。同时，车用尿素溶液也需要达到一定的尿素浓度等，才能发挥应有的效果[12]。

"十三五"期间我国油品质量加速升级。2017 年 1 月 1 日起，全国实施车用汽油（含 E10 乙醇汽油）、车用柴油（含 B5 生物柴油）国Ⅴ标准，同时停止销售低于国Ⅴ标准车用汽柴油[13]。硫含量从国Ⅳ的 50 ppm 降为 10 ppm。2017 年 10 月 1 日起，"2+26"城市全部供应符合国Ⅵ标准的汽柴油，且禁止销售普通柴油，实现城市车用柴油、普通柴油

---

① ppm 是英文 parts per million 的缩写，译意是每百万分中的一部分，即表示百万分之（几）或称百万分率，常用来表示气体浓度或者溶液浓度。

并轨（全国车用燃料标准实施进度见图 1-14，车用柴油环保指标见表 1-1）。2018 年 12 月，国家市场监督管理总局、国家标准化管理委员会发布《关于废止〈普通柴油〉强制性国家标准的公告》，标志着车用柴油、普通柴油、部分船舶用油“三油并轨”。2019 年 1 月 1 日起，全国供应不低于国Ⅵ标准汽柴油。从技术上来说，车用柴油的发展方向是无硫化、提高十六烷值和降低多环芳烃含量。

按照《大气污染防治行动计划》《柴油货车污染治理攻坚战行动计划》等的要求，加强油品质量监督检查，严厉打击非法生产、销售不合格油品的行为。

截至 2019 年 12 月 31 日，我国现行车用燃料相关标准如表 2-4 所示。

表 2-4 现行车用燃料相关标准

燃料类型	标准名称
汽油标准	GB 17930—2016《车用汽油》 GB 18351—2017《车用乙醇汽油（E10）》 GB 22030—2017《车用乙醇汽油调合组分油》 GB/T 23799—2009《车用甲醇汽油（M85）》 GB/T 23510—2009《车用燃料甲醇》 GB 35793—2018《车用乙醇汽油 E85》
柴油标准	GB 19147—2016《车用柴油》 GB 25199—2017《B5 柴油》
油气排放控制标准	GB 20950—2007《储油库大气污染物排放标准》 GB 20951—2007《汽油运输大气污染物排放标准》 GB 20952—2007《加油站大气污染物排放标准》 GB 50156—2021《汽车加油加气加氢站技术标准》 GB 50759—2012《油品装载系统油气回收设施设计规范》
清净剂标准	GB 19592—2019《车用汽油清净剂》 GB/T 32859—2016《柴油清净剂》
氮氧化物还原剂标准	GB 29518—2013《柴油发动机氮氧化物还原剂 尿素水溶液（AUS 32）》

2.2 我国《柴油货车污染治理攻坚战行动计划》思路

为深入贯彻中共中央、国务院《关于全面加强生态环境保护　坚决打好污染防治攻坚战的意见》（国务院公报 2018 年第 19 号）和国务院印发的《打赢蓝天保卫战三年行动计划》（国发〔2018〕22 号）的要求，加强柴油货车超标排放治理，加快降低机动车船污染物排放量，坚决打赢蓝天保卫战，生态环境部于 2018 年制订并发布了《柴油货车污染治理攻坚战行动计划》（环大气〔2018〕179号）。该计划按照油路车统筹治理的思路，以货物运输结构调整为导向，以柴油和车用尿素质量达标保障为支撑，以柴油车（机）达标排放为主线，建立健全严格的机动车全防全控环境监管制度，大力实施清洁柴油车、清洁柴油机、清洁运输、清洁油品行动，全链条治理柴油车（机）超标排放，明显降低污染物排放总量，促进区域空气质量明显改善。

2.2.1 清洁柴油车行动

一是加强新生产车辆环保达标监管。严格实施国家机动车油耗和排放标准，重点区域、珠三角地区、成渝地区提前实施机动车国Ⅵ排放标准；强化机动车环保信息公开，基本实现柴油车逐车核实环保信息公开情况、查验污染控制装置、进行上线排放检测；严厉打击生产、进口、销售不达标车辆违法行为。

二是加大在用车监督执法力度。建立完善监管执法模式，加大路检路查力度、强化入户监督抽测，加强重污染天气期间柴油货车管控，加大对高排放车辆监督抽测频次。

三是强化在用车排放检验和维修治理。加强排放检验机构监督管理，每年实现监管全覆盖；强化维修单位监督管理，严厉打击以弄虚作假方式通过排放检验的行为；建立完善机动车排放检测与强制维修制度。

四是加快老旧车辆淘汰和深度治理。推进老旧车辆淘汰报废，京津冀及周边地区、汾渭平原地区加快淘汰国Ⅲ及以下排放标准营运柴油货车100万辆以上；推动高排放车辆深度治理，安装污染控制装置、远程排放监控设备和精准定位系统，并与生态环境部门联网。

五是推进监控体系建设和应用。加快建设完善“天地车人”一体化的机动车排放监控系统，加强排放大数据分析，追溯超标车辆生产和进口企业、污染控制装置生产企业、登记地、排放检验机构、维修单位、加油站点、供油企业、运输企业等，实现全链条环境监管。

六是推动相关行业集约化发展。促进落后产能淘汰，提高柴油货车制造产业集中度；推进排放检验机构和维修单位规模化发展。

2.2.2 清洁柴油机行动

一是严格新生产发动机和非道路移动机械、船舶管理。2020年年底前，全国实施非道路移动机械第四阶段排放标准；严格实施船舶发动机第一阶段国家排放标准，提前实施第二阶段排放标准。

二是加强排放控制区划定和管控。重点区域城市2019年年底前完成禁止使用高排放非道路移动机械的区域划定工作，其他地区城市2020年6月底前完成。2019年年底前，调整扩大船舶排放控制区范围，覆盖沿海重点港口和部分内河区域，提高船用燃料油硫含量控制要求。

三是加快非道路移动机械治理和淘汰更新。

四是强化综合监督管理。探索建立工程机械使用中监督抽测、超标后处罚撤场的管理制度。推进工程机械安装精准定位系统和实时排放监控装置。

五是推动港口岸电建设和使用，靠港船舶优先使用岸电。

2.2.3 清洁运输行动

一是提升铁路货运量。推进中长距离大宗货物、集装箱运输从公路转向铁路；加快货运铁路建设，加大铁路与港口连接线、工矿企业铁路专用线建设，加强钢铁、电解铝、电力、焦化等重点行业企业铁路专用线建设，2020 年，重点区域重点行业企业铁路运输比例达到 50%以上。

二是推动发展绿色货运。重点区域内新、改、扩建涉及大宗物料运输的建设项目，应尽量采用铁路、水路或管道等运输方式，其他地区优先采用。推进多式联运型和干支衔接型货运枢纽建设，加快推进集装箱多式联运。推进城市绿色货运配送示范工程。

三是优化运输车队结构。加快推进城市建成区新增和更新的公交、环卫、邮政、出租、通勤、轻型物流配送车辆采用新能源或清洁能源汽车，重点区域使用比例达到 80%。加快建设集中式充电桩和快速充电桩。

2.2.4 清洁油品行动

一是加快提升油气质量标准。自 2019 年 1 月 1 日起，全国全面供应符合国Ⅵ标准的车用汽柴油，停止销售普通柴油和低于国Ⅵ标准的车用汽柴油，取消普通柴油标准，实现车用柴油、普通柴油、部分船舶用油“三油并轨”。

二是健全燃油及清净增效剂和车用尿素管理制度。

三是推进油气回收治理。

四是强化生产、销售、储存和使用环节监管。

2.3 柴油车应对重污染天气的管控措施

为更好地保障人民群众身体健康，积极应对重污染天气，加强区域应急联动，实现依法治污、精准治污、科学治污，按照《中华人民共和国大气污染防治法》规定，县级以上地方人民政府应当依据重污染天气的预警等级及时启动应急预案，根据需要可以采取责令有关企业停产或者限产、限制部分机动车行驶等应急措施。按照应急预案编制的基本原则，即坚持底线思维有效应对、突出重点精准减排、绩效分级差异管控和措施可行有据可查四个原则，从高排放车辆源头管控入手，加强移动源应急减排。

2.3.1 移动源应急减排措施

移动源应急减排建议从高排放车辆源头管控入手。根据《关于加强重污染天气应对夯实应急减排措施的指导意见》，原则上，橙色及以上预警期间施工工地、工业企业厂区和工业园区内应停止使用国Ⅱ及以下非道路移动机械（清洁能源和紧急检修作业机械除外）；矿山（含煤矿）、洗煤厂、港口、物流（除民生保障类）等涉及大宗原料和产品运输（日常车辆进出量超过 10 辆次）的单位应停止使用国Ⅳ及以下重型载货汽车（含燃气）进行运输（特种车辆、危化品车辆等除外）。重点行业参照《重污染天气重点行业应急减排措施制定技术指南》（以下简称《技术指南》）执行。

2.3.2 重点行业绩效分级运输管控措施

重点行业采取差异化应急减排措施，实行分级管控。根据不同行业特点，《技术指南》中提供了钢铁、焦化等 39 个重点行业绩效分级指标，实施差异化管控。非重点行业，各省（区、市）可根据该行业排放水平、对周边人群健康影响程度和大气质量改善目标，自行制定应急减排措施。其中，重点行业的运输方式管控也纳入差异化管控的一部分，运输管控包括提高铁路或水路运输比例、使用新能源汽车或国Ⅴ及以上重型柴油车、国Ⅴ及以上场内车辆、国Ⅲ及以上标准的非道路移动机械、提高企业运输管理水平，建立运输管理电子台账和企业门禁管理系统。企业绩效分级按“短板原则”执行，在评级时，需满足该级别指标中规定的各项要求，有一项未满足的，降级评定；当企业涉及跨行业、跨工序时，以所含行业或工序中绩效评级较差的为准，执行相应应急减排措施。两年内有未批先建、未按排污许可证排放大气污染物、超标排放大气污染物、逃避监管排放大气污染物等重大环境违法行为，或构成犯罪的，不应评为 A、B 级。

2.3.3 强化重污染天气应急联动

区域内要统一应急预警标准，深化完善协作机制，全面提升协作水平。做到标准统一、信息共享、联合执法、同步推进各项减排措施，加强区域联防联控。由于柴油货车的强流动性以及长距离跨区域的运输，区域联防联控能达到更好的管控效果。

2.4 柴油车（机）中长期治理和管控方案

根据柴油车运行特征以及我国柴油车（机）发展特点，综合评估柴油机行业运营及管控措施，柴油车（机）行业污染防治管控方案应坚持源头减排>结构调整>过程控制>治理减排的技术路线，中长期依据不同区域、不同的行驶特征在清洁化、电动化和轨道化方面部署。

2.4.1 坚持“车、油、路、企”统筹管控的思路，标本兼治，道路与非道路柴油机并重

2.4.1.1 实现柴油机全过程环境监管，全链条技术支撑

对照国际最严格的控制水平，建立机动车排放标准定期动态加严的机制。在2020年实施国Ⅵ车排放标准，考虑在未来实施更严格的排放标准，实现新车、燃油车进入超低排放阶段。强化新车环保信息公开、生产及销售一致性、在用符合性监管和在用车检测/维护的全链条监管，其中重点是强化对先进排放控制技术的实际道路监管。

在用柴油车要坚持达标使用，综合使用定期检验、抽检、遥感、在线监控等技术手段和措施，对柴油车实际使用形成有效监控，对高排放车辆形成快速识别能力，利用大数据分析，进一步识别出超标排放集中车型，溯源车辆生产企业。对于重型柴油车，利用先进的监管手段确保SCR和DPF正常使用。天然气车辆技术需采用国际最先进的发动机和排放控制技术（当量空燃比+TWC），严格控制天然气车实际道路NO_x排放。综合利用法律、经济、行政等手段，有序引导老旧机动车淘汰、在用车改造或后处理装置定期更新。

2.4.1.2 转变思路，监管重点从监管车主调整为以用车企业需求调控为核心的柴油货车监管方式

改变传统监管思路，逐步从监管车主转向使用车辆的企业，建立以用车需求端为监管对象的监管制度。梳理区域内重点行业工业企业、物流园区、港口、货场等用车大户，建立以用车大户为监管对象，采取不同行业不同的车辆管控政策，对涉及大宗物料的企业，应优先规划其铁路货物运输及管控方案。对无法采用铁路等替代方式，必须采用货车运输的，应统计其用车需求以及实际用车情况，统筹监管车辆、油品，建立用车用油和尿素台账。定期对用车大户进行监督抽测，并同步抽测其车用燃油、车用尿素质量及使用情况。

2.4.1.3 推进非道路柴油机排放控制，完善非道路柴油机全链条环境管理体系

严格实施新生产发动机、非道路移动机械、船舶环保达标监管和非道路移动机械环保信息公开制度，严厉处罚生产、进口、销售不达标机械的违法行为，依法实施环境保护召回。

持续推进完善非道路移动机械摸底调查和编码登记。加强排放控制区划定和管控。提高对控制区内作业的工程机械污染物排放的监督抽查频率。研究建立在用非道路柴油机排放检验和维修治理制度。推进老旧非道路柴油机淘汰和深度治理。推进工程机械安装精准定位系统和排放监控装置。对违规使用柴油机的企业依法依规进行处罚。

2.4.1.4 实行行业绩效分级和重污染应急响应的精准管控

通过在重点行业分级绩效管控中，对不同级别的运输方式实行不同要求，形成企业

对移动源主动减排的良好氛围。在重污染应急响应管控中，从单双号限行的方式转变为结合减排需求，基于车辆实际排放，限制高排放车辆运行的动态方式。开发融合遥感、在线监控、路检路查、企业门禁等的监测网络，以此为技术支撑，建立以汽车达标性为标准的监管体系，准确、科学、高效筛查高排放车辆，实现限制高排放车辆运行的管控方式；并可根据不同重污染响应级别，动态调整筛查标准。

按照科学化、精细化的原则，协助企业制定“一企一策”方案及配套核查技术。主要是根据企业每日原料入厂车辆数和产品出厂车辆数、车队排放标准分布、维持安全生产的最低要求每日原料入厂和产品出厂车辆数进行计算，根据不同等级应急响应下需要的减排量，制定可以允许的柴油机数量；并通过在线监控平台、企业门禁视频监控系统等，通过监测企业车流量、车辆信息和建立黑名单等方法，核查评估企业重污染应急方案执行效果，实现精准施策。

2.4.2 强化车油联合管控，严厉打击黑加油站

加强油品质量监管。加强对成品油储油库、加油（气）站和企业自备油库油品质量的抽检，开展使用环节监督检查，加大从柴油货车、非道路移动机械、船舶等柴油机油箱、尿素箱抽取样品进行监督检查。充分利用油品快速检测和溯源识别技术提高监管效能。完善打击黑加油站点相关法律法规，规范执法流程，出台油品快速检测标准和现场快速处罚程序。严厉打击生产、销售、储存、使用不合格油品、天然气、清净剂和车用尿素行为，严禁运输企业、施工单位、物流场站储存和使用不合格油品，坚决取缔黑加油站点。建立完善车用燃料全过程监管体系。更新车用燃油地方标准，推行车用柴油、普通柴油并轨，推动非道路移动机械使用合格的车用油品，并纳入行业企业管理和考核范围。推进建立车用燃料（汽柴油、生物燃料、天然气、氢等）、车用尿素全生命周期环境监管档案。依靠科技进步，开展油品全流程监控，追溯不合格油品来源。

重污染天气情况下，增加加油站、油箱中油品、车用尿素罐中 NO_x 还原剂抽检频率，加大处罚力度。出现不合格产品，市场监管部门顶格处罚，对于使用不合格油品的车辆予以劝返，非道路移动机械责令停工整改。

2.4.3 建立和完善区域联防联控实施机制

由于区域内经济发展和排放控制力度差异较大，容易导致地区内不同城市的机动车排放出现断崖式的差异，不利于区域空气质量整体的实质性改变。因此，为了促进区域的协调发展和空气质量的进一步改善，需要更多考虑区域联防联控，实现环保移动源管控“一体化”发展。

在区域层面统一立法，打破属地管理传统模式，强化区域协同力度，统一立法，对区域内柴油车统一排放标准、执法尺度，强化上下联动、区域协同，增强京津冀及周边

不同地域、不同部门之间统筹协调和联合执法力度。建立统一的管控措施，实现统一尺度执法。

推进区域数据库的构建，实现跨部门、跨区域数据的动态更新和共享。尤其是应建立区域层面甚至国家层面超标车数据库，通过大数据等手段，溯源分析超标原因，有效监管柴油机和相关生产、检测、维修企业。

2.4.4 出台促进“公转铁”运输结构调整政策，持续推进大宗货物运输结构调整

2.4.4.1 中长距离运输交通运输结构调整

制定“十四五”和中长期国家货物运输发展规划，改变目前“重客轻货”的现状。加大对环境友好运输方式的支持力度。解决铁路建设用地“瓶颈”问题；延续车购税资金支持集疏港铁路建设；出台财税优惠政策支持物流园区和工矿企业铁路专用线建设。推进清理规范铁路货物运输收费，支持“一口价”结算政策。

可从以下几个方面开展：①通过推进重点货类公铁联运优化调整货物运输结构，推进货物运输“公转铁”，大幅提高建筑材料、商品汽车等货物铁路运输比重；②提升城市货运铁路网运能。以推进铁路专用线和首都铁路外环线建设为核心抓手，推进大型工矿企业和新建一级物流设施铁路专用线接入比例提升；③加快多式联运装备设施升级改造，加速形成空间分布合理、功能完善的公铁融合衔接物流枢纽布局；④协同配置区域内的港口、物流场站等货运枢纽功能，构建低碳智慧物流系统，推动城际货运和城市配送的高效衔接，发展城市物流共同配送模式，推动建立城市清洁配送体系。

2.4.4.2 市内短途运输大力发展新能源车，推动城市绿色货运配送示范工程

通过加强新能源汽车技术创新，健全完善新能源车用地规划—基础设施—运输组织—服务保障—安全监管配套保障体系，促进新能源汽车快速发展。特别是对于重型货车而言，按照政府推动、企业主体的原则，通过通行、经济等激励措施，提升中重型货运车队中新能源汽车比例。另外，积极开展氢燃料等新能源技术在重型货运车辆等领域的研究与应用，提升重型新能源车续航里程和运载能力。

对于重型柴油车而言，其保有量主要分布在公交、货运、旅游等领域。目前，纯电动重型车的续航里程为 80～160 km，预计 2030 年续航里程上限提升到 320 km，尚不能适应干线运输等中重型车运输业务场景。从重型车电池成本来看，目前纯电动车成本高出普通燃油车 80%，预计到 2030 年，电池成本下降 60%，与柴油车将不存在成本差距。综合来看，纯电动重型车受限于电池密度、负载能力、续航里程三者间的天然矛盾，以及未来电池能量密度增长的“天花板”限制，预计 2030 年仍难以满足干线运输等重型车辆、长距离运输场景。氢燃料车可能是未来重型车新能源化的有效路径，国家新能源汽车科技专项将储氢系统压强提升至 70 MPa 作为科技攻关的目标，预计 5 年内将实现里程

与载重的突破，届时车辆续航里程将达到 500 km 以上，运载质量将进一步提升。此外，目前氢燃料成本较高也是限制其广泛使用的原因，出厂价约为 150 万元（不含补贴），预期到 2030 年，氢燃料电池货车成本将低于 60 万元，这也将大力促进氢燃料车的推广。

2.4.5 完善移动源管理体制机制

加强移动源排放监控能力建设。建立机动车、非道路移动机械排放在线监控平台，完善机动车遥感监测数据监控系统和定期排放检验机构机动车排放检测数据监控系统，加强对重型柴油车和高排放机械的监控。逐步完善重型柴油车在线监控体系及基于重要物流通道的空气质量监测网络的建设，重点监控评估交通运输污染情况。完善移动源全生命周期管理。加强新车环保一致性和在用符合性检测，实行机动车检测与维护（I/M）制度，对超标的机动车强制维修，实施闭环管理。利用电子标识、电子围栏、大数据、云计算等技术，创新移动源执法手段。制定实施生产企业、排放检验机构、维修单位、运输企业、施工单位、汽柴油和车用尿素生产销售企业以及用车大户等企业联合惩戒合作备忘录，完善环保失信行为联合惩戒工作机制。建立完善机动车等移动源行政执法与刑事司法衔接机制，对于生产、进口、销售不合格发动机、机动车、车用燃料、车用尿素，以及排放检验弄虚作假的行为，严惩重罚，涉嫌违法犯罪的移送司法机关，依法追究相关人员刑事责任。

2.5 油品及 NO_x 还原剂监管机制和方案

2.5.1 分时、分区油品指标控制

全面落实“三油并轨”要求，柴油车辆、非道路移动机械、内河非大型船舶全面使用车用柴油，大型内河船舶和江海直达船舶使用符合《船用燃料油标准》（GB/T 17411—1998）中规定的 DMA①（S10）或 DMB（S10）等级内河船用燃料油。交通运输部门组织落实“船舶大气污染物排放控制区实施方案”，船舶进入沿海控制区均应使用硫含量不大于 0.5%（质量分数）的船用燃油。市场监管、交通运输部门按各自职责分工，依据《中华人民共和国产品质量法》《中华人民共和国大气污染防治法》对柴油和船用燃料油质量进行监管。作为部门职能监管的补充，生态环境、市场监管、交通运输、公安、商务等部门联合组织开展油品质量监管专项行动，实现部门联动和日常监管与随机抽查互补。

加强汽油蒸气压控制，降低蒸发排放污染，参考北京市车用汽油地方标准[14]，对车用汽油实施春夏秋冬四季蒸气压要求，即从 3 月 16 日至 5 月 14 日控制在 45～70 kPa、从

---

① D 代表馏分（Distillate），M 代表船用（Marine）。DMA、DMB 为根据密度和十六烷值等质量指标划分的馏分燃料油。

5 月 15 日至 8 月 31 日控制在 42～62 kPa、从 9 月 1 日至 11 月 14 日控制在 45～70 kPa、从 11 月 15 日至 3 月 15 日控制在 47～80 kPa，市场监管部门加强对汽油蒸气压的监管。

2.5.2 NO_x还原剂和油品清净剂监管方案

在汽油中加入合格的车用汽油清净剂具有清洗发动机积碳、保持发动机性能等功能，清净剂本身不能单独体现清净性能，必须加入汽油中并通过专用的测试台架来测试其清净性指标。加与不加、加多加少、加好加坏会呈现不同的结果[15]。一些油库、加油站在添加清净剂上以次充好、以少代多，不仅达不到节能降耗和削减尾气排放的效果，反而还会造成耗油量、汽车尾气排放量的增加，尤其是使汽车燃油系统积炭结垢现象更加严重，缩短一些汽车零部件的使用寿命，加重汽车排放污染。因此，油品清净剂的监管是其实现减排的重要保障。

推进 NO_x 还原剂和油品清净剂质量信息公开，对产品质量达标、生产经营企业综合实力、质量保证体系、生产一致性行业监督、产品质量问题等进行信息公开。鼓励成品油销售企业（石油公司和加油站）、汽车企业和各地政府使用已对产品质量进行信息公开的优质产品，促进 NO_x 还原剂和油品清净剂质量提升和稳定达标。市场监管部门按职责依据《产品质量法》《大气污染防治法》对 NO_x 还原剂和油品清净剂产品质量进行监管。

2.5.3 油品监管机制

目前，柴油车（机）使用劣质油品的问题仍很严峻，最新抽查结果表明京津冀及周边地区加油站柴油不合格率仅为 5%左右，但从货车油箱中抽取柴油的超标率达到 27%，黑加油站点（移动黑加油车）柴油超标率更是高达 81%，油品质量问题仍然突出。

针对实际使用油品质量差的问题，需要加强生态环境、市场监管、公安、商务、安监和税务等部门的明确分工及信息互通。加强地区协调配合，采取异地交叉监管形式，形成以常态化市场监管部门监管执法、生态环境部门强化监督震慑为主，多部门、跨地区联合专项行动为辅，常态化监管震慑和随机检查在时间、地域上均衡覆盖的监管机制。

各地生态环境部门会同公安、住建等部门，在治超站、检查站、工地等开展车辆和非道路机械油箱油品质量现场检查，如油箱中油品超标，由公安机关调查油品来源，车主不能提供油品来源和加油凭证（发票、收据、支付凭证等）的，对其进行劝返，车辆进入重点监管名单。工程机械业主不能提供油品来源和加油凭证（发票、收据、支付凭证等）的，由住建部门责令停工整改（更换达标柴油），对工地进行通报，列入重点监管名单。梳理识别柴油销量大的加油站集中地区和重点加油站，进一步加大监管力度，控制好加油站主渠道。从用户源头上“倒逼”治理自流黑、伪劣油品销售渠道，由公安、市场监管、商务等部门对发现的油品来源问题线索进行追溯立案、取证处罚和取缔，涉及刑事犯罪（销售假冒伪劣产品罪）的移送司法机关。

建立非法调和油组分（常减压柴油、催化柴油等）会计账目检查制度，形成生产、销售、调和、用户的全链条监管。各主要炼油厂重点调和油组分销售会计账目定期上报财政、工信、生态环境部门（或信息共享），接受随机检查，生态环境部门会同市场监管、财政、公安等部门加强对重点调和油组分去向的跟踪、追踪、侦查，企业隐匿、故意销毁上述会计账目的，由财政部门予以处罚，构成犯罪的移送司法机关，以次充好，按成品油销售的，由市场监管部门处罚，构成犯罪的移送司法机关。

2.6 车油联合管控方案

2.6.1 加大路检路查力度，建立车油联合监管机制

前期调研结果表明，仅对柴油车进行强化监督检查的效果并不是很好，即使发现了超标的车辆，也很难溯源其原因，实现柴油车的超标治理。研究表明，只有在路检路查节点，同期抽查使用的油品，才能更有效地掌握柴油车超标的真实原因和情况，实现污染物排放实质性降低。下一步应联合公安交管部门，加大路检路查的范围和频次，在检测车辆尾气排放的同时检测车内油箱的油品质量，对于油品不合格的要建立追溯机制，从车主追溯到加油站，从加油站追溯到加油库。联合工商部门，找出问题源头并各个击破。

2.6.2 科技先行，开发现场油品快速检测技术

研究发现，实现车油联合管控的基础是同步获得车油实际使用情况信息，但路检路查中，如何在现场快速地对车用油品进行检测是目前面临的重要难题。本书开发完成了油品及车用尿素快速检测车，可在路检路查的同时及时获得油品关键环保指标数据，对于车辆排放超标快速识别出是车辆自身还是油品质量的问题，有利于后续执法的侧重与问题追责。鼓励移动快速检测车在重点区域先行应用，使针对柴油和车用尿素的道路执法检查成为可能并成为监管常态。

2.6.3 建立车油共管平台，动态掌握实时数据

在机动车信息平台的基础上整合油品质量监管模块，将机动车遥感数据、年检机构数据、油品的定期检测数据、路检路查数据全部整合汇总，实现数据的动态管理。同时定期对数据进行分析，利用大数据厘清机动车排放与油品质量的关系。并通过数据的收集、积累，实现加油站位置信息、检测数据分析、抽测合格率统计、情景设定、问题加油站追踪、检测车检测结果实时上传等功能。

2.6.4 提升油品质量，满足更严格车辆排放标准需要

近年来，随着 $PM_{2.5}$ 治理成效的显现，O_3 排放的问题越来越突出。为了更进一步提高环境质量，机动车的排放标准在未来势必要进一步加严，特别是对 VOCs 的排放会有更加严格的要求。目前，汽油标准对蒸气压的要求仅按照夏、冬两季进行了区分，在未来还应该进一步分时分区地细化。油品标准的制定应与排放标准的制定紧密结合，满足环境质量提升的需要。

参考文献

[1] 王军方，丁焰，尹航，等. 京津冀及周边柴油货车污染防治路径研究[J]. 环境保护，2019，47（18）：19-22.

[2] WU Y，ZHANG S J，HAO J M，et al. On-road vehicle emissions and their control in China：A review and outlook[J]. Science of the Total Environment，2017，574：332-349.

[3] WILLIANMS. M，MINJARES R. A technical summary of Euro 6/VI vehicle emission standards[R]. Berlin：The International Council on Clean Transportation，2016.

[4] 单文坡，余运波，张燕，等. 中国重型柴油车后处理技术研究进展[J]. 环境科学研究，2019，32（10）：1672-1677.

[5] 生态环境部. GB 17691—2018 重型柴油车污染物排放限值及测量方法（中国第六阶段）[S]. 北京：中国环境出版集团，2018.

[6] 环境保护部. 关于发布《机动车污染防治技术政策》的公告[EB/OL]. 北京，（2017-12-12）[2021-06-30]. http://www.mee.gov.cn/gkml/hbb/bgg/201712/t20171218_428132.htm.

[7] POSADA F，YANG Z F，MUNCRIEF R. Review of current practices and new developments in heavy-duty vehicle inspection and maintenance programs[R]. San Francisco：International Council on Clean Transportation，2015.

[8] XI Y Z，OTTINGER N，LIU Z. New insights into sulfur poisoning on a vanadia SCR catalyst under simulated diesel engine operating conditions[J]. Applied Catalysis B：Environmental，2014，160：1-9.

[9] OLSSON L，WIJAYANTI K，LEISTNER K，et al. A kinetic model for sulfur poisoning and regeneration of Cu/SSZ-13 used for NH3-SCR[J]. Applied Catalysis B：Environmental，2016，183：394-406.

[10] MECA. Catalyst-based diesel particulate filters and NO_x adsobers：a summary of the technologies and the effects of fuel sulfur[R]. Washington DC，US：MECA，2000.

[11] XIE Y H，POSADA F，MINJARES R. Diesel sulfur content impacts on Euro VI soot-free vehicles：Considerations for emerging markets[R]. International Council On Clean Transportation，2020.

[12] 郝春晓，陈伟程，谢琼，等. 车用尿素溶液质量对 SCR 系统的影响[J]. 环境与可持续发展，2016，

41（1）：46-49.

[13] 国家发展改革委员会. 关于印发《加快成品油质量升级工作方案》的通知[EB/OL]. 北京，（2015-05-07）[2021-03-15]. https：//www.ndrc.gov.cn/xxgk/zcfb/tz/201505/t20150507_963820.html.

[14] 北京市生态环境局，北京市市场监督管理局. DB11/238—2021 车用汽油环保技术要求[EB/OL].（2021-07-08）[2021-09-23]. http://sthjj.beijing.gov.cn/bjhrb/index/xxgk69/sthjlyzwg/jczf/11024973/2021070816422634572.pdf.

[15] 朱仁成，鲍晓峰，贾明，等. 汽油清净剂对汽车尾气排放影响及其清净性研究[J]. 环境工程技术学报，2016，6（4）：307-313.

第 3 章

车（机）油联合管控技术*

车（机）油联合管控是“车油路企”统筹管控中非常重要的组成部分。为解决高排放车识别困难、技术手段少的难题，本书研究了柴油车远程在线监控、企业运输车队监管、油品快速检测等技术。综合使用远程在线监控、路检路查、遥感等多种手段，实现对高排放车辆的高效筛查、对企业运输车队的环保监管以及油品质量的快速检测，确保柴油车（机）达标排放。

3.1 柴油车（机）过程管理控制技术

重型柴油车对空气质量影响较大且当前监管环节较为薄弱，亟须加强环境监管的技术支撑[1]。目前，重型车排放监管存在监管难、处罚难、取证难等问题[2]。从重型车国Ⅵ排放标准开始，重型车需装备远程排放管理车载终端，将车辆 OBD 中与排放相关参数实时报送生态环境主管部门，便于管理部门实现对车辆排放的实时监管。本研究开发建立了柴油车远程监控综合管控技术方法，以城市柴油车精准管控以及重点行业、企业运输需求调控为目的，建立以 OBD、定期检验、路检路查、遥感监测等数据为主，车辆行驶轨迹和加油信息为辅的柴油车远程监控综合管控平台（以下简称“管控平台”），实现了高排放车辆识别、预警、溯源，以及工业企业运输管控和效果评估等功能。

柴油车远程在线监控技术体系是以生态环境部“天地人车”一体化建设目标和框架为指导，通过车辆远程排放管理车载终端传输数据，实现对已联网柴油车进行 OBD 远程在线监控，结合道路遥感数据[3-5]，实时监控柴油车辆的尾气排放水平。美国加利福尼亚州空气资源局也有实验研究表明，在车辆上安装较为低价的 NO_x 传感器是一种有效地实时监管在用车辆 NO_x 排放的手段[6]。另外可以通过尿素液位、油箱液位变化、NO_x 浓度等参数深度挖掘，进行尿素添加点位识别、车辆加油点位识别、油品管控等，为油品及

---

* 本章作者：田苗、谷雪景、王运静、唐祎骕、吉喆、郝春晓、何卓识。

尿素还原剂的监管提供数据支持。同时，通过收集分析重点企业分布、门禁视频监控、企业运能登记、实时流量监控、车流统计、过车数据统计、车辆黑名单等，实现重点工业企业车队的管控。

根据以上技术需求，构建了以“车联网+大数据”为核心的智能监管技术，建立柴油车远程在线监控平台（图 3-1）。通过排放清单、数值模型、网格化监测、高性能计算等多种方法，实现超标柴油车精准识别、城市尺度高分辨率排放清单动态管理、重污染天气应急调控及控制方案量化评估等一系列决策支持功能，有针对性地开展高污染车辆的治理，全面提升移动源污染防治的精细化管理水平，并根据系统平台的相关功能以及实际需求开发微信小程序。

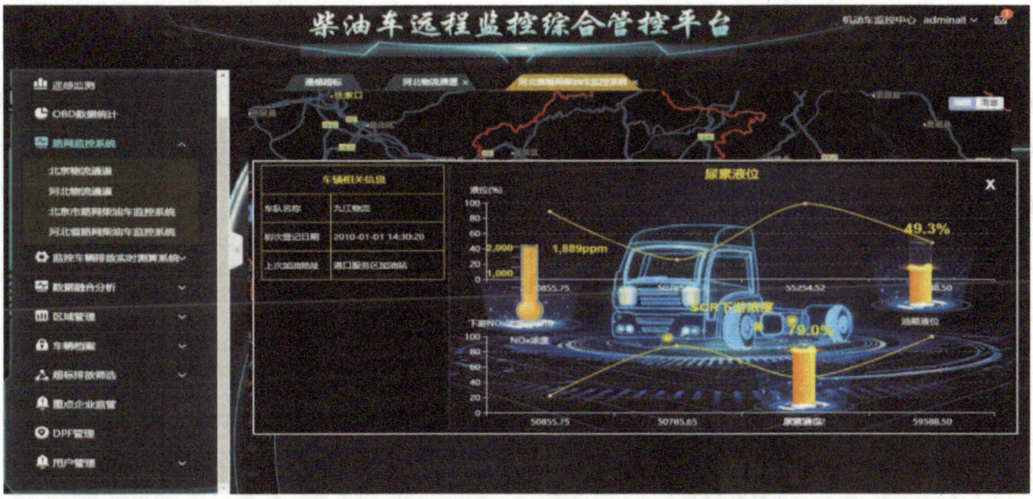

图 3-1　柴油车远程监控综合管控平台

3.1.1　柴油车远程在线监控平台建设原则

（1）系统性原则

作为机动车环境监管能力建设的项目，在项目总体设计时就应全面考虑后续项目的建设，科学、合理进行系统的总体设计，确保项目最终的整体性与实用性。

（2）扩展性原则

系统应具有良好的可扩展性，以满足数据与平台功能的不断升级和扩展的要求，要充分考虑后续增加的机动车相关业务，系统随着后续建设的逐步完善和信息量的逐渐增加，能够不断地进行扩展，系统体系结构能够提供开放和标准的接口，实现不同系统间的互联互通。

（3）易用性原则

项目用户包括从市级到区县生态环境管理的各类用户，由于用户的计算机水平不同，设计时要最大限度地考虑平台操作的友好性和便利性，界面设计简洁大方，功能菜单或按钮设计合理易懂、易操作，设计友好的帮助提示，协助用户顺利操作。

（4）安全性原则

信息访问与使用要进行严格的权限安全管理，交换的关键信息需要进行加密和解密，尽可能通过环保专网进行业务操作和数据交换。

（5）可靠性原则

应用系统和服务器应进行冗余设计，在系统产生错误时，应能及时切换到备用系统，保证系统的可靠与安全运行。

3.1.2 柴油车远程在线监控平台功能架构设计

根据前期的需求分析，该平台包括 PC 端和移动端。PC 端的设计过程中，考虑多种数据的整合以及数据量，该系统采用分布式架构，按照“数据获取→数据逻辑共享→数据模拟计算→决策支持→效果评估→数据获取”的柴油车闭环管理思路，对重型柴油车管控平台主体框架进行搭建。该平台功能架构如图 3-2 所示。

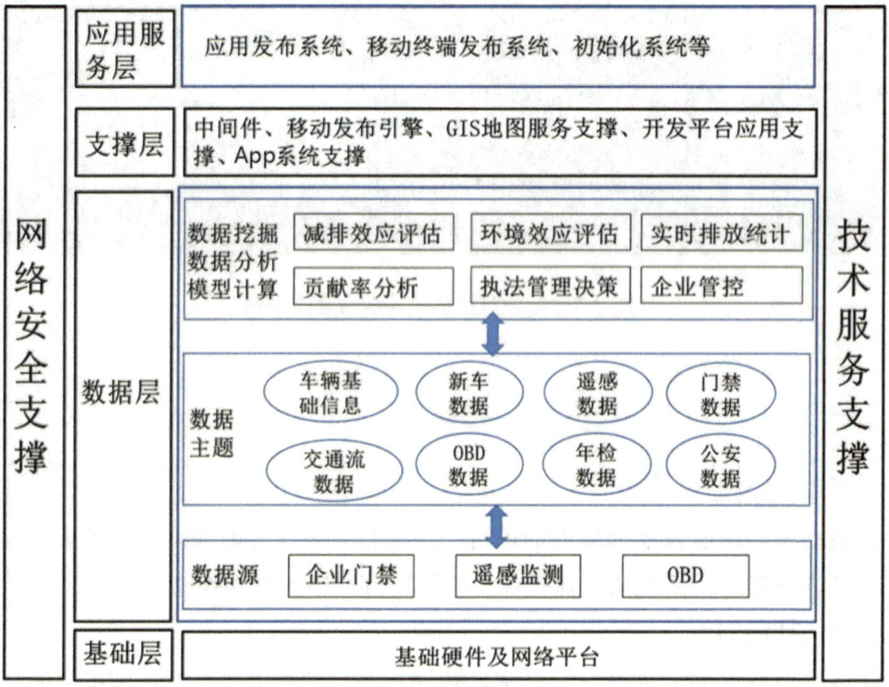

图 3-2 柴油车远程在线监控平台功能架构

柴油车远程监控综合管控决策平台的开发采用基于 J2EE 的分布式计算技术进行系统架构设计和系统开发，采用 B/S 架构模式，实现在主流浏览器的一致展现，且无须更改任何代码。数据库采用主流的 Oracle 等关系数据库，并参照 SOA 标准规范，为以后的应用系统提供标准的服务接口。系统采用信息开放等级划分、权限许可和角色认证的方法，建立系统安全机制，建立基于 XML 的数据交换规范。同时，为了使系统平台可以灵活、低成本地实现功能模块的升级和更新，采用组件式开发的方式，将构架作为系统构造和演化的基础，可以实现大规模、系统化的软件复用，减少软件的更新和开发周期，提高管控平台功能的灵活性和对业务变化的适应性。

柴油车远程监控综合管控系统主要功能包括：

（1）重点工业企业车队管控系统

①重点企业分布

②门禁视频监控

③企业运能登记

④企业进车流量监控

⑤企业车辆查询

⑥车辆黑名单数据库

⑦企业车队监管

⑧企业秋冬季及重污染应急响应管控

（2）OBD 远程在线监控系统

①实时车辆分布

②OBD 数据监控

③OBD 数据统计

（3）数据融合分析

①行驶里程统计分析

②尿素点位添加识别

③NO_x 排放分析

④高分辨率排放清单计算

⑤重污染管控效果评估

3.1.3 移动端功能介绍

根据系统平台的相关功能及实际需求，相应地开发了一款微信小程序，程序包括个人用户、企业用户、执法用户、区县管理用户及市级管理用户五个模块。

（1）个人用户

个人用户可以通过小程序提交自有车辆的相关信息及行驶证、身份证等信息与车辆绑定，后台人员通过公安信息匹配确认通过之后，车主就可以看到自己车辆的车况及环检、遥测、黑烟等历次检测的记录及结果，督促车主在发现超标记录后及时到维修点维修。

（2）企业用户

企业用户是针对门禁系统监控的重点工业企业，每个企业都能进入小程序查看各自企业的实时进车数，并能根据排放阶段、车辆品牌、车辆归属实时统计进车数，同时当有高排放车辆进入企业时，也会有预警提示企业管理人员。

（3）执法用户

执法用户是针对各区县的执法人员在路检路查、入户调查、加油站检查、错峰督导等情景下设计的。执法人员在检查时可通过小程序对检查信息进行录入，并现场打印报告单。

（4）区县管理用户

区县管理用户可以查看各自辖区内重点工业企业的实时进车数以及路检路查的执法情况，同时能够查看年检站的检测排名情况。

（5）市级管理用户

市级管理用户能够查看辖区内所有重点工业企业每天的实时进车数以及各区县路检路查的执法情况、各遥感监测点位、黑烟监测点位的实时监测数据，同时能够查看各年检站的检查排名情况。

3.2 重点工业企业车队监控系统设计

3.2.1 企业信息登记

远程监控综合管控决策平台展示了本地区重点监控企业的位置分布，点击企业名称显示企业的详细信息，包括企业产能、原料运输等运输量信息，以及正常进车数、当日进车数、10 天内进厂车流变化、进厂车辆排放阶段分布等车辆信息，以及企业“一厂一策”方案等信息（图 3-3），方便使用人员登记和查询。

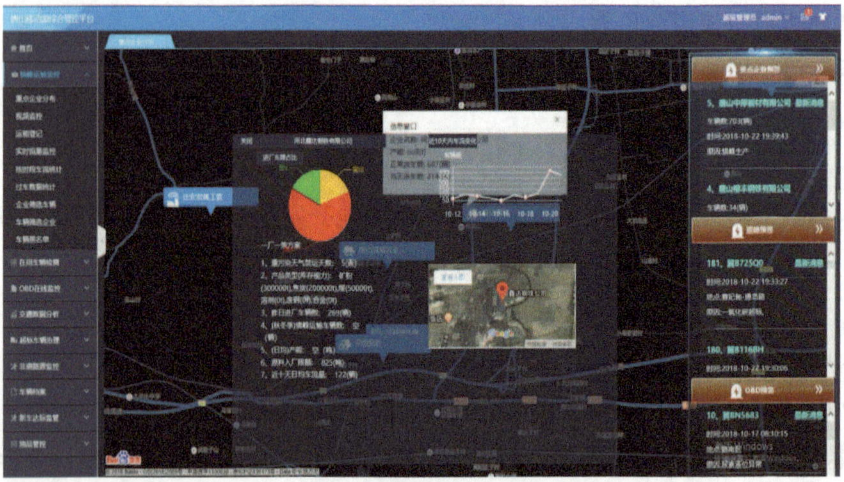

图 3-3 重点企业分布

3.2.2 门禁视频监控系统

联网企业需安装门禁监控设备，门禁监控系统用于实时监控企业进厂车辆，通过收集车辆牌号、排放阶段等相关数据，协助企业管控车队环保水平。在系统平台上点击摄像头的名称，均可以实现远程实时视频查看（图 3-4）。

图 3-4　门禁视频监控界面

3.2.3 企业进车监控和管理

（1）实时车流量监控

依托重点企业门禁监控系统，可实时监控平台上企业每一天的实时进车数，并搭建直观、易懂的可视化模块，随着进车数的增加，进度条的颜色逐渐加深（图 3-5），也可查看企业进车的高峰时段以及进车数全天的分布情况。

图 3-5　流量监控界面

（2）过车数据统计

为管理人员提供针对每一家企业的进厂车辆数据的查询功能，实现对车辆进入企业详细信息的检索，并实现查询结果的直接导出；可查询企业进车的车辆信息、时间、地点及图片；导出企业在某一时段内的进车数、平均数、总数。

（3）车辆查询

针对每一家联网企业，查询某一车辆进入厂区的次数以及车辆进入企业的时间、地点、车辆的排放标准和对应车辆进厂图片，并根据进厂次数排序展示；也可根据车牌号检索当前车辆进入过哪一家企业，以及进入的时间、地点和对应车辆进厂图片，并且根据车辆的进厂次数进行排序。

（4）车辆黑名单

对排放检测不合格的车辆（包括定期检验、路检路查、遥感等）进行展示、登记、移除、告警等（图 3-6）。

查询黑名单：根据时间、车牌号去检索符合条件的黑名单车辆；

增加黑名单：对检测不合格的车辆，添加车辆信息进入黑名单；

移除黑名单：对于不合格的车辆整改完成并检测合格后，移除黑名单；

黑名单告警：对于未整改的上路车辆告警，提示管理人员进行处理。

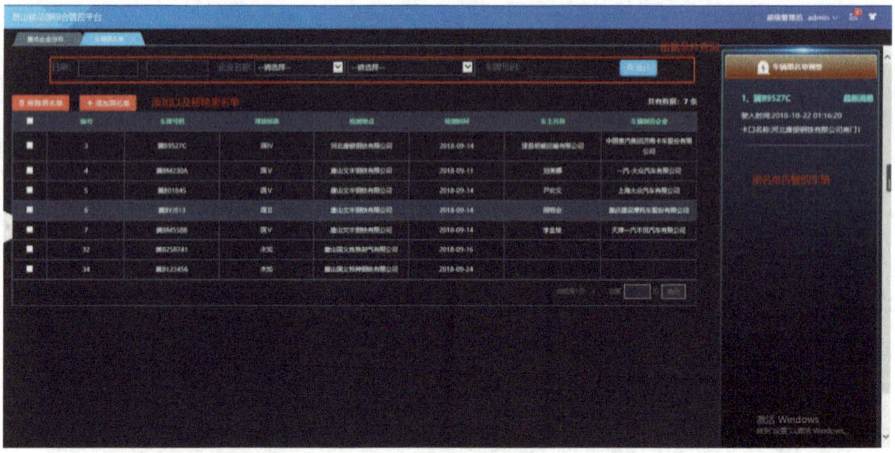

图 3-6　查询黑名单界面

3.2.4　企业车队监管

按照车队的归属，分为自有车队和非自有车队的监管。统计车队信息、所属区县、用车数量和排放阶段等信息。非自有车队，还需统计车队车辆中不同省份归属地的占比情况以及其车辆技术分布情况（图 3-7）。

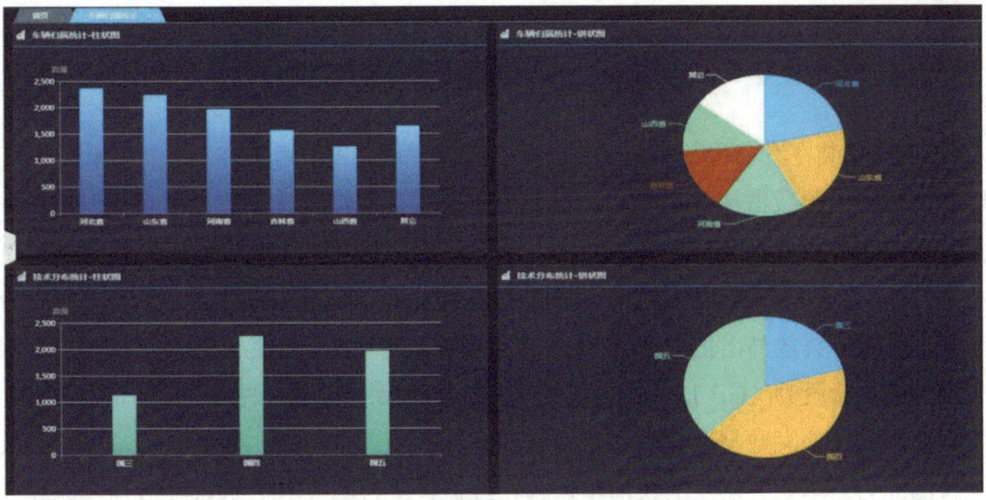

图 3-7　车辆归属地统计和技术分布展示

3.2.5　企业秋冬季及重污染天气期间应急响应管控

秋冬季应急响应管控期间，根据各地（市）不同的移动源管控政策，监控企业措施的执行情况，如某地重污染天气红色预警响应期间，禁止国Ⅴ（不含）以下重型货车进、出重点监控企业，监控系统可实时监控进、出厂车辆（图 3-8），若监控系统抓拍到未达标准车辆进、出企业，会将相关信息上报给指挥中心，由指挥中心通报区县并下发至企业，给予相关处罚。

图 3-8　秋冬季应急管控期间企业门禁实时监控界面

3.3 OBD 远程在线监控系统设计

OBD 指安装在汽车和发动机上的计算机信息系统，属于污染控制装置。第三代 OBD 能够实时传输监测数据至数据中心，实现对车辆实时监测功能。重型车对空气质量影响较大，一方面和自身排放强度较大有关，另一方面和污染控制装置不正常运行的比例较高相关[1-2]。重型车主要为柴油车，根据实测分析，在 NO_x 排放控制装置失效的情况下，国Ⅴ柴油车实际排放高出正常水平 3～7 倍。依据《重型柴油车污染物排放限值及测量方法（中国第六阶段）》（GB 17691—2018）要求，车载终端具备自检、OBD 信息采集、发动机数据采集、信息数据存储、通信传输、定位、管理（注册、激活）等功能，并具有安全检测能力。本研究研发的柴油车远程在线监控平台的 OBD 远程在线监控系统模块中，主要可以展示和提供实时车辆分布、OBD 传输数据（如车辆信息、NO_x 浓度、油箱液位变化、行驶轨迹等）的分析。

3.3.1 实时车辆分布

平台展示每个区县中监控车辆的数量，放大地图等级显示车辆的具体位置，点击车辆图标显示车辆的具体信息（图 3-9）。

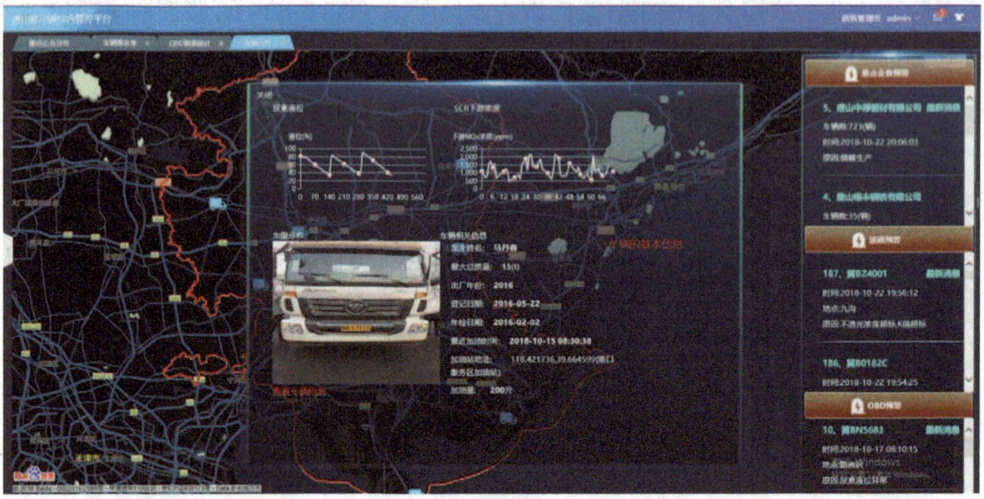

图 3-9 显示车辆信息

3.3.2 OBD 数据监控

根据日期查询车辆的基本信息、近期油箱液位变化、NO_x 浓度变化、行驶轨迹等（图 3-10）。

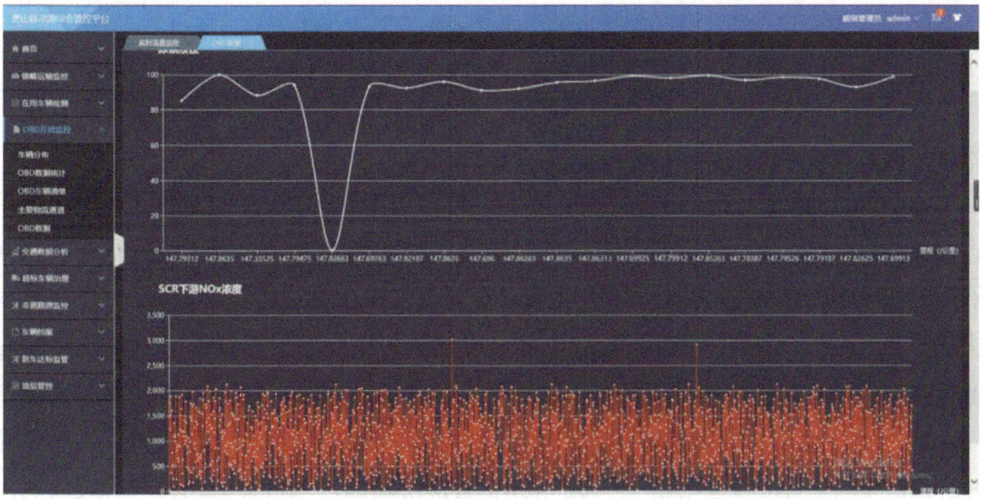

图 3-10　监控车辆 NO_x 浓度和尿素液位变化

3.3.3　OBD 数据统计

统计分析 OBD 数据中不合格数据情况（图 3-11）。①不合格车辆品牌统计：统计接入平台车辆中，不同车辆类型 OBD 不合格的车辆数和比例；②不合格原因分析：如 SCR 下游 NO_x 超标、尿素问题等；③不合格车辆所在区（县）占比：所有区（县）OBD 不合格车辆的数量和占比；④不合格用车企业占比：所有的用车企业中不合格车辆的数量及其比例。

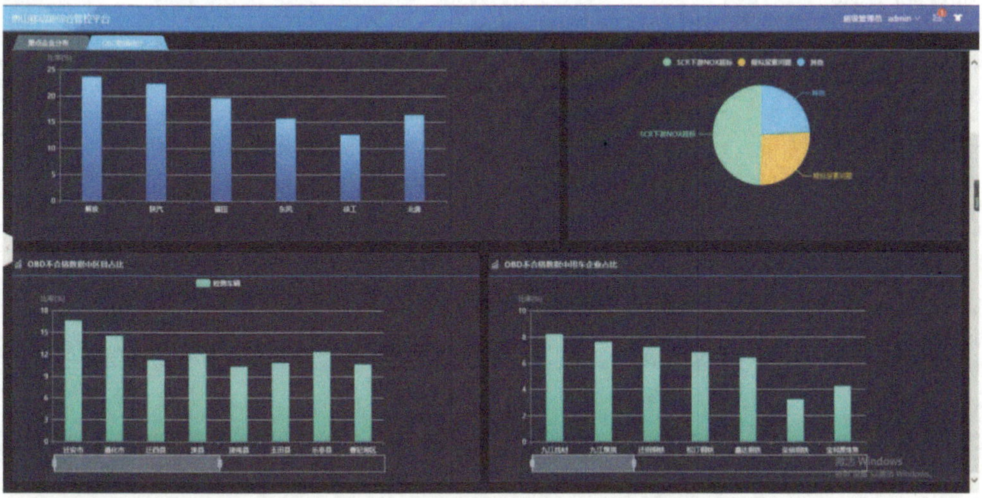

图 3-11　OBD 数据统计界面

3.3.4 在线监控平台车辆监测和实际道路排放比对测试

为了比对监控平台 OBD 数据的可靠性，本研究委托北京理工大学开展了监控平台监测数据与实际道路排放的比对测试。

实验主要选择美国 Sensors 公司生产的 SEMTECH-DS 车载排放测试仪进行污染物的测量。如表 3-1 所示，分别采用不分光红外分析法（NDIR）测量 CO 和 CO_2，加热型氢火焰离子检测器（HFID）测量 THC，不分光紫外分析法（NDUV）测量 NO 和 NO_2，电化学分析法测量 O_2 含量。仪器在使用前需经约 45 min 的预热稳定，预热后采用纯 N_2 进行标零，使用标准气体进行精确性校准，以保证仪器测量的准确性。SEMTECH-DS 车载排放测试仪排气流量计（EFM）可以保证响应时间为 1s，并且可以减少排气压力的波动，在排气流量较低时也能保持数据记录的稳定性。流量计带有清洗功能，测量前后通过气体反吹对压力管进行清洗，保证取样口和取样管的清洁。SEMTECH-DS 车载排放测试仪自带全球卫星定位系统（GPS）可以记录车辆行驶过程中逐秒的地理位置（即经度、纬度、高度）和行驶速度信息。其对污染物的测量范围和精度如表 3-2 所示。同时采集工况用电监测系统（PEMS）数据和 OBD 中 NO_x 读数，并进行分析。

表 3-1 PEMS 系统仪器及主要附件

仪器/设备	数量	模块	用途	重量（约）
SEMTECH-DS	1	NDIR	测量 CO_2/CO	50 kg
		HFID	测量 THC	
		NDUV	测量 NO_2/NO	
		Ambient sensor	测量环境温湿度	
		GPS	测量经纬度、海拔并计算车速	
		EFM	测量排气温度、流量	10 kg
12V 电池	1	/	稳压，并提供紧急电源	25 kg
标准气体	4 瓶	/	对 SEMECH-DS 各模块进行标零、标量距等操作	25 kg

表 3-2 SEMTECH-DS 车载排放测试仪各气态污染物的测量范围和精度

污染物	测量范围	分辨率	测量精度
CO_2	0～20%	0.01%	±3%
CO	0～8%	10 ppm	±50 ppm 或±3%
THC	0～100 ppm	0.1 ppm	±5 ppm 或±2%
	0～1 000 ppm	1 ppm	±5 ppm 或±2%
	0～10 000 ppm	1 ppm	±25 ppm 或±2%
NO	0～2 500 ppm	1 ppm	±15 ppm 或±3%
NO_2	0～500 ppm	1 ppm	±10 ppm 或±3%

分析显示，OBD 的 NO_x 有效数据较 PEMS 缺失 9%～12%。OBD 与 PEMS 监测值有较好的相关性（R 值 0.87～0.91），但是 OBD 检测值与 PEMS 相比高值更高，低值更低，平均值差异在 40%以内。

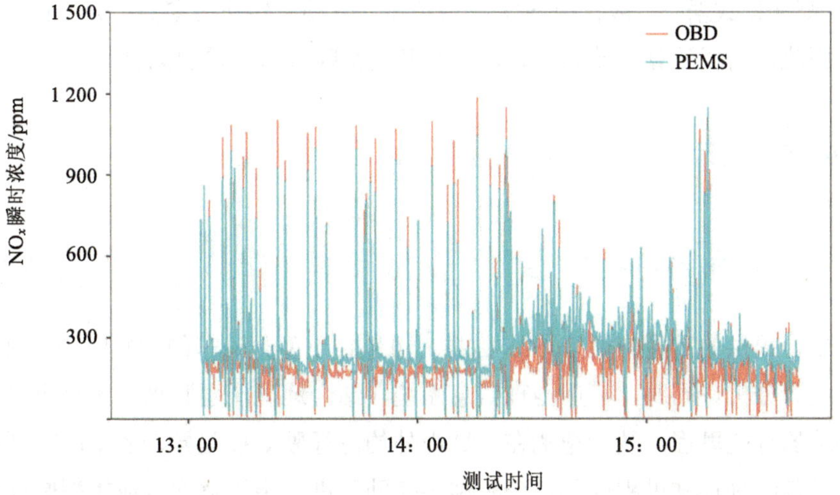

图 3-12　1#车 OBD 和 PEMS 检测 NO_x 浓度对比（红色-OBD 数据　蓝色-PEMS 测试数据）

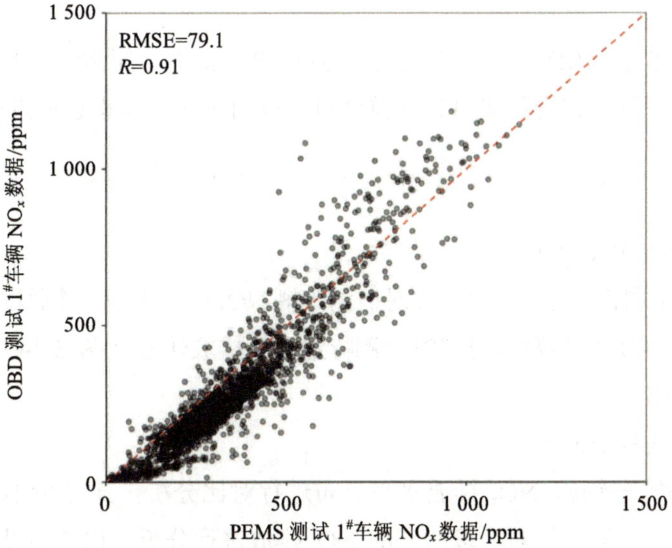

图 3-13　1#车 PEMS 和 OBD NO_x 检测值对比

通过监测平台与实际道路排放比对，可以得出：

1）监测平台的数据较为稳定，数据丢失现象较少，数据突变较少；

2）本次测试结果与其他人 OBD 应用的研究结果较为一致[7]，且在多数情况下，监测平台与 PEMS 测试结果有较好的相关性。

3）PEMS 实际道路测试，因为受仪器状态、大气、车辆等因素的影响，存在一定的不确定性，且测试一次的时间及人力成本均较为昂贵，不能够实时开展对重型车的道路测试，而监测平台数据具有连续性记录的特点，有利于重型车的监管。

4）监测平台数据，一般仅有 NO_x 排放浓度、发动机转速等参数，无法记录重型车排气流量，因此，需要计算排放因子时，还要开展实际道路的排放测试。

3.4 远程在线监控平台的应用

3.4.1 行驶里程统计分析

利用平台提供的重型柴油车 GPS 数据，可监控重型柴油车的行驶轨迹，对车辆行驶里程进行统计分析。同时，利用地理信息系统，结合地理图层数据，区分重型柴油车在本地和外地的行驶里程，统计车辆在区域内外的总行驶里程差异、各车型在区域内外行驶里程以及各时刻行驶里程变化，分析结果有助于进一步了解本区域重型柴油车的行驶特征，并为高分辨率排放清单的计算提供更加符合本地情况的数据。

3.4.2 尿素添加点位识别

依托重型柴油车 OBD 远程监控数据（包括 GPS 数据、尿素液位数据）可对车辆尿素添加点位进行识别，识别结果可辅助监督执法部门对非法尿素添加点进行精确查处。

3.4.3 NO_x排放分析

（1）实时 NO_x 浓度显示

OBD 设备通过尾气氮氧传感器实时监测车辆 NO_x 排放水平，并通过无线传输系统上传至平台，利用 NO_x 监控数据可实时回溯特定车辆排放轨迹（图 3-14），锁定车辆 NO_x 高排放路段。

（2）NO_x 排放特征分析

针对不同监控车辆的 NO_x 排放水平分布进行对比分析，此分析不同于上述的实时 NO_x 浓度展示，而是重点针对一段时间的 NO_x 排放进行分析，以期通过长时间的监控锁定高排放车辆。抽取平台中 2019 年 2—3 月中 482 辆变化频次低、行驶时间长的货车车辆（国Ⅳ175 辆，国Ⅴ307 辆）（表 3-3），同步收集车辆燃油类型、排放阶段、总质量、额定功率等车辆信息，对这些车辆整体及单车 NO_x 浓度、平均浓度、浓度分布等进行综合分析，再结合尿素液位、油箱液位等信息进行溯源分析。

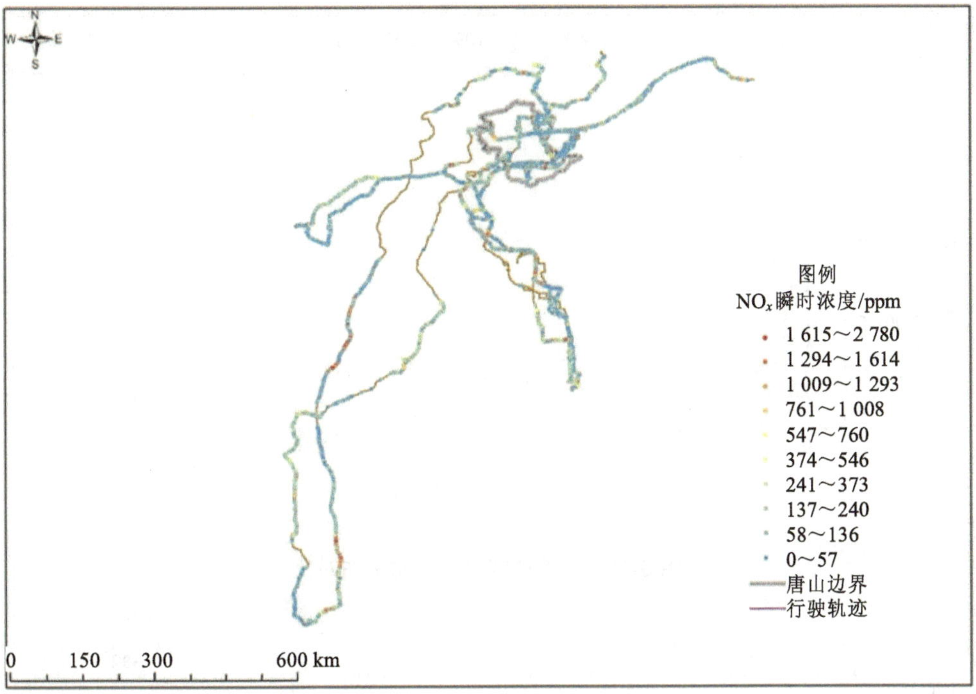

图 3-14 NO_x 排放轨迹展示

表 3-3 抽取车辆基本信息

车辆类型	燃料类型	排放阶段	数量/辆
中型	柴油	国Ⅴ	1
重型	柴油	国Ⅳ	175
		国Ⅴ	306

如图 3-15 所示，对比了 3 辆车在 2 个月内的 NO_x 排放分布，结果显示 109 号车辆与其他 2 辆车相比具有明显的高排放段。同一辆车排放的 NO_x 浓度会随着车辆的行驶速度不断变化（图 3-16），通过统计车辆 NO_x 排放与速度的变化关系，有助于了解车辆 NO_x 排放特征。

通过 OBD 监控数据，分析车辆 NO_x 时间和空间的排放特征以及整体趋势，及时发现异常情况。

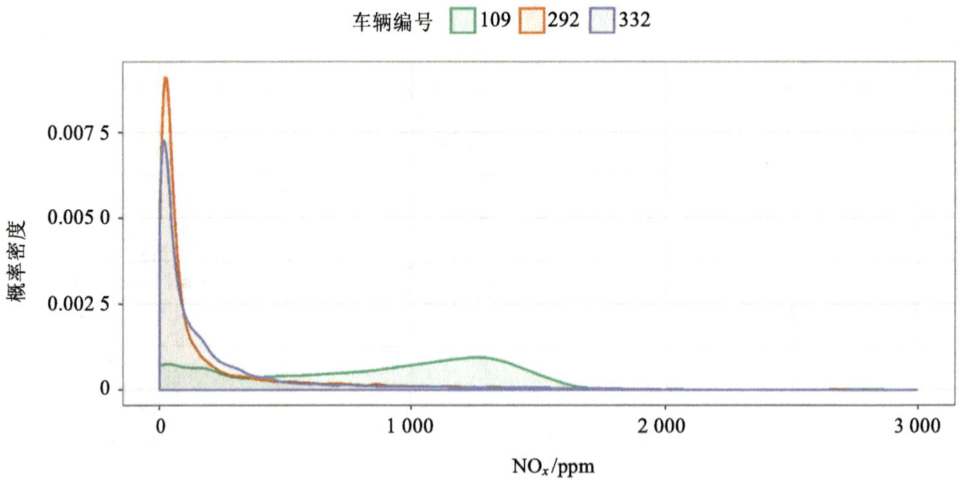

图 3-15 监控车辆 NO_x 排放分布对比

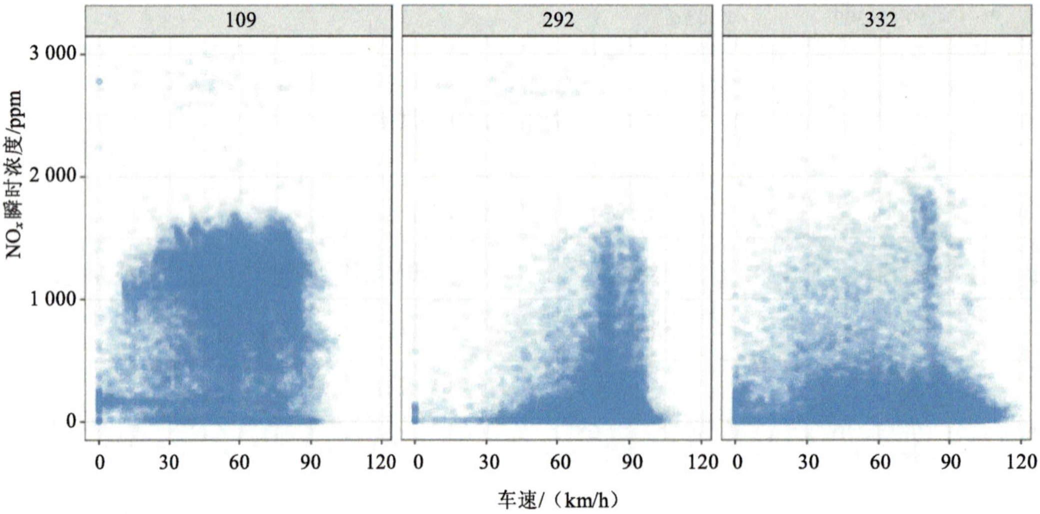

图 3-16 NO_x 浓度与车速的变化关系

通过对所有车辆排放水平的统计计算，分析整个车队的排放水平。此次分析的 482 辆车的 NO_x 平均浓度值为 611 ppm，最大浓度值为 2 406 ppm，最小浓度值为 13 ppm。由图 3-17 可知分析的车辆中，近一半的车辆（42.8%）NO_x 平均浓度值小于 500 ppm。

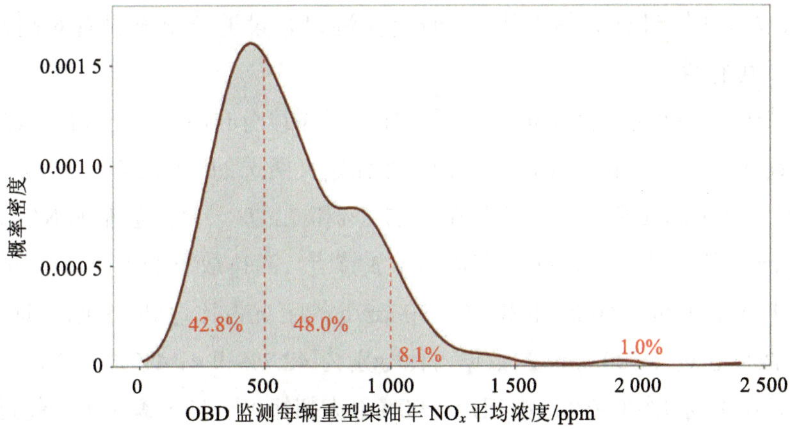

图 3-17　重型柴油车 NO_x 平均浓度概率分布

（3）NO_x 排放—尿素消耗关系分析

OBD 数据中包含尿素液位数据和 NO_x 瞬时浓度数据，针对二者的变化情况可进行本地重型柴油车尿素消耗与 NO_x 排放的特征分析。图 3-18 显示了部分监控车辆 NO_x 排放与尿素消耗情况的统计结果，尿素液位无变化时 NO_x 排放高于其他情形，国Ⅳ车辆 NO_x 排放整体高于国Ⅴ车辆；长时间未添加尿素时，存在国Ⅴ车辆排放高于国Ⅳ车辆的情况；正常添加尿素与长时间未添加尿素相比，NO_x 排放差异较小，可能与 NO_x 数据质量有关（原因有待进一步分析）。

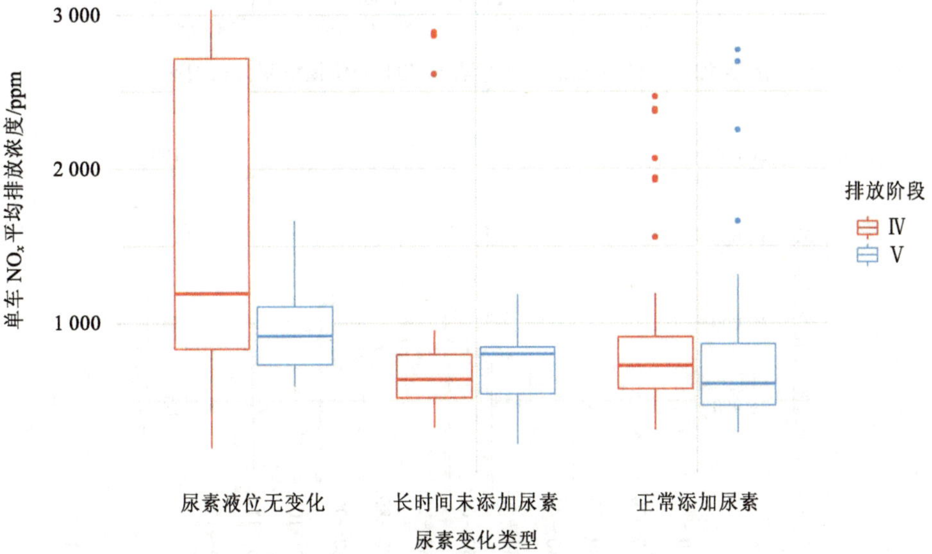

图 3-18　NO_x 排放—尿素消耗关系分析

（4）NO_x 高排放车辆识别系统结果分析

近年来，欧洲和美国等地开始利用机动车遥感监测、OBD 在线监测数据对机动车污染控制的政策法规进行评估[8-11]，并研究在港口布设遥感测试设备对高排放车辆进行筛查[12,13]的可行性。

根据上节中平台筛选车辆 OBD 上传的 NO_x 整体浓度分布情况，此次我们定义 NO_x70%分位值浓度超过 1 500 ppm 为高排放车辆，按此定义所选的车辆中约 7.5%属于高排放车辆（图 3-19），其中国Ⅳ和国Ⅴ车辆分别占 27.8%和 72.2%。高排放车辆 NO_x 体积分数均值为 1 840 ppm。进一步分析高排放车辆的排放特点，高排放车辆主要在中高速、高扭矩下行驶，其中速度在 50～60 km/h 和 60～70 km/h 的工况占比达到 35.4%，这 2 个车速段下瞬时 NO_x 浓度超过 1 500 ppm 的数据占比分别为 42.7%和 47.4%［图 3-20（a）］。由图 3-20（b）可见，在中高扭矩（50%最大扭矩～90%最大扭矩）下，NO_x 瞬时浓度超过 1 500 ppm 的数据占比超过 50%，与 Badshah 等[14-16]实验测得的重型柴油车排放结果较为接近。

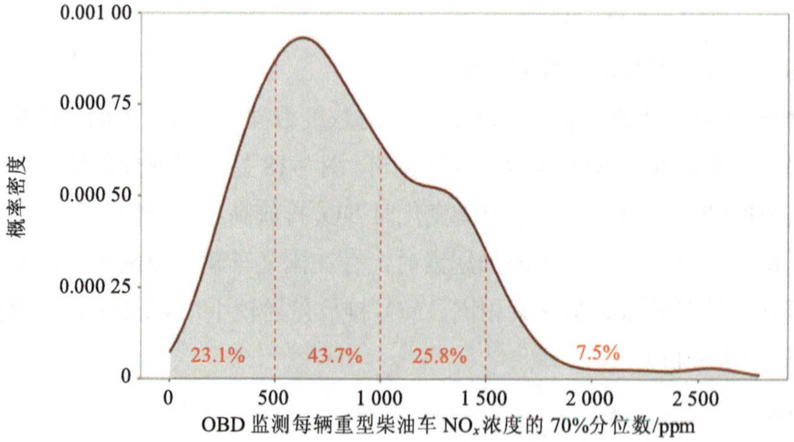

图 3-19 平台中每辆车 NO_x 浓度 70%分位值概率分布情况

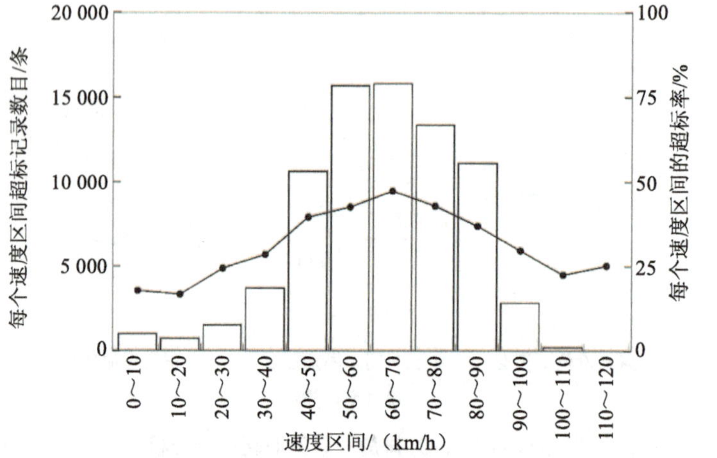

（a）不同速度

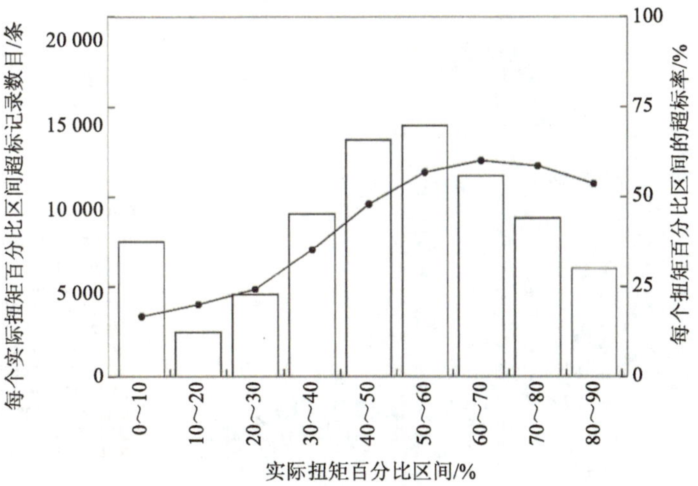

（b）不同扭矩

图 3-20　高排放车辆不同工况点位总数以及 NO_x 瞬时值超过 1 500 ppm 的数量占比

结合尿素液位、年检、路检路查等数据分析发现，高排放车辆中尿素箱液位无监控信息和没有变化的占比分别为 16.7%和 38.9%，44.4%的车辆尿素液位有变化。说明约有 55.6%的车辆 NO_x 排放较高的原因可能是 OBD 被屏蔽或传感器被损坏及未喷射尿素水溶液；44.4%的车辆则可能是 SCR 还原装置或催化剂失效造成即使正常添加尿素水溶液，也起不到减排作用。通过匹配年检、路检信息，发现这些高排放车辆最近一次年检均为通过，只有一辆高排放车辆在 2019 年有超过 1 次路检不通过的记录。据此可以判断，车载诊断系统、路检路查等随机方式更容易筛选和监控高排放车辆。

3.4.4　高分辨率排放清单计算

利用重型柴油车 OBD 监测参数、GPS 数据和本地化排放因子，采用“从下至上”的方法制作这些监控车辆在区域内的高分辨率排放清单（1 km/h），车辆的排放因子由综合基准排放因子和校正因子计算得到，相关数据和参数均来自《道路机动车大气污染物排放清单编制技术指南（试行）》。图 3-21 展示了利用 1 751 辆重型柴油货车 2019 年 2—3 月在唐山市内的行驶数据制作的 NO_x1 km×1 km 排放清单，NO_x 高排放路段为城市中东部的几条重要运输通道，由于实施管控措施，市中心区域排放较少。

3.4.5　重污染天气应急管控效果评估

针对重污染天气应急管控措施实施前后，重型柴油车的使用强度、排放量和企业错峰运输实施情况进行统计分析，可评估重污染天气应急管控措施实施效果。以唐山市柴油车远程在线监控平台数据为例，分析唐山市 2019 年某次重污染天气应急响应管控效果。

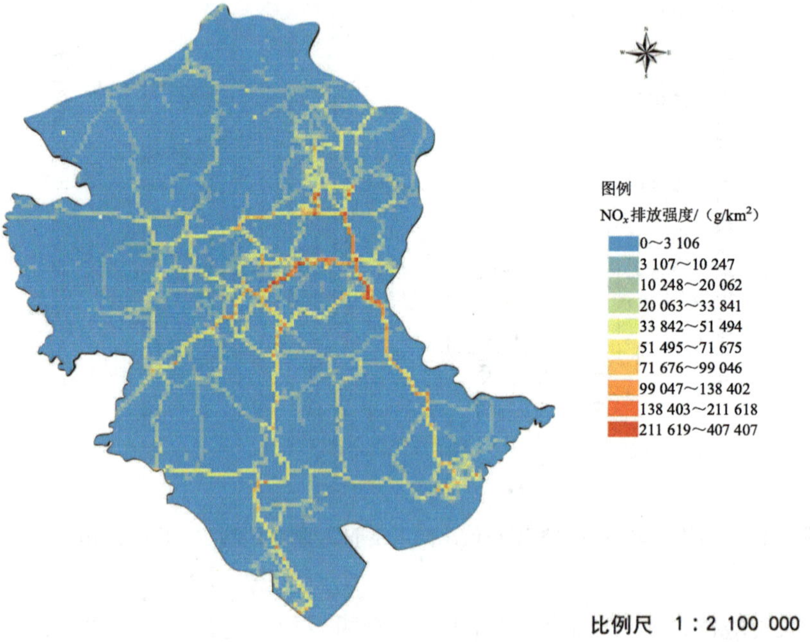

图 3-21 监控车辆在 2019 年 2—3 月在唐山市的 NO_x 排放分布

统计 2019 年 10—11 月的重污染天气前后唐山市重点企业进出厂车辆数据情况，如图 3-22 所示，重污染天气二级应急响应前后，企业进厂车辆数以及本地车国Ⅴ占比均存在显著性差异。应急管控期间，进厂车辆数显著减少，由非管控期间的 13 370 辆/d 下降至 5 737 辆/d，进厂车辆中本地国Ⅴ车辆占比显著升高，国Ⅴ占比由管控前的 47.37%提高至 71.80%，管控措施实施效果明显。

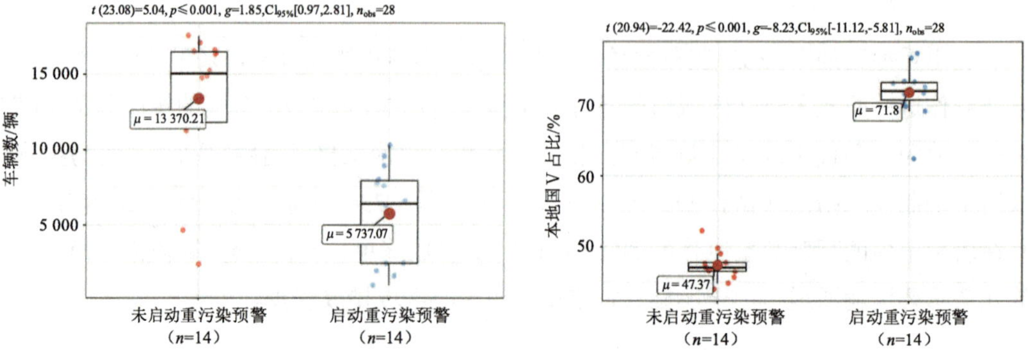

图 3-22 应急管控期间重点企业进厂车辆统计

由根据 OBD 远程监控数据计算的京津冀地区重污染天气前后重型柴油车 NO_x 排放强度分布，重污染天气期间，京津冀区域重型柴油车排放强度快速下降，特别是北京地区下降明显，其他地区均存在不同程度下降。

3.4.6 车辆加油点位油品管控

（1）加油站信息

平台按区（县）显示加油站的数量，放大地图后，在不同的地图等级展示不同数量的加油站位置信息，并显示油品不合规范加油站的名称和位置，及不合格的原因。

（2）疑似黑加油点统计

在地图中显示出疑似黑加油点的位置、在此处加油的车辆数，以及监督检查结果（图 3-23）。

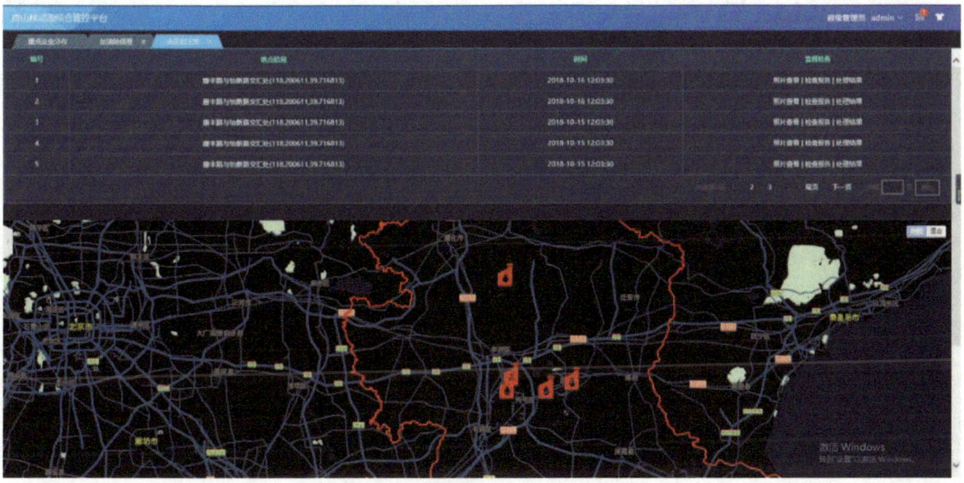

图 3-23 疑似黑加油点信息展示

3.5 油品质量快速检查技术

针对油品质量差，尤其是柴油车（机）油品质量差、黑加油站现象频发等问题，亟须一种快速准确、方便现场检测的方法。因此本研究重点研究了现场测试油品所需的采样技术和分析测试技术，包括快速检测方法的评估选择、采样车的布设和采油口的设计等。

在柴油和 NO_x 还原剂的质量参数中，对柴油车（机）排放影响最大的因子分别是硫含量和尿素含量。我国现行法规中规定柴油硫含量以及 NO_x 还原剂中尿素含量限值分别为小于 10 ppm 以及大于 32.5%。本研究分别利用单波长色散 X 射线荧光光谱法和折光率检测仪，快速测定柴油中硫含量和 NO_x 还原剂中尿素含量。

3.5.1 油品快速检测技术

单波长色散 X 射线荧光光谱法（ASTM D7039）已列入车用汽柴油国家标准硫含量检测方法，具有使用样品量小（1～2 mL）、检测速度快（3～5 min）、检测准确性高、性能稳定（标定不易漂移）、人机界面友好（Windows 系统）等特点。项目组采购的便携式检测仪器，除具有上述特点外，还具有体积小、重量轻（一人携带）、可充电（使用一天以上）等特点。经比对试验，单波长色散 X 射线荧光光谱法与仲裁方法紫外荧光法［《轻质烃及发动机燃料和其他油品的总硫含量测定法（紫外荧光法）》（SH/T 0689—2000）］检测相关性达 0.99 以上（图 3-24），完全符合现场快速检测要求，大幅提高了工作效率。

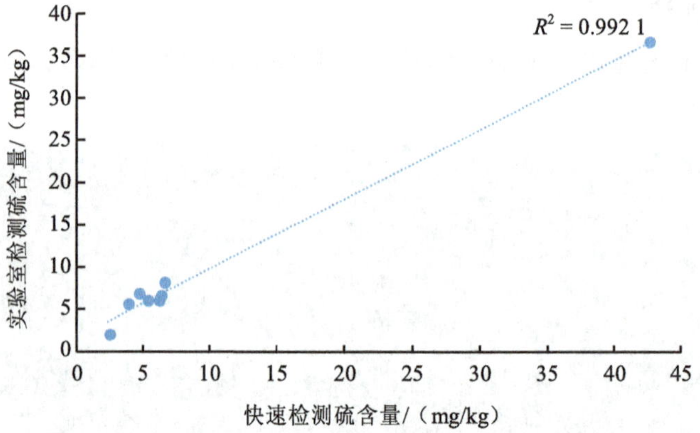

图 3-24　实验室检测和快速检测法硫含量测试对比

选择尿素含量测试方法的过程中，将应用所选方法测得的数据与实验室检测数据比对，发现采用燃烧法定氮仪测量 NO_x 还原剂中尿素含量存在误差，一致性差。而《柴油发动机氮氧化物还原剂尿素水溶液（AUS 32）》（GB 29518—2013）中规定的折光率检测则与实验室检测有非常好的一致性和相关性，在不同品牌折光率检测仪间数据相关性可达 0.97 以上。折光率广泛应用于溶液浓度确定，且仪器小、操作简便、重复性好，非常适合 NO_x 还原剂现场快速检测，能够很好地判断尿素含量（图 3-25）。

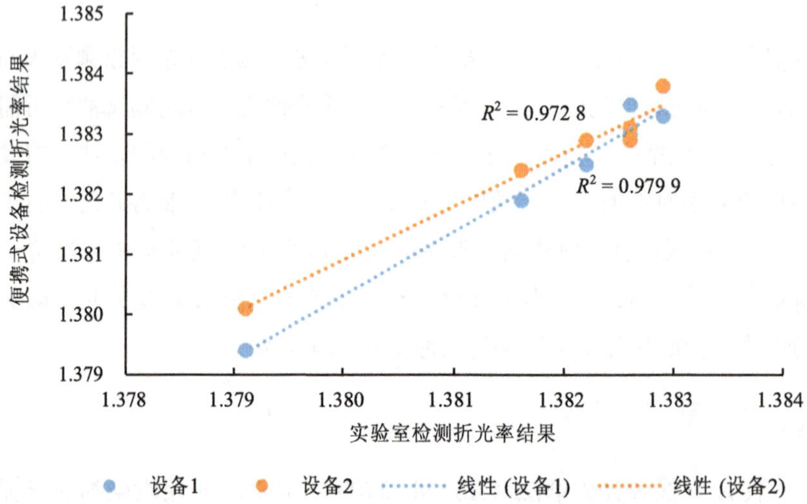

图 3-25　便携式设备折光率与实验室检测结果对比

3.5.2 油品监督检查执法 App

移动端应用程序油品监管 App（图 3-26）有力地支持了京津冀及周边地区油品情况摸底调查。该 App 支持多平台应用，Android/iOS 系统手机均可使用，采样加油站信息预先植入，GIS 辅助支持，为采样人员提供定位导航服务；对采样、检测进行全过程管理，任务流程化，采样过程清晰，样品信息完整可溯源；对加油站进行档案式管理，形成加油站抽查记录电子档案，可对加油站监督检查历史记录进行追踪。

图 3-26　油品监管 App 首页和加油站查看页面

现场采样人员可通过 App 查看具体任务和任务完成情况等，并可对加油站进行准确定位、对基本信息进行校正，填写采样油品类型、样品标号、加油枪号、地下罐号、油品来源等相关信息，这些数据可用于后期数据的分析应用、油品溯源等。检验机构可通过移动端 App 扫码进行样品签收（图 3-27）。

图 3-27　油品监管 App 样品添加页面

配合油品监管 App，项目还开发了计算机端油品监管平台，用户为采样工作管理人员及检测机构人员。采样工作管理人员通过平台实现任务调度，加油站基本信息管理，样品管理，样品检测结果查看、统计等。油品检测机构通过平台进行检测结果导入。

3.6 非道路移动机械数据库和管控平台

由于非道路移动源包含的种类繁多，有的并没有明确的主管部门，全国及各省（区、市）的非道路移动机械保有情况不明，借助信息技术建立非道路移动机械监管平台对非道路移动机械的保有及使用情况进行监管，是目前加强非道路排放监管的重要手段。

非道路移动机械管理平台包括非道路移动机械档案数据清单库、施工许可证管理、电子标签管理、GIS 地图展示和系统管理等多个模块。国家开发的非道路移动机械环境监管 App 中，建立了区域内非道路移动机械数据库，多个省（区、市）也先后建立了相应的非道路移动机械监管平台。

3.6.1 非道路移动机械环境监管小程序开发及应用

通过开发非道路移动机械环境监管小程序，以机械所有人或相关人员填报机械信息，系统自动生成机械环保号码，生态环境部门发放环保标识码的方式，建立区域内非道路移动机械数据库。通过分析可得出区域内非道路移动机械保有情况的特点。根据数据库中信息统计，截至 2019 年 3 月，“2+26”城市已登记非道路移动机械 14.96 万辆。其中，叉车、挖掘机和装载机保有量远高于其他种类机械，且以符合国 II 和国III标准的机械为主，是重点管控对象，且叉车的电动化率较高，未来仍可加大叉车电动化推广力度（图 3-28）。按城市来分，北京市非道路移动机械环保水平较高，满足国III及以上标准电动非道路机械占比较大（图 3-29）。

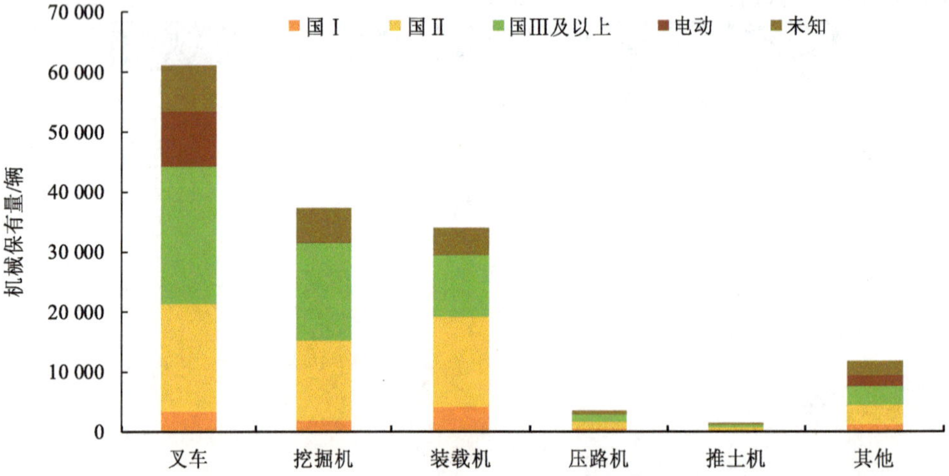

图 3-28 “2+26”城市非道路移动机械保有量统计

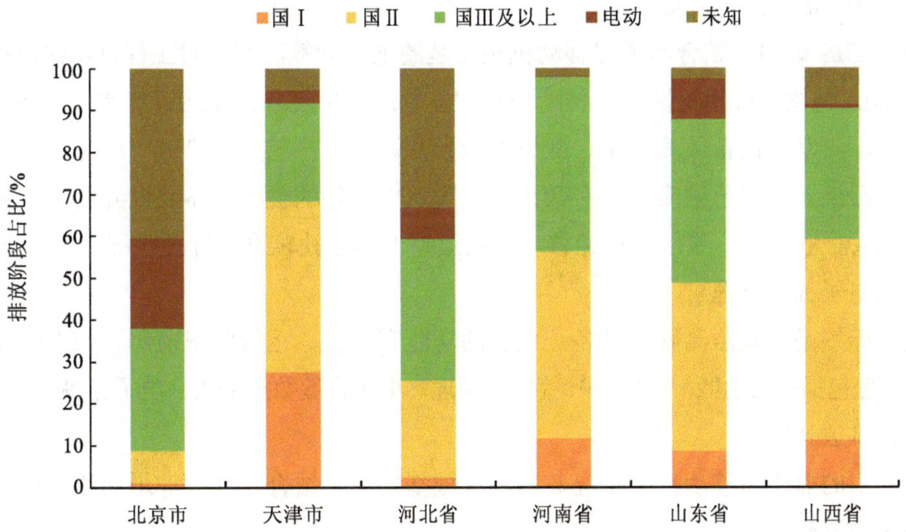

图 3-29 “2+26”城市分地区非道路移动机械排放阶段占比

3.6.2 非道路移动源管理平台技术

本研究建立了非道路移动源管理平台。该平台通过软硬件结合方式将采集的数据传输到监管平台，平台可根据采集的数据进行统计分析。平台分为五大模块，分别是非道路移动机械档案数据清单库、施工许可证管理、电子标签管理、GIS 地图展示、系统管理。与重型车监管平台不同的是，电子标签管理与施工许可证管理是系统的核心功能，涵盖实时定位监控功能、应急响应监控功能以及许可证统计管理功能。非道路移动机械档案数据清单库模块的建立主要依靠非道路机械网上登记和环保标识码的生成和发放。施工许可证管理模块通过建立管辖区工地管理台账，管理进出工地的机械，并通过在工程机械上加装 DPF 监控装置和电子标签等方式收集数据，将采集来的数据通过平台进行统计分析，监控非道路机械的地理位置和排放状况。此技术今后可用于建设区域级别的在线监控平台。

平台系统分为两个部分，一部分是数据上报系统，另一部分是数据采集及处理系统。数据上报通过 DPF 监控装置完成，基于嵌入式技术研发监控 DPF 温度、压力及车辆行驶速度的设备，通过无线传输技术将数据传送到数据接收及处理系统。在统一传输协议基础上，数据采集及处理系统接收到监控设备上传的数据，通过解密，按照协议要求的规则解开上传的数据包，并将数据写入数据库，进行更深一层的数据分析工作。

（1）“一车一档”非道路工程机械数据库

机械所有人将非道路移动机械信息录入该系统，并负责机械设备信息维护，查询设备的车牌号即可将车辆注册地、年检、历史服务单位、违规记录显示出来，实现“一车一档”管理。

（2）GIS 地图实时监测

利用 GIS 地图，结合非道路移动机械安装的电子标签，实现对工程机械的监控，包括①在 GIS 地图上展示机械设备类型和地理位置；②呈现各机械运行状态，状态分为离线、在线、异常（设备故障异常、应急响应异常）三种；③重污染天气应急响应监控，当启动重污染天气应急响应时，在禁止施工区域内运行的机械设备将以异常形式显示在地图上；④行驶轨迹，显示非道路移动源在道路上的行驶轨迹及行驶里程。

（3）电子标签管理

电子标签是机械监测硬件设备，包含的功能有定位、运行状况监测、数据传输，电子标签管理包括三大功能，即电子标签档案管理、电子标签数据采集、电子标签数据入库。

（4）排放计算

将采集的非道路移动机械工况数据与机械基础信息结合，计算非道路移动机械大气污染物的排放量。

参考文献

[1] WU Y，ZHANG S J，LI M L，et al. The challenge to NO_x emission control for heavy-duty diesel vehicles in China[J]. Atmos. Chem. Phys，2012，12：9365-9379.

[2] WANG X，WESTERDAHL D，HU Jingnan，et al.On-road diesel vehicle emission factors for nitrogen oxides and black carbon in two Chinese cities[J]. Atmos. Environ，2012，46：45-55.

[3] HUANG Y H，ORGAN B，ZHOU J，et al. Remote sensing of on-road vehicle emissions：Mechanism，applications and a case study from Hong Kong[J]. Atmospheric Environment，2018，182：58-74.

[4] YANG L L，BERNARD Y，DALLMANN T. Technical considerations for choosing a metric for vehicle remote-sensing regulations[R]. The International Council on Clean Transportation，Beijing，2019.

[5] BERNARD Y，TIETGE U，GERMAN J，et al.Determination of real-world emissions from passenger vehicles using remote sensing data[R]. The Real Urban Emission Initiative，2018.

[6] TAN Y，HENDERICK P，YOON S，et al. On-Board Sensor-Based NO_x emissions from heavy-duty diesel vehicles[J]. Environmental Science and Technology，2019，53：5504-5511.

[7] CHENG Y，HE L Q，HE W N，et al. Evaluating on-board sensing-based nitrogen oxides（NO_x）emissions from a heavy-duty diesel truck in China [J]. Atomospheric Environment，2019，216：1-8.

[8] BISHOP G，HAUGEN M.The story of ever diminishing vehicle tailpipe emissionsas observed in the Chicago[J]. Illinois area，Environ. Sci. Technol.，2018，52：7587-7593.

[9] BISHOP G，STEDMAN D. Measuring real-world emissions from the on-road passenger fleet[R]. California Air Resources Board，California，US，2016.

[10] CARSLAW D，RHYS-TYLER G. New insights from comprehensive on-road measurements of NO_x，NO_2

and NH_3 from vehicle emission remote sensing in London，UK[J]. Atomospheric Environment，2013，81：339-347.

[11] CHEN Y C，BORKEN-KLEEFELD J. Real-driving emissions from cars and light commercial vehicles-Results from 13 years remote sensing at Zurich/CH[J]. Atomospheric Environment，2014，88：157-164.

[12] BURGARD D，BRIA C. Bridge-based sensing of NO_x and SO_2 emissions from ocean-going ships[J]. Atmospheric Environment，2016，136：54-60.

[13] KøCKS M，LINDHOLST S，RAVNSBæK J.Remote sensing of sulphur and particle emission from ships[R]. Copenhagen：The Danish Environmental Protection Agency，2016.

[14] BADSHSH H，POSADA F，MUNCRIES R.Current state of NO_x emissions from in-use heavy-duty diesel vehicles in the United States[R].Washington DC：The International Council on Clean Transportation，2019：13-19.

[15] HUO H，YAO Z L，ZHANG Y Z，et al. On-board measurements of emissions from diesel trucks in five cities in China[J]. Atmos. Environ.，2012，54：159-167.

[16] 黄成，陈长虹，景启国，等. 重型柴油车实际道路排放与行驶工况的相关性研究[J]. 环境科学学报，2007，27（2）：177-184.

第 4 章

柴油车（机）尾气排放治理技术*

按照柴油车（机）行业污染防治管控方案“源头减排＞结构调整＞过程控制＞治理减排”的技术路线，对于残值高且条件适宜的在用车（机），可实行尾气排放治理的减排技术路线。即对在用柴油车（机）进行后处理改造升级，包括加装柴油机氧化催化器（DOC）、DPF 或（和）SCR，以满足在用柴油车（机）尾气排放控制的要求。本章通过研究柴油车（机）PM 和 NO_x 治理改造可行的技术路线，筛选出可行的最佳 PM 和 NO_x 治理技术，研发和筛选适用于柴油车（机）排放标准升级后要求的 SCR 等后处理关键材料、关键材料涂覆技术，研究不同处理技术的车辆匹配性，并通过在天津市、邯郸市等地进行的柴油车（机）尾气排放标准升级的示范，推动柴油车（机）尾气治理技术成果的推广应用。

4.1 柴油车（机）排放治理技术介绍

柴油车（机）排放的污染物主要包括氮氧化物（NO_x）、颗粒物（PM）、一氧化碳（CO）和碳氢化合物（HC）。柴油车（机）采用稀燃技术，氧气过量，排气中的 CO 和 HC 含量远低于汽油车，因此 NO_x 和 PM 是两大特征污染物[1]。目前，针对柴油车尾气污染控制研发的后处理技术主要包括用于控制 HC 和 CO 排放的 DOC、用于控制 PM 排放的 DPF、用于控制 NO_x 排放的选择性催化还原技术[2-5]。柴油车（机）内燃烧生成的两大特征污染物 NO_x 和 PM 存在此升彼降（trade-off）关系，即努力减少其一，会增加另一污染物。因此，国Ⅳ和国Ⅴ柴油车（机）排放控制主要存在两条不同的技术路线，即 DPF 路线和 SCR 路线。DPF 路线以机内调整降低柴油车 NO_x 排放，以 DPF 降低 PM 排放，主要用于轻型柴油车污染控制；SCR 路线采用机内调整措施降低 PM 排放，以 SCR 技术降低 NO_x 排放，主要用于重型柴油车污染控制。国Ⅵ标准由于排放要求大幅加严，对柴油车

---

* 本章作者：单文坡、余运波、张燕、单玉龙、成薛峰、刘屹、贺泓。

污染控制带来了巨大挑战，需要将多种后处理技术进行耦合[6]。

由于我国在用柴油车污染问题突出，亟须有针对性地进行治理[7]。在 2018 年国务院《政府工作报告》中，明确指出要“开展柴油货车超标排放专项治理”；在 2018 年国务院印发的《打赢蓝天保卫战三年行动计划》通知中要求，“推进老旧柴油车深度治理，具备条件的安装污染控制装置、配备实时排放监控终端，并与生态环境等有关部门联网，协同控制颗粒物和氮氧化物排放”；《柴油货车污染治理攻坚战行动计划》更是给出了在用柴油车（机）污染治理的具体行动方案。从技术层面来看，在用柴油车（机）污染治理所采用的后处理技术也主要是基于 DOC、DPF 或 SCR[8]。

4.1.1 柴油机氧化催化器（DOC）

DOC 多为陶瓷载体的通流式催化器，其表面涂覆以贵金属铂（Pt）、钯（Pb）作为活性组分的催化剂（图 4-1）。DOC 安装在柴油机的排气系统中，通过贵金属的催化氧化作用，可有效去除排气系统中的 HC、CO 等，同时可去除 PM 中的可溶性有机物（SOF）。由于 DOC 优异的氧化性能，可以把部分 NO 氧化为 NO_2，对后续的 DPF 再生和 SCR 反应起着促进作用[9]。

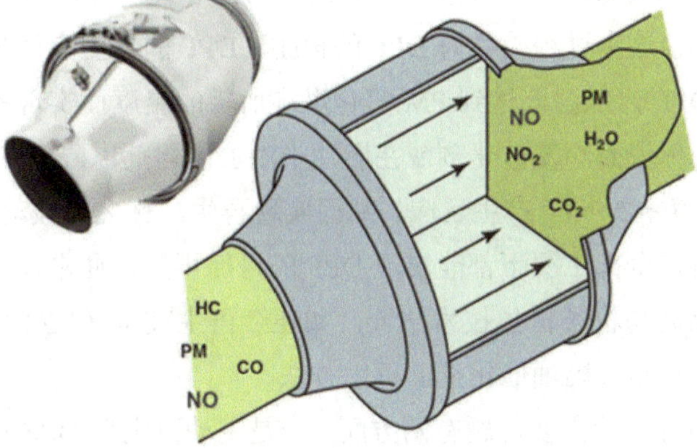

图 4-1 柴油机氧化催化器（DOC）

DOC 目前存在的主要问题为高温老化和催化器中毒。高温老化主要是由于贵金属在高温下发生了烧结，导致催化剂活性点减少、性能下降；催化器中毒主要是由于排气中的硫酸盐、PM 等成分覆盖了载体表面活性位点而导致催化性能的下降。催化器的高温老化是不可逆的，而催化剂中毒后的活性是可以部分恢复的。另外燃油中的硫含量过高，会导致排气经过 DOC 时硫酸盐成分的增加，并有可能导致颗粒物排放量的升高，因而 DOC 必须与低硫柴油一起使用。

4.1.2 颗粒捕集技术（DPF）

DPF 是目前降低柴油机排放中 PM 的最有效方法。该技术主要是通过碰撞及吸附、惯性拦截、扩散拦截和重力沉降原理将 PM 从气流中分离出来（图 4-2）。目前，最常用的是壁流式蜂窝陶瓷捕集器，通过相邻捕集器孔道前后交替封堵，使排气从壁面穿过达到捕集颗粒的目的。壁流式蜂窝陶瓷捕集器的过滤效果可达到 90%以上。

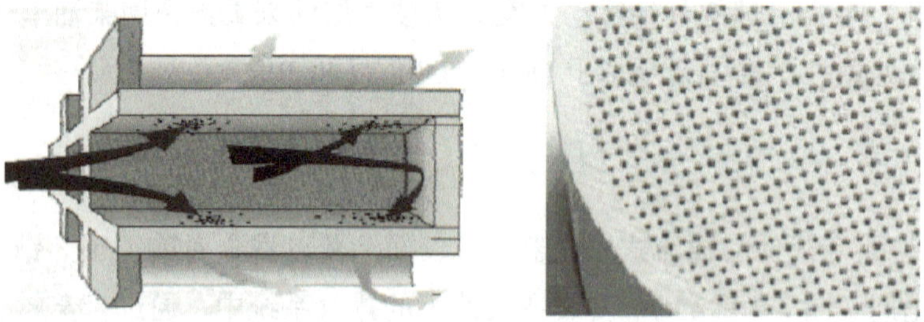

图 4-2 柴油机颗粒捕集器（DPF）

一般 DPF 只是一种降低排气 PM 的物理方法，随着过滤下来的 PM 的积存，过滤孔会逐渐堵塞，使排气阻力增加，导致发动机的动力性和经济性同时下降，因此必须及时除去 DPF 中的 PM，这个过程被称为 DPF 的再生。DPF 的再生有两种方式，一是利用外部提供的能量使 DPF 内部温度达到 PM 氧化燃烧所需的温度而实现的再生，称之为主动再生；二是在过滤体表面涂覆催化剂或在燃油中添加催化剂以降低 PM 所需的氧化反应的温度，PM 与尾气中的 NO_2 产生反应，从而实现再生，称之为被动再生。

为了使柴油机在全部工况下都能实现 DPF 的可靠再生，通常需要将主动再生和被动再生结合、机内燃烧与机外再生技术结合，如连续再生技术（CRT）结合燃烧器的再生方法，以及缸内后喷结合燃油催化剂的再生方法。

DPF 技术目前存在的主要问题有两方面，一是主动再生型 DPF 需通过外界能量使温度升高，进行定期或定压再生，易导致碳烟爆燃或载体受热不均，造成载体烧融或者烧裂等问题的发生。部分主动再生方式造成排向外界的尾气温度较高或使催化器表面温度过高，易造成安全事故。二是被动再生型 DPF 耐硫性较差，对柴油含硫量的控制要求较高。

4.1.3 选择性催化还原技术（SCR）

SCR 的原理是在催化剂的作用下，利用还原剂选择性地将 NO_x 还原为 N_2，从而有效去除 NO_x（图 4-3）。根据还原剂的不同，SCR 技术又可以分为氨选择性催化还原 NO_x（NH_3-SCR）和碳氢化合物选择性催化还原 NO_x（HC-SCR）[10-12]。目前，在用车市场上采用的是通过一套电子控制的喷射系统根据柴油车的运行工况以及排放情况向柴油机尾气管中喷射适量的还原剂（32.5%的尿素水溶液），尿素水溶液热解产生的 NH_3 作为还原

剂与尾气中的 NO_x 在 SCR 催化器中发生系列还原反应，生成 N_2 和水排出；SCR 根据尿素的喷射方式的不同分为气助式和非气助式两种。

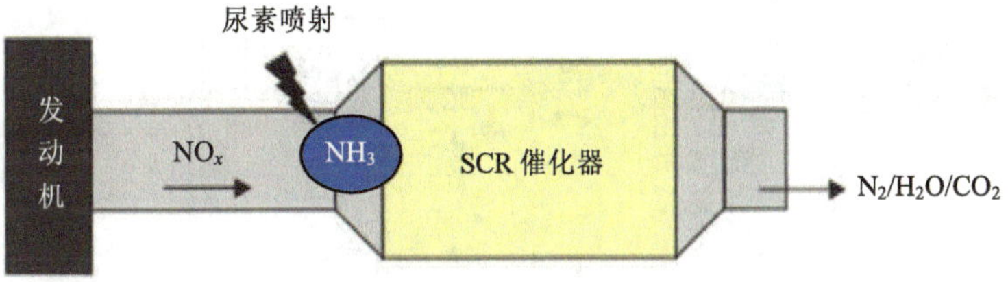

图 4-3　柴油机选择性催化还原技术（NH_3-SCR）

尿素水解反应：

$$CO(NH_2)_2 + H_2O \longrightarrow 2NH_3 + CO_2 \quad (4\text{-}1)$$

NO_x 还原反应：

$$4NH_3 + 4NO + O_2 \longrightarrow 4N_2 + 6H_2O \quad (4\text{-}2)$$

$$2NH_3 + NO + NO_2 \longrightarrow 2N_2 + 3H_2O \quad (4\text{-}3)$$

$$8NH_3 + 6NO_2 \longrightarrow 7N_2 + 12H_2O \quad (4\text{-}4)$$

催化剂是 NH_3-SCR 技术的核心，V_2O_5-WO_3/TiO_2 催化剂在固定源烟气脱硝领域应用多年，并成为第一代柴油车 SCR 催化剂[13]。但钒基氧化物催化剂存在活性组分钒，具有生物毒性、高温稳定性差、操作温度窗口较窄等问题。因此，研究者开发了 Ce 基氧化物和 Fe 基氧化物等非钒金属氧化物催化剂，以及 Fe 基和 Cu 基分子筛催化剂[14-19]。近年来，具有 CHA 结构的 Cu-SSZ-13 和 Cu-SAPO-34，以及具有 AEI 结构的 Cu-SSZ-39 等 Cu 基小孔分子筛，由于同时呈现出优异的 NH_3-SCR 催化活性和水热稳定性而受到广泛关注，成为柴油车尾气 NO_x 催化净化的首选[20-23]。

4.2　在用柴油车治理升级处理关键材料和装备

本研究以 DOC+CDPF（催化型颗粒物捕食器）技术路线为主，开展柴油车排放治理升级技术研究与应用示范。同时，为了降低 NO_x 排放，满足更为严苛的排放标准，研发了适用于在用柴油车排放治理的 SCR 技术，并开展了 PM 和 NO_x 协同控制（双降技术）应用示范（图 4-4）。

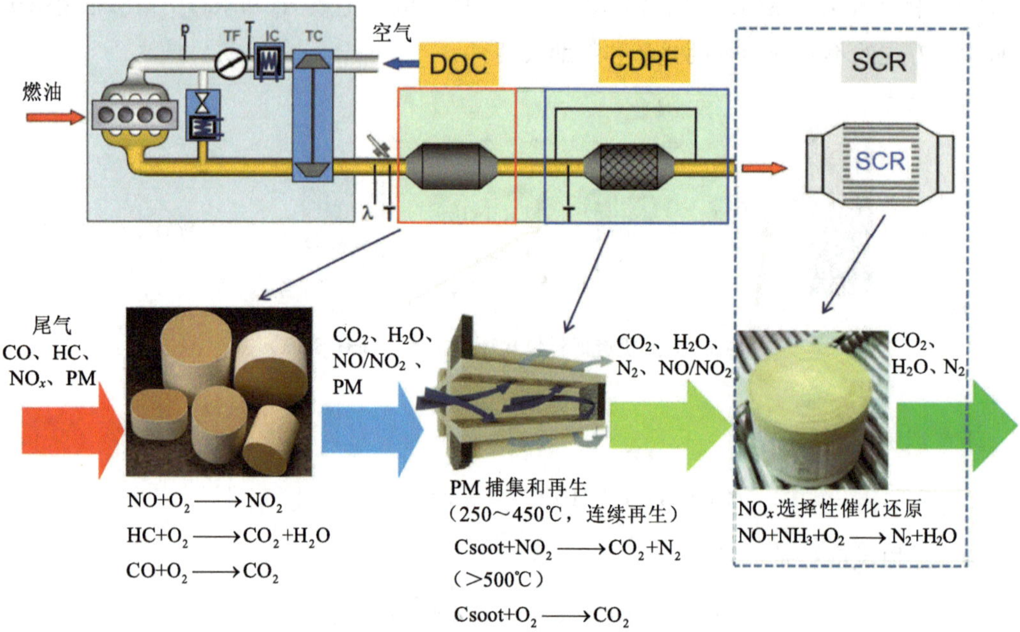

图 4-4 柴油机尾气排放治理升级技术路线

4.2.1 CDPF 催化剂研究

4.2.1.1 催化剂性能研究

（1）负载 Co 与 Pt 催化剂性能对比

为了获得性能优异的碳烟颗粒（Soot）氧化催化剂，本研究以 Ce 基复合氧化物(Ce-based)为载体，负载 Co 制备了 Co/Ce-based 催化剂，并与负载贵金属 Pt 的 Pt/Ce-based 催化剂对比。由图 4-5 可知，3%Co/Ce-based 催化剂可以有效降低碳烟 PM 的起燃温度，与不添加催化剂相比，转化率分别为 10%、50%和 90%时的温度（即 T_{10}、T_{50}和 T_{90}）分别降低了 149℃、150℃和 131℃。除此之外，CO_2 的选择性提高了将近一倍，大幅降低了 CO 的排放。

由图 4-5 可知，在 Co 和 Pt 负载量均为 1%的催化剂上，Soot 转化率与 CO_2 选择性曲线几乎重合；但是当 Co 的负载量增加到 3%时，活性远远超过 Pt 负载量为 1%的催化剂。从二者的成本看，负载 Co 的催化剂的成本却远远低于负载贵金属 Pt 的催化剂。因此，3%Co/Ce-based 催化剂具有良好的应用前景和市场竞争力。

（2）超高的热稳定性

催化剂的热稳定性在实际应用中至关重要。为了探究 3%Co/Ce-based 催化剂的热稳定性，将该催化剂分别在 700℃、800℃和 900℃条件下，在空气气氛中焙烧 3 h。由图 4-6 可知，三种老化条件下，该催化剂的活性基本保持不变，呈现出优异的热稳定性。

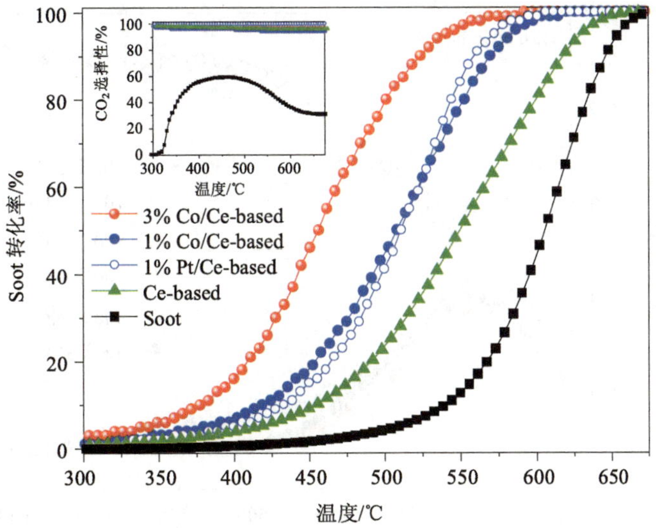

图 4-5　负载 Co 和 Pt 催化剂的碳烟颗粒转化率和 CO_2 选择性

测试条件：1 000 ppm NO 和 10% O_2；体积空速（Gas Hourly Space Velocity，GHSV）=300 000 mL/（g·h）

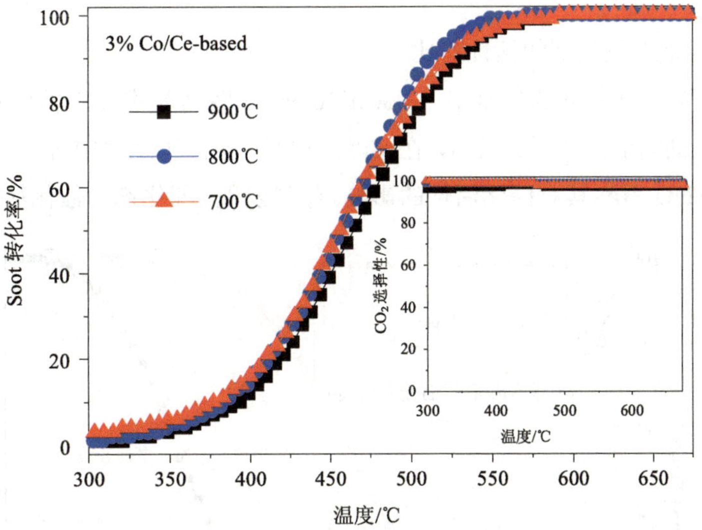

图 4-6　不同温度下老化的 3%Co/Ce-based 催化剂的碳烟颗粒转化率和 CO_2 选择性

测试条件：1 000 ppm NO 和 10% O_2；GHSV=300 000 mL/（g·h）

为了进一步研究在不同温度下老化的 3%Co/Ce-based 催化剂的氧化性，设计了 NO 氧化实验。由图 4-7 可知，不同温度下老化的催化剂 NO_x 曲线几乎重合。因此，3%Co/Ce-based 催化剂可以适应实际应用中柴油车尾气的复杂温度条件及持续高温环境。

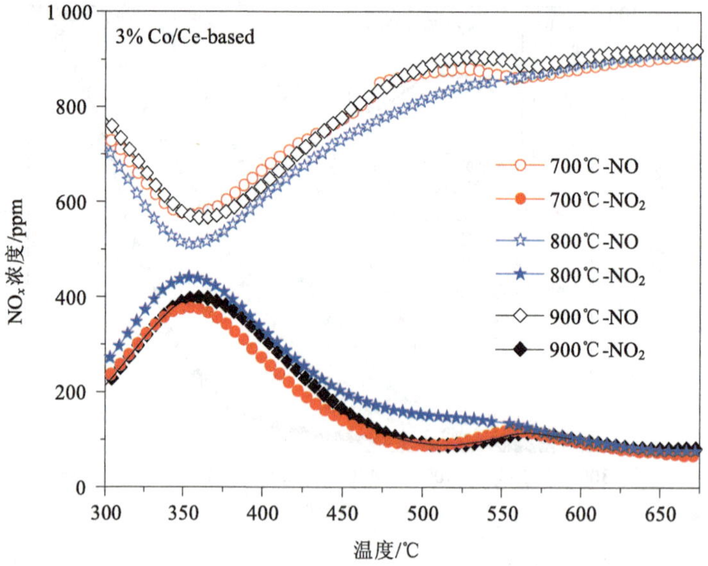

图 4-7 在不同温度下老化的 3%Co/Ce-based 催化剂的 NO_x 变化曲线

测试条件：1 000 ppm NO 和 10% O_2；GHSV=300 000 mL/（g·h）

（3）不同气氛下催化剂的活性对比

由图 4-8 可知，在不同的气氛中，3%Co/Ce-based 催化剂的反应活性不同。当只有氧气存在时，催化剂的活性较低。然而，在实际应用时，柴油车尾气中含有大量 NO。因此，通入 1 000 ppm NO 考察其对催化活性的影响。结果发现，催化剂的催化活性大幅度提高。

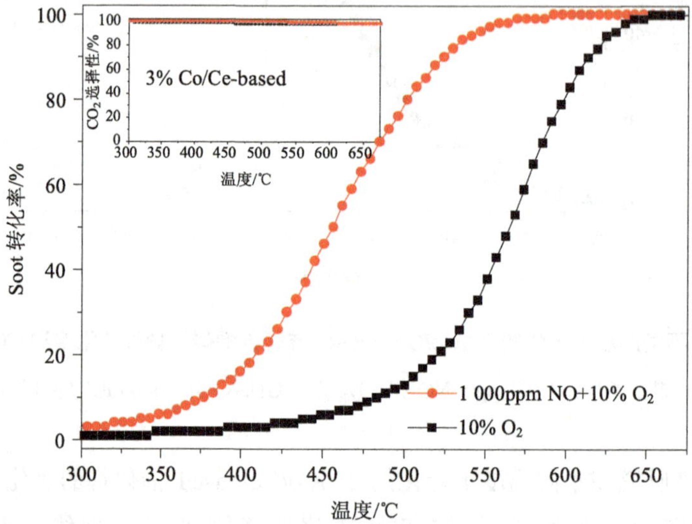

图 4-8 3%Co/Ce-based 催化剂的碳烟颗粒转化率和 CO_2 选择性

测试条件：1 000 ppm NO 和 10% O_2，或只有 10% O_2；GHSV=300 000 mL/（g·h）

对两种气氛下的碳烟颗粒转化率进行对比分析，发现 NO 存在条件下，T_{10}、T_{50} 和 T_{90} 分别进一步降低了 107℃、112℃和 90℃，说明在碳烟颗粒氧化过程中，NO 发挥了重要作用。

已有研究表明，NO_2 具有较强的氧化性，可以协助碳烟颗粒催化燃烧。为了证实 NO_2 在该反应体系中参与了碳烟颗粒氧化反应，设计了添加碳烟颗粒和不加碳烟颗粒的对比实验，结果如图 4-9 所示。在不添加催化剂的条件下，没有 NO_2 的产生。通过对添加碳烟颗粒和不添加碳烟颗粒两次实验结果的对比分析，发现产生的 NO_2 的量发生了变化，这说明 NO_2 确实参与了碳烟颗粒氧化反应。因此，在该反应体系中，NO_2 具有协助碳烟颗粒催化燃烧的功能。

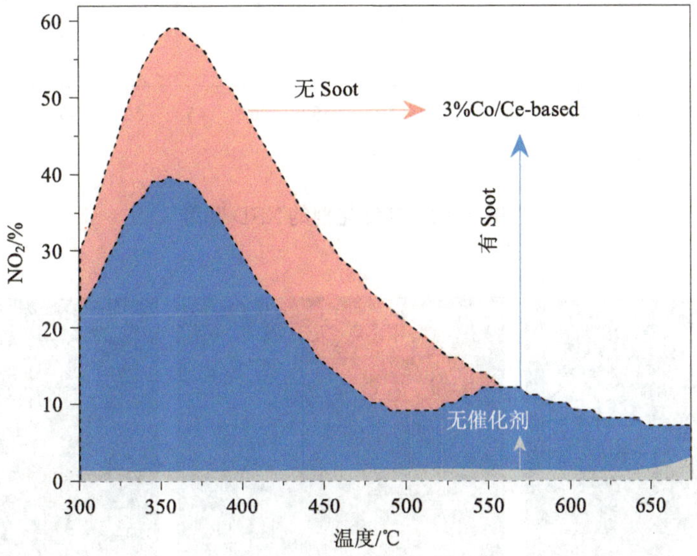

图 4-9　3%Co/Ce-based 催化剂的 NO_2 曲线

测试条件：1 000 ppm NO 和 10% O_2；GHSV=300 000 mL/（g·h）

4.2.1.2　构效关系研究

（1）催化剂的结构性质

XRD 结果表明，Ce-based 催化剂主要具有 CeO_2 的衍射峰（图 4-10）。但是与 CeO_2 相比，该催化剂的衍射峰变宽变弱，这可能是由于掺杂组分进入 CeO_2 的晶格中，形成了固溶体。负载 Co 和 Pt 后，衍射峰没有发生明显变化，且没有检测到 Co 和 Pt 物种的衍射峰。

对各催化剂的负载组分 Pt 或 Co 元素的 mapping（一种常用的元素分布分析方法）结果进行分析，发现 Co 和 Pt 在催化剂表面呈现均匀分散状（图 4-11）。

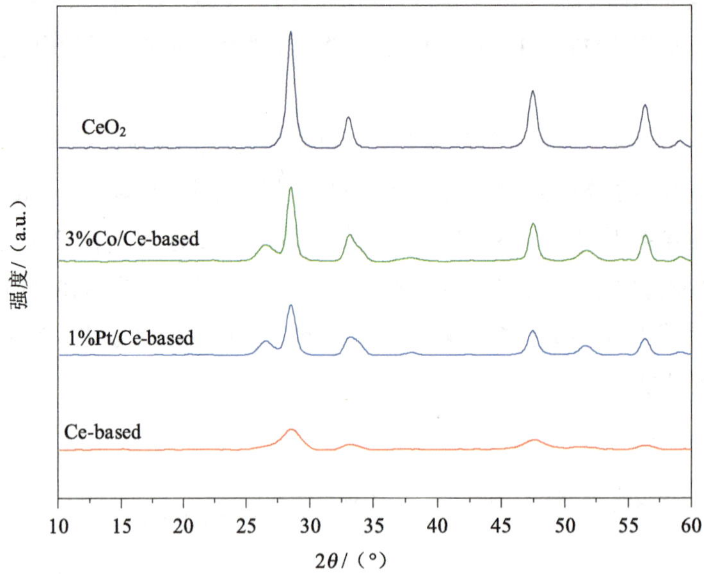

图 4-10 各催化剂的 XRD 图谱

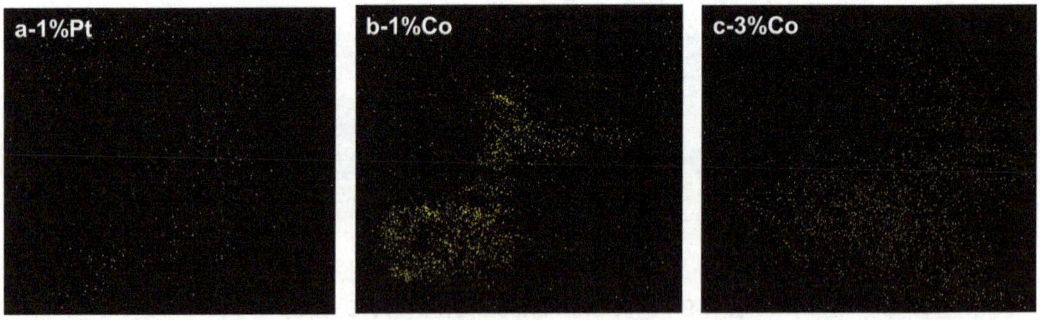

（a）1%Pt/Ce-based （b）1%Co/Ce-based （c）3%Co/Ce-based

图 4-11 元素 mapping

（2）催化剂的氧化还原性

在碳烟颗粒催化氧化反应中，催化剂的氧化还原性起着至关重要的作用。H_2-TPR 结果表明，与纯 CeO_2 相比，Ce-based 催化剂的氧化还原峰提前，这说明载体助剂组分的添加提高了氧化还原性能（图 4-12）。负载 Co 和 Pt 后，还原峰进一步向低温偏移，尤其性能最优的 3%Co/Ce-based 催化剂，还原峰向低温偏移最明显，说明该催化剂氧化还原性最强。

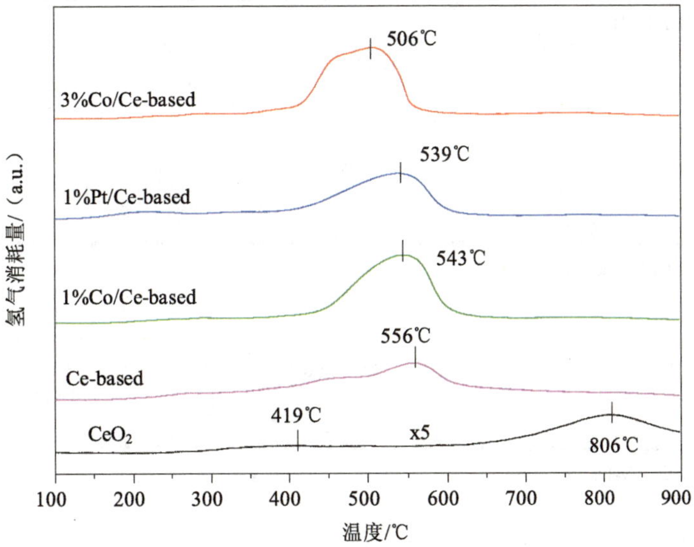

图 4-12　催化剂的 H_2-TPR 曲线

（3）XPS 表征

以 XPS 技术探究了催化剂各元素表面化学状态，结果如图 4-13 所示。由图 4-13（a）可知，Ce3 d 的 XPS 光谱可以分为 8 个谱峰，分别是 v，v_1，v_2，v_3，u，u_1，u_2 和 u_3，其中 v_1 和 u_1 归属于 Ce^{3+}，其余的 6 个峰归属于 Ce^{4+}。因此，根据各归属峰的积分面积计算出催化剂表面 Ce^{3+}的含量，即方程（4-5）：

$$[Ce^{3+}]=\frac{A_{v1}+A_{u1}}{A_v+A_{v1}+A_{v2}+A_{v3}+A_u+A_{u1}+A_{u2}+A_{u3}} \qquad (4-5)$$

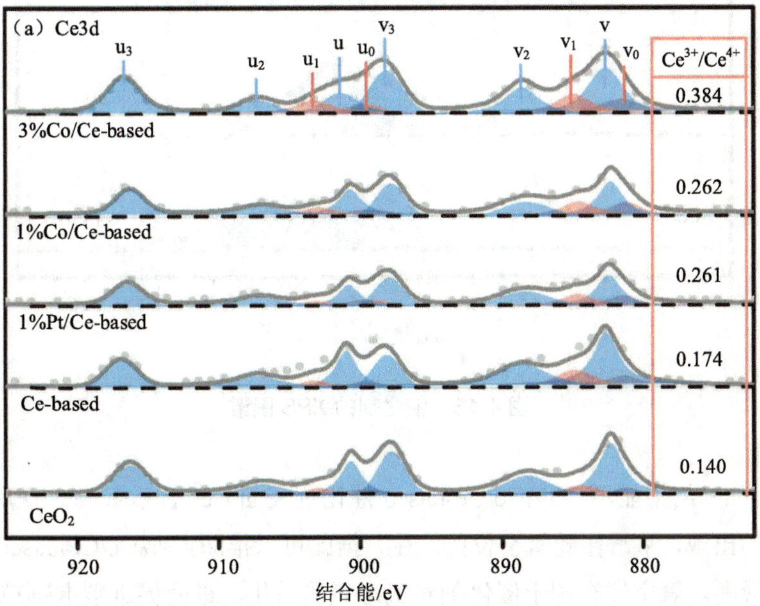

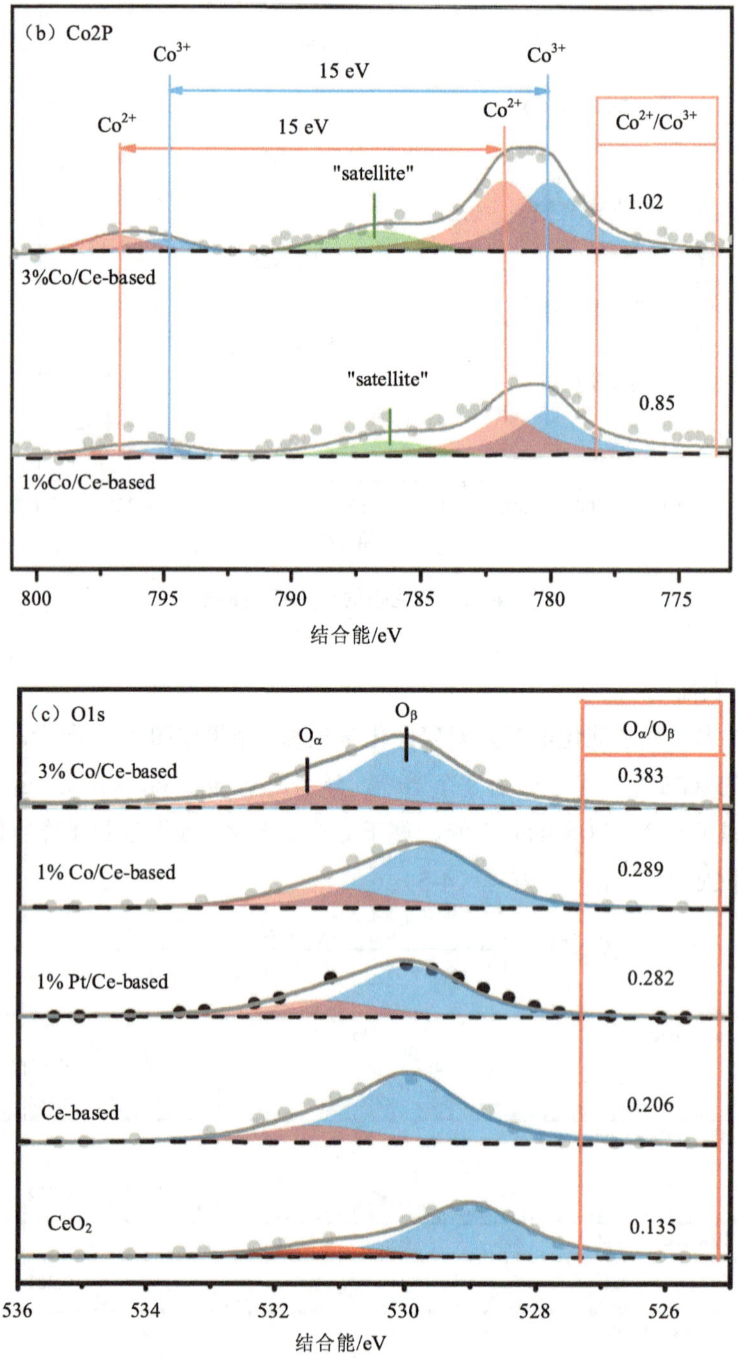

图 4-13　催化剂的 XPS 图谱

图 4-13（a）结果显示，3%Co/Ce-based 催化剂表面 Ce^{3+}含量最高。众所周知，催化剂表面 Ce^{3+}的出现，常常伴随氧空位的产生。据此可以推断，3%Co/Ce-based 催化剂表面氧空位含量最高。氧空位有利于催化剂对气态氧的活化，进而促进碳烟颗粒催化燃烧。

由图 4-13（b）可知，催化剂中 Co 物种的 XPS 图谱可以分为 2 个主要谱峰，分别为 $Co2P_{3/2}$ 和 $Co2P_{1/2}$。Co 在催化剂中以 Co_3O_4 形式存在，包括 Co^{3+} 和 Co^{2+}，其中高结合能的峰归属于 Co^{2+}。Co^{2+} 不稳定容易被氧化成 Co^{3+} 同时伴有表面活性氧的产生。因此，催化剂表面 Co^{2+} 的增多有利于表面活性氧的产生，表面活性氧在 Soot 氧化过程中起着至关重要的作用。3%Co/Ce-based 催化剂表面 Co^{2+} 的含量高于 1%Co/Ce-based 催化剂。除此之外，Co^{2+} 也有利于促进催化剂表面 Ce^{4+} 向 Ce^{3+} 转变：$Ce^{4+} + Co^{2+} \longleftrightarrow Ce^{3+} + Co^{3+}$。

催化剂的表面氧在 Soot 催化氧化过程中起着至关重要的作用。采用 XPS 对催化剂的表面氧进行研究，结果如图 4-13（c）所示。根据以前的研究可知，结合能在 531～532.08 eV，归属于表面氧 O_α；528.90～530.48 eV，属于晶格氧 O_β。与纯 CeO_2 相比，Ce-based 催化剂表面氧含量增加，说明 Ce 与掺杂组分之间存在相互作用。尤其是 3%Co/Ce-based 催化剂，O_α/O_β 值最大，这说明该催化剂表面存在最多的表面氧，有利于 Soot 催化氧化，与图 4-5 的活性结果一致。

（4）Soot 氧化活性与催化剂性能之间的关系

从图 4-14（a）可知，催化剂表面氧与碳烟颗粒氧化活性呈线性关系。然而，由于表面活性氧不稳定，容易湮灭为气态氧，无法在催化剂与碳烟颗粒松接触时直接参与碳烟颗粒催化氧化。因此，这就存在一个问题：表面活性氧是如何参与碳烟颗粒催化氧化的？为了探究这一问题，研究了 NO-to-NO_2 能力与表面氧之间的关系。结果显示表面氧与 NO-to-NO_2 能力呈线性关系［图 4-14（b）］。除此之外，图 4-14（c）结果表明 NO-to-NO_2 能力越强，碳烟颗粒催化氧化活性越高。由此推测，表面氧通过控制 NO-to-NO_2 进而参与碳烟颗粒催化氧化。

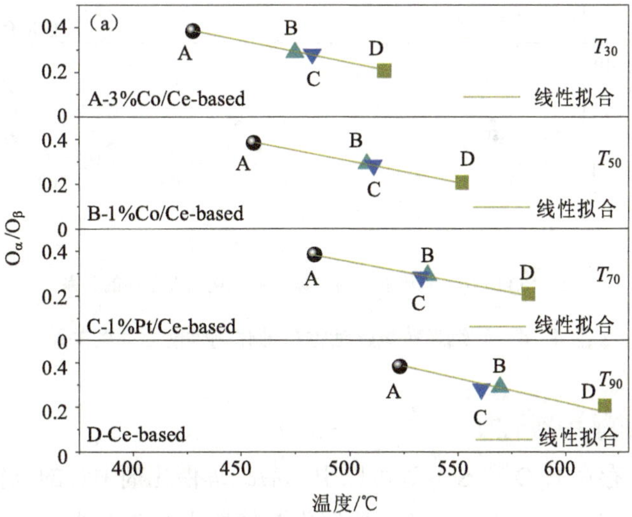

（a）催化剂表面氧含量与碳烟颗粒氧化活性之间的关系

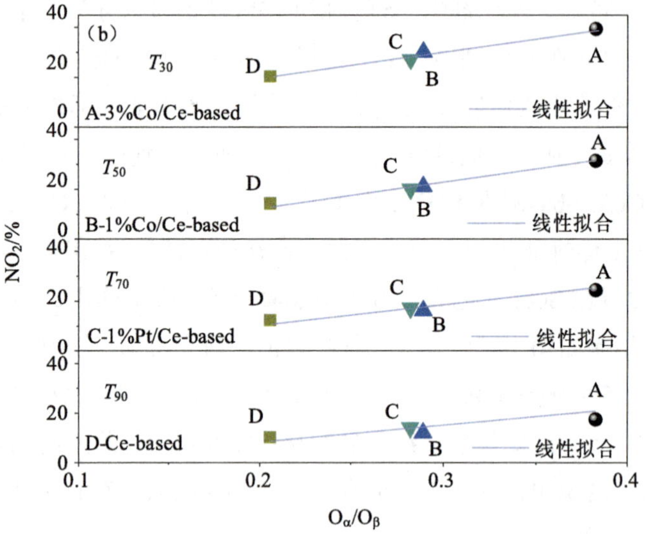

（b）NO-to-NO_2氧化能力与表面氧之间的关系

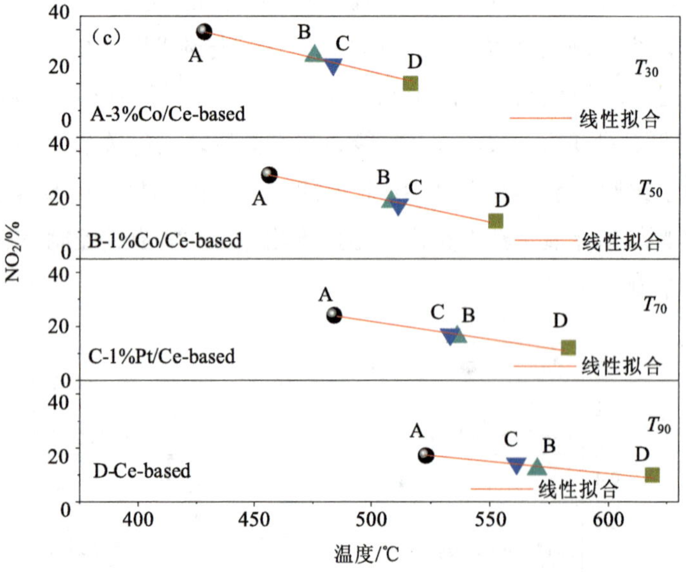

（c）NO-to-NO_2氧化能力与碳烟颗粒氧化活性之间的关系

图 4-14　碳烟颗粒氧化活性与催化剂性能之间的关系

4.2.1.3　催化剂的抗中毒能力

柴油车尾气中存在 H_2O 和 SO_2 等可以引起后处理催化剂中毒的气体组分。因此，催化剂的抗水抗硫性能至关重要。为了评估催化剂的抗水抗硫性能，使用 3%Co/Ce-based 催化剂，将 50 ppm SO_2 和 5%H_2O 引入反应中，结果如图 4-15 所示。值得注意的是，引入 H_2O 和 SO_2 后催化剂的 T_{10} 变化不大，但是 T_{50} 和 T_{90} 进一步降低。同时，CO_2 选择性

不受 H_2O 和 SO_2 的影响，仍然接近 100%。由此可见，所开发的 3%Co/Ce-based 催化剂具有优异的热稳定性和抗水抗硫性能。

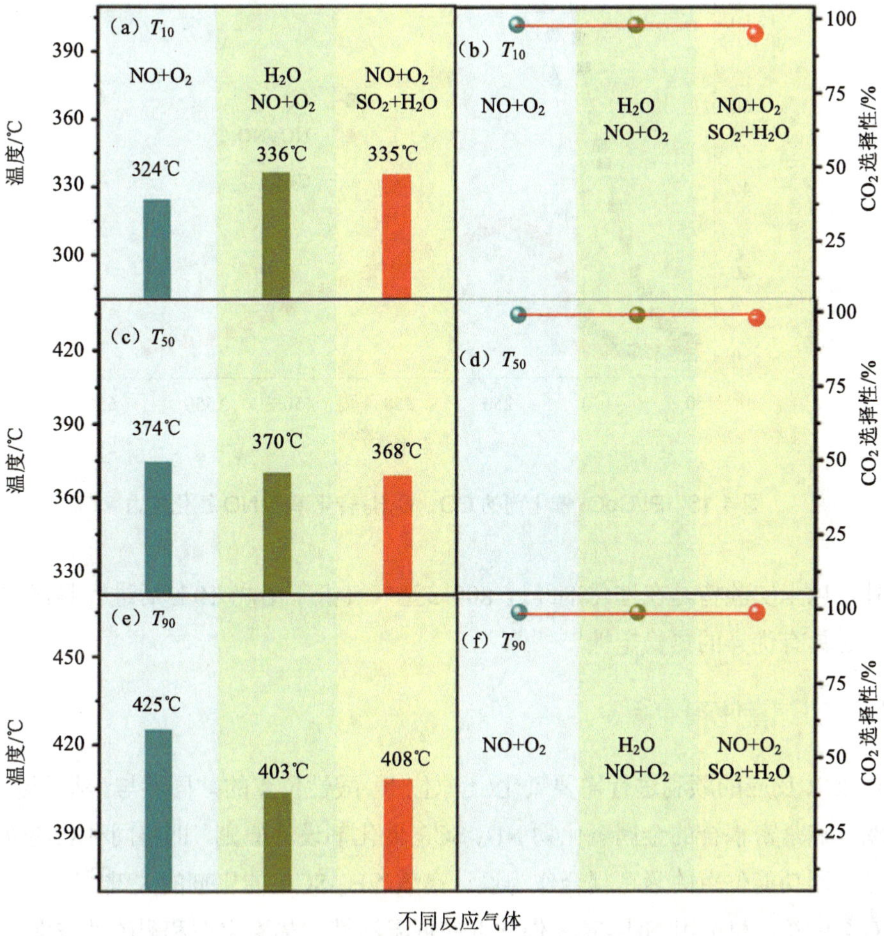

图 4-15 Cs/Co/Ce-based 催化剂在不同反应气氛中的碳烟颗粒转化率和 CO_2 选择性

测试条件：1 000 ppm NO 和 10% O_2；1 000 ppm NO，10% O_2 和 5% H_2O 或 1 000 ppm NO，10% O_2，5% H_2O 和 50 ppm SO_2；GHSV=300 000 mL/（g·h）

在此基础上，还通过进一步负载碱金属 Cs，以及用 MnO_x 替代载体，制备了催化性能优异的 Cs/Co/Ce-based 催化剂[24]和 Cs/Co/MnO_x 催化剂[25]。

4.2.2 DOC 催化剂研究

以具有优异储放氧性能的 CeO_2 为载体，负载贵金属 Pt，开发了具有优异催化性能的 DOC 催化剂。图 4-16 为该催化剂对 CO 和 C_3H_6 的转化率及其对 NO 氧化能力。可见，该催化剂具有非常低的 CO、HC 起燃温度（分别为 90℃和 167℃），还具有一定的 NO 氧化能力，生成一定量的 NO_2，促进 DPF 上碳烟颗粒的氧化。

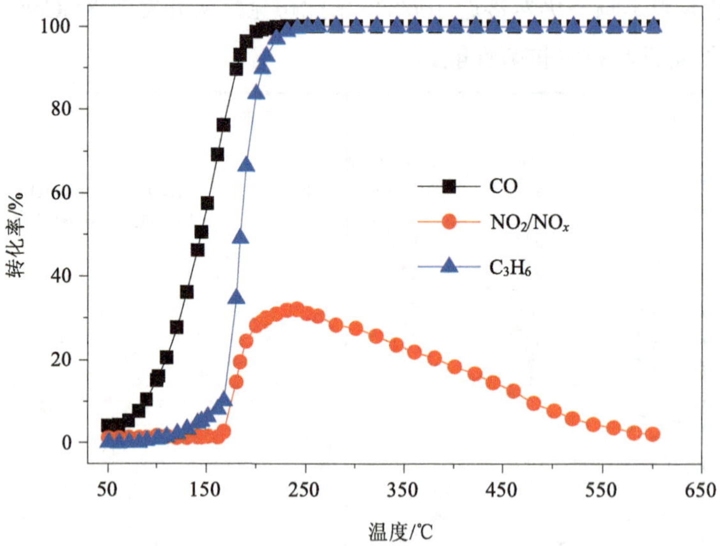

图 4-16 Pt/CeO_2 催化剂的 CO、C_3H_6 转化率及 NO 氧化能力

此外，以上实验皆是在催化剂经过 800℃空气气氛下焙烧 10 h 后进行测试的，说明该催化剂还具有优异的热稳定性。

4.2.3 SCR 催化剂研究

NH_3-SCR 反应的顺利进行需要氧化/还原位点、酸性位点的共同参与。基于这一特性，确立了双位点紧密耦合的金属氧化物 NH_3-SCR 催化剂设计原则，即将同种功能位点的高度分散与不同功能位点的紧密耦合作为设计高效 NH_3-SCR 催化剂的关键[26]。

针对柴油车（机）用 NH_3-SCR 催化剂在低温活性、热稳定性和耐硫性方面的苛刻要求，以双位点紧密耦合为指导，系统开展了钒基催化剂、非钒金属氧化物和新型小孔分子筛 NH_3-SCR 催化剂的设计、创制与构效关系研究。

4.2.3.1 钒基催化剂

针对在用柴油车（机）尾气 NO_x 治理对 NH_3-SCR 催化剂低温活性和耐硫性等的要求，通过调控载体 TiO_2 表面的硫含量，为高活性低聚态钒物种的引入营造合适的微观环境，实现了 V_2O_5/TiO_2 催化剂上活性组分 V 与载体 Ti 位的锚定，设计并构筑了“低聚态 V-Ti”微观活性中心结构，即氧化还原位点、酸性位点紧密耦合的结构，实现了低钒负载量［1%（质量分数）］下钒基催化剂低温 SCR 活性的显著提升［图 4-17（a）］。

NH_3-TPD 的结果显示，随着硫含量的增加，催化剂表面的 B 酸位增加，而 L 酸位降低［图 4-17（b）］。原位红外光谱结果表明，L 酸位吸附的 NH_3 优先参与 SCR 反应，而 B 酸位主要对 NH_3 起储存作用，补充 L 酸位 NH_3 的消耗［图 4-17（c）～（d）］。这表明硫的引入对催化剂表面酸性位的影响不是催化性能提升的主要原因。拉曼光谱结果进一步证明硫不仅影响酸性位，还改变了催化剂氧化还原位的结构，通过硫在催化剂表面的占位使得催化剂表面低聚态钒氧物种的含量随着表面硫含量的增加而增加［图 4-17（e）］。以上实验结果表明硫对氧化还原位结构的改变（促进单体钒向聚合态钒氧物种的转变）是催化性能提升的关键。

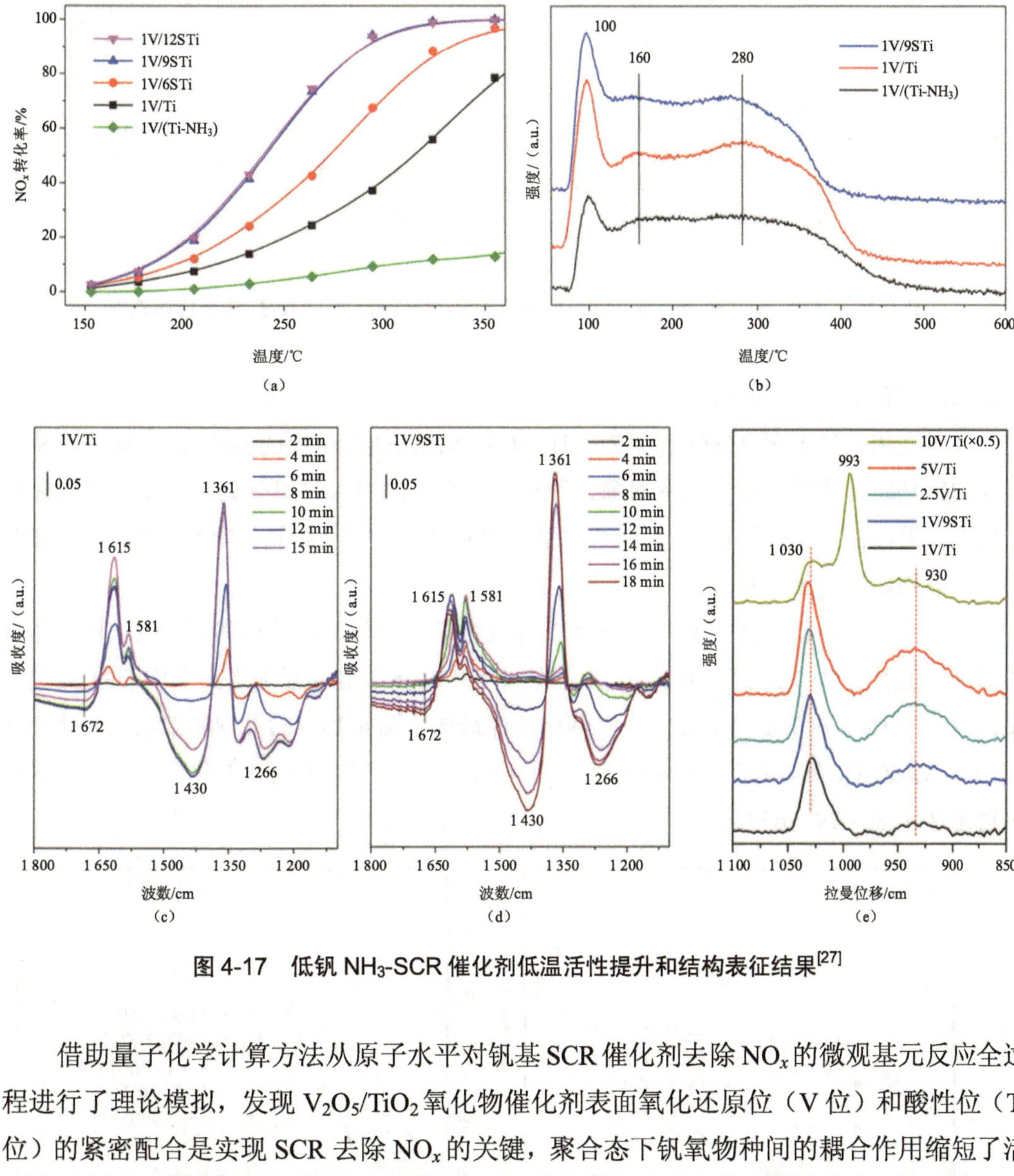

图 4-17　低钒 NH_3-SCR 催化剂低温活性提升和结构表征结果[27]

借助量子化学计算方法从原子水平对钒基 SCR 催化剂去除 NO_x 的微观基元反应全过程进行了理论模拟，发现 V_2O_5/TiO_2 氧化物催化剂表面氧化还原位（V 位）和酸性位（Ti 位）的紧密配合是实现 SCR 去除 NO_x 的关键，聚合态下钒氧物种间的耦合作用缩短了活性位再生的反应路径，并显著降低了决速步的能垒。至此，理论和实验均证明，低聚态钒氧物种的催化活性明显高于单体钒氧物种，是低温 SCR 反应的活性位。基于上述结果，进一步总结出了单体和聚合态 V_2O_5/TiO_2 催化剂的 NH_3-SCR 反应机制（图 4-18）[27]。

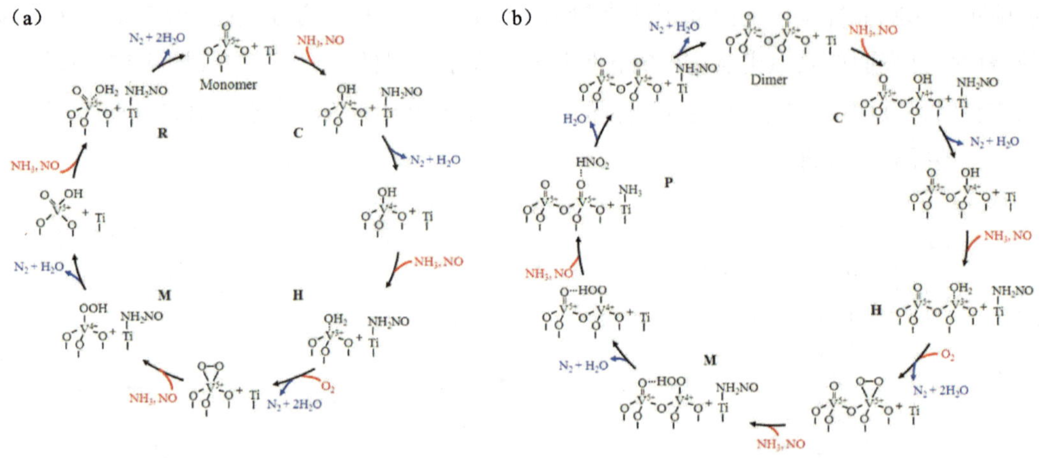

图 4-18 单体（a）和聚合态（b）V_2O_5/TiO_2 催化剂表面的 NH_3-SCR 反应机理[27]

4.2.3.2 非钒氧化物催化剂

针对在用柴油车尾气 NO_x 治理对 NH_3-SCR 催化剂热稳定性的要求，以具有高效 SCR 活性的铈基氧化物催化剂为研究对象，开展第三组分的引入与组分调变，以提高氧化还原位点和酸性位点的热稳定性，设计合成了新型非钒基三元金属氧化物 NH_3-SCR 催化剂，实现了热稳定性显著提升。

研发了高水热稳定性的 CeO_2-WO_3-ZrO_2 复合氧化物体系，并对其水热老化机制进行了探究。在固定 Ce∶Zr 摩尔比为 1∶1 的条件下，W 掺杂能够显著提高催化剂的 SCR 催化活性，当 Ce∶W∶Zr=1∶0.5∶1 时催化活性最佳［图 4-19（a）］。800℃水热老化 16 h 后，$Ce_1W_{0.5}Zr_1O_x$ 催化剂在 250～450℃具有＞80%的转化率，表明该催化剂具有优异的水热稳定性［图 4-19（b）］。

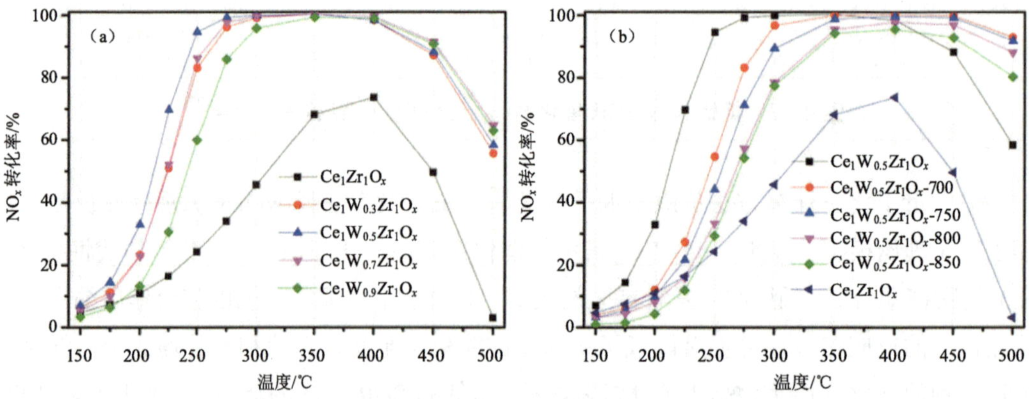

图 4-19 CeO_2-WO_3-ZrO_2 催化剂 NH_3-SCR 活性（a）与水热稳定性（b）[28]

由 XRD 谱图分析可知，经高温水热老化处理后，$Ce_1W_{0.5}Zr_1O_x$ 催化剂出现了明显的相分离，包括四方相 $Zr_{0.84}Ce_{0.16}O_2$、立方相氧化铈 CeO_2、$Ce_4W_9O_{33}$ 复合氧化物三相（图 4-20）。

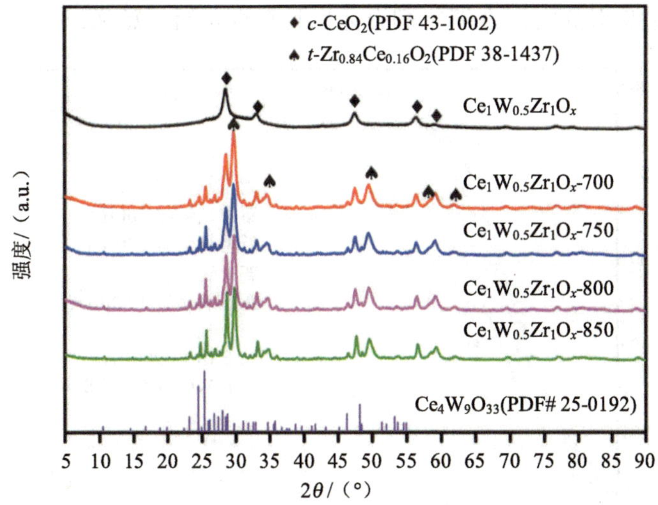

图 4-20　CeO_2-WO_3-ZrO_2 复合氧化物催化剂的 XRD 谱图[28]

由 H_2-TPR 谱图分析可知［图 4-21（a）］，随着水热老化温度的升高，$Ce_1W_{0.5}Zr_1O_x$ 催化剂的 H_2 消耗峰向高温偏移，但幅度较小，即使在 850℃水热老化 16 h，催化剂表面仍然存在大量的可在较低温度条件下被还原的表面物种。由原位 NH_3 吸附谱图可知［图 4-21（b）］，经过不同温度水热老化处理 16 h 后，$Ce_1W_{0.5}Zr_1O_x$ 催化剂表面仍保留大量的酸性位点。可见，高温水热老化后，CeO_2-WO_3-ZrO_2 复合氧化物体系仍能保留一定的酸性位点和氧化还原位点是其具有优异热稳定性的重要原因[28]。

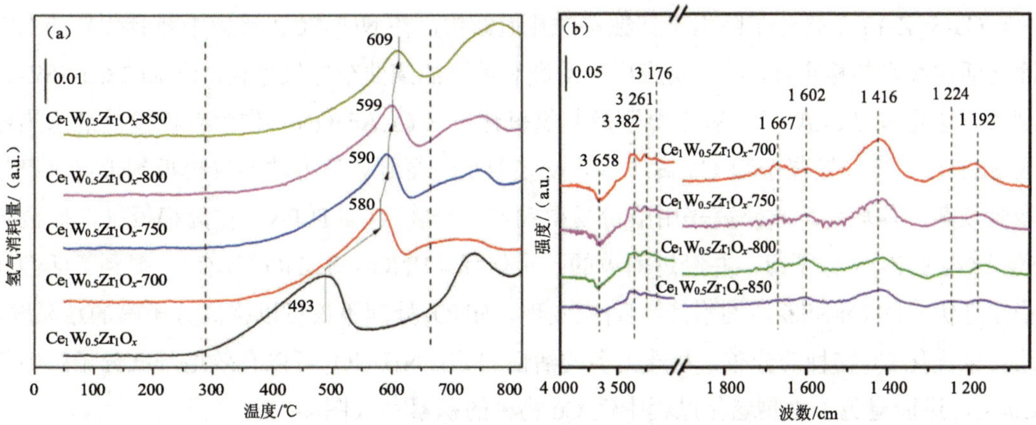

图 4-21　CeO_2-WO_3-ZrO_2 复合氧化物催化剂的 H_2-TPR 谱图和原位 NH_3 吸附谱图[28]

在上述研究成果的基础上，进一步通过组分优化匹配，研发出了具有超高水热稳定性的新型 Ce 基三元复合氧化物 NH_3-SCR 系列催化剂（图 4-22），即使经过 900℃ 16 h

水热老化处理后，该催化剂的活性温度窗口仍可维持在 275～500℃，其水热稳定性优于国外已规模化应用的 Cu-SSZ-13 小孔分子筛催化剂，非常适合应用于柴油车污染治理；同时，这一研究成果对高稳定性催化剂设计也具有重要指导意义。

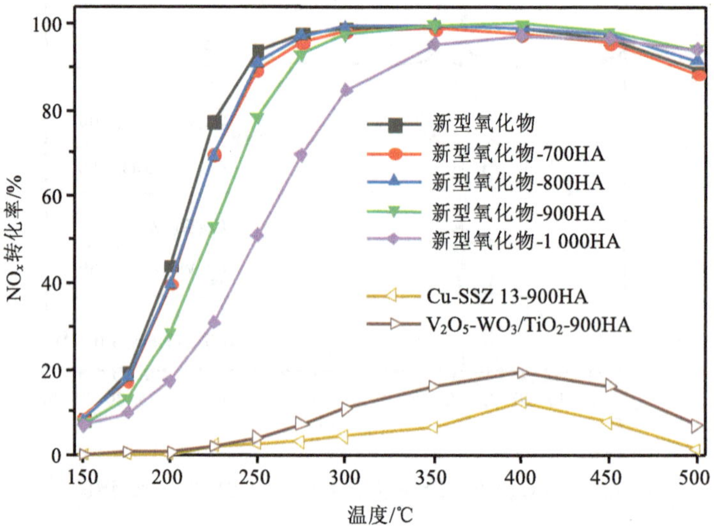

图 4-22 新型 Ce 基三元复合氧化物 NH_3-SCR 系列催化剂的高温稳定性

4.2.3.3 分子筛催化剂

分子筛催化剂由于其优异的热稳定性在柴油车污染治理领域受到广泛关注，尤其是同时兼具优异催化活性和水热稳定性的铜基小孔分子筛催化剂，成为近年来柴油车 NH_3-SCR 催化剂的研究热点，并已得到工业化应用。

Cu-SSZ-13 小孔分子筛由于其独特的孔道结构，在 NH_3-SCR 反应中兼具优异的 NO_x 净化活性和水热稳定性，已成功应用于欧洲和美国的柴油车尾气净化。传统的 Cu-SSZ-13 制备方法是以 *N,N,N*-三甲基-1-金刚烷基氢氧化铵（TMAdaOH）作为有机模板剂水热合成 SSZ-13，再经铵离子和 Cu 离子多次交换及焙烧得到。该方法不仅模板剂价格昂贵且步骤烦杂、能耗高。本研究采用廉价易得铜氨络合物（Cu-TEPA）作为模板剂，原位合成了 Cu-SSZ-13 分子筛，并经过简单的一步处理（HNO_3-NH_4NO_3 溶液），得到了活性和稳定性优异的 Cu-SSZ-13 催化剂。研究发现，HNO_3 处理不仅可以提高分子筛的结晶度，还可以优化 Cu 物种的分布，暴露更多的活性 Cu^{2+}；NH_4NO_3 可以有效地降低分子筛中的 Cu/Al，进而避免了水热老化过程中性 Cu 物种的积累[29]（图 4-23）。

尽管 Cu-SSZ-13 小孔分子筛催化剂具有优异的水热稳定性，但经 850℃以上的水热老化后，仍会出现严重的失活现象。鉴于此，本研究制备并考察了同样具有八元环孔道结构的 Cu-SSZ-39 分子筛。研究发现，Cu-SSZ-39 具有比 Cu-SSZ-13 更优异的水热稳定性（图 4-23），即使经过 850℃ 16 h 的水热老化，仍然保持了优异的 NO_x 净化效率。

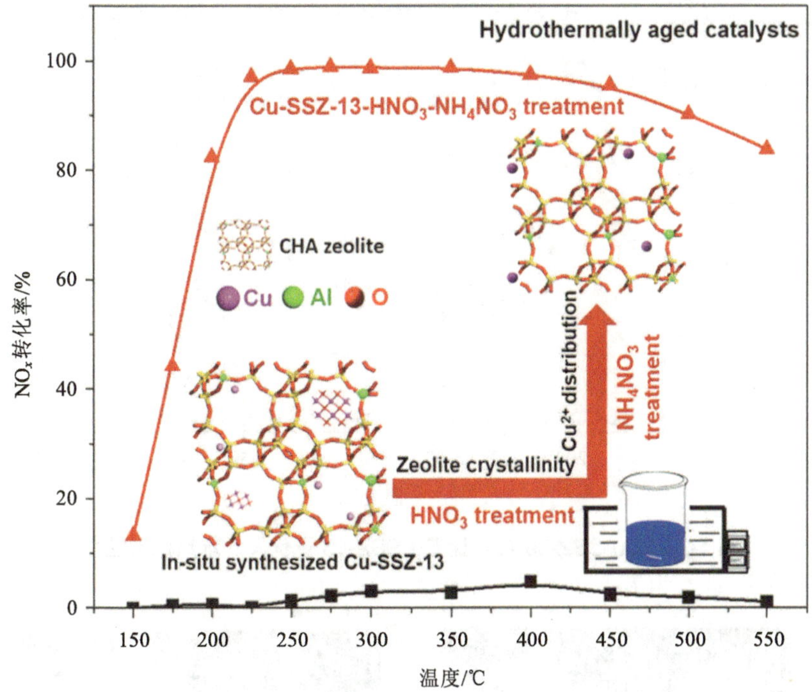

图 4-23　一步合成活性和稳定性优异的 Cu-SSZ-13 催化剂[29]

通过一系列表征揭示了 Cu-SSZ-39 具有优异水热稳定性的原因：Cu-SSZ-39 具有比 Cu-SSZ-13 更弯曲的孔道结构，这一结构特性可以有效抑制水热老化引发的脱 Al 过程和铜物种的积聚；Cu-SSZ-39 具有更多的“对 Al”结构，使 Cu 物种更倾向于以 Cu^{2+}-2Al 的形式存在，该物种具有比 Cu-SSZ-13 中“单 Al”连接的 Cu(OH)-Al 物种更高的稳定性[30]。由于其超高的水热稳定性，Cu-SSZ-39 分子筛催化剂非常适合应用于柴油车（机）污染治理。同时，针对 Cu-SSZ-39 催化剂在柴油车（机）上的应用，还系统考察了 SO_2 和碱金属等毒性成分，以及气氛中共存的 NO_2 对 Cu-SSZ-39 催化剂性能的影响及作用机制，为催化剂改进提供了理论依据[31-33]。

4.2.4　后处理关键工艺及装备产业化

开发了在用柴油车（机）颗粒物和 NO_x 治理关键材料与部件的量产化技术，研究后处理装置布置，根据不同布置空间进行后处理装置的固定、连接设计开发，独创超大 R 角、旋转同心连接、旋转非同心连接等新型设计满足了改造车辆的装配需求，并形成了柴油车（机）后处理改造升级成套产品（图 4-25）。

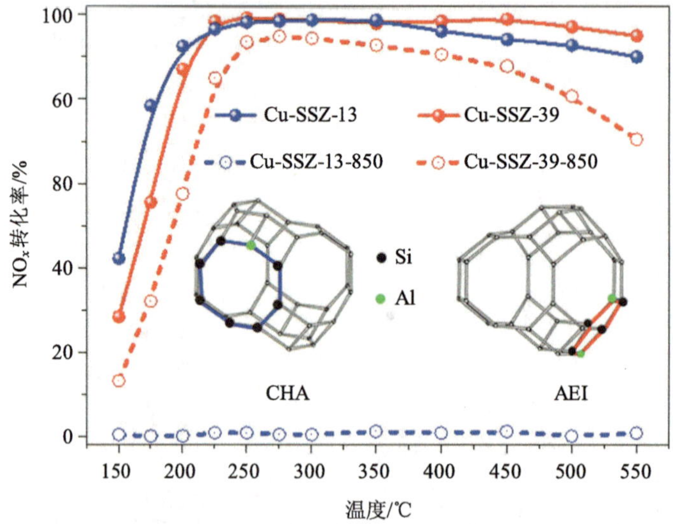

图 4-24 Cu-SSZ-39 具有比 Cu-SSZ-13 更优异的水热稳定性[30]

图 4-25 满足不同治理技术空间要求的后处理装置

4.2.4.1 催化剂生产技术研究平台建设

在浙江省宁波市建设了催化剂中试生产线（图 4-26），拥有中试场地 3 000 余 m^2，主要用于研发的 DOC、CDPF 和 SCR 催化剂的中试生产研究。通过自动化物料输送、搬运、上下线、码垛等技术实现人工替代；通过精准控制配料、反应条件、涂覆参数等，实现生产一致性。打通科研成果转化“最后一公里”，实现原理性技术的产业化，为在用柴油车污染治理示范及应用提供支撑。

图 4-26 催化剂中试生产线

4.2.4.2 在用柴油车 PM 和 NO_x 治理产品生产线建设

在安徽省池州市建成了年产 200 万 L 催化剂柔性生产线（图 4-27），生产线包括催化剂制浆、全自动涂覆、烘干、焙烧等关键流程及设备，用于在用柴油车尾气治理 DOC、CDPF、SCR 整体催化剂的生产。

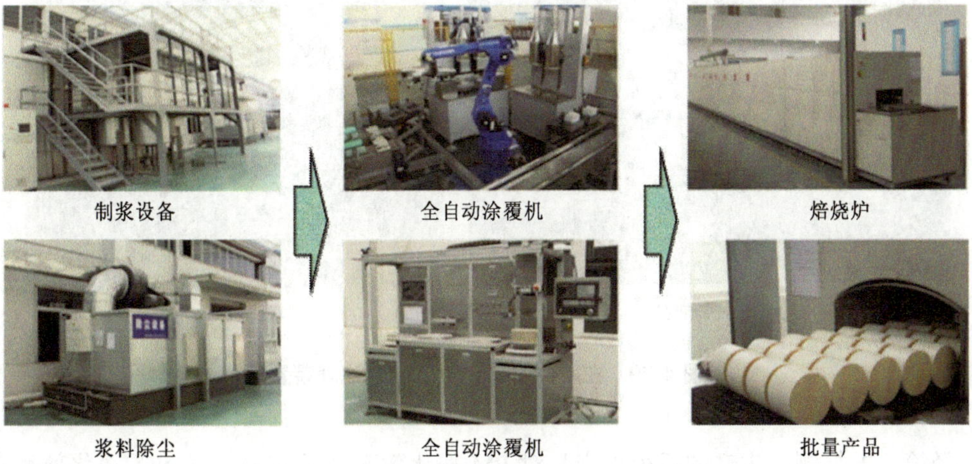

图 4-27 在用柴油车改造整体式催化剂生产线

建设了在用柴油车（机）尾气治理后处理产品封装生产线（图 4-28），通过卷板、焊接、压装、过程装配、总成焊接等工艺过程，实现了在用柴油车尾气治理产品的封装产业化，产能 5 万套/a。

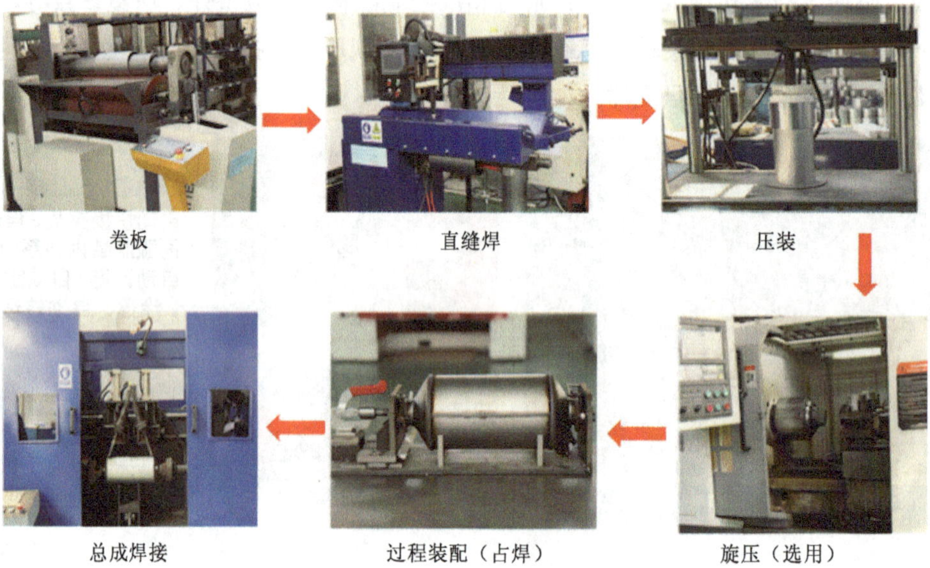

图 4-28　在用柴油车（机）改造产品封装生产线

4.2.4.3　在用柴油车（机）尾气治理产品性能

基于上述两条生产线，实现了不同型号、结构的在用柴油车（机）尾气后处理改造产品（图 4-29）的生产。

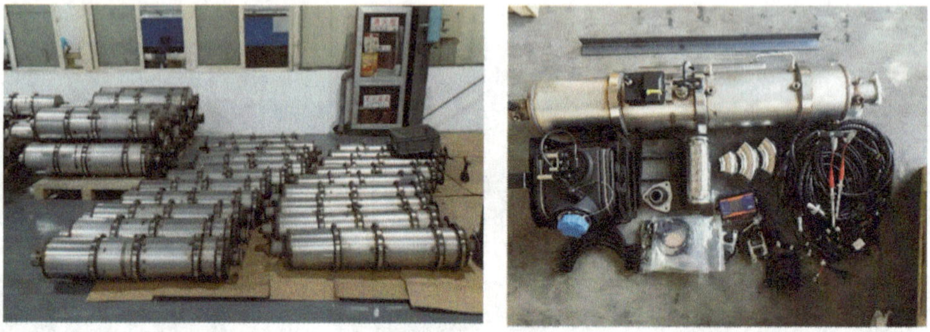

DOC+CDPF 产品　　双降产品

图 4-29　在用柴油车 PM 和 NO_x 治理装置

经第三方检测，生产的后处理产品对 PM 净化效率高于 90%，对 NO_x 净化效率高于 75%，能使国Ⅲ柴油车（机）污染物排放满足国Ⅴ标准，具体检测结果如表 4-1 所示。

表 4-1　在用车 PM 和 NO_x 治理产品测试结果

检测项目 ESC 试验	国Ⅴ标准	发动机原排	加装后处理系统	转化效率/%	符合性判断
CO/［g/（kW·h）］	1.5	0.701	0.053	92.4	符合
THC/［g/（kW·h）］	0.46	0.247	0.020	91.9	
NO_x/［g/（kW·h）］	2.0	4.487	1.060	76.3	
PM/［g/（kW·h）］	0.02	0.096	0.006	93.8	
CO/［g/（kW·h）］	4.0	1.278	0.056	95.6	符合
THC/［g/（kW·h）］	0.55	0.388	0.020	94.8	
NO_x/［g/（kW·h）］	2.0	4.738	0.982	79.3	
PM/［g/（kW·h）］	0.03	0.092	0.007	92.4	

报告编号：19-WT-FD-00 050，国家汽车质量监督检验中心（襄阳），检验日期：2019.06.14。

4.3　在用柴油车尾气治理升级后处理产品应用方案

4.3.1　适用于长途货运车辆的 PM 和 NO_x 后处理技术

长途货运车辆一般长时间高速运行且载重负荷较大，排气温度较高，针对这一特点，采用被动再生型颗粒捕集器净化 PM，以 SCR 净化 NO_x。为此研究开发了被动再生型颗粒捕集器 ActPM-PR 后处理装备及选择性催化还原系统 ActNO_x2.0。

4.3.1.1　被动再生型颗粒捕集器 ActPM-PR

本研究自主开发的催化型 DPF 系统基于催化剂涂层为核心技术，具备原始设备制造商（OEM）成熟的匹配应用经验；产品结构多样化、系列化、无旁通结构，维护保养方便，无须改变车辆已登记的结构和外形尺寸，可满足不同安装需求；多种型号满足不同车型、发动机排量匹配需求；整套系统为全被动再生工作方式，可独立工作，不需要油和气，无须改动车辆的油路、气路布置；通过了汽车专业质量管理体系认证 TS 16949，保障产品质量安全、可靠。

ActPM-PR 型系统由 DOC 及 CDPF 组成。其中，DOC 去除 CO、油性 SOF 等污染物，同时将部分 NO 氧化为 NO_2，并氧化 HC 放热，为 CDPF 再生提供辅助条件；CDPF 可以大大降低碳烟的反应温度，满足车辆运行时大部分工况的被动再生。该系统为被动再生系统，适用条件：采用加载减速法（优先选用）时，烟度值不大于 1.7/m，轮边功率与标定功率百分比不小于 50%；或采用自由加速法时，烟度值不大于 2.5/m。产品可用于国Ⅳ及以上标准的柴油油品。ActPM-PR 型系统示意图如图 4-30 所示，系统组成和功能见表 4-2。

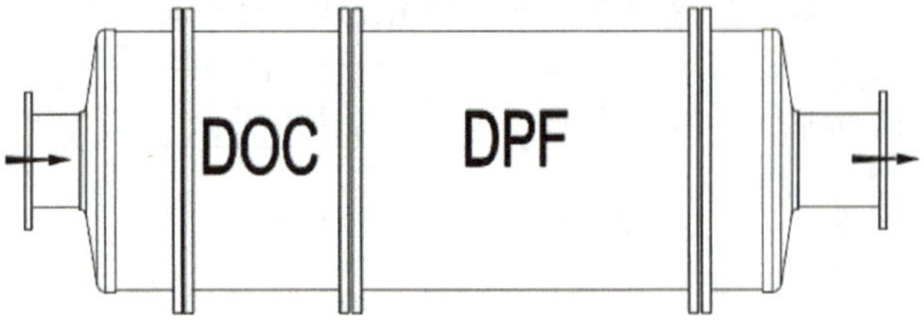

图 4-30　ActPM-PR 型系统原理示意

表 4-2　ActPM-PR 型系统组成、功能

组成部件名称	功能描述	备注
进气组件	机械结构，用于连接原车排气管	
DOC 组件	去除 HC、CO、SOF，氧化放热提温	
DPF 组件	碳烟捕集及再生区域	
消音器组件	机械结构，减小排气噪声，使之符合标准	
压差传感器	电气设备，实时监测 DPF 两端的压差值，以确认 DPF 载体捕集程度	
温度传感器 1	电气设备，安装在 DOC 载体前端，监测 DOC 入口温度	
温度传感器 2	电气设备，安装在 DPF 载体前端，监测载体入口温度	选配
温度传感器 3	电气设备，监测 DPF 出口温度	
显示器	电气设备，人机交互窗口，实时显示系统工作状态，接收使用人员的操作命令	
在线监控模块	电气设备，获取 GPS 位置信息，并将系统的工作状态通过 GPRS 发送至监测平台	
电子控制单元（ECU）控制器	电气设备，系统主控部件 1. 监测传感器信号； 2. OBD 诊断功能，实时监控系统执行器、传感器的工作状态，保障设备安全运行； 3. 实时与显示器进行双向通信，接收显示屏发送的指令，向显示器发送系统工作状态信息	
线束	电气设备，用于连接产品各电气部件	

4.3.1.2　选择性催化还原系统 ActNO$_x$2.0

（1）电控系统

SCR 电控系统通过接在发动机排气管上的传感器来分析发动机尾气中的 NO$_x$ 含量和排气温度，计算出还原剂尿素的基本喷射量。根据催化器下游传感器测到的 NO$_x$ 含量进行反馈，自动调整尿素喷射量，使发动机的尾气排放满足要求（图 4-31）。

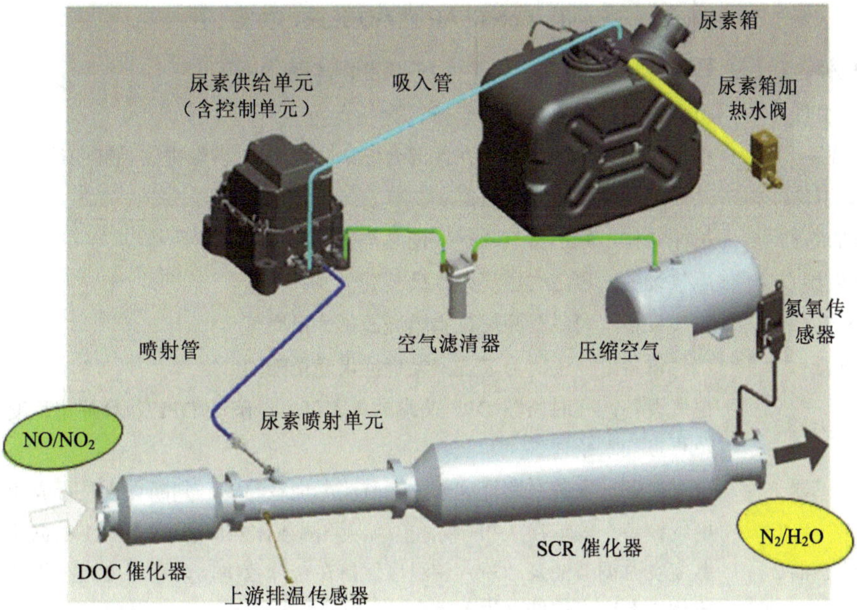

图 4-31　SCR 电控系统原理

（2）基础喷射量与排温关系

通过对发动机排放情况的分析，基础尿素喷射量与排温存在一定的线性关系，可通过此关系确定基础尿素喷射量，为自适应调整确定基础。

（3）自适应流程

根据实车测得的催化器上下游 NO_x，运用自适应策略，调整尿素喷射量，使最终的实车 NO_x 排放值达标。实际使用中，自适应调整不断进行，确保减排效果的稳定。

4.3.2　适用于公交、市政和邮政等城区内运行车辆的 PM 和 NO_x 后处理技术

公交、市政和邮政等城区内运行车辆长期处于低速运行，排气温度较低，有大负荷工况。针对这一特点，采用主/被动型颗粒捕集器净化尾气中的 PM，并研究开发了主/被动型颗粒捕集器 ActPM-AP 后处理装置；以选择性催化还原系统 $ActNO_x2.0$（与长途货运车辆相同）净化排气中的 NO_x。

本研究开发的主/被动型颗粒捕集器是在被动再生型 DPF 基础上，在 DOC 前段增加一个燃烧器，通过喷入燃油并点燃，提高再生的温度。ActPM-AP 型系统组成和功能见表 4-3。

表 4-3 ActPM-AP 型系统组成、功能

组成部件名称	功能描述	备注
进气组件	机械结构，用于连接原车排气管	选配
燃烧室	机械结构，柴油与空气在此混合燃烧，为 DPF 再生提供足够的热量	
DPF 组件	碳烟捕集及再生区域	
消音器组件	机械结构，减小排气噪声，使之符合标准	
点火棒	电气设备，再生时燃烧室点火装置	
风机	电气设备，再生时为燃烧室燃烧提供适量空气	
油泵	电气设备，再生时为燃烧室燃烧提供适量柴油	
压差传感器	电气设备，实时监测 DPF 两端的压差值，以确认 DPF 载体捕集程度及再生判断条件	
温度传感器 1	电气设备，安装在燃烧室部位，监测燃烧室温度，判断点火是否成功	
温度传感器 2	电气设备，安装在 DPF 载体前端，监测载体入口温度，ECU 根据此温度实时调节油泵油量，使温度保持在合理范围，防止温度过高损坏载体或者温度过低再生不完全	
温度传感器 3	电气设备，监测 DPF 出口温度	选配
显示器	电气设备，人机交互窗口，实时显示系统工作状态，接收使用人员的操作命令	
在线监控模块	电气设备，获取 GPS 位置信息，并将系统的工作状态通过 GPRS 发送至监测平台	选配
ECU 控制器	电气设备，系统主控部件。 1．监测传感器信号，判断再生条件是否满足； 2．当再生条件满足时，按照一定流程控制执行器进行燃烧再生过程，通过监测温度传感器信号实时调节油泵频率，保障燃烧温度； 3．OBD 诊断功能，实时监控系统执行器、传感器的工作状态，保障产品安全运行； 4．实时与显示器进行双向通信，接收显示屏发送的指令，向显示器发送系统工作状态信息	
线束	电气设备，用以连接产品各电气部件	

ActPM-AP 型颗粒捕集器系统工作原理：

当排气经过 ActPM-AP 滤芯时，气态污染物 CO、HC 以及碳烟中的 SOF 在氧化催化器 ActDOC 中的催化剂作用下，生成 H_2O 和 CO_2，从而有效降低 CO、HC、SOF 的排放；同时，ActDOC 还可将排气中的 NO 尽可能多地氧化为 NO_2，为后端 DPF 捕集碳烟的被动再生反应提供氧化剂。

另外，柴油机排放尾气中的碳烟颗粒被 ActPM 的滤芯收集起来，当排气温度达到 300℃以上时，在贵金属催化剂的作用下，与前端产生的 NO_2 以及排气 O_2 进行被动再生反应产生 CO_2，从而达到循环使用的目的。当排气温度低于 300℃时，ActPM-AP 型系统

通过压差传感器数据、系统工作时间等多种条件判断载体是否达到饱和，是否需要再生；当需要再生时，ECU 按照一定的流程驱动油泵、点火棒、风机等执行器工作，以达到点火燃烧的目的；温度传感器用以监测点火是否成功以及燃烧温度，ECU 根据温度传感器反馈的信号实时判断与调节，确保燃烧稳定、均匀、可靠；ECU 具备 OBD 诊断功能，能实时诊断执行器、传感器是否存在故障、燃烧过程是否存在故障；ECU 同时实时将系统的工作状态发送至显示屏，显示屏实时显示相关信息，做到人机交互；若配备在线监控模块，可实时将系统工作状态发送至指定的服务器地址，达到实时监管的目的。系统工作流程如图 4-32 所示。

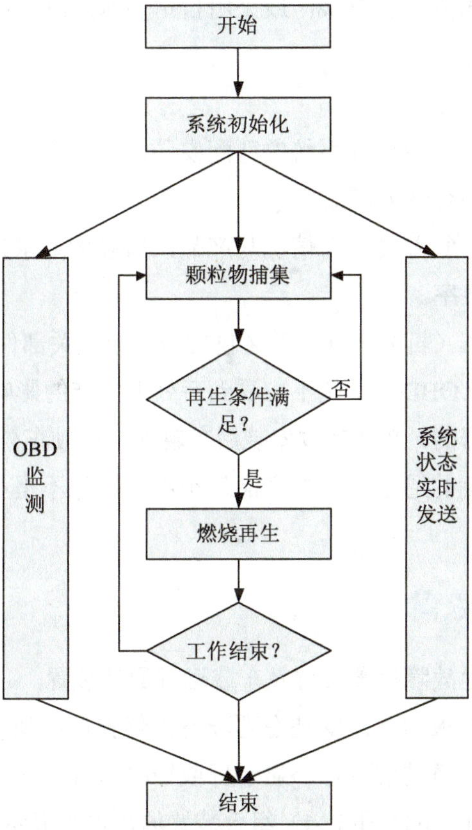

图 4-32 ActPM-AP 型系统工作流程

ActPM-AP 型系统电控部分具备在线标定功能，能根据现场车辆情况（发动机排量、原排数据等）对控制器进行标定，根据原车情况进行参数优化，达到最佳使用效果。

ActPM-AP 型系统根据车辆原排情况 3～5 h（300～600 km）进行一次再生，再生时间约 15 min。

4.4 在用柴油车后处理升级总体技术方案

4.4.1 车辆基本要求

发动机各项性能指标（如汽缸压力、机油压力、各缸工作均匀性、空气滤清器、排气管理等）基本正常，无漏油、漏水现象，无烧机油现象。进行污染后处理前在用柴油车（机）污染物排放需满足如下要求：采用加载减速法（优先选用）时，烟度值不大于 1.7/m，轮边功率与标定功率百分比不小于 50%；或采用自由加速法时，烟度值不大于 2.5/m。

4.4.2 产品与柴油车（机）匹配安装要求

在进行柴油车（机）与后处理系统的匹配安装前，应充分收集运行排气温度、工况等信息，以指导匹配安装合适的产品。

根据柴油车（机）排气温度分布情况与产品入口温度要求，确定恰当位置来安装设备，以确保较高的净化效率。

不能改动任何柴油车（机）运行参数（包括与排放相关部件的运行参数），且原发动机系统的车载排放诊断（OBD）系统不应受到后处理安装的影响。

需要取代原车消声器的，产品完成安装后车辆加速行驶车外噪声不得高于原车噪声。

安装后不得降低车辆的通过性，即产品最小离地间隙不得小于原车排气系统最小离地间隙。

4.4.3 排放升级后监管

每台车均需安装本地故障报警装置及车载远程通信装置。

本地报警装置安装要求如下：安装在驾驶室内驾驶员易观察的位置，当出现影响后处理装置性能的故障后，通过信号灯、显示屏或蜂鸣器等方式向驾驶员提示后处理装置故障信息。对于安装双降（NO_x 和 PM）组合装置的，也应显示车用尿素箱内尿素液位。

设置指示牌标记后处理装置故障报警处理方式和售后服务供应方联系方式等。

车载远程通信装置应满足如下要求（包括但不限于）：

采集后处理装置进排气口的温度和压差、车速、主动再生装置（如电加热器/燃烧器启动和停止信号）、机械地理位置、后处理装置故障诊断系统等相关数据，并按照一定的数据结构保存在车载远程通信装置内部存储介质中。对于安装双降（NO_x 和 PM）组合装置的，应采集 NO_x 浓度和尿素液位等数据；系统应具备防篡改功能。

系统应具备扩展功能，具有能够在技术成熟时监测在用柴油车（机）NO_x、PN 等污染物排放的能力。

产品具备隔热防护措施，不得影响车辆的制动性能，电路改造不能影响系统安全性；应支持按照一定的通信协议及数据格式并将存储的数据以数据包形式同时上传至在线监控平台，以便于监管部门监管。

4.4.4 排放验收标准

由维修单位或后处理净化装置厂家与车辆所有者签署的车辆排放污染治理合同，以当前排放治理市场的招标文件提出的对车辆及后处理净化装置的要求为标准，双方共同验收。验收内容主要包括文件审查和实车审查两方面。

4.4.4.1 文件审查

文件审查内容（包括但不限于）：后处理装置性能检验报告、在用柴油车安装后处理装置安装单、维修单位与车辆所有者签署的车辆排放污染治理合同、装置安装图纸和作业指导书、安装后排放烟度（和氮氧化物）检测报告等。

4.4.4.2 实车审查

实车审查内容（包括但不限于）：

（1）外观审查。安装的后处理装置与《在用柴油车安装后处理装置安装单》信息一致；各管路、电线、部件的布置和安装合理、安全，排气系统密封性完好，符合安装图纸和作业指导书要求；不降低车辆的通过性。

（2）安全性审查：①在特殊场合（如易燃易爆场所内作业等）作业的车辆，应选用被动再生方案的后处理装置，并及时对后处理装置进行维护保养，包括离线再生、定期清理，避免颗粒物大量累积引起高温再生；②后处理装置中相关的高温部件（如主动再生装置）应与油箱、油路或者其他可燃物（如可燃塑料）保持一定距离，必要时为高温部件配置足够的耐高温隔热材料；③排放污染治理前车辆排气出口已安装防火装置的，应确保安装后处理装置后，排气出口配置的防火装置达到排放污染治理前车辆防火以及排气温度要求。

（3）排放审查：采用与排放污染治理前相同的方法进行排放检查。

（4）接入在线监控平台审查：后处理装置能与在线监控平台正常通信，上传数据应符合尾气治理技术要求。

4.5 在用柴油车后处理升级技术推广应用

4.5.1 PM 削减技术

以 DOC+DPF/CDPF 为主要技术路线，先后在天津市、邯郸市和北京市分别完成 500 辆、480 辆和 40 辆在用柴油车后处理升级工作，经检测均满足排放标准要求，PM 平均减排 80%以上（图 4-33、图 4-34），并实现了升级车的远程在线监控（图 4-35）。

图 4-33　柴油车（机）后处理改造示范（DOC+DPF/CDPF）

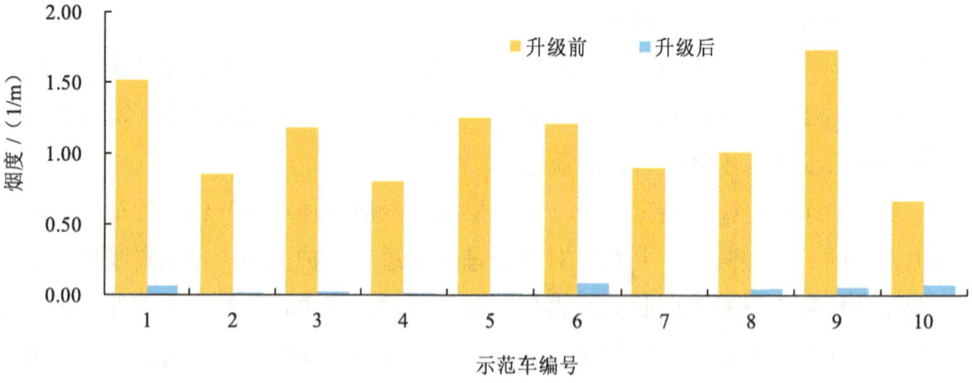

图 4-34　柴油车（机）后处理升级前后烟度值对比

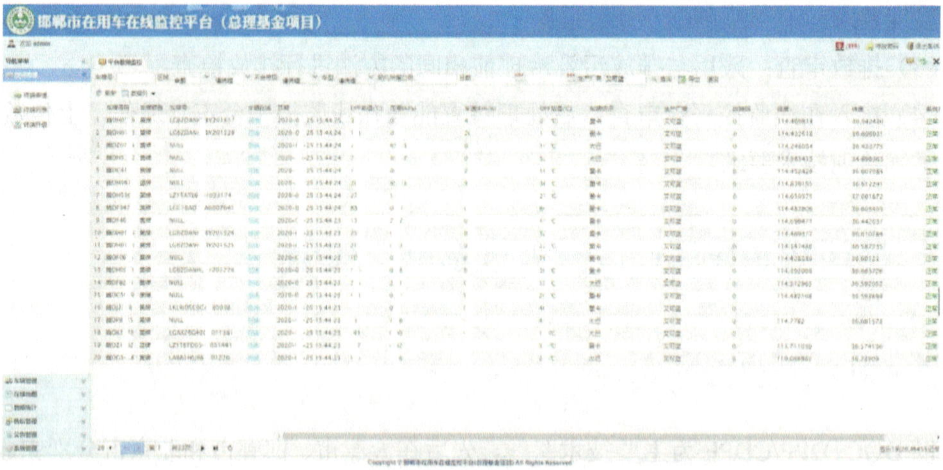

图 4-35　邯郸市升级在用车在线监控平台信息

4.5.2 PM 和 NO_x 双降技术

为实现 NO_x 与 PM 的协同减排，开展了柴油车（机）双降技术应用示范，在河北省、河南省和山西省共完成了 160 余辆在用柴油车双降改造，改造车型包括柴油货车、水泥搅拌车、轮式吊车、道路救援车、垃圾清扫车、洒水车、垃圾车等（图 4-36）。

改造前　　改造后　　改造前　　改造后

图 4-36　柴油车（机）双降技术应用示范

将双降改造车辆在线终端数据上传至大数据平台，实现了远程在线监控，双降系统可显著降低在用柴油车污染物排放，NO_x 减排 60%以上（图 4-37）。

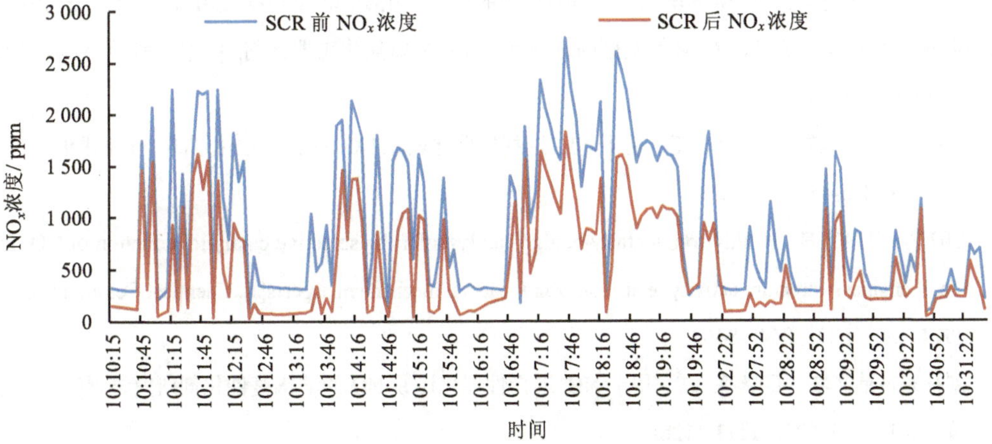

图 4-37　改造车 1#安装双降系统后 NO_x 减排效果

参考文献

[1] GRANGER P，PARVULESCU V I. Catalytic NO_x abatement systems for mobile sources：From three-way to lean burn after-treatment technologies[J].Chemical Reviews，2011，111（5）：3155-3207.

[2] LEE J，THEIS J R，KYRIAKIDOU E A. Vehicle emissions trapping materials：Successes，challenges，and the path forward[J].Applied Catalysis B：Environmental，2019，243：397-414.

[3] DHAL G C，DEY S，MOHAN D，et al. Simultaneous abatement of diesel soot and NO_x emissions by effective catalysts at low temperature：An overview[J].Catalysis Reviews-Science and Engineering，2018，60（3）：437-496.

[4] WALKER A. Future challenges and incoming solutions in emission control for heavy duty diesel vehicles[J].Topics in Catalysis，2016，59（8-9）：695-707.

[5] GUAN B，ZHAN R，LIN H，et al. Review of the state-of-the-art of exhaust particulate filter technology in internal combustion engines[J].Journal of Environmental Management，2015，154：225-258.

[6] 单文坡，余运波，张燕，等. 中国重型柴油车后处理技术研究进展[J].环境科学研究，2019，32（10）：1672-1677.

[7] WU Y，ZHANG S，HAO J，et al. On-road vehicle emissions and their control in China：A review and outlook[J]. Science of the Total Environment，2017，574：332-349.

[8] 王燕军. 柴油车减排国外实践经验[J]. 交通建设与管理，2016（22）：96-101.

[9] 贺泓，翁端，资新运. 柴油车尾气排放污染控制技术综述[J]. 环境科学，2007，28（6）：1169-1177..

[10] 贺泓，李俊华，上官文峰，等. 环境催化-原理及应用[M]. 北京：科学出版社，2008.

[11] 单文坡，刘福东，贺泓. 柴油车尾气中氮氧化物的催化净化[J]. 科学通报，2014，59（26）：2540-2549.

[12] 贺泓，刘福东，余运波，等. 环境友好的选择性催化还原氮氧化物催化剂[J]. 中国科学：化学，2012，42（4）：446-468.

[13] 刘福东，单文坡，石晓燕，等. 用于 NH_3 选择性催化还原 NO_x 的钒基催化剂[J]. 化学进展，2012，24（4）：445-455.

[14] LIU F，YU Y，HE H. Environmentally-benign catalysts for the selective catalytic reduction of NO_x from diesel engines：structure-activity relationship and reaction mechanism aspects[J]. Chemical Communications，2014，50（62）：8445-8463.

[15] 刘福东，单文坡，石晓燕，等. 用于 NH_3 选择性催化还原 NO 的非钒基催化剂研究进展[J]. 催化学报，2011，32（7）：1113-1128.

[16] SHAN W，LIU F，YU Y，et al. The use of ceria for the selective catalytic reduction of NO_x with NH_3[J]. Chinese Journal of Catalysis，2014，35（8）：1251-1259.

[17] SHAN W，LIU F，HE H，et al. A superior Ce-W-Ti mixed oxide catalyst for the selective catalytic

reduction of NO_x with NH_3[J].Applied Catalysis B：Environmental，2012，115-116：100-106.

[18] LIU F，SHAN W，LIAN Z，et al. The smart surface modification of Fe_2O_3 by WO_x for significantly promoting the selective catalytic reduction of NO_x with NH_3[J].Applied Catalysis B：Environmental，2018，230：165-176.

[19] BRANDENBERGER S，KRÖCHER O，TISSLER A，et al. The state of the art in selective catalytic reduction of NO_x by ammonia using metal-exchanged zeolite catalysts[J].Catalysis Reviews-Science and Engineering，2008，50（4）：492-531.

[20] DEKA U，LEZCANO-GONZALEZ I，WECKHUYSEN B M，et al. Local environment and nature of Cu active sites in zeolite-based catalysts for the selective catalytic reduction of NO_x[J].ACS Catalysis，2013，3（3）：413-427.

[21] SHAN W，SONG H. Catalysts for the selective catalytic reduction of NO_x with NH_3 at low temperature[J].Catalysis Science & Technology，2015，5：4280-4288.

[22] BEALE A M，GAO F，LEZCANO-GONZALEZ I，et al. Recent advances in automotive catalysis for NO_x emission control by small-pore microporous materials[J].Chemical Society Reviews，2015，44（20）：7371-7405.

[23] BORFECCHIA E，BEATO P，SVELLE S，et al. Cu-CHA— a model system for applied selective redox catalysis[J].Chemical Society Reviews，2018，47（22）：8097-8133.

[24] WANG M，ZHANG Y，YU Y，et al. Cesium as a dual function promoter in Co/Ce-Sn catalyst for soot oxidation[J].Applied Catalysis B：Environmental，2021，285：119850.

[25] WANG M，ZHANG Y，YU Y，et al. Synergistic Effects of Multicomponents Produce Outstanding Soot Oxidation Activity in a Cs/Co/MnO_x Catalyst[J].Environmental Science & Technology，2020，55（1）：240-248.

[26] SHAN W，YU Y，ZHANG Y，et al. Theory and practice of metal oxide catalyst design for the selective catalytic reduction of NO_x with NH_3[J]. Catalysis Today，2020，https：//doi.org/10.1016/j.cattod.2020.05.015.

[27] HE G，LIAN Z，YU Y，et al. Polymeric vanadyl species determine the low-temperature activity of V-based catalysts for the SCR of NO_x with NH_3[J].Science Advances，2018，4：4637.

[28] LIU J，SHI X，SHAN Y，et al. Hydrothermal stability of CeO_2-WO_3-ZrO_2 mixed oxides for selective catalytic reduction of NO_x by NH_3[J]. Environmental Science & Technology，2018，52（20）：11769-11777.

[29] SHAN Y，DU J，YU Y，et al. Precise control of post-treatment significantly increases hydrothermal stability of in-situ synthesized cu-zeolites for NH_3-SCR reaction[J]. Applied Catalysis B：Environmental，2020，266：118655.

[30] SHAN Y，SHAN W，SHI X，et al. A comparative study of the activity and hydrothermal stability of Al-rich Cu-SSZ-39 and Cu-SSZ-13[J]. Applied Catalysis B：Environmental，2020，264：118511.

[31] DU J，SHI X，SHAN Y，et al. Effects of SO2 on Cu-SSZ-39 catalyst for the selective catalytic reduction

of NO_x with NH_3[J]. Catalysis Science & Technology，2020，10：1256-1263.

[32] ZHU N，SHAN W，SHAN Y，et al. Effects of alkali and alkaline earth metals on Cu-SSZ-39 catalyst for the selective catalytic reduction of NO_x with NH_3[J]. Chemical Engineering Journal，2020，388：124250.

[33] ZHU N，SHAN Y，SHAN W，et al. Distinct NO_2 effects on Cu-SSZ-13 and Cu-SSZ-39 in the selective catalytic reduction of NO_x with NH_3[J]. Environmental Science & Technology，2020，54：15499-15506.

第 5 章

柴油车（机）强化管控措施及核查技术*

近年来，我国环境空气质量持续改善，细颗粒物（$PM_{2.5}$）浓度大幅下降，但环境空气质量改善成果还不稳固，尤其是秋冬季期间大气环境形势依然严峻，容易出现重污染天气。通过在特定时期采取强化管控措施，并通过空气质量预测预警，及时启动重污染天气应急响应，可以抵消部分不利气象条件带来的负面影响，减少污染持续时间、降低污染严重程度，强化公众健康防护。移动源是重要的空气污染源之一，按照措施有效、全覆盖、可核查、管控分级的原则，制定减排措施。在坚持“车、油、路、企”统筹管控的思路的基础上，从监管车辆使用人转变成以企业需求调控为核心的货运行业强化管控与重污染应急管控。

5.1 秋冬季强化管控措施

我国北方地区秋冬季期间大气环境形势严峻，$PM_{2.5}$平均浓度远高于其他季节。如京津冀及周边地区、长三角地区 $PM_{2.5}$ 秋冬季平均浓度分别是其他季节的 2 倍、1.5～1.7 倍，重污染天气分别占全年 90%和 95%以上。从 $PM_{2.5}$ 源解析来看，重点区域秋冬季重污染天气发生时，部分城市硝酸盐占比已经超过硫酸盐，污染特征已经由“硫酸盐—有机物”转向“硝酸盐—有机物”为主导。在秋冬季进一步加严对移动源污染物排放管控措施，抵消不利气象条件带来的负面影响，缓解秋冬季重污染天气，切实改善环境空气质量至关重要。

2018 年以来，生态环境部制定了不同重点区域（京津冀及周边地区、长三角地区、汾渭平原）秋冬季大气污染综合治理攻坚行动方案，先后发布了《京津冀及周边地区 2018—2019 年秋冬季大气污染综合治理攻坚行动方案》[1]《京津冀及周边地区 2019—2020 年秋冬季大气污染综合治理攻坚行动方案》[2]，其中包括了提升铁路货运量、加快车船结构升级、

* 本章作者：郝春晓、谷雪景、李刚、马冬、鲁嘉欣。

严厉查处机动车超标排放行为、加强非道路移动源污染防治、强化车用油品监督管理、全面推进油品储运销 VOCs 治理、实施大宗物料错峰运输、建设机动车“天地车人”一体化监控系统等具体的要求与措施。

5.1.1 2018—2019 年秋冬季强化管控措施

《京津冀及周边地区 2018—2019 年秋冬季大气污染综合治理攻坚行动方案》[1]中移动源管控内容包括以下内容。

5.1.1.1 大幅提升铁路货运量

各省（市）要制定运输结构调整三年行动方案，提出大宗货物、集装箱及中长距离货物运输公转铁、铁水联运、绿色货运枢纽建设实施计划，明确运输结构调整目标。充分发挥已有铁路专用线运输能力，增加铁路大宗货物中长距离运输量。加大铁路与港口连接线、工矿企业铁路专用线建设投入，加快钢铁、电解铝、电力、焦化等重点企业铁路专用线建设。新改扩建涉及大宗物料运输的建设项目，应尽量采用铁路、水路或管道等绿色运输方式。

2018 年 12 月底前，环渤海地区、山东省沿海主要港口和唐山港、黄骅港的煤炭集港改由铁路或水路运输；提升疏港矿石铁路运输比例，鼓励通过带式输送机管廊疏港；加快唐曹线、水曹线等货运铁路线建设，大力提升张唐线、瓦日铁路线煤炭运输量；加快推广集装箱多式联运，重点港口集装箱铁水联运量增长 10%以上；建设城市绿色货运配送示范工程。

5.1.1.2 加快车船结构升级

各城市要制定营运车船结构升级三年行动方案，确保 2020 年城市建成区公交、环卫、邮政、出租、通勤、轻型物流配送车辆中新能源和国Ⅵ排放标准清洁能源汽车的比例达到 80%。制定国Ⅲ及以下排放标准的营运中重型柴油货车、采用稀薄燃烧技术或“油改气”的老旧燃气车辆提前淘汰计划。依法强制报废超过使用年限的船舶。

自 2018 年 10 月 1 日起，城市建成区新增和更新的公交、环卫、邮政车辆等基本采用新能源或清洁能源汽车。港口、机场、铁路货场等新增或更换作业车辆主要采用新能源或清洁能源汽车。北京、天津、石家庄、太原、济南、郑州市制定 2020 年年底前建成区公交车全部更换为新能源汽车实施方案。各地加快淘汰国Ⅲ及以下排放标准的营运中重型柴油货车、采用稀薄燃烧技术或“油改气”的老旧燃气车辆。

5.1.1.3 严厉查处机动车超标排放行为

2018 年 12 月底前，各省（市）对新生产、销售的车（机）型系族全面开展抽检工作。严格新注册登记柴油车排放检验，各地排放检验机构在对新注册登记柴油货车开展检验时，要通过国家机动车排污监控平台逐车核实环保信息公开情况，查验污染控制装置，开展上线排放检测，生态环境主管部门要加强指导监督。依法取消地方环保达标公告和目录审批。

各城市要形成生态环境部门检测、公安交管部门处罚、交通运输部门监督维修的联合监管常态化工作机制，加大路检路查力度，依托超限超载检查站点等，开展柴油货车污染控制装置、车载诊断系统（OBD）、尾气排放达标情况等监督抽查。对物流园区、货物集散地、涉及大宗物料运输的工业企业、公交场站、长途客运站、施工工地、沿海沿江港口等车辆集中停放、使用的重点场所，采取“双随机、一公开”等方式，开展入户监督抽测，同步抽测车用燃油、车用尿素质量及使用情况。各地开展在用汽车排放检测与强制维护制度（I/M 制度）建设工作。通过随机抽检、远程监控等方式加强对排放检验机构的监管，做到年度全覆盖，重点核查超标车、异地车辆、注册 5 年以上的营运柴油车的检测过程数据、视频图像和检测报告等，严厉打击排放检验机构弄虚作假行为，涉嫌犯罪的移送司法机关。

推动高排放车辆深度治理。按照政府引导、企业负责、全程监控模式，推进里程低、残值高等具备改造条件的柴油车深度治理，并安装远程排放监控设备和精准定位系统，与生态环境主管部门联网，实时监控油箱和尿素箱液位变化，以及 NO_x、PM 排放情况，确保治理效果。有条件的城市定期更换出租车三元催化装置。

5.1.1.4 加强非道路移动源污染防治

2018 年 12 月底前，各城市要完成非道路移动机械摸底调查，划定并公布低排放控制区。低排放控制区、港口码头和民航通用机场禁止使用冒黑烟等高排放非道路移动机械，对出现冒黑烟的地区、港口和机场等，向社会通报并责成整改。对低排放控制区内使用的工程机械定期开展抽查。加大老旧工程机械淘汰力度。

推动靠港船舶优先使用岸电，新建码头（危险货物泊位除外）同步规划、设计、建设岸电设施，加快现有港口码头岸电设施建设。推广地面电源替代飞机辅助动力装置，民航机场在飞机停靠期间主要使用岸电。

5.1.1.5 强化车用油品监督管理

2018 年 10 月底前，各地要开展打击黑加油站点专项行动。建立常态化管理机制，实行多部门联合执法，以城乡接合部、国省道、企业自备油库和物流车队等为重点，通过采取有奖举报、随机抽查和重点检查等手段，严厉打击违法销售车用油品的行为，涉嫌犯罪的移送司法机关。对黑加油站点和黑移动加油车，一经发现，坚决取缔，严防死灰复燃。

各城市开展对炼油厂、储油库、加油（气）站和企业自备油库的常态化监督检查，严厉查处生产、销售、存储和使用不合格油品行为。天津港、唐山港、黄骅港等船舶排放控制区内开展船用燃料油使用监管，打击船舶使用不合规燃油行为。

5.1.1.6 全面推进油品储运销 VOCs 治理

2018 年 10 月底前，所有加油站、储油库、油罐车完成油气回收治理工作。积极推进储油库和加油站安装油气回收自动监测设备。

5.1.1.7 实施大宗物料错峰运输

各地要针对钢铁、建材、焦化、有色、化工、矿山等涉及大宗物料运输的重点用车企业以及港口码头，制定错峰运输方案，纳入重污染天气应急预案中，在橙色及以上重污染天气预警期间，原则上不允许重型载货车进出厂区（保证安全生产运行、运输民生保障物资或特殊需求产品，以及为外贸货物、进出境旅客提供港口集疏运服务的达到国Ⅴ及以上排放标准的车辆除外）。重点企业和单位在车辆出入口安装视频监控系统，并保留监控记录三个月以上，秋冬季期间每日登记所有柴油货车进出情况，并保留至2019年4月30日。

5.1.1.8 建设机动车“天地车人”一体化监控系统

2018年12月底前，各城市完成10套左右固定垂直式、2套左右移动式遥感监测设备建设工作，各省（市）完成机动车排放检验信息系统平台建设，形成国家、省、市遥感监测、定期排放检验数据三级联网体系，实现监控数据实时、稳定传输。

5.1.2 2019—2020年移动源秋冬季管控方案

与2018—2019年秋冬季管控方案相比，2019—2020年京津冀及周边地区秋冬季方案删减了大宗物料错峰运输的要求，但是强调了重污染天气应急的措施，同时，仍然强调运输结构调整的要求。京津冀及周边地区行动方案具体内容如下。

5.1.2.1 加快推进铁路专用线建设

各地要逐一核实《交通运输部等九部门贯彻落实国务院办公厅〈推进运输结构调整三年行动计划（2018—2020年）〉的通知》中铁路专用线重点建设项目落实情况，按照《关于加快推进铁路专用线建设的指导意见》要求，积极推进铁路专用线建设；2019年10月底前，各地要对大宗货物年货运量150万t及以上的大型工矿企业和新建物流园区铁路专用线建设情况、企业环评批复要求建设铁路专用线落实情况等进行摸排。对工程进度滞后的，要分析查找原因，分类提出整改方案，确保2020年基本完成。若涉及规划调整、项目变更、企业搬迁退出等因素不再建设的，地方可提出变更申请，由主管部门确认。

各地要因地制宜，根据本地货物运输特征，大力发展多式联运；研究建设物流园区，提高货运组织效率。北京市有效增加建材、生活物资、商品汽车铁路运输量。山西省推进重点煤矿企业全部接入铁路专用线。山东省全面推进魏桥和信发集团等企业铁路专用线建设。

5.1.2.2 大力提升铁路水路货运量

严格落实禁止汽运煤集港政策，严格禁止通过铁路运输至港口附近货场后汽车短驳集港或汽车运输至港口附近货场后铁路集港等行为。推进沿海主要港口和唐山港、黄骅港的矿石、焦炭等大宗货物改由铁路或水路运输。具有铁路专用线的大型工矿企业和新建物流园区，煤炭、焦炭、铁矿石等大宗货物铁路运输比例原则上达到80%以上。

5.1.2.3 加快推进老旧车船淘汰

加快淘汰国Ⅲ及以下排放标准的柴油货车、采用稀薄燃烧技术或“油改气”的老旧燃气车辆。各地应统筹考虑老旧柴油货车淘汰任务，2019 年，淘汰数量达到任务量的 40%以上。

5.1.2.4 严厉查处机动车超标排放行为

强化多部门联合执法，完善生态环境部门监测取证、公安交管部门实施处罚、交通运输部门监督维修的联合监管模式，并通过国家机动车超标排放数据平台，将相关信息及时上报，实现信息共享。各地要加快在主要物流货运通道和城市主要入口布设排放检测站（点），针对柴油货车等开展常态化全天候执法检查，2019 年 10 月底前，北京市实现主要货运通道和城市入口全覆盖，天津市不少于 15 个，河北省各城市不少于 5 个。加大对物流园、工业园、货物集散地等车辆集中停放地，以及大型工矿企业、物流货运、长途客运、公交、环卫、邮政、旅游等重点单位入户检查力度，做到检查全覆盖。秋冬季期间，各地监督抽测的柴油车数量要大幅增加。

5.1.2.5 开展油品质量检查专项行动

2019 年 10 月底前，各地要以物流基地、货运车辆停车场和休息区、油品运输车、施工工地等为重点，集中打击和清理取缔黑加油站点、流动加油车，对不达标的油品追踪溯源，查处劣质油品存储销售集散地和生产加工企业，对有关涉案人员依法追究相关法律责任。炼油企业较多的省份应对油品生产加工企业开展全面排查，对各地在打击黑加油站点和流动加油车专项行动中发现问题线索的油品生产加工企业进行突击检查，从源头杜绝假劣油品。

开展企业自备油库专项执法检查，各地应对大型工业企业、公交车场站、机场和铁路货场自备油库油品质量进行监督抽测，严禁储存和使用非标油，依法依规关停并妥善拆除不符合要求的自备油罐及装置（设施），2019 年 10 月底前完成。

加大对加油船、水上加油站以及船舶用油等监督检查力度，确保内河、船舶排放控制区内远洋船舶使用符合标准的燃油。

5.1.2.6 加强非道路移动源污染防治

各地要制定非道路移动机械摸底调查和编码登记工作方案，以城市建成区内施工工地、物流园区、大型工矿企业以及港口、码头、机场、铁路货场等为重点，2019 年，全面完成非道路移动机械摸底调查和编码登记，并上传至国家非道路移动机械环保监管平台。加大对非道路移动机械执法监管力度。各地要建立生态环境、建设、交通运输（含民航、铁路）等部门联合执法机制，秋冬季期间每月抽查率不低于 10%，对违规进入高排放控制区或冒黑烟等超标排放的非道路移动机械依法实施处罚，消除冒黑烟现象。

5.2 重污染天气重点行业移动源应急管控措施

近年来，重污染天气应对工作取得显著成效，京津冀及周边地区的环境空气质量持续改善，重污染天气发生频次和强度均明显下降。一方面，各地不断深入开展大气污染治理，结构性减排成效初步显现；另一方面，重点区域逐步统一重污染天气应急启动标准，各地在统一原则下，制定应急减排措施，有效应对重污染天气。为更加科学、精准制定应急减排措施，生态环境部发布了《关于加强重污染天气应对夯实应急减排措施的指导意见》[3]（环办大气函〔2019〕648 号）（以下简称《指导意见》），其中提出了按照企业环保绩效水平开展绩效分级，在满足当地应急减排比例需求的同时，制定差异化减排措施。在重污染天气预警期间，环保绩效水平先进的企业，可以减少或免除应急减排措施，从而鼓励"先进"，鞭策"后进"，促进全行业高质量发展。各行业具体移动源分级管理要求见表 5-1。

表 5-1 重点行业移动源分级管理要求

行业	A 级企业	B 级企业	C 级企业
长流程钢铁	进出钢铁企业的铁精矿、煤炭、焦炭等大宗物料和产品采用铁路、水路、管道或管状带式输送机等清洁方式运输的比例不低于 80%；其他汽车运输部分应全部采用新能源汽车或达到国Ⅵ排放标准的汽车（2021 年年底前可采用国Ⅴ排放标准的汽车）	进出钢铁企业的铁精矿、煤炭、焦炭等大宗物料和产品采用铁路、水路、管道或管状带式输送机等清洁方式运输的比例不低于 50%；达不到的，汽车运输部分应全部采用新能源汽车或达到国Ⅵ排放标准的汽车（2021 年年底前可采用国Ⅴ排放标准的汽车）	其他
焦化	进出企业的煤炭、焦炭等大宗物料和产品采用铁路、水路、管道或管状带式输送机等清洁方式运输的比例不低于 80%；其他汽车运输部分应全部采用新能源汽车或达到国Ⅵ排放标准的汽车（2021 年年底前可采用国Ⅴ排放标准的汽车）	进出企业的煤炭、焦炭等大宗物料和产品采用铁路、水路、管道或管状带式输送机等清洁方式运输的比例不低于 50%；达不到的，汽车运输部分应全部采用新能源汽车或达到国Ⅵ排放标准的汽车（2021 年年底前可采用国Ⅴ排放标准的汽车）	其他
氧化铝	铝土矿厂外运输采用水路或铁路，码头入厂及厂内运输均采用封闭皮廊；煤炭 80% 以上采用铁路或水路运输；天然气采用管道输送；其他原辅材料公路运输全部使用国Ⅴ及以上重型载货车辆运输	铝土矿厂内输送采用封闭皮廊；煤炭 50%以上采用铁路或水路运输；其他原辅材料公路运输 80%以上使用国Ⅴ及以上重型载货车辆运输	其他
电解铝	原料氧化铝采用散装，罐车运输率达 100%；公路运输全部使用国Ⅴ及以上重型载货车辆（含燃气）运输	原料氧化铝采用散装，罐车运输率达 80%。公路运输 80%以上使用国Ⅴ及以上重型载货车辆（含燃气）运输	其他

<table>
<tr><th>行业</th><th>A 级企业</th><th>B 级企业</th><th>C 级企业</th></tr>
<tr><td>炭素</td><td colspan="2">物料、产品全部使用国Ⅴ及以上重型载货车辆（含燃气）运输或其他清洁运输方式</td><td>其他</td></tr>
<tr><td>铜冶炼</td><td colspan="2">铜精矿 80%以上运输采用铁路，码头入厂及厂内运输均采用封闭皮廊；天然气采用管道输送；其他原辅材料公路运输全部使用国Ⅴ及以上重型载货车辆运输</td><td>其他</td></tr>
<tr><td>陶瓷</td><td colspan="2">物料、产品全部使用国Ⅴ及以上重型载货车辆或者采用其他更为清洁的运输方式</td><td>未达到 AB 级要求</td></tr>
<tr><td>玻璃</td><td colspan="2">物料、产品全部使用国Ⅴ及以上重型载货车辆或者采用其他更为清洁的运输方式</td><td>未达到 AB 级要求</td></tr>
<tr><td>石灰窑</td><td>物料、产品全部使用国Ⅴ及以上重型载货车辆或者其他更为清洁的运输方式</td><td>物料、产品 80%以上使用国Ⅴ及以上重型载货车辆或者其他更为清洁的运输方式</td><td>未达到 B 级要求</td></tr>
<tr><td>铸造</td><td>物料、产品全部使用国Ⅴ及以上重型载货车辆</td><td>物料、产品 80%以上使用国Ⅴ及以上重型载货车辆</td><td>未达到 B 级要求</td></tr>
<tr><td>炼油与石油化工</td><td>大宗物料和产品采用铁路、水路、管道或管状带式输送机等清洁方式运输的比例不低于 80%；其他运输环节采用国Ⅴ以上重型载货车辆（含燃气）运输</td><td>大宗物料和产品采用铁路、水路、管道或管状带式输送机等清洁方式运输的比例不低于 50%</td><td>未达到 B 级要求</td></tr>
<tr><td>制药</td><td>物料、产品全部使用国Ⅴ及以上重型载货车辆或者采用其他更为清洁的运输方式</td><td>物料、产品 80%以上使用国Ⅴ及以上重型载货车辆或者采用其他更为清洁的运输方式</td><td>未达到 B 级要求</td></tr>
<tr><td>农药</td><td>物料、产品全部使用国Ⅴ及以上重型载货车辆或者采用其他更为清洁的运输方式</td><td>物料、产品 80%以上使用国Ⅴ及以上重型载货车辆或者采用其他更为清洁的运输方式</td><td>未达到 B 级要求</td></tr>
<tr><td>涂料</td><td>物料、产品涉及危险化学品运输专用车辆的，80%使用国Ⅴ及以上重型载货车辆或者采用其他更为清洁的运输方式；其余物料、产品全部使用国Ⅴ及以上重型载货车辆或者采用其他更为清洁的运输方式</td><td>物料、产品涉及危险化学品运输专用车辆的，60%使用国Ⅴ及以上重型载货车辆或者采用其他更为清洁的运输方式；其余物料、产品 80%以上使用国Ⅴ及以上重型载货车辆或者采用其他更为清洁的运输方式</td><td>未达到 B 级要求</td></tr>
<tr><td>油墨</td><td>物料、产品涉及危险化学品运输专用车辆的，80%使用国Ⅴ及以上重型载货车辆或者采用其他更为清洁的运输方式；其余物料、产品全部使用国Ⅴ及以上重型载货车辆或者采用其他更为清洁的运输方式</td><td>物料、产品涉及危险化学品运输专用车辆的，60%使用国Ⅴ及以上重型载货车辆或者采用其他更为清洁的运输方式；其余物料、产品 80%以上使用国Ⅴ及以上重型载货车辆或者采用其他更为清洁的运输方式</td><td>未达到 B 级要求</td></tr>
</table>

按照《打赢蓝天保卫战三年行动计划》要求，为更好地保障人民群众身体健康，积极应对重污染天气，进一步完善重污染天气应急预案（以下简称应急预案），夯实应急减排措施，细化减排清单，加强区域应急联动，实现依法治污、精准治污、科学治污，生态环境部在《指导意见》的基础上，2020 年发布了《重污染天气重点行业应急减排措施制定技术指南（2020 年修订版）》（环办大气函〔2020〕340 号）[4]（以下简称《技术指南》），

其中不仅将绩效分级行业扩大到了39类，还专门制定了《重污染天气重点行业移动源应急管理技术指南》作为技术指南的附件，供企业、生态环境部门、核查人员等参考。此次对于移动源绩效分级管控的修订原则，一是把握主线结合实际，按行业特点制定移动源绩效分级措施，并按等级逐级提出要求；二是加强行业指导，同时兼顾核查指导，此次修订将随指南发布“移动源绩效分级管控要求”，为企业自我核实提供技术手段，同时为督查人员提供检查手段；三是运输方式、运输管控双管齐下，对于公路运输、场内运输及非道路移动机械全盘考虑，同时要规范运输管理，增加对视频监控系统、电子台账的建立要求；四是关注车辆实际达标状况，提出车辆实际排放应达标的要求，鼓励企业采取与运输车辆签订达标保证书等方式实现用车达标排放。

5.3 移动源管控措施核查技术

为保障减排措施可核查、可监测、可操作，确保差异化减排措施实施到位，秋冬季攻坚方案中提出了秋冬季移动源核查技术要求，包括提出建设机动车“天地车人”一体化监控系统，通过遥感，定期排放检验、入户抽测数据国家—省—市三级联网，建设企业门禁视频监控系统，年销售汽油量大于5 000 t的加油站应安装油气回收自动监控设备等要求，强化移动源管控的核查力度。

5.3.1 “天地车人”一体化监控系统

“天地车人”一体化的监控体系指利用机动车道路遥感监测（天）、排放检验机构检测联网（地）、重型柴油车远程在线监控（车），以及路检路查和入户监督抽测（人），对柴油货车开展全天候、全方位的排放监控。

遥感监测方面，通过在重点区域和主要物流通道上布设遥感监测点位，实时监测通过车辆尾气排放状况。截至2019年年底，全国已完成2 671台套遥感监测系统建设，在建960台套。

定期检验方面，通过不断完善机动车排放检测与强制维护制度（I/M制度），实现机动车排放闭环管理，通过检验机构与生态环境主管部门的三级联网，实现生态环境主管部门对检验机构和车辆检测信息的有效监管。截至2019年年底，全国30个省（除西藏自治区外）均实现机动车环保定期检验数据国家—省—市三级联网。

重型柴油车远程在线监控方面，国Ⅵ重型车辆要求加装远程在线监控装置，部分国Ⅴ重型车辆也已加装。通过远程在线监控系统，对重型车辆NO_x排放、尿素液位、加油位置、行驶轨迹等实时监控，并通过实时接收车辆上传的污染控制装置工况数据并加以分析，筛查出现故障的减排装置，并对可能存在的问题发出预警信息。

路检路车和入户抽测方面，建立了由生态环境、交通和公安部门等共同组成的路检路查队伍，抽查车辆的排放和油品质量。2019 年，北京市、天津市、河北省、山西省等 15 省（自治区、直辖市）共报送路检路查超标数据 398 723 条，入户检查数据 18 085 条、非道路超标数据 14 006 条。大力提高柴油的监督检查力度，确立柴油监督检查责任主体和联合检查机制。

5.3.2 工业企业运输车队监管

多年来，我国柴油货车需求量大、运输强度高、排放超标现象严重，是移动源中污染物排放的重要来源。要改善柴油货车的排放问题，单靠对车辆生产企业的监管是远远不够的，还应从使用端入手，以钢铁、焦化等工业企业为监控对象，聚焦运输车队的结构与特征，从根本降低柴油货车排放。

以企业门禁和企业物料进出口监控视频为主要监管手段，管控进出企业的车辆数量和排放阶段等信息。企业门禁监控前端设备主要包括超高清摄像机、滤波镜头及护罩、车牌识别系统、数据传输系统等，主要由视频采集单元和视频智能分析单元组成，两者通过网络进行连接。由视频采集单元采集图像，然后通过网络传输给视频智能分析单元，视频智能分析单元对视频进行解码和分析，记录车牌号码及相关的视频图像。同时也会进行相关的报警和传输相关内容到指定的服务器。

重点工业企业物料进出口设置监控视频，监控企业原料及成品运输情况和承担运输的重型柴油车的排放状况。对各个监控点点位的车辆信息进行采集。包括车辆车牌信息和进厂时间。在企业物料进出口建设龙门架或倒 L 型门架及读取车辆牌照的视频终端，数据实时传送至地方监控决策平台，对重点企业可加装柴油车黑烟抓拍设备，及时发现高排放车。

5.4 移动源管控措施减排量核算方法

柴油车排放控制主要包括实施国Ⅵ标准，新能源车替代，货物运输车辆公转铁，老旧车淘汰等，核算方法为与大气污染物总量减排、环境统计以及机动车环境管理年报保持减排核算一致，仍然采用宏观核算方法进行核算，即以地级市为单位，基于排放系数核算分车型计算柴油车的一氧化碳（CO）、碳氢化合物（HC）、氮氧化物（NO_x）、颗粒物（主要是 $PM_{2.5}$）减排量。其中，车辆的淘汰、更新以地方报送数据进行核算，交通结构调整情况以统计年鉴数据或统计部门提供数据为准。

柴油车污染治理污染物减排核算公式为：

$$E_{柴油车污染治理} = E_{交通结构调整} + E_{提前实施国VI排放标准} + E_{柴油车淘汰} + E_{推广新能源} \tag{5-1}$$

式中，$E_{柴油车污染治理}$——柴油车污染治理污染物削减量，t；

$E_{交通结构调整}$——交通结构调整带来的污染物削减量，t；

$E_{提前实施国VI排放标准}$——柴油车提前实施国Ⅵ带来的污染物削减量，t；

$E_{柴油车淘汰}$——淘汰柴油货车带来的污染物削减量，t；

$E_{新能源推广}$——新能源车辆推广带来的污染物削减量，t。

5.4.1 实施国Ⅵ标准

（1）实施国Ⅵ污染物削减量核算

$$E_{提前实施国VI排放标准}=\sum_{i=1}^{n}\sum_{k=1}^{p}(N_{i,k}\times PXC_{i,k})\times 10^{-6}\times m/12 \quad (5\text{-}2)$$

式中，$N_{i,k}$——i 车型、k 阶段新注册车辆数，辆；

$PXC_{i,k}$——i 车型、k 阶段车辆的国Ⅵ与国Ⅴ排放系数差，g/（a·辆）。

（2）配套的核查方法

1）机动车环保信息公开检查

在机动车生产、销售和注册登记等环节加强监督检查，开展柴油车注册登记前的排放检验，通过国家机动车环境监管平台逐车核实环保信息公开情况，进行污染控制装置查验、上线排放检测，确保车辆配置真实性、唯一性和一致性。

根据地方政府发布的新车环保查验的，或执行新修订在用车排放检验标准的文件。在机动车定期检验机构现场查询新车注册登记环节凭证，是否查验机动车环保信息公开清单，对于未进行环保信息公开或污染物控制装置与环保信息公开不符的车辆处理情况。

2）开展生产一致性监督检查

在生产、进口、销售环节加强对新生产机动车环保达标监管，抽查核验新生产销售车辆的 OBD、污染控制装置、环保信息随车清单等，抽测部分车型的道路实际排放情况。

根据地方政府或部门制定新生产机动车环保一致性监督检查文件或通知，结合当地生产、销售机动车系族清单，对环保信息公开检查、污染控制装置、OBD 检查、抽车检测记录进行检查，根据检查系族数量和当地生产、销售机动车系族数量，测算检查比例。

3）公安交管部门信息核查

到公安交管部门调取部分新注册登记车辆信息，到机动车环保信息公开平台查询其排放标准阶段，是否符合新车标准升级要求。

5.4.2 新能源车替代

（1）减量核算方法

推广新能源汽车按照重点地区直辖市、省会城市和计划单列市公交车全部换新能源汽车算。

$$E_{\text{新能源推广}}=\sum_{i=1}^{n}\sum_{k=1}^{p}(N_{i,k}\times PX_{i,k})\times 10^{-6} \tag{5-3}$$

式中，$N_{i,k}$——i 车型、k 阶段更换的新能源公交车辆数，辆；

$PX_{i,k}$——i 车型、k 阶段车辆的排放系数，g/（a·辆）。

推广使用新能源和清洁能源汽车。加快推进城市建成区新增和更新的公交、环卫、邮政、出租、通勤、轻型物流配送车辆采用新能源或清洁能源汽车。重点区域港口、机场、铁路货场等新增或更换作业车辆主要采用新能源或清洁能源汽车。

（2）配套的监测方法

公安交管和交通运输部门调取公交、环卫、邮政、出租、通勤、轻型物流配送车辆年注册量和车辆详细清单核查。

5.4.3 公转铁

（1）减量核算方法

$$E_{\text{交通结构调整}}=E_{\text{基准年柴油货车排放量}}\times g_{\text{目标年铁路增加的运量}}/g_{\text{基准年公路货运量}} \tag{5-4}$$

推进中长距离大宗货物、集装箱运输从公路转向铁路。完成蒙华、水曹等货运铁路建设，大力提升张唐、瓦日等铁路线煤炭运输量。加大铁路与港口连接线、工矿企业铁路专用线建设投入，加强钢铁、电解铝、电力、焦化等重点行业企业铁路专用线建设。

（2）配套的监测方法

资料核查：根据纳入《推进运输结构调整三年行动计划（2018—2020 年）》的铁路专用线清单，核对地方提供的铁路专用线建设情况。根据交通运输部提供的铁路运输量核查铁路运输量是否达到要求。

现场核查：选取部分铁路专用线，对建设情况进行现场核实。京津冀涉及港口的城市需对港口门禁监控数据进行核查，抽取部分车辆，查看货类是否存在汽运煤现象。

5.4.4 老旧车淘汰

（1）减量核算方法

车辆注销减排量核算公式如下：

$$E_{\text{柴油车淘汰}}=\sum_{i=1}^{n}\sum_{k=1}^{p}(N_{i,k}\times PX_{i,k})\times 10^{-6} \tag{5-5}$$

式中，$N_{i,k}$——i 车型、k 阶段注销车辆数，辆；

$PX_{i,k}$——i 车型、k 阶段车辆的排放系数，g/（a·辆）。

（2）配套的监测方法

资料核查：根据报废汽车回收证明、机动车环保合格标志注销凭证、加盖公安交管部门公章的车辆报废数据纸质文件、查看回收证明编号是否连续、抽取报废汽车车辆牌照号码，在公安交管部门查找档案。

参考文献

[1] 生态环境部. 京津冀及周边地区 2018—2019 年秋冬季大气污染综合治理攻坚行动方案（环大气函〔2018〕100 号）[EB/OL]. 北京：生态环境部.2018-09-21[2020-03-15]. http://www.mee.gov.cn/gkml/sthjbgw/sthjbwj/201809/t20180927_630570.htm.

[2] 生态环境部. 京津冀及周边地区 2019—2020 年秋冬季大气污染综合治理攻坚行动方案（环大气函〔2019〕88 号）[EB/OL]. 北京：生态环境部. 2019-10-11[2020-03-15].http://www.mee.gov.cn/xxgk2018/xxgk/xxgk03/201910/t20191016_737803.html.

[3] 生态环境部. 关于加强重污染天气应对务实应急减排措施的指导意见（环办大气函〔2019〕648 号）[R]. 2019.

[4] 生态环境部. 重污染天气重点行业应急减排措施制定技术指南（环办大气函〔2020〕340 号）[R]. 2020.

第 6 章

柴油车（机）排放监控决策核查技术和平台*

大数据、物联网等先进技术的使用可以为柴油车（机）排放监管和决策提供强大支持，进而提升“车—油—路”一体的排放监管控制水平。本章将介绍先进的多源大数据测试技术，实际道路排放特征的精准刻画和高排放车辆的快速识别，并建立“流量—排放—浓度—控制”一体的排放监控决策核查平台，定量解析柴油车（机）排放强化管控措施的环境影响，为柴油车（机）排放智能化和精细化管控提供科学工具。

6.1 基于多源测试的柴油车（机）实际排放特征和减排效果评估

6.1.1 基于跟车的柴油车（机）实际道路大样本排放特征分析

6.1.1.1 跟车测试方法介绍

传统的机动车（机）排放测试方法有实验室台架测试和车载测试等。实验室台架测试容易控制测试工况，测试结果重复性较好，但不能准确体现实际行驶工况特征，难以反映车辆在实际道路上排放的真实水平，并且测试周期长、测试样本量偏少。车载测试虽然可以更准确地反映实际道路行驶条件，但测试成本更高，仪器安置、调试复杂，也存在测试周期长和样本量偏小的问题。跟车测试基于配备高精度、快速响应仪器的移动平台，可实时监测前方车辆的尾气排放，5～10 min 即可完成一个测试循环，同时具有大样本量、测试时间短、可反映实际排放水平等多个优势。

为了充分反映重型车的实际道路排放特征，研究采用跟车排放测试方法在京津冀其周边地区开展了大样本量的测试。图 6-1 为研究团队针对典型车辆开展实际道路跟车测试的试验现场。

---

* 本章作者：吴烨、吴潇萌、张少君、王慧、杨道源、刘欢、王小桐。

图 6-1 跟车测试现场

跟车测试平台配备了高时间分辨率和高精度的污染物测试分析仪器，将目标车排放后经过稀释的尾气烟羽吸入仪器内部进行分析，同时基于目标车辆排放的污染物瞬态浓度进行实时排放因子计算，图 6-2 为跟车测试平台图。

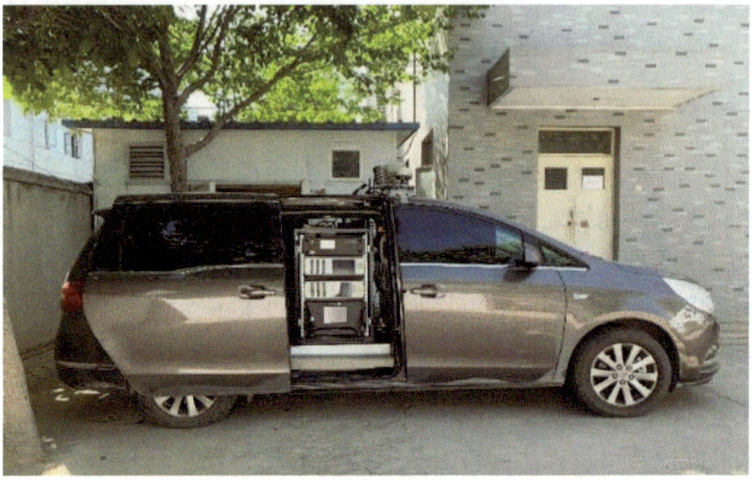

图 6-2 跟车测试平台图

为验证跟车测试结果的可靠性，研究开展了数百辆次的同步测试，并选取一辆车在高速段和低速段开展了多个辆次的跟车测试，以更全面评估跟车测试在不同行驶工况下的准确性（图 6-3）。

图 6-3 跟车-车载同步测试

同步测试对比结果如图 6-4 所示，跟车与车载同步近 80%的数据相对误差在±25%以内，表明跟车测试和车载测试的结果有很好的一致性。

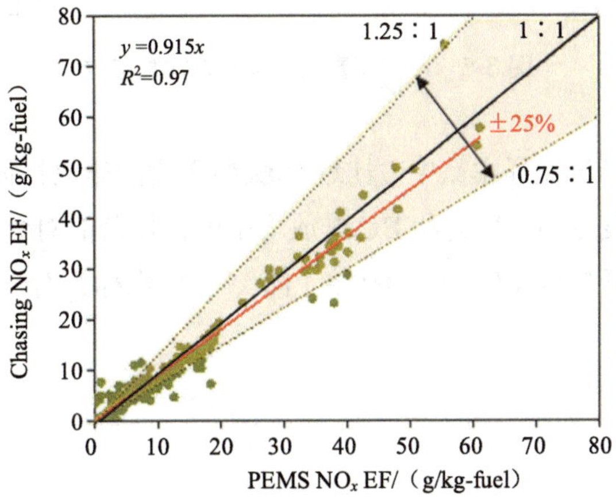

图 6-4 车载和跟车测试的 NO_x 排放因子比较

6.1.1.2 实际道路排放特征分析

研究在京津冀及其周边地区共测得 2 000 余辆次的跟车测试数据，以柴油货车为主，测试路线主要集中在高速或港口等货车集中的区域。

（1）柴油重型货车排放特征

轻型货车（轻货）（＜4.5 t）、中型货车（中货）（[4.5，12）t）和重型货车（重货）（≥12 t）的污染物排放因子如图 6-5 所示。车重等级越高的货车其 NO_x 排放因子越高，但对于炭黑（BC），轻货的 BC 排放因子均值反而高于中货，主要是轻货车队中存在较多的 BC 高排车，使车队排放因子均值显著增加。

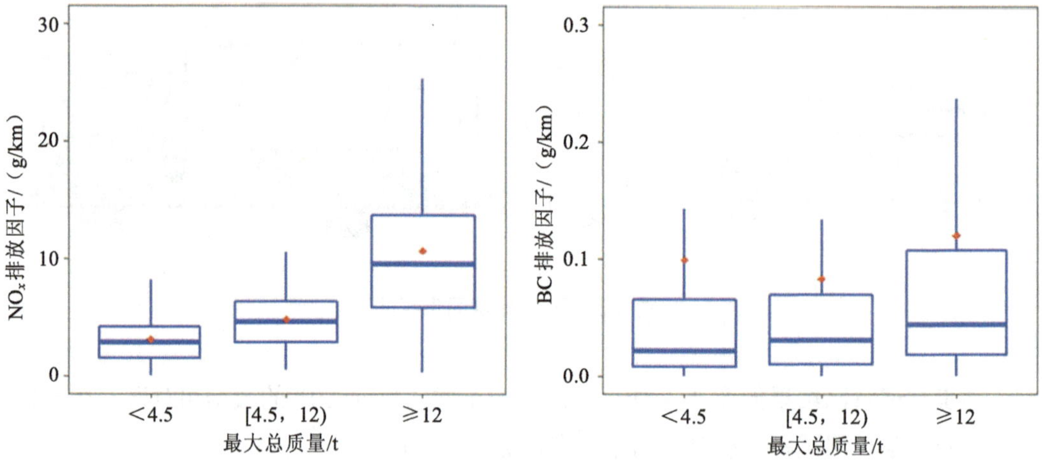

（a）NO_x 排放因子　　（b）BC 排放因子

图 6-5　不同车重的重型货车排放差异

研究进一步分析了测试样本量中占比近 80%的重货的排放特征。图 6-6 为重货的污染物排放因子概率密度分布。NO_x 和 BC 排放均呈现较显著的对数正态分布，BC 高排放车辆的排放因子高达低排放车辆的 1 000 倍［图（b）横坐标为对数坐标］，需加强对这些高排放车辆的管控。

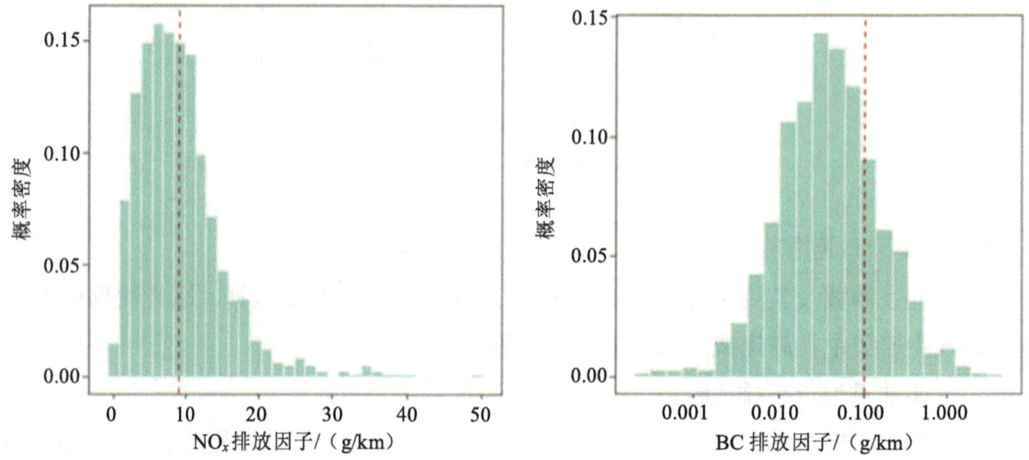

（a）NO_x 排放因子　　（b）BC 排放因子

图 6-6　污染物排放因子概率密度分布

将不同注册地的柴油货车排放水平进行比较分析，结果如图 6-7 所示。被测车辆中，注册地为河北省和天津市的货车 NO_x 排放较高，北京的货车 NO_x 和 BC 排放因子均相对较低，这与北京更严格的车辆管控力度有关。其他部分外地车辆的 BC 排放呈现明显的长尾分布，对外地高排放车辆的管控也应予以重视。

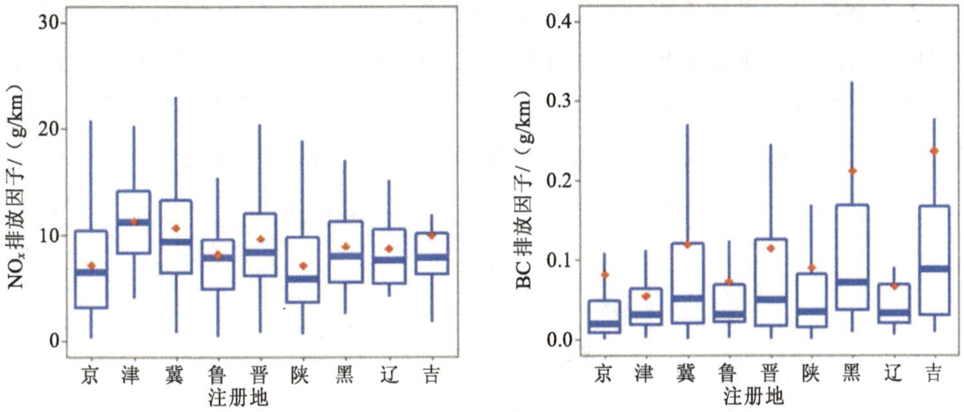

（a）NO_x排放因子　　（b）BC排放因子

图 6-7　不同注册地货车排放因子

进一步分析不同排放标准的重货排放水平差异，测试样本中，国Ⅲ、图Ⅳ和国Ⅴ排放标准的车辆占比分别为 27%、33%和 40%。分标准的排放因子如图 6-8 所示，对于 NO_x，国Ⅳ柴油重货的 NO_x 排放与柴油国Ⅲ重货相比并未显著下降，这可能与实际道路的 SCR 工作不佳有关，潜在原因包括尿素未加满或人为篡改等。国Ⅴ柴油重货的 NO_x 排放因子比国Ⅳ柴油约下降 20%。对于 BC，与国Ⅲ柴油重货相比，国Ⅳ柴油重货的 BC 排放因子下降 63%，国Ⅴ柴油重货 BC 排放因子则下降 73%。随着排放标准的加严，BC 的排放因子下降显著，但国Ⅲ至国Ⅴ的柴油货车中 BC 高排放的货车仍然值得关注。

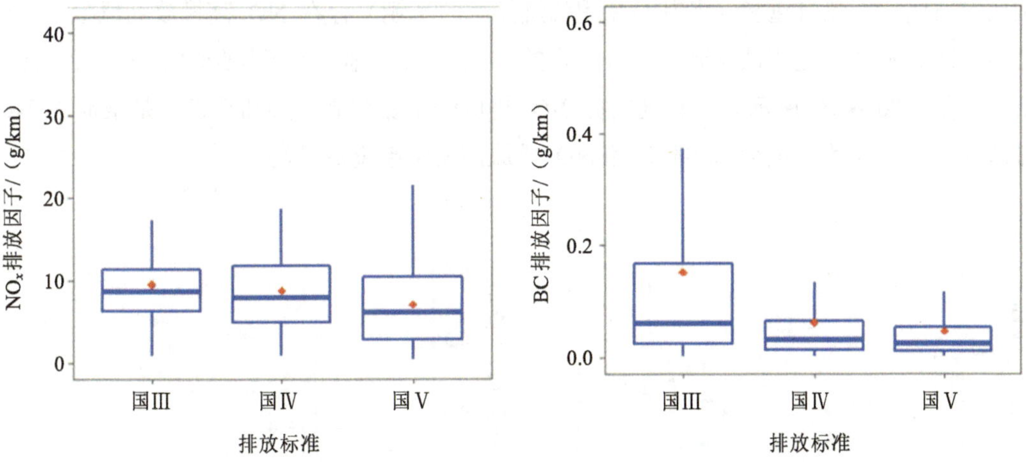

（a）NO_x排放因子　　（b）BC排放因子

图 6-8　不同排放标准的柴油重货排放因子比较

车队的污染物排放累积分布曲线如图 6-9 所示。对于柴油货车，高排放车贡献了相当大部分的车队排放量，假设分别淘汰掉排放最差的 10%和 20%的重型柴油高排放车，

车队 NO_x 排放将分别削减 16%和 34%，BC 排放将分别削减 54%和 69%，BC 的削减效益更为明显。对这些高排放车开展针对性的管控和加速淘汰，可以在淘汰较少车辆的情况下取得更显著的减排效益。未来综合跟车和遥感测试等多种手段建立综合监管平台，可以更加高效识别和筛查出高排放车辆，实现机动车排放的精细化管控。

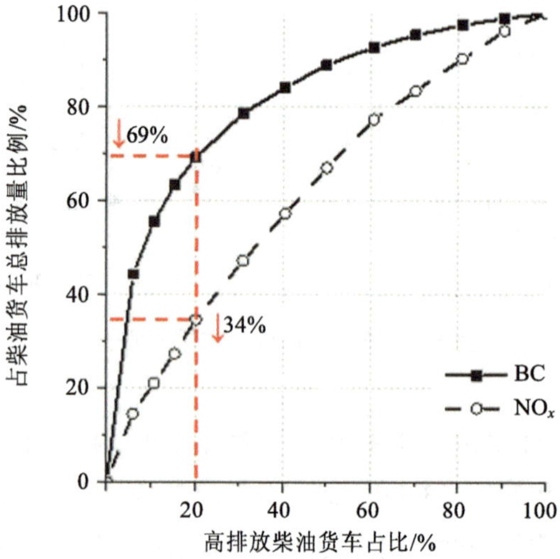

图 6-9　柴油重货污染物排放累积分布

（2）天然气重货排放特征

与柴油重货相比，天然气重货可以显著降低颗粒物的排放，然而近年来，国内外多项研究表明，天然气重货（尤其是使用稀燃技术的车辆）存在 NO_x 高排放的风险。本研究将京津冀及其周边测试得到天然气重货的 NO_x 和 BC 排放因子与柴油重货进行对比分析，结果如图 6-10 所示。天然气重货 NO_x 排放因子显著高于柴油重货，是柴油车 NO_x 排放的 2 倍，天然气重货的实际道路 NO_x 排放需要引起重点关注。

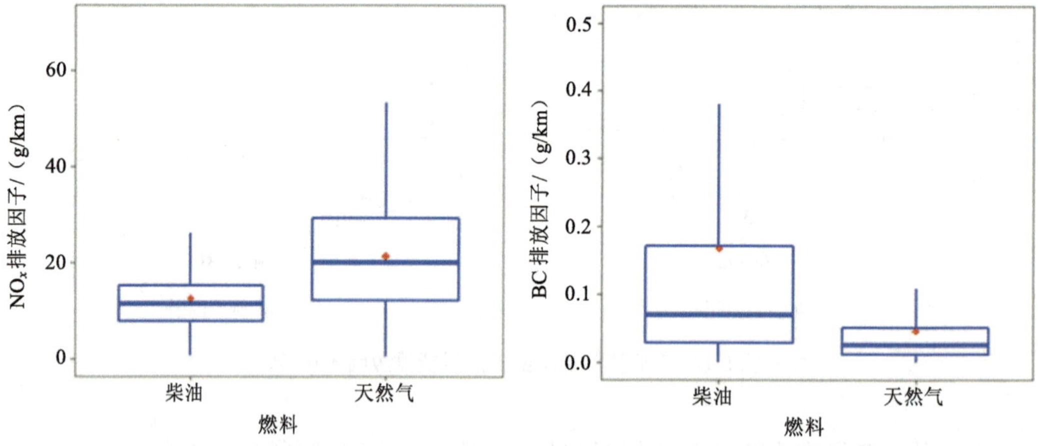

（a）NO_x 排放因子　　（b）BC 排放因子

图 6-10　不同燃料的重货污染物排放

进一步将天然气重货按照排放标准进行划分，如图 6-11 所示。与国Ⅳ排放标准相比，国Ⅴ排放标准的天然气重货排放的 NO_x 和 BC 等污染物的排放因子并未下降。针对目前均采用稀薄燃烧方式的天然气货车，为有效控制在用天然气货车 NO_x 排放，可以考虑加装 NO_x 后处理装置［选择性催化反应器（SCR）］来降低 NO_x 的排放，而对于新车，建议使用等当量燃烧的发动机和三元催化转化器来改善天然气货车的 NO_x 排放。

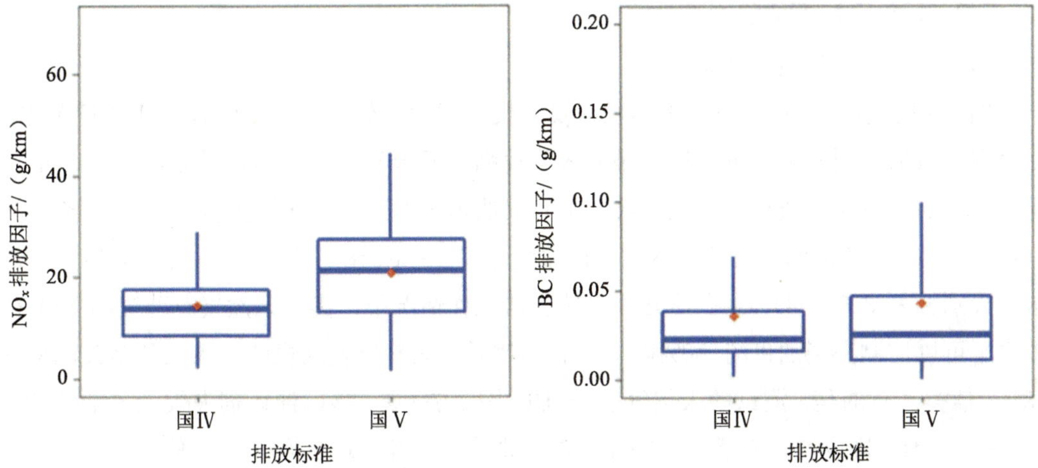

（a）NO_x 排放因子　（b）BC 排放因子

图 6-11　不同排放标准的天然气重货污染物排放

6.1.2　基于台架和车载的柴油车（机）后处理技术效果评估

为了评估柴油车（机）后处理技术的效果，研究选取典型柴油车（机）型开展后处理装置失效前后的对比测试，评估了关键后处理技术对车辆排放的影响。

6.1.2.1　测试车辆及测试条件

本研究分别采用台架和车载测试的方法，选取典型车型对其后处理技术失效前后的排放水平进行了对比测试。

台架测试方面，针对 20 台次发动机后处理装置失效前后的 NO_x 排放水平以及 10 台次发动机后处理装置失效前后的 PM 排放水平进行测试，测试循环为 10 辆 ETC 和 10 辆 WHTC。发动机包括 17 台柴油发动机和 3 台天然气发动机，10 辆国Ⅴ标准，10 辆国Ⅵ标准。柴油发动机后处理装置从单一的 SCR 到氧化型催化器（DOC）+SCR 到 DOC+SCR+废气再循环（EGR）+DPF+SCR+ASC 均有覆盖，天然气发动机后处理装置从单一的三元催化转化器（TWC）到 SCR+TWC+氨泄漏催化器（ASC）均有覆盖。

失效形式上，柴油发动机主要采用添加低浓度尿素、添加纯水、加速老化导致 SCR 失活和 DPF 载体损坏的方式，天然气发动机主要采用加速老化导致 TWC 失活的方式，均为常见的失效形式。在失效程度上，均至少达到 OBD 报警的程度［3 g/（kW·h)］。

车载测试方面，进行了 20 辆次关于国Ⅴ和国Ⅵ规程下后处理装置失效前的 NO_x 排放水平和 PM 排放水平的车载测试。测试的车辆包括 5 辆国Ⅴ柴油车（后处理方式为 SCR），两辆国Ⅵ天然气车（后处理方式为 DOC），6 辆国Ⅵ柴油车（5 辆车的后处理方式为 DOC+DPF+SCR+ASC，1 辆车的后处理方式为 SCR）和 4 辆国Ⅵ液化石油气车（后处理方式为 DOC+TWC）。

6.1.2.2 后处理装置失效影响分析

（1）发动机台架测试结果

图 6-12 为在不同规程下，不同燃料发动机台架的后处理失效前后 NO_x 排放量对比。后处理失效前，国Ⅴ柴油车（机）排放水平较高，而国Ⅴ天然气车和国Ⅵ柴油车（机）、天然气车的排放相差较小，均显著低于国Ⅴ柴油车（机）。后处理失效前后，国Ⅴ柴油车（机）排放量相差 80%，国Ⅴ天然气车排放量相差 93%；国Ⅵ柴油车（机）、天然气车燃料则分别相差 82%、83%。在后处理设施正常工作情况下，国Ⅴ天然气发动机的 NO_x 排放水平可以控制在柴油机的 30%以下，而失效后，天然气发动机的排放上升至柴油机的 58%。值得注意的是，测试的天然气发动机的失效方式是 TWC 催化剂失效，这使得 CO、CH_4 和 NMHC 排放均有所增加，增加倍数分别为 2.3 倍、31.5 倍和 27.5 倍。

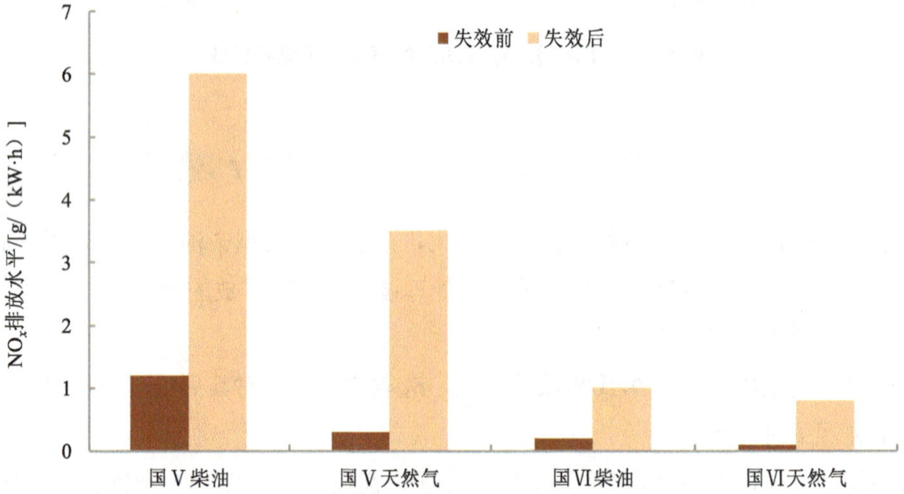

图 6-12 发动机台架试验后处理失效前后 NO_x 排放量对比

图 6-13 为国Ⅵ规程下，柴油机和天然气发动机后处理失效前后的 PM 排放量对比。测试柴油机失效方式是 DPF 载体损坏，可以发现，失效后 PM 排放量大幅增加，比失效前增加了 9.8 倍。测试天然气发动机的失效方式为 TWC 催化剂失活，失效后 PM 排放量下降了 67%。需要说明的是，TWC 加速老化失活的过程中，尾气当中的排放物逐渐沉积，使内部结构变得愈发致密，其对颗粒物的捕集作用增大，因此 PM 的排放水平会有所下降。

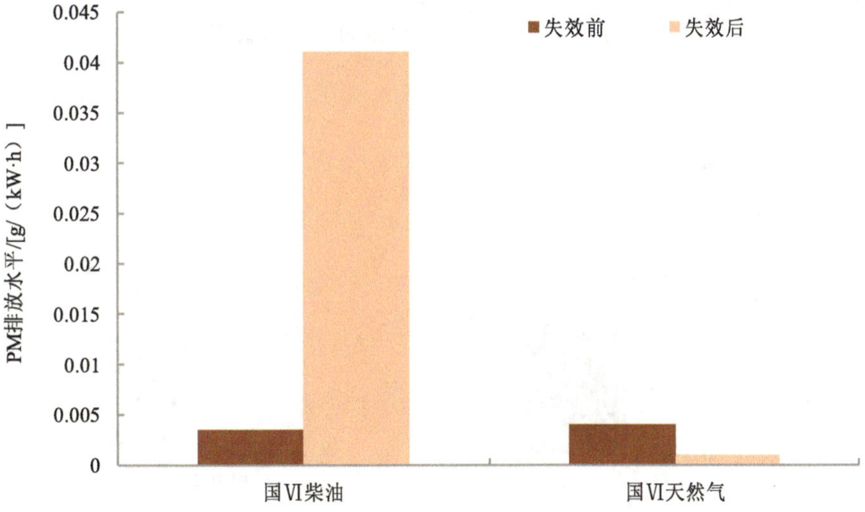

图 6-13 发动机台架试验后处理失效前后的 PM 排放水平对比

（2）车辆 PEMS 试验结果

图 6-14 为基于 PEMS 测试得到的车辆排放水平，不同排放标准柴油机车辆的 NO_x 排放水平相差较大。国Ⅴ标准下的排放水平均高于国Ⅵ标准，柴油发动机的排放差距尤为明显。国Ⅵ标准下的液化石油气车辆排放水平略高于国Ⅵ柴油车。

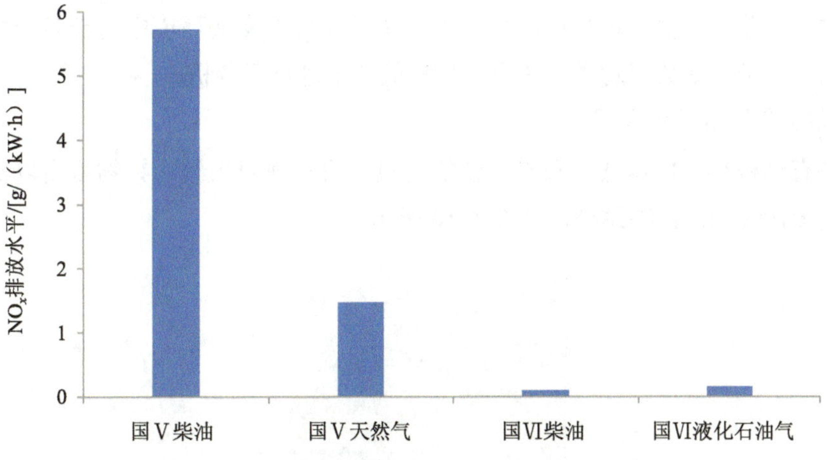

图 6-14 PEMS 试验下 NO_x 基于功的比排放水平

图 6-15 为车辆 SCR 失效前后的 NO_x 排放对比。其中，在国Ⅴ标准下，SCR 失效后的 NO_x 排放增加了 1.9 倍；而在国 VI 标准下，失效前后的 NO_x 排放因子分别为 0.12 g/km 和 5.98 g/km，失效后的排放增加了近 50 倍。

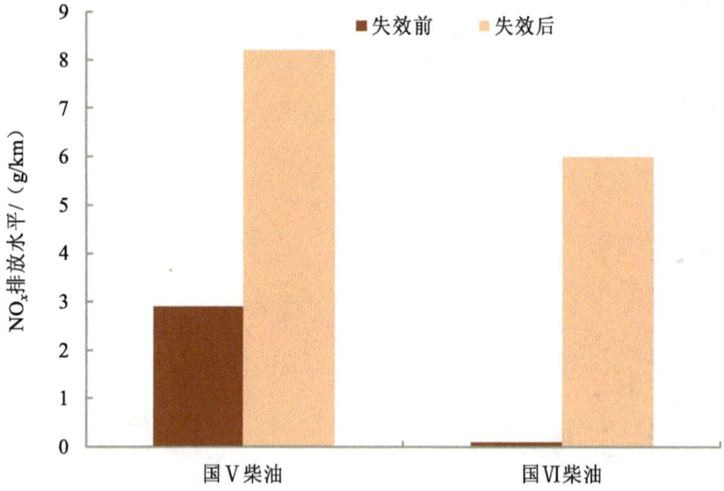

图 6-15 PEMS 试验中 SCR 失效前后的 NO_x 排放量对比

综上所述，不同车辆技术的后处理装置失效后，排放均会大幅增加。因此，要加强对 SCR 等后处理装置的状态实时监测与管理，否则，先进的排放控制技术将难以发挥其应有作用，导致实际道路排放远超法规要求。

6.1.3 基于微型空气质量监测站（微站）的道路边空气质量特征分析

为了进一步分析柴油车排放的环境影响，本节在典型交通环境中建设多个微型空气质量监测站，基于微站数据对道路边空气质量的特征进行了分析。

6.1.3.1 微站布设及平台建设

微站具有体积小、成本低、布设方便等优点，可实现对大气污染物浓度以及部分气象数据的连续在线测量，微站外观如图 6-16 所示。

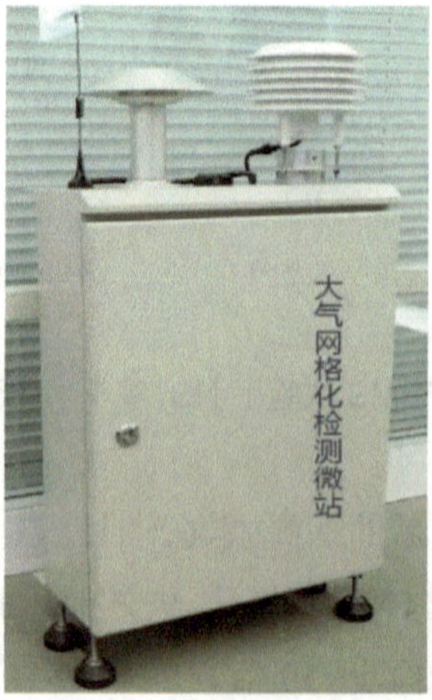

图 6-16 微型空气质量监测站外观

本研究选取了京津冀区域内 3 个典型的交通密集区域进行微站布设，分别位于唐山市、邯郸市和北京市。微站均选在交通流量观测站点旁进行建设。以唐山市为例，五台微站分别邻近林李坨道班、曹妃甸工业区收费站、港口站等流量观测站而建，这三个站点周边交通流量大，货车所占比例高，能够有效反映机动车排放对道路边空气质量的影响。

在此基础上，进一步将微站监测数据同国控、省控、市控监测数据进行整合，搭建了大气网格化监测监管平台，可同步展示国控、省控、市控、微站监测数据。

6.1.3.2 微站监测数据质控评估

为验证确保微站数据质量的准确性，部分微站安装于市控的交通空气质量监测站点附近。市控站的监测数据，将微站监测数据与可信度较高的市控交通站进行比对，来判断微站数据的质量。本节以布置在北京东四环交通污染控制点附近的微站为例，对微站污染物浓度监测质量进行评估分析。

图 6-17 为微站、东四环交通站在 2019 年 7 月 1 日—2019 年 9 月 7 日的日均 NO_2 浓度。由图可知，虽然微站和市控站监测浓度在绝对值上有所差异，但两站点浓度的变化趋势基本吻合。统计验证也表明，微站和市控站 NO_2 监测数据间的相关系数可达 0.82，p 值小于 2.2×10^{-16}，呈显著性相关关系。由此可知，微站监测数据具备一定可信度。

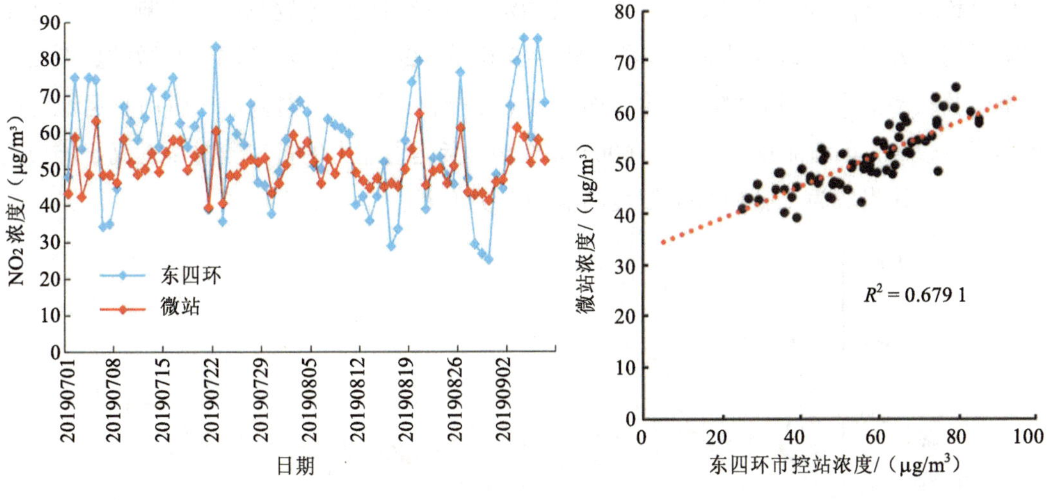

图 6-17 微站与市控站 NO_2 数据相关性分析

机动车尾气管直接排放的 NO_x 排放以 NO 为主，可占到 90%以上，但官方空气质量监测站通常不对外公布 NO 监测值，微站的 NO 监测数据可以为交通环境空气质量研究提供补充。在交通环境中，NO 会在 NO_x 浓度占据较大比重；而在市区环境中，由于 NO 已经和 O_3 进行充分的化学反应，NO_x 浓度以 NO_2 为主。图 6-18 展示了唐山某微站的日均 NO、NO_2 浓度监测值，NO_2 浓度明显低于 NO，表明微站捕捉到了交通环境的空气质量特征。

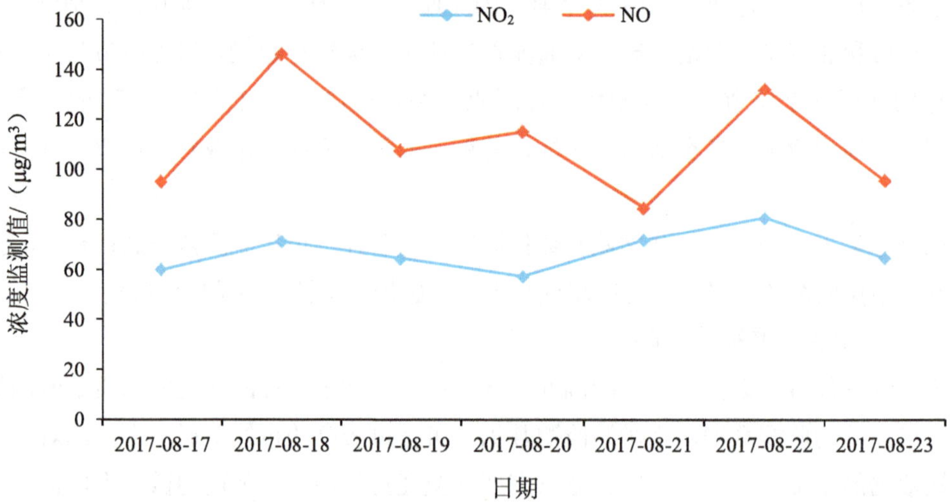

图 6-18 微站 NO 与 NO_2 监测浓度对比

6.1.3.3 货车流量与道路边浓度的相关性分析

根据北京市道路边交通微站的监测数据，北京道路边 NO_x 浓度约为 100 μg/m³，其中 NO 占比为 60%～70%。而邯郸的微站监测数据则表明，该市货运通道边的 NO_x 浓度更高，日均值超过 190 μg/m³。为了进一步捕捉交通流量对道路边污染物浓度的影响，研究在微站附近同时开展了道路流量加密观测。图 6-19 和图 6-20 分别表示了邯郸某微站典型日车流量以及相应的主要污染物浓度的日均小时变化规律。流量数据显示，唐山货运通道的货车流量较高，车道流量在每小时 600～800 辆。货运通道上的货车流量要远高于城市内部道路，而这也成为了影响 NO_x 浓度高低的关键因素。

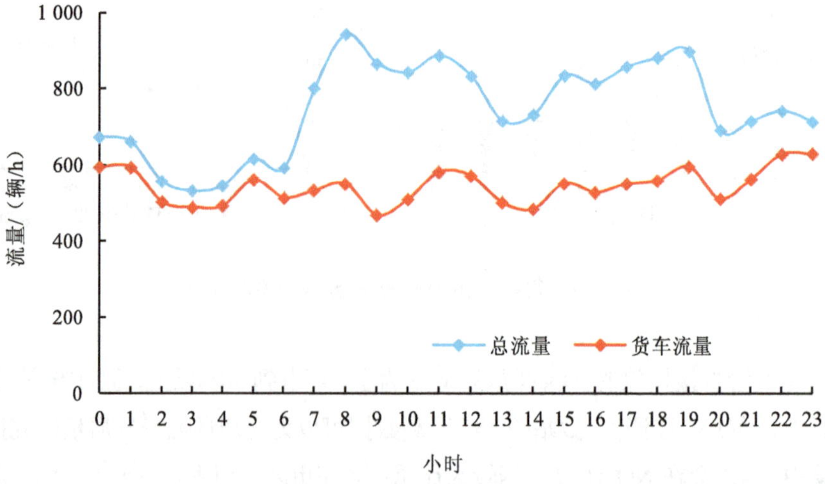

图 6-19 邯郸某微站监测点典型日小时车流量变化

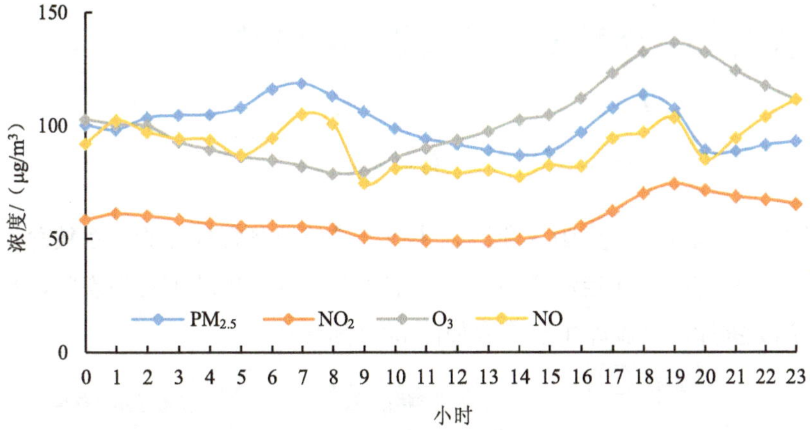

图 6-20　邯郸某微站监测点典型日主要污染物小时浓度变化

由于交通环境中 NO 会在 NO_x 浓度中占据比较大的比重，研究分析了邯郸道路边货车流量同 NO、NO_x 浓度的相关性。统计学检验表明，货车流量同 NO 和 NO_x 监测数据的 p 值均小于 0.05，呈显著性相关。图 6-21 展示了货车流量同 NO、NO_x 监测浓度的相关关系。

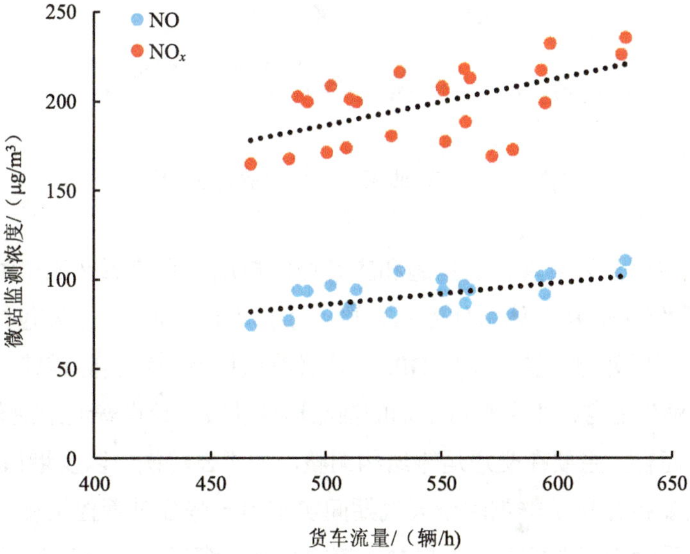

图 6-21　邯郸某微站货车流量同 NO、NO_x 监测值相关性分析

6.2 重型柴油车大数据决策核查平台的开发

6.2.1 “车–油–路”一体的货运综合措施库

研究通过调研国内外典型国家和地区柴油车排放控制管理经验，系统总结归纳国内外货车污染排放控制技术和控制措施，针对京津冀区域的机动车管控现状，构建京津冀货运控制措施数据库。措施库主要内容如图 6-22 所示。

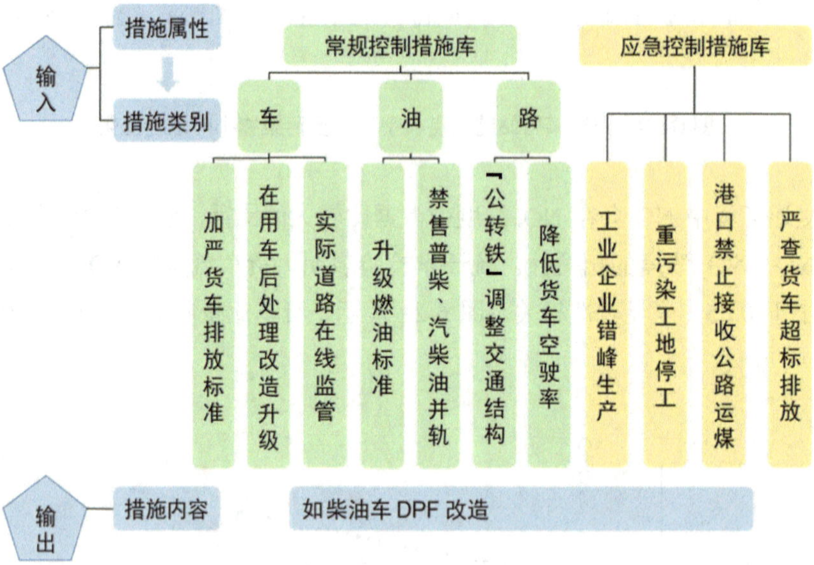

图 6-22 “车-油-路”一体化货运措施库

货运措施库主要分为常规控制措施和应急控制措施。京津冀区域柴油车排放常规控制措施可以按照“车-油-路”体系分为三大类：对于“车”而言，主要包括车辆排放标准的动态加严、车辆后处理装置（SCR/DPF）升级改造以及车辆实际道路一体化监控体系的建立；对于“油”而言，主要有汽柴油的油品标准升级、禁售普通柴油和柴油标准并轨等；对于“路”而言，主要在交通运输结构调整，如“公转铁”以及港口禁止货运煤等。应急控制措施主要指在秋冬季重污染天气期间实施的一些临时管控措施，主要包括工业企业错峰生产、重污染工地停工、港口禁止接收公路运煤以及严查货车超标排放。此外，新能源车在乘用车和重点车队的推广应用，对降低城市机动车排放也有重要的作用。

北京作为京津冀区域乃至全国机动车污染控制的先行城市，其治理进程和措施力度一直走在全国的前列。北京市从 20 世纪 90 年代末起陆续制定和修订了 30 余项地方排放标准，涉及新车、在用车、油品等多个方面。未来北京市还将进一步完善控制体系，构建绿色交通体系，推进移动源低排化；重点加强交通结构调整与车队新能源化等领域的工作。对于柴油车而言，具体措施主要包括：

（1）优化交通运输结构。通过推进重点货类公铁联运优化调整货物运输结构，推进货物运输“公转铁”，大幅提高建筑材料、商品汽车等货物铁路运输比重；提升城市货运铁路网运能，大力推进铁路专用线与物流基地一体化发展和建设，实现产业与铁路枢纽集聚融合；加快多式联运装备设施升级改造，加速形成空间分布合理、功能完善的公铁融合衔接物流枢纽布局。

（2）全面推动柴油货运车队的新能源化。通过加强新能源汽车技术创新，健全完善新能源车用地规划—基础设施—运输组织—服务保障—安全监管配套保障体系，促进新能源柴油车快速发展。积极开展氢燃料等新能源技术在重型货运车辆等领域的研究与应用，提升重型新能源车续航里程和运载能力。

（3）持续优化燃油车结构。对照国际最严格的控制水平，建立机动车排放标准定期动态加严的机制。强化新车型式核准、生产及销售一致性、在用符合性监管和在用车监测/维护的全链条监管，其中重点是强化对先进排放控制技术的实际道路监管。综合利用法律、经济、行政等手段，有序引导老旧机动车淘汰、在用改造或后处理定期更新从而未来形成以零排放和超低排放车辆为主体的车型结构。

（4）完善移动源管理体制机制。加强移动源排放监控能力建设。建立柴油车在线监控平台，完善柴油车遥感监测数据监控系统和定期排放检验机构检测数据监控系统，加强对重型柴油车和高排放车的监控，全面实现北京所有重型柴油车在线监控。完善移动源全生命周期管理。加强新车环保一致性和在用符合性检测，对超标的机动车强制维修，实施闭环管理。利用电子标识、电子围栏、大数据、云计算等技术，创新柴油车超标查处执法手段。

6.2.2 “交通—排放—浓度—控制”多级响应模型

6.2.2.1 构建区域骨干路网交通流数据库

研究基于多源交通流采集技术及大数据的交通流模型建立了区域骨干路网及北京等典型城市的交通流数据库。目前，京津冀已经形成了以北京为中心，以高速公路为骨干，以国省干线公路为基础的放射状交通网络空间结构。

研究使用京津冀电子导航地图作为数据库的基础道路信息数据，其中包括道路名称、道路类型、道路长度等信息。进一步调研收集京津冀全路网监测站点实时车流量信息，其中包括流量、速度和车型构成数据。监测站点覆盖了北京 33 个高速站点，59 个国道站点，150 个省道站点；天津 13 个高速站点，29 个国道站点，55 个省道站点；河北 112 个高速站点，155 个国道站点，270 个省道站点，共计覆盖 200 条城际道路。

区域骨干路网不仅覆盖了主要公路干线的道路流量，同时靠近城市区域站点的车流数据也为构建城区外围和郊区县的交通流数据库建立了基础。本研究以北京市为例，介绍利用公路骨干路网交通流数据建立城市外围车流活动水平数据库的过程。

以 G101 公路上两个检测站点 A 和 B 流量数据为例（图 6-23），随着站点距离北京中心越远，车流量不断减少；另外，随着距离的增加，重货比例不断增加，例如在距离北京市区较近的站点 A，日交通流量呈现出早晚双高峰的分布趋势，显示具有显著的通勤交通流量特征，重型车的比例为 30%；而在北京河北交界区域的站点 B，日交通流量则在中午时分较高，且重型车的车流量占比增加到了 50%。产生上述的货车车流比例特征主要是由于北京市区对于货车的限行政策导致货车白天主要在城市外围运行。

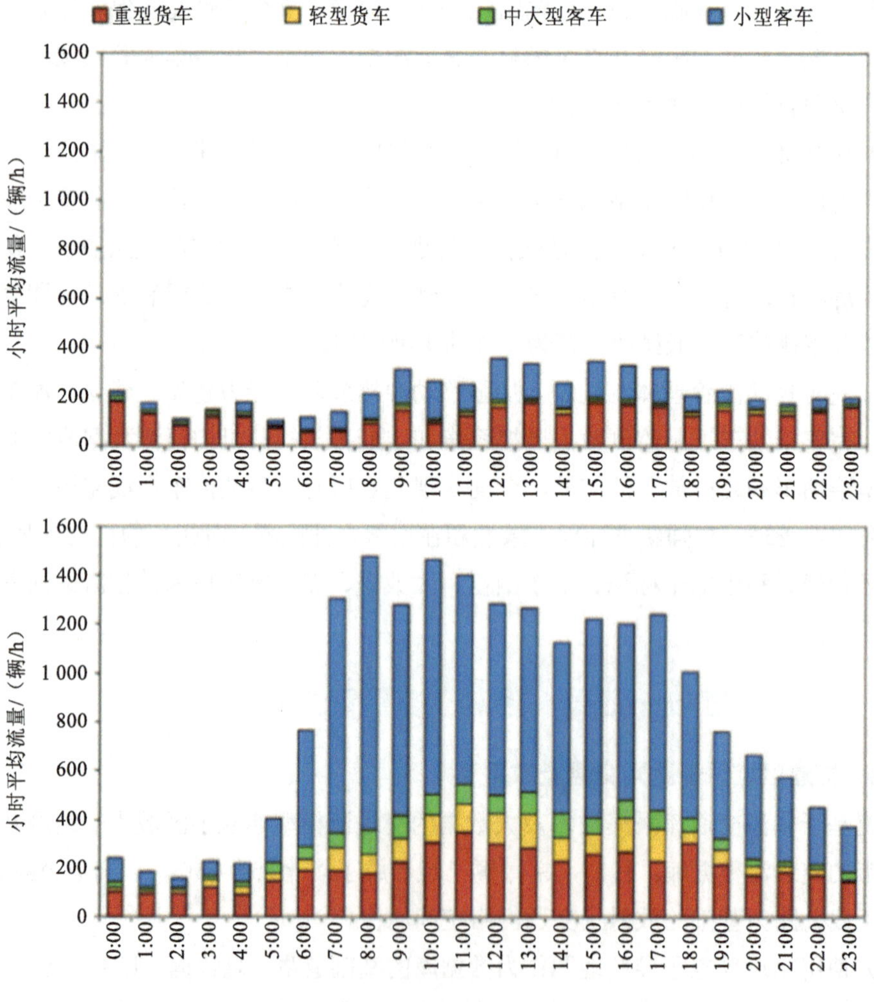

图 6-23 G101 典型站点日车流量变化图

基于上述监测站点交通流数据库，研究模拟并解析了京津冀骨干路网交通流时空分布特征。在区域范围内，工作日情景下区域骨干路网机动车活动水平总量相比节假日情景下降了 10%（图 6-24）。

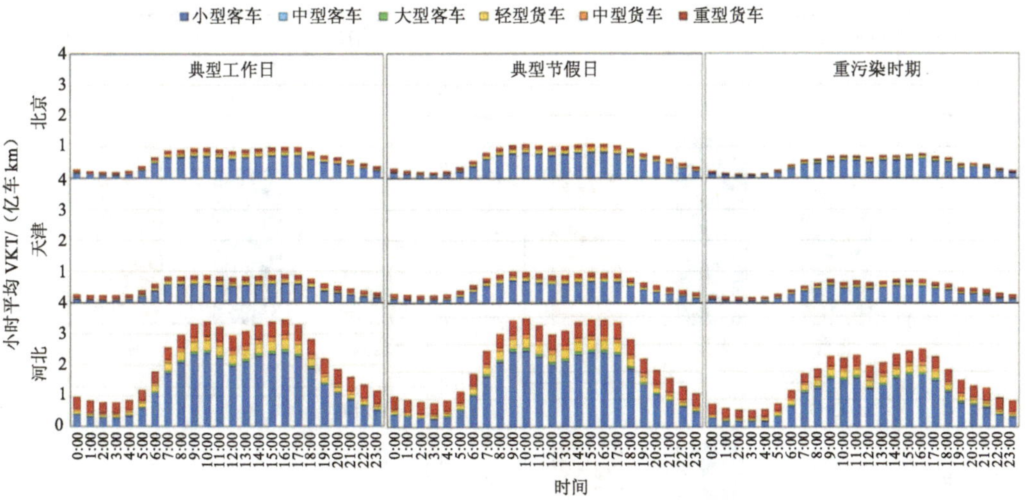

图 6-24　不同情景下京津冀区域机动车逐小时分车型活动水平变化

车辆活动水平的下降从地域上来看主要出现在河北省，其下降量占下降总量的 63%。从车队构成来看，重货活动水平占总车辆活动水平的比重从北京、天津到河北依次增加，占比分别为 11%、18%和 20%，这主要是由于以下两个原因：第一，小型客车的活动水平在北京和天津等经济更发达、人口更聚集的大城市高于河北地区，因此小客车的活动水平占比往往更高；第二，相比于天津、河北，北京更为严格的货车限行政策导致重货的活动范围主要限制在六环以外，从而限制了重货活动水平的总量。从货车车队活动水平在不同道路等级的分担率来看，50%的重货活动水平主要分布在高速路段上。在天津和河北两地，随着货车车队车重不断提升，即从轻型货车到重货，其在高速路上的行驶比例也不断提升，这说明大宗货物区域内的长途运输主要集中在高速路段。

6.2.2.2　耦合实际道路排放因子的京津冀区域骨干路网排放清单

本研究利用清华大学开发的 EMBEV（EMission factor Model for BEijing Vehicle fleet）模型，并结合实际道路排放测试结果进行了京津冀地区重型车排放因子的计算和模拟。EMBEV 模型的开发基于国内数千辆台架测试和车载测试数据、上万辆跟车测试数据和百万条 OBD、遥感数据，能够反映机动车实际道路污染物排放特征，其排放因子模拟方法和基础数据已被应用到我国《道路机动车移动源大气污染物排放清单编制技术指南》中。本研究在该模型的基础上，结合实际道路测试数据对京津冀排放测试数据库进行了更新和完善，综合考虑京津冀三个地区的机动车排放控制进程、油品质量、车队构成等因素的差异，模拟计算得到了京津冀各地区的货运车队平均排放因子（图 6-25）。

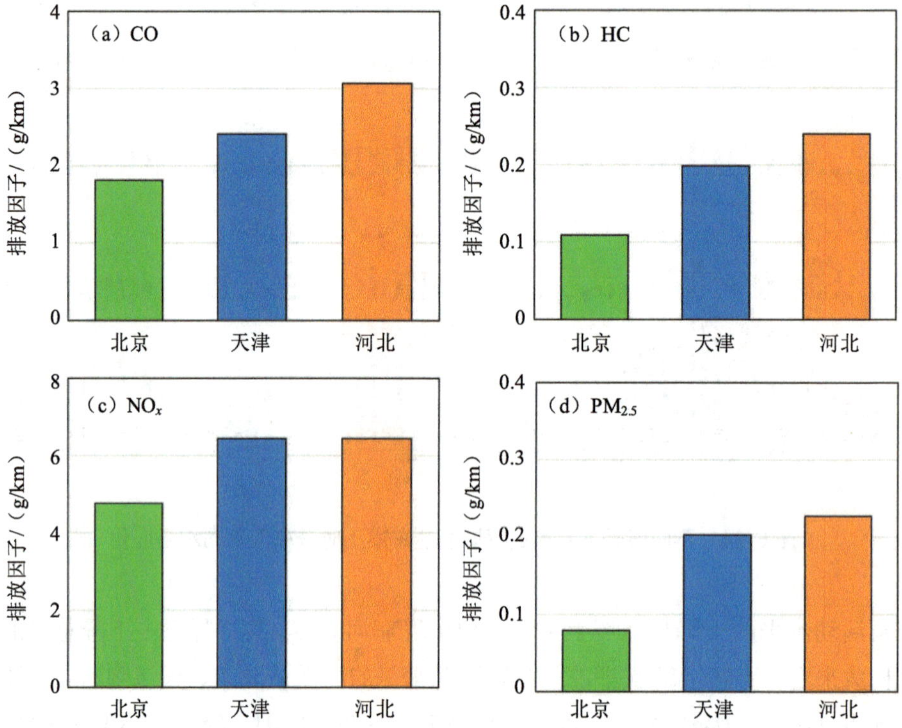

图 6-25　京津冀重型柴油货车车队平均排放因子

三地的车队平均排放因子呈现较为显著的差异，北京的平均排放水平显著低于天津和河北地区，以 NO_x 为例，河北地区重货排放因子比北京地区高出 30%以上，这主要由于北京较早地实施了更为严格的机动车排放控制标准，并更大力度加速高排放老旧车淘汰，使得整个车队中使用新的排放控制技术车辆的构成比例较高。河北地区由于机动车在用监管力度较弱，高排放车的比例相对较高，因此虽然与天津执行相同的排放控制进程，但是车队的平均排放水平仍然比天津要高。

耦合本地化的京津冀区域机动车排放清单建立了京津冀区域路网排放清单。从车型分担来看，对于 NO_x 和 $PM_{2.5}$ 而言，重货是最为主要的贡献车型。以 NO_x 为例，京津冀三地货车贡献比例不断提升，特别是河北地区，重货贡献比例高达 70%以上。在重污染时期内，由于货车限行措施及相关企业的停产等措施，该时期内三地货车贡献比例都有所下降（图 6-26），其中以北京下降最为明显，这也说明北京在重污染管控中的力度最大效果最为突出。此外，在重污染货车管控政策下，大型客车 NO_x 排放贡献不断提升，特别是对于北京而言，大型客车 NO_x 排放占比达到 22%，与中型货车排放贡献相当。因此，为了改善区域 NO_x 排放，未来除了继续坚持大力管控货车排放外，大型客车也是需要进一步关注和管控的车队。

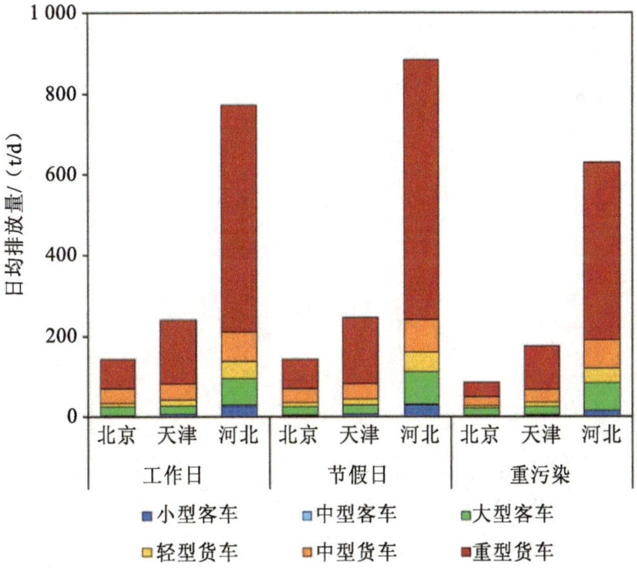

图 6-26　京津冀区域不同情景下 NO_x 车型分担

选取 NO_x 作为典型污染物来分析京津冀区域的路网时空排放特征。根据 NO_x 的典型工作日夜间（00：00—01：00）和早高峰（10：00—11：00）的分布特征，相比于 CO 和 THC 昼夜较为明显的排放总量差异，NO_x 的夜间（0：00—4：00）排放与日间排放更为接近，这主要是由于货车司机存在夜间倒班的工作模式，因而其昼夜出行强度差异相较于小型客车要更小。从车型贡献比例上看，在天津和河北，重货对 NO_x 的排放贡献要比北京高出 10%左右，相反，北京的大型客车排放贡献要高于天津和河北的大型客车贡献。这种差异反映出，北京作为京津冀区域乃至全国的政治文化中心，其对于客流的强大吸引加上对于货车严格的限行政策导致其相比于天津和河北地区，客运对 NO_x 的排放贡献更高，货运排放贡献则相对较低。

天津港是京津冀区域 NO_x 的排放热点地区之一，是中国北方最大的港口，2018 年货运吞吐总量达到 4.66 亿 t。巨大的货运吞吐量吸引着大量货车进入天津港，因此清单结果也显示港口周围的骨干路网有着更高的排放强度。图 6-27 展示了天津港周围路网、天津以及京津冀区域全路网 NO_x 全天逐小时排放强度的变化对比，从中可以看出，港口周围路段 NO_x 排放强度为 1.87±0.42 kg/（km·h），分别高出天津和京津冀区域平均 NO_x 排放强度 47%和 123%。

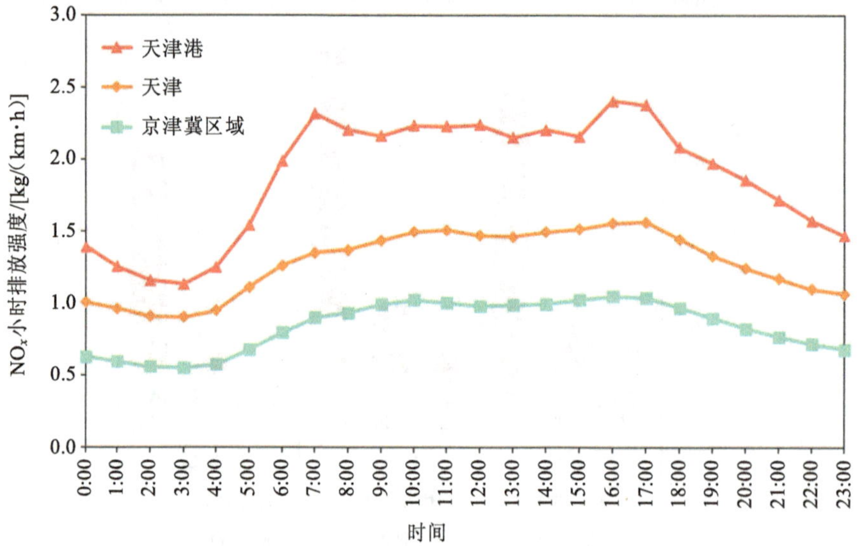

图 6-27　天津港、天津及京津冀区域 NO_x 排放强度对比

利用上述排放清单，可以对区域道路柴油车的减排措施和措施组合的减排效益进行定量的评估，如下式：

$$R_i = E_{S_i} - E_{S_0} \tag{6-1}$$

式中，R_i——待评估的措施或措施组合的减排效益；

E_{S_i}——措施实施后的污染物排放量；

E_{S_0}——基准情景下的污染物排放量。

上式进一步可以展开得到下式：

$$R_i = VP_i \cdot L_i \cdot \mathrm{EF}(v_i) - VP_0 \cdot L_0 \cdot \mathrm{EF}(v_0) \tag{6-2}$$

式中，$VP_i \cdot L_i \cdot \mathrm{EF}(v_i)$ 和 $VP_0 \cdot L_0 \cdot \mathrm{EF}(v_0)$ 分别指措施实施后和基准情景下的道路车流量、长度及其相应速度下的排放因子。

为了保持模型计算的算法和数据结构的统一性，本研究将每一种控制措施的减排效果都抽象为对道路流量、车队构成或单车排放因子中的一个或多个参数产生影响。

基于排放计算模型，决策评估模型的数据库除了需要包括计算排放量所需的车流量、车队构成和排放因子的基础参数库和地区基本信息数据库外，还包括了储存各项措施的实施时间、实施内容和实施效果等措施数据表，以及存储各种模拟情景下的措施组合及措施综合减排效果的情景设计数据表。决策评估模型可以同时计算多个情景下的污染物排放量，从而便于进一步分析各情景之间的减排效益评估。典型措施的减排效益评估案例详见 8.3.1 节。

6.2.2.3　典型污染物高分辨率浓度特征解析

本研究采用由美国环保局和气象学会联合开发的 AERMOD 模型对“城市-街区”尺

度的一次污染物进行浓度模拟。本研究以北京为典型区域，以上述京津冀路网高分辨率机动车排放清单作为道路线源输入，选取交通贡献比例较高且浓度积累对人体危害较大的 NO_x 作为典型污染物，利用基于 AERMOD 的算法原理但计算效率更高的 RapidAir 模型进行扩散模拟。在北京全市尺度进行分辨率为 10 m×10 m 的扩散模拟，进一步选取国贸 CBD 和西三旗作为两个热点地区进行考虑建筑物街区峡谷影响的分辨率为 1 m×1 m 的超高分辨率模拟从而获取沿道路扩散的浓度梯度变化。

经研究，北京市机动车排放贡献的 NO_x 浓度在全市的空间分布中，空间分布与污染物排放的空间分布有着极强的相似性。五环内和全市机动车贡献的 NO_x 日均浓度分别为 76.4 μg/m³ 和 9.4 μg/m³（网格平均）。对于两个交通热点区域——国贸商区及西三旗区域，机动车贡献则分别达到 104.2 μg/m³ 和 108.6 μg/m³。

基于上述模拟结果，进一步定量评估柴油货车，特别是北京外地货车，对城市大气污染物浓度的贡献。通过夜间和早高峰小时 NO_x 浓度全市和五环内的空间变化，可以明显看出由于货车限行导致污染物聚集在五环外的空间分布特征。

图 6-28 展示了全市和五环内重货排放贡献 NO_x 浓度小时变化及其占全车队的比例，夜间高峰时期也是重货贡献最高的时刻。日间五环内货车贡献水平小于全市，一方面是由于货车的限行，另一方面是由于五环内公交车队为代表的大型柴油客车也是排放贡献的主体。日间（6：00—22：00）重货对全市 NO_x 浓度平均贡献为 4.3 μg/m³，占全车队浓度贡献的 50%，主要集中在五六环之间的主要快速路及主干道路；夜间（23：00—次日 6：00）货车限行措施取消导致大量货车涌入城市内部以及更为恶劣的扩散气象条件（静稳边界层更低），因而货车 NO_x 浓度贡献更为突出，对全市平均贡献为 9.8 μg/m³，其中外地货车贡献 6.3 μg/m³，分别占全车队排放贡献的 87%和 56%。

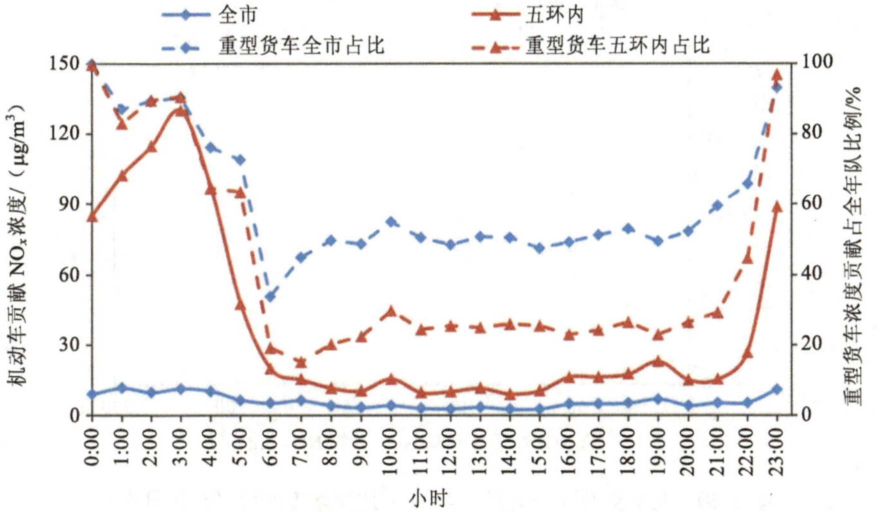

图 6-28 重货贡献浓度小时变化及其占全车队贡献浓度比例

进一步结合研究建立的重型柴油车大数据决策核查平台中的道路边浓度监测数据进行排放清单的验证。首先将道路边 NO_x 监测浓度（$NO+NO_2$）与基于 RapidAir 的扩散模拟结果相比，结果如图 6-29 所示。监测数据与模拟值较强的相关性（Pearson r = 0.83，RMSE = 63.48 μg/m³），说明模拟结果较好地反映出北京污染物浓度时空分布特征；拟合斜率在 0.8 以上，说明机动车交通源是北京市 NO_x 浓度的主要贡献源，贡献占比在 60% 以上，在交通站点贡献比例更高。

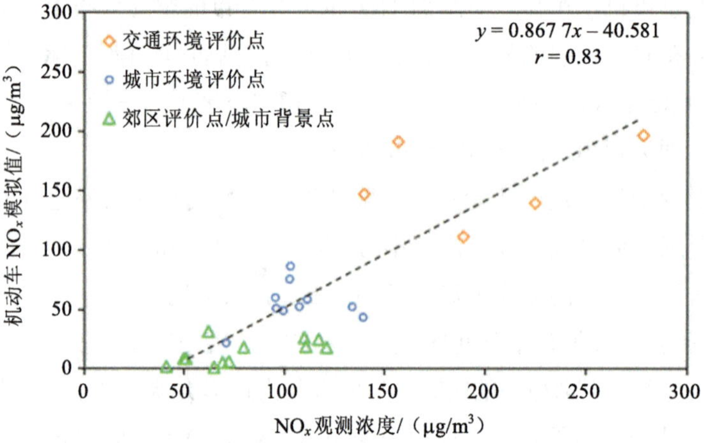

图 6-29　北京 NO_x 模拟浓度及 NO_x 监测浓度对比（全年日均）

基于光化学转化方法，将 NO_2 监测数据转化为 NO_x 浓度，并将其对日间的模拟浓度结果对比，见图 6-30。

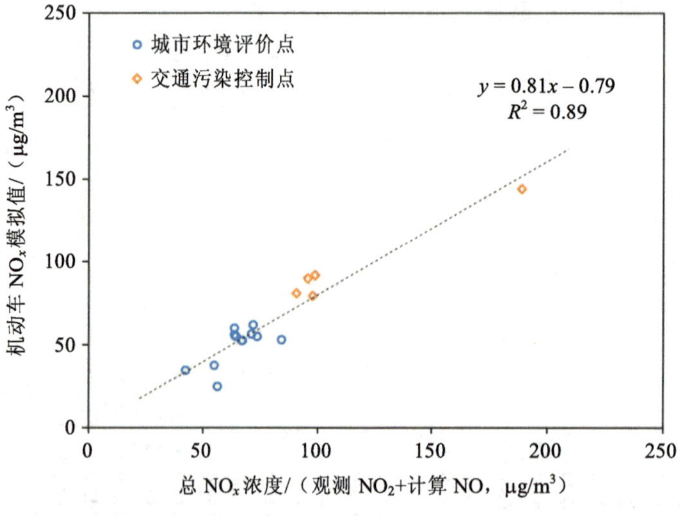

图 6-30　北京交通源 NO_x 浓度与 NO_x 监测浓度对比（全年日均）

与图 6-29 类似，机动车源 NO_x 的扩散模拟浓度与 NO_x 的估算监测浓度呈现出很强的相关性，这表明全路网排放清单准确合理地反映了实际的 NO_x 排放空间分布特征。两种方法的拟合斜率也较为接近（均在 0.8 以上），说明机动车交通源是北京市 NO_x 浓度的主要贡献源。两种方法对比结果的相似性也说明在缺乏 NO_x 监测数据的情况下，本研究建立的基于 NO/NO_2 的光化学转化方法能够较好地近似模拟 NO_x 的实际值。考虑到对于大部分研究而言，直接获取 NO_x 监测值存在一定的困难，因此监管核查平台中建立基于光化学转化的清单验证方法有着更为普适的应用场景和价值。

6.2.3 综合决策控制平台的开发

基于上一节建立的多级响应模型，研究开发了“2+26”区域柴油车“流量—排放—浓度—控制”一体化的监管决策平台，可以在线实现京津冀及周边区域关键货运通道的货车流量识别、排放核算、浓度分析及决策评估等功能。

6.2.3.1 流量识别

该模块可以根据区域、场景、时段查看车流量分布，按月统计车流量变化情况并查看某个时段的按车型统计的车流分布情况。

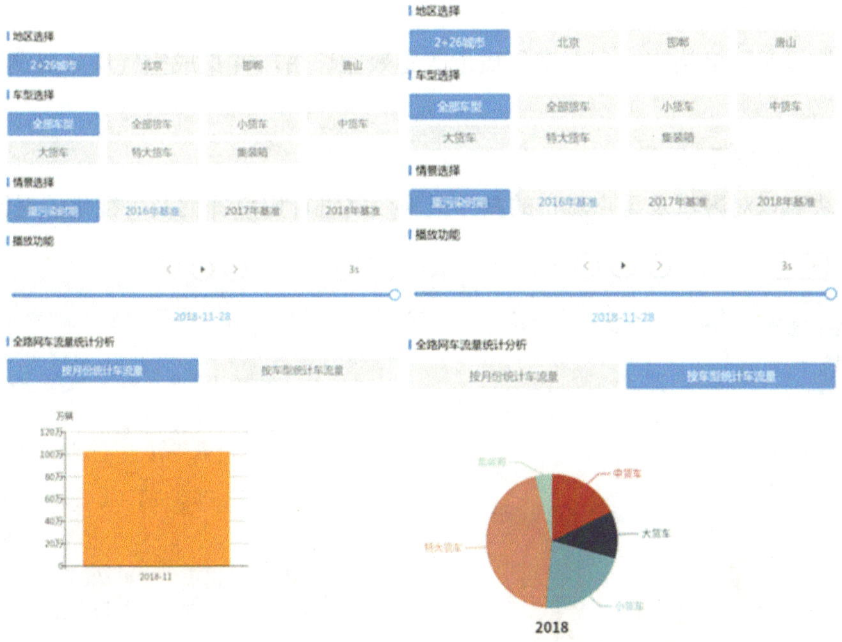

图 6-31 决策平台流量识别功能

6.2.3.2 排放核算

该模块可以根据区域、场景、时段查看车辆排放的分布情况，按月统计车辆排放变化情况并按车型统计查看某个时段的车辆排放分布情况。

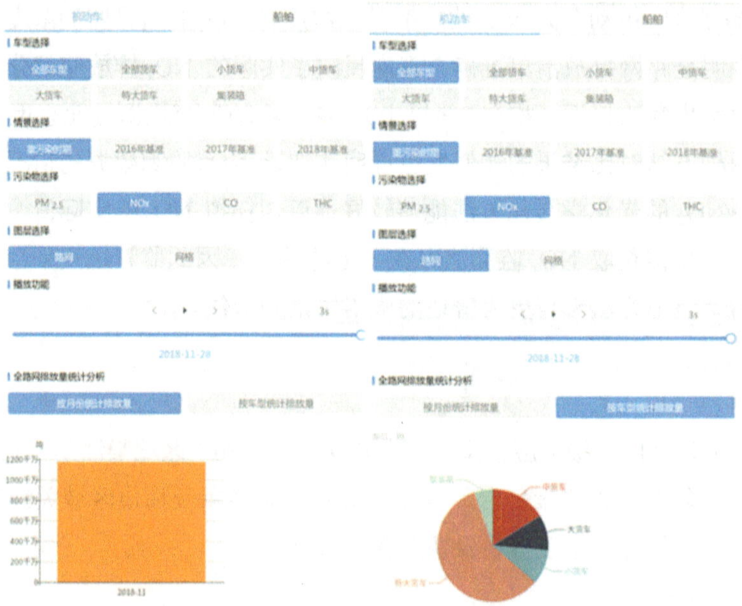

图 6-32 决策平台排放核算功能

6.2.3.3 浓度分析

该模块可实现措施实施后的空气质量改善效益评估，并集成空气质量监测站的同时段监测数据。

6.2.3.4 决策评估

该模块可以对区域及重点城市的减排措施效益进行定量评估及可视化的对比展示。

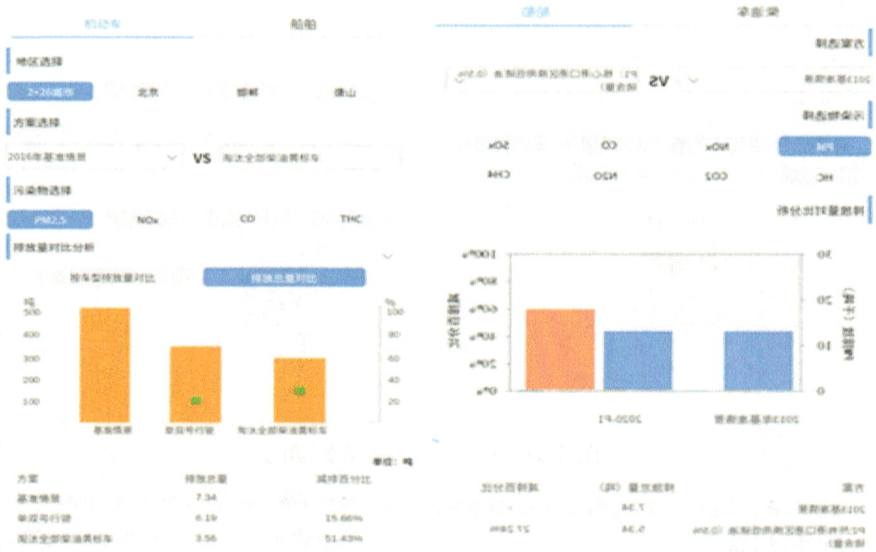

图 6-33 决策平台决策评估功能

6.2.4 措施评估

6.2.4.1 秋冬季攻关期间重污染防控措施的减排效益分析

根据《京津冀及周边地区 2017—2018 年秋冬季大气污染综合治理攻坚行动方案》等相关要求，表 6-1 梳理了秋冬季攻关时期与交通相关的主要管控措施并指出其影响的主要清单参数。

表 6-1 秋冬季攻关措施库

措施类别	措施内容	影响参数
调整运输交通结构	提升铁路货运量	道路流量 车队技术构成 路网速度
	加快车船结构升级	道路流量 车队技术构成
柴油车污染专项行动	强化车用油品监督管理	单车排放因子 车队技术构成
	高排放柴油车区域限行	道路流量 车队技术构成 路网速度
	柴油车道路执法监管	单车排放因子
企业错峰生产与运输	实施大宗货物错峰运输	道路流量 路网速度

具体到本研究关注的 2017 年秋冬季重污染防控时期，梳理京津冀区域运输相关主要政策节点如下：

（1）2017 年 5 月天津港禁止汽运煤炭，9 月底环渤海所有港口严禁接受公路运煤；

（2）2017 年 6 月 1 日起，天津市除持有通行证以外，全天禁止本市及外埠中型重型载货车在外环线（含外环线）内通行；

（3）2017 年 9 月 21 日起，北京国 III 排放标准柴油载货车进入六环路（含六环路）以内道路通行，外埠车辆限行；

（4）2017 年 9 月底前制定错峰限停产方案，大宗物料实施错峰运输，重污染天气预警期间，环渤海地区港口集疏运车辆禁止进出港区；

（5）2017 年 10 月起，严厉查处货车超标排放行为，每天开展综合执法检查，对违法车辆一律从严处罚。

本研究选取 2017 年 11 月 6 至 7 日这一重污染防控时期平均作为重污染防控情景，将 2017 年其他普通工作日平均作为典型工作日情景，利用监管决策平台对两种情景下路网流量和排放变化情况进行核算。结果显示，不同车型的车辆活动水平在不同情景下的变化特征有着较为明显的差异。从车辆活动水平与排放的时间变化上来看，图 6-34 展示了重污染防控时期连续一周重货活动水平和 NO_x 排放逐小时变化特征。在交通管控措施下，重货削减了 10%左右，这也侧面说明秋冬季管控情景下的限行措施并没有从根本上削减区域内货运需求，因而货车出行强度仍然较高。就排放水平而言，NO_x 存在 20%左右的排放削减。

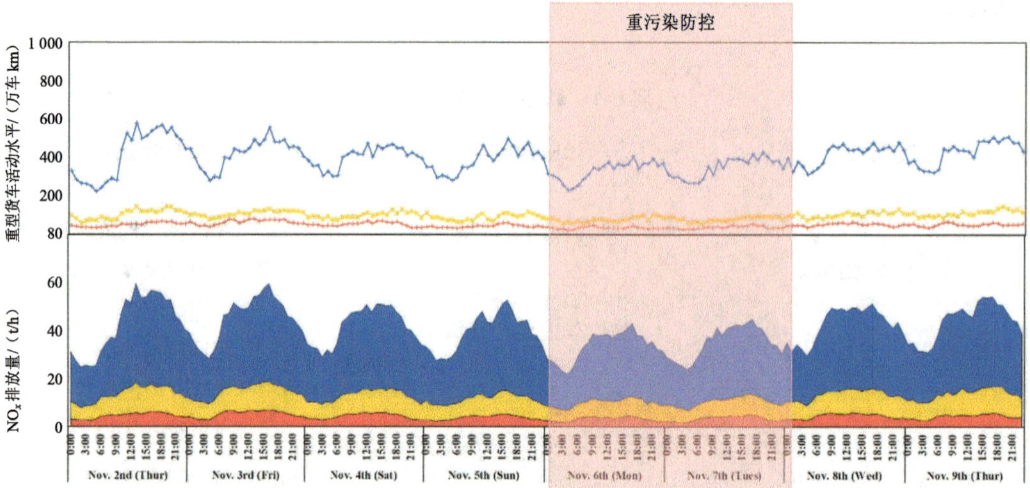

图 6-34　重污染防控期间重货活动水平及 NO_x 小时排放变化

从流量变化的空间特征来看，对小型客车而言，京津冀区域内整体都呈现出流量下降的趋势，整体流量削减幅度约为 25%，仅有约 4%的路段存在着流量增加的情况。另一方面，对于重货而言，整个区域呈现出较为明显的交通流变化差异：对于北京而言，所有道路的货车流量都呈现出下降趋势；对于天津而言，高速和国道也都呈现出流量下降的趋势，仅有部分（～20%）的省道存在流量上升的情况；但是对于河北而言，高速、国道和省道分别有 30%、15%和 20%的道路存在流量的上升。

在评估路网整体流量变化的基础上，研究进一步选取了五条典型货运通道进行流量加密观测，从而评估重污染情景下管控措施对于不同类型道路的影响差异，选取的五条道路主要可以分为以下三种类型：

（1）城市外围核心道路，其整体呈现流量下降趋势，选取北京外围 G7（西北方向高速）和 G4501（六环）作为代表。这类道路由于秋冬季攻关措施对于重型柴油车的管控导致货车流量大幅削减（～70%），然而由于城市内部对于货物运输的刚性需求导致本应由重货承担的货运量被拆解为小型客车和轻型货车，从而导致这些道路上除管控的重货外道路流量不降反升高。

（2）主要货物集疏运通道，其整体流量呈现下降趋势，选取河北重点工业城市周边道路（唐山 S0105 和邯郸 G309）为代表。这类道路作为区域核心货运中心（邯郸钢铁集团和唐山港）的主要集疏运通道，由于攻关措施对于柴油货车的管控导致其与第一类道路有着相同的货运流量削减情况。另外，由于企业的错峰生产政策导致货运产生量的减少从而不会产生第一类道路出现的货运流量拆分问题，故而除货车外的其他车型变化不明显。

（3）城市外围核心高速，其整体流量呈现上升趋势，选取天津是外围 G25 作为代表。这类道路出现在重货流量上升地区。由于秋冬季攻关措施对于区域内港口的禁止公路运煤政策限制了港口集疏运通道的货运，但是货运量需求的存在导致车辆绕行而产生的流量增加状况。G25 作为绕行导致流量增加的典型道路可能是由于唐山港禁止公路运煤导致的。

上述五条道路政策实施前后货运流量变化如图 6-35 所示。

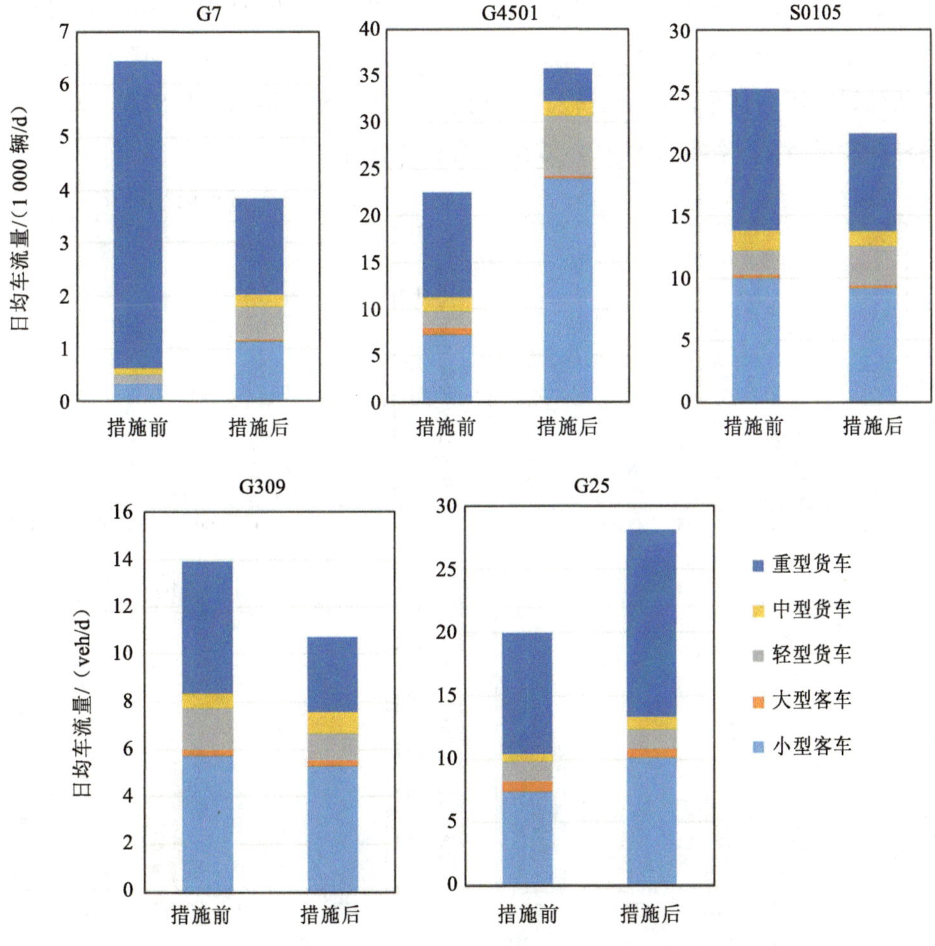

图 6-35　典型道路政策措施实施前后分车型道路流量变化

在一系列交通管控措施下，重污染期间各种污染物都有着较为明显的排放削减，交通管控的重污染时期，CO、THC、NO_x、$PM_{2.5}$ 和 BC 的日均排放量相比于典型工作日分别下降了 33%、38%、23%、15%和 17%。CO 和 THC 的削减要高于其他污染物，这主要是由于这两种污染物主要是由小型客车贡献，而区域小型客车在交通管控措施下全路网都有着最为明显的流量下降；然而对于 NO_x、$PM_{2.5}$ 和 BC 这三种主要由重货车队贡献的污染物，由于固定的货运需求难以被临时的交通管控措施大量削减因而污染物削减比例不如 CO 和 THC。从排放强度上来看，北京污染物排放强度的削减要高于天津和河北，这主要是由于北京在重污染交通管控期间执法更为严格，限行措施贯彻更为彻底。

对于选取的区域内五条典型道路而言，本研究在讨论上述流量变化导致的“交通流量变化”情景的基础上，对京津冀区域内三地机动车发展状况、车队构成、控制水平等重要因素进行排放因子本地化的修正模拟，充分考虑京津冀地区的机动车由于排放控制进程和监管力度不同而导致北京、天津和河北的单车排放水平、油品水平、车队构成等方面存在的差异，设计了“车队构成优化”情景，考虑在“车-油-路”和区域一体化机动车管控措施下，天津、河北本地的机动车在激进情景下可以和北京机动车排放控制水平相当，从而进一步评估车队优化措施的减排潜力。在“交通流量变化”和“车队构成优化”两种控制情景下，污染物的减排效益如图 6-36 所示。

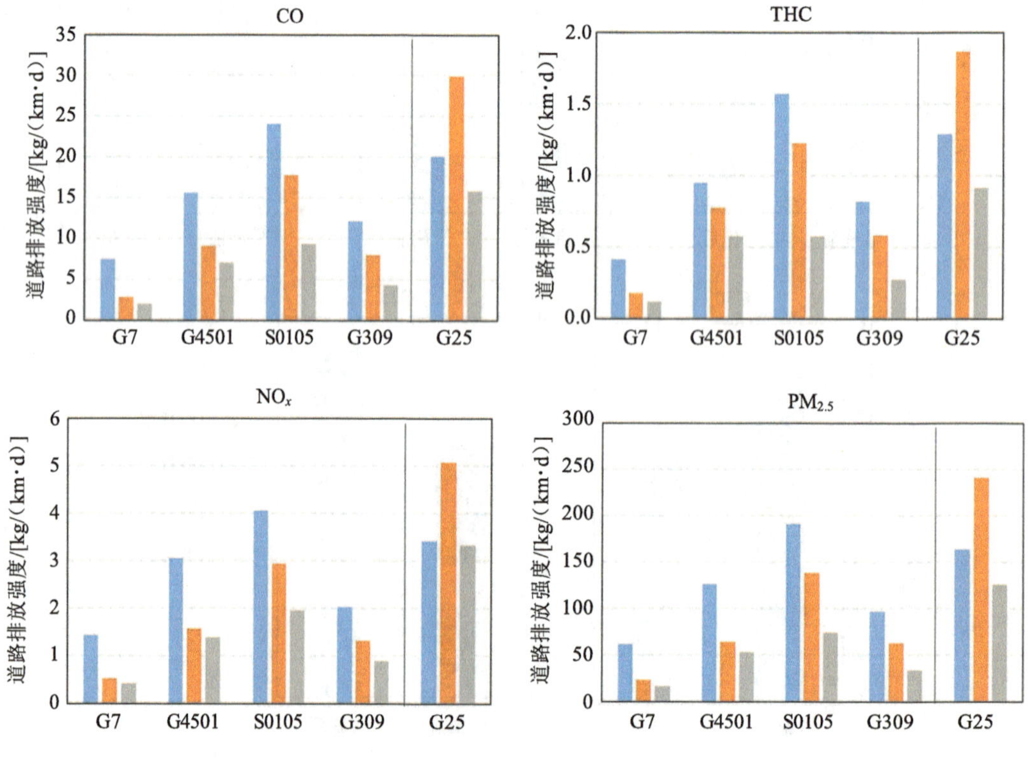

图 6-36　典型道路减排量评估

6.2.4.2 “公转铁”减排效益评估

本研究基于“公转铁”政策实施前后路网交通流变化情况评估了“公转铁”政策的环境效益。“公转铁”前后路网货车活动水平下降了 5%，唐山、天津、沧州、邯郸等周边的路段下降效果显著，部分城市间的连接通道上流量也下降明显。

“公转铁”后 CO、HC、NO_x 和 $PM_{2.5}$ 排放分别下降了 5%、4%、6%和 6%。从空间分布来看“公转铁”前后路网 NO_x 排放强度变化情况，排放的削减主要集中在天津、唐山、廊坊、石家庄、沧州等地，唐山港和天津港等主要港口附近货运方式的改变导致其货车减排最为明显。

6.3 船舶换油监测识别技术和船舶污染控制政策

船舶尾气排放特征与燃油品质密切相关，可以通过船舶排放烟羽变化分析来识别船舶是否更换了燃油。

6.3.1 船舶油品变化

船用燃油按油品质量由低到高可以分为船用燃料油（IFO/HFO）、船用轻柴油（MDO/MGO）和液化天然气（LNG），其中 IFO 按 50℃下的运动黏度可以分为 IFO380、IFO180、IFO60。在京唐港，船舶一般使用的是硫含量 2.43%的燃料油，2017 年 1 月 1 日之后，《珠三角、长三角、环渤海（京津冀）水域船舶排放控制区实施方案》（交海发〔2015〕177 号）要求船舶在京唐港使用硫含量低于 0.5%的船用轻柴油。2017 年 1 月 14 日，京唐港 3 艘船舶使用的轻柴油的分析化学组分与燃料油已有研究检测结果进行对比，结果如表 6-2 所示。

表 6-2 各类燃油的化学组分

船舶主机使用的燃油		已有研究结果				2017 年 1 月 14 日结果		
		IFO380	IFO180	IFO60	MDO	MDO（船 A）	MDO（船 B）	MDO（船 C）
20℃密度/(kg/m^3)		—	—	—	—	844.7	—	842.8
15℃密度/(kg/m^3)		988	973.7	957.6	854.3	848.2	853.1	846.3
w%	C	86.26	86.78	87.22	86.85	85.16	84.78	86.83
	H	11.26	10.7	11.05	12.97	13.07	13.21	13.15
	N	0.39	0.38	0.38	0.026	0.027	0.026	0.010
	S	2.7	2.21	1.22	0.119	0.38	0.080	0.065
mg/kg	Fe	31.44	17.71	未检出	未检出	2.7	<1	<1
	Na	22.66	13.23	未检出	未检出	1.3	<1	<1
	P	—	—	—	—	3	<1	<1

		已有研究结果				2017 年 1 月 14 日结果		
mg/kg	Si	未检出	未检出	未检出	未检出	48	<1	<1
	Mg	未检出	未检出	5.5	未检出	未检出	未检出	未检出
	Al	7.06	5.17	未检出	未检出	未检出	未检出	未检出
	Ti	2.36	1.36	未检出	未检出	未检出	未检出	未检出
	V	133.8	102.4	38.0	未检出	未检出	未检出	未检出
	Cr	未检出	未检出	未检出	未检出	未检出	未检出	未检出
	Co	1.16	0.86	未检出	未检出	未检出	未检出	未检出
	Ni	63.2	46.5	21.0	未检出	未检出	未检出	未检出
	Cu	29.51	23.63	未检出	未检出	未检出	未检出	未检出
	Zn	2.1	2.6	2.2	2.7	未检出	未检出	未检出
	Mo	5.5	3.0	未检出	未检出	未检出	未检出	未检出
	Ca	—	—	—	—	未检出	未检出	未检出

由表 6-10 可知，燃料油密度大、C/H 比高、N 含量高、重金属含量高，油品质量差。几种燃料油中，从 IFO380 到 IFO60，硫含量由 2.7%下降到 1.22%，各金属元素的含量也逐渐减少，油品质量逐渐变好。燃料油中 V、Ni、Fe、Cu、Na 这 5 种金属元素含量较高，随着油品质量的上升，V 的含量下降了 72%，Ni 的含量下降了 67%。对比燃料油，船用轻柴油密度小、C/H 比低、N 含量降低了 90%以上、S 含量降低了 68%以上、V、Ni、Fe、Cu、Na 这 5 种金属元素的含量皆大幅降低（如 V、Ni 已经低于检测限）。

6.3.2 船舶烟羽事件识别

利用污染物的同步变化可以识别监测时段中的烟羽事件。首先通过分析全部监测时段内 SO_2 的波动情况，认为当 SO_2 浓度超过 15 ppb、且增幅大于 3 ppb 时，表明人为源排放导致 SO_2 的增加；再根据“NO_x、SO_2 浓度同步上升，O_3 浓度同步下降”的识别方法，从总计 381 小时的监测时段中筛选出 16 组船舶烟羽事件。图 6-47 为从 2017 年 1 月 13 日中识别出的第 16 个烟羽事件，时间为 14：20—14：44，其中 NO_x 和 SO_2 浓度有明显的上升峰，O_3 浓度则明显下降。表 6-3 为 16 组烟羽事件的基本信息。

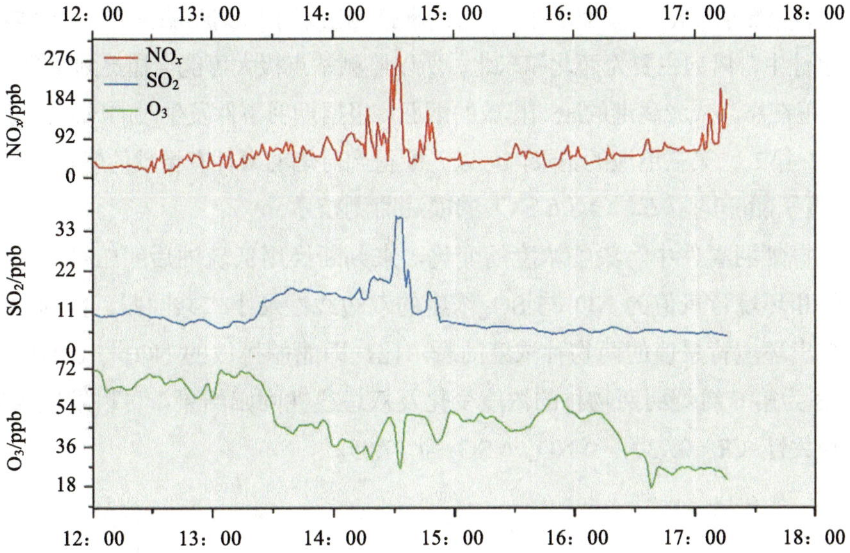

图 6-47　2017 年 1 月 13 日 NO_x、SO_2 和 O_3 浓度变化及第 16 组烟羽

表 6-3　16 组烟羽基本情况

序号	烟羽事件时段	风向	风速/（m/s）	NO_x 峰值/ppb	SO_2 峰值/ppb	对烟羽有贡献的船舶数
1	2016/12/28 23：20—23：44	西北	5.26	226.0	127.6	2
2	2016/12/29 04：08—04：32	西	2.1	239.7	134.7	2
3	2016/12/29 06：52—07：40	西	2.3	277.1	106.5	1
4	2016/12/30 08：36—09：12	西北偏西	1.5	161.5	35.4	1
5	2016/12/30 09：16—09：52	西北偏西	1.8	306.6	60.3	1
6	2016/12/31 07：48—08：12	西	1.2	331.1	42.0	4
7	2016/12/31 21：40—22：20	西	1.3	551.8	50.0	5
8	2016/12/31 22：28—23：32	西	1.0	438.3	29.1	2
9	2017/01/05 15：36—16：08	东北偏东	4.1	242.1	72.6	2
10	2017/01/05 18：24—18：56	东北偏东	2.2	122.9	72.6	4
11	2017/01/08 00：00—00：28	东北偏北	2.5	176.8	17.6	3
12	2017/01/09 04：16—04：48	北	3.7	183.7	28.3	1
13	2017/01/09 23：12—23：56	西	2.8	226.0	18.9	2
14	2017/01/10 05：08—05：32	北	6.1	158.4	47.9	2
15	2017/01/11 18：16—18：48	西南偏西	1.6	115.3	18	2
16	2017/01/13 14：20—14：42	西北	6.4	204.9	32.8	4

利用京唐港船舶靠港、离港的记录，可清晰推测出某个时刻船舶在港口的具体位置。在16组烟羽事件中，风向主要为西北和东北，所以监测站点极大可能会捕捉到在第一、第二、第三港池中正在靠港或者离港的船舶排放的烟羽。根据烟羽事件发生时的风向信息，结合船舶进出第一、第二、第三港池的记录，可以匹配得到对烟羽事件有贡献的船舶数量。

6.3.2.1 基于船舶烟羽$\Delta NO_x/\Delta SO_2$的换油监测技术

通过掌握烟羽事件中污染物浓度的变化，来判断换用低硫油后船舶排放的变化。计算烟羽事件和环境背景值的NO_x与SO_2浓度的双边线性最小二乘回归，得到的回归方程的斜率是超出环境背景值的两物种浓度的摩尔比，即船舶排放的NO_x与SO_2的比值。例如，图6-38为第6组烟羽两物种的浓度变化及双边线性回归结果，可以发现NO_x与SO_2有很强的相关性（R^2=0.93），$\Delta NO_x/\Delta SO_2$为17.89。

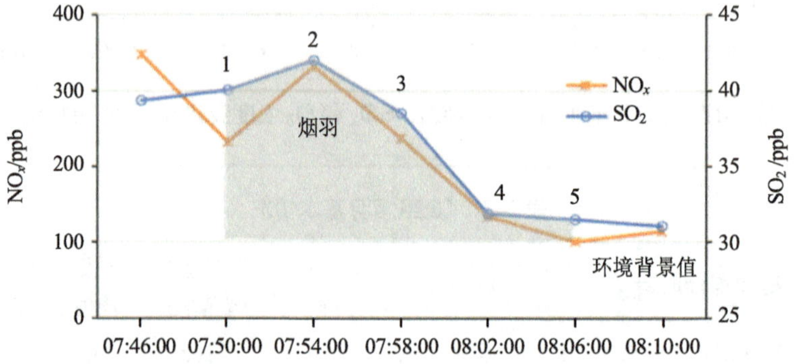

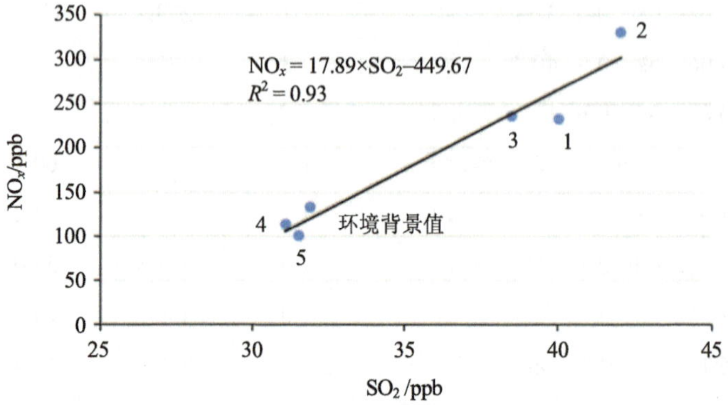

图6-38 第6组烟羽事件的NO_x及SO_2浓度（上）及线性回归结果（下）

烟羽事件中物种的浓度反映了船舶用油的品质。表6-4为16组烟羽$\Delta NO_x/\Delta SO_2$的比值及同一天NO_x/SO_2的环境背景值。环境NO_x/SO_2值在监测期间一直保持稳定，而烟羽的$\Delta NO_x/\Delta SO_2$比值从第5组之后发生了明显的变化，如图6-49所示。使用同类型燃油的船舶，其排放的NO_x与SO_2的比值是稳定的。因此，监测期间观测到烟羽$\Delta NO_x/\Delta SO_2$比值的增加就表明了船舶排放SO_2的减少，也就说明了在监测期间，2017年1月1日之后京唐港港区船舶换用了低硫油。

表 6-4　16 组烟羽事件中 $\Delta NO_x/\Delta SO_2$ 的比值

序号	烟羽事件时段	$\Delta NO_x/\Delta SO_2$ ± 95%置信区间	环境值① NO_x/SO_2	点数	R^2
1	2016/12/28 23：20—23：44	1.92 ± 0.38	3.16	6	0.83
2	2016/12/29 04：08—04：32	0.92 ± 0.27	2.06	6	0.68
3	2016/12/29 06：52—07：40	1.02 ± 0.29	2.06	12	0.51
4	2016/12/30 08：36—09：12	1.95 ± 0.4	3.03	9	0.74
5	2016/12/30 09：16—09：52	3.79 ± 1.21	3.03	9	0.52
6	2016/12/31 07：48—08：12	17.89 ± 2.25	4.99	6	0.93
7	2016/12/31 21：40—22：20	10.14 ± 1.55	4.99	10	0.82
8	2016/12/31 22：28—23：32	14.48 ± 2.43	4.99	16	0.70
9	2017/01/05 15：36—16：08	3.47 ± 0.26	1.29	8	0.96
10	2017/01/05 18：24—18：56	5.81 ± 1.25	1.29	8	0.75
11	2017/01/08 00：00—00：28	17.45 ± 4.56	3.25	8	0.66
12	2017/01/09 04：16—04：48	6.43 ± 1.32	1.67	8	0.76
13	2017/01/09 23：12—23：56	10.88 ± 1.43	1.67	11	0.85
14	2017/01/10 05：08—05：32	4.01 ± 1.08	2.13	6	0.72
15	2017/01/11 18：16—18：48	12.00 ± 1.31	2.11	8	0.92
16	2017/01/13 14：20—14：42	7.95 ± 2.13	2.83	6	0.72

注：①数据来自省控空气质量监测站“曹妃甸新立小学”

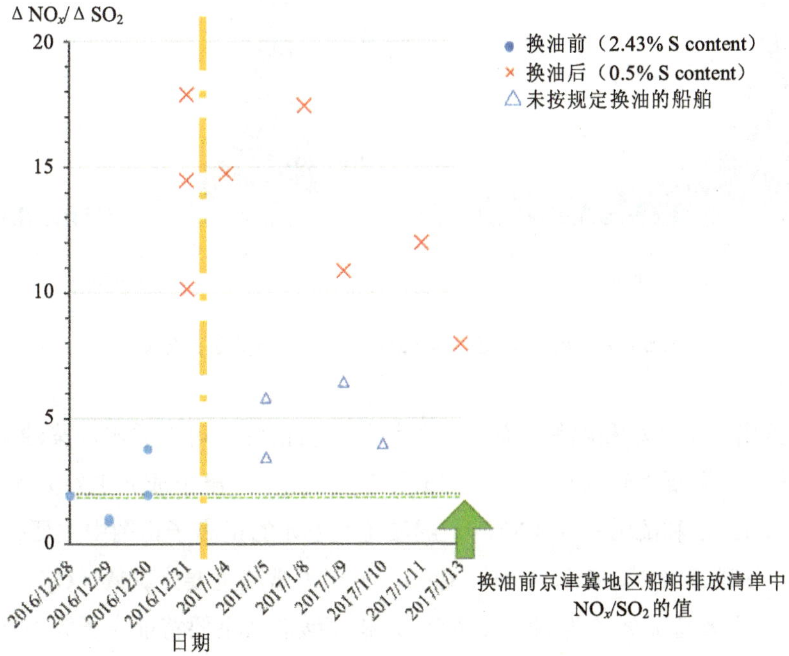

图 6-39　16 组烟羽中 $\Delta NO_x/\Delta SO_2$ 的比值

根据渤海湾的船舶排放清单，换油前船舶使用硫含量 2.43%的燃油，排放的 NO_x/SO_2 比值在 1.83～2.0（见上图中绿色虚线）；基于船舶排放因子数据，当船舶使用硫含量为 0.5%的燃油时，排放的 NO_x/SO_2 比值为 10.51。考虑船舶发动机型号、载荷、行驶状况和燃烧情况对实际污染物排放的影响，参考相似的文献中船舶烟羽平均值符合排放清单、个体排放有一定差异的现象，认为在本研究中，当烟羽中 $\Delta NO_x/\Delta SO_2$ 值低于 6.5 的情况下，证明船舶使用的是高硫油，否则使用的是符合换油规定的硫含量低于 0.5%的低硫油。由此，本研究建立了快速有效测出不同燃油的测试手段，为船舶换油的监测执法提供了科学指导。

6.3.2.2 船舶排放烟羽 PM 变化

在港区，船舶和柴油车是两种主要的大气 PM 排放源，可以通过两种来源 PM 粒径和化学成分的对比分析来鉴别相应的来源，再结合对船舶用油的判断，可以实现对船舶换油后排放 PM 变化的分析。

6.3.2.3 船舶排放的颗粒物特征及其与柴油车特征的差异

分别对 3 组柴油车和 5 组船舶尾气样本进行整体分析，其粒径分布如图 6-40 所示。二者使用的都是柴油，发动机的燃烧过程相似，排放的气溶胶都主要分布在小粒径 0.3～0.5 μm。但道路车辆与船舶使用的柴油存在差异，因此排放的 PM 的化学成分不相同。

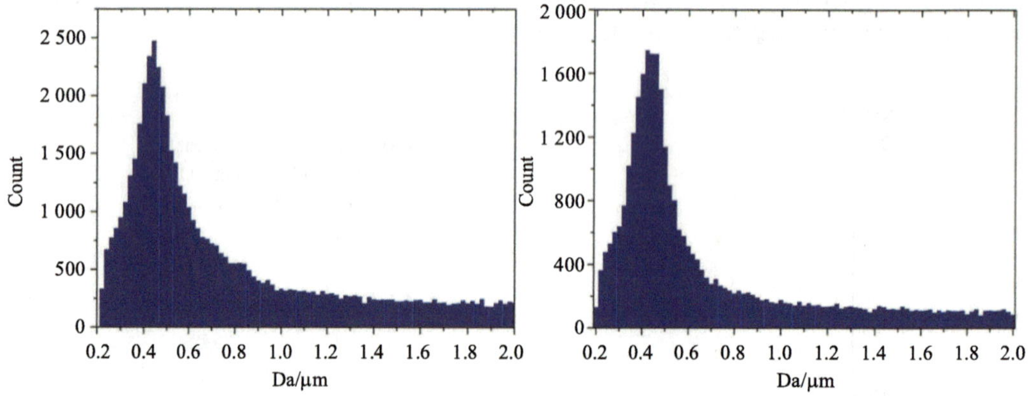

图 6-40 柴油车（左）与船舶（右）尾气的粒径分布

图 6-41 给出了柴油车和船舶排放 PM 的特征正负谱图。可以看出，柴油车尾气颗粒物的正离子谱图中主要为碳簇（C^+、C_3^+、C_3H^+、C_4^+、C_5^+），负离子成分主要为元素碳（C_2^-、C_3^-、C_4^-、C_5^-、C_6^-）和硫酸盐（HSO_4^-）。船舶尾气 PM 的正离子谱图中主要有 Na^+、K^+、Ca^+、Fe^+、Cu^+和碳簇（C^+、C_3^+、C_3H^+、C_5^+），负离子谱图主要为碳簇（C_2^-、C_3^-、C_4^-）、CN^-、硝酸盐（主要特征离子为 NO_2^-、NO_3^-）和硫酸盐（主要特征离子为 HSO_4^-）。

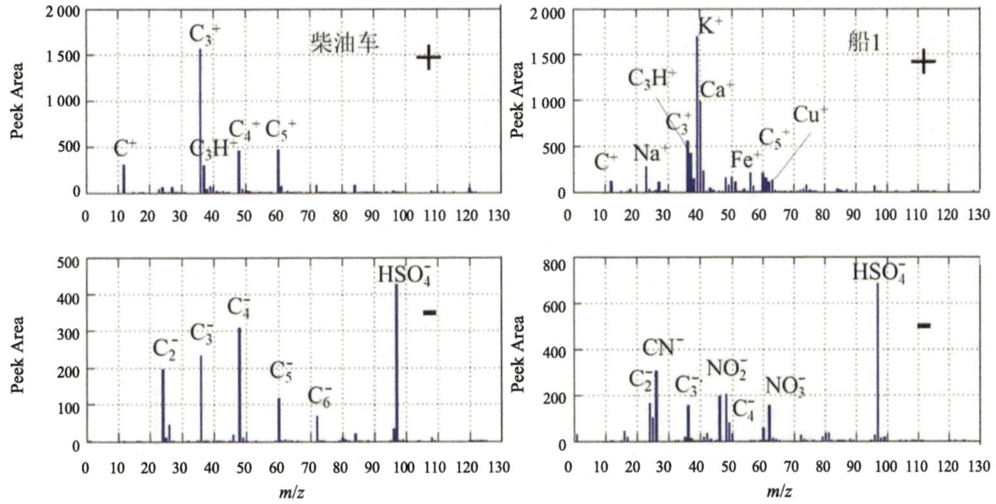

图 6-41　柴油车和船舶（以船 1 为例）尾气 PM 的平均谱图

分别对 5 艘船舶尾气进行处理，并将其同柴油车尾气进行对比，得到图 6-42，左边为正谱图信息，右边为负谱图信息。由图可知，柴油车尾气中含有大量的黑碳（碳簇的信号较强）和硫酸盐，其他离子很少，说明柴油车的燃烧比较充分；而船舶排放的 PM 的谱图中，除了黑碳（碳簇的信号较强）和硫酸盐，正离子有明显的 Na^+、K^+、Ca^+、有机碳的碎片峰（$C_2H_3^+$、C_3H^+、$C_4H_3^+$），负离子有明显的氰离子（CN^-）和硝酸盐（主要特征离子为 NO_2^-、NO_3^-）。船舶尾气样本中出现了高含量的 K^+ 和硝酸盐，而柴油车几乎不含 K^+，这是样本采集过程的差异导致的。柴油车尾气是在离海边有一定距离的停车场采集的，且尾气管直径较小，采样头伸入尾气管内采集样本，几乎不受环境空气的干扰；而船舶尾气采集是在海上进行的，烟囱直径大，采集到的样本除船舶尾气外，也会受到海边空气混流的一定干扰。

港区的重型卡车的型号、年份、使用油品较为一致，排放特征比较稳定，而船舶的型号、负载、发动机年份和用油参差不齐，排放特征有一定变化。船 4 与船 5 平均谱图中 K^+ 峰和硝酸盐峰较低，说明两组样本采样时受空气混流的影响最小，最能说明船舶排放的特征。对比两组的负离子谱图，船 4 排放的硫酸盐明显低于船 5，说明船 4 使用了硫含量更低的燃油，即油品更好的燃油。船 4 的排放特征与柴油车最为相似，主要是黑碳、Na^+、Ca^+ 和硫酸盐，证明船 4 的燃烧较为充分，排放的污染物较少；船 5 的正离子谱图中有大量的有机碳的碎片峰，证明船 5 的燃烧并不充分，会排放大量的有机气溶胶。所以，使用含硫量低的、质量更好的燃油，可以改善船舶发动机的燃烧情况，减少硫酸盐和有机气溶胶的排放。

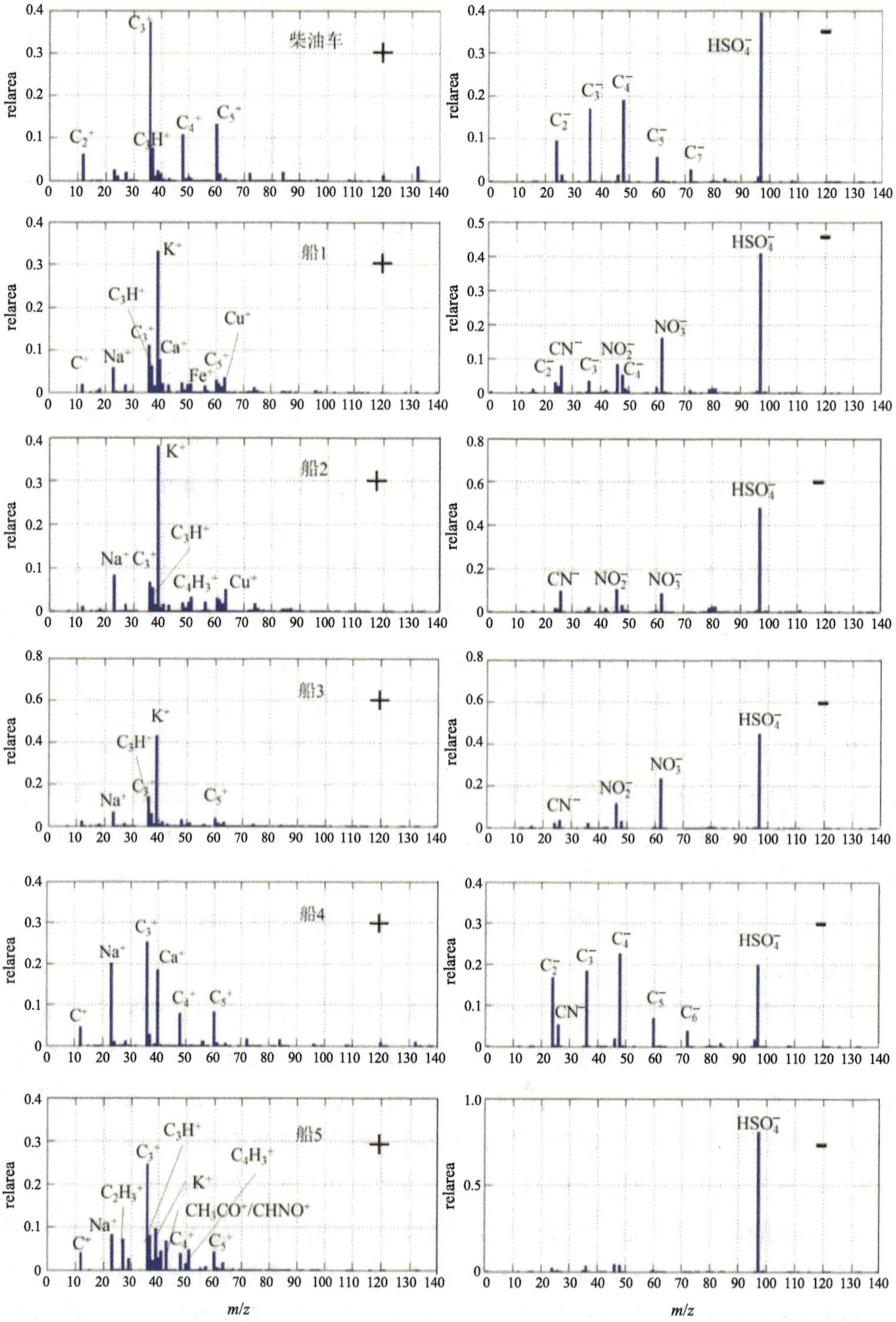

图 6-42　柴油车与 5 艘船舶尾气平均谱图

6.3.2.4 烟羽事件中颗粒物变化

通过对比高硫烟羽与低硫烟羽的颗粒物特征，可以判断船舶换油后的颗粒物排放情况。图 6-43 是环境背景、两组高硫烟羽和两组低硫烟羽的平均谱图。

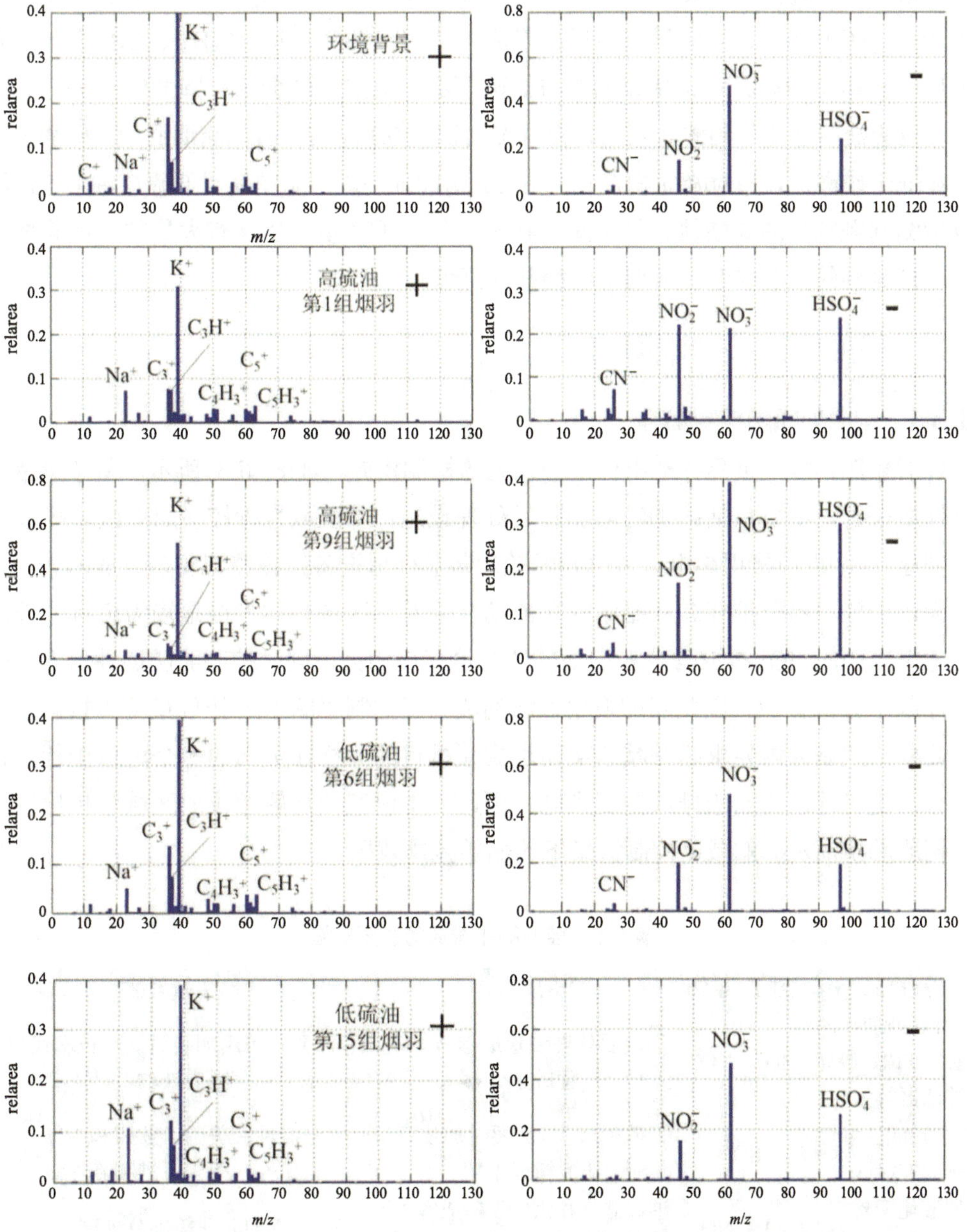

图 6-43　环境背景、高硫烟羽和低硫烟羽的颗粒物平均谱图

根据京唐港船舶靠港、离港的记录，2017 年 1 月 1 日全天没有船舶进出港区，所以取当日的平均谱图作为环境背景，颗粒物中主要含有碳簇（C^+、C_3^+、C_3H^+、C_5^+）、Na^+、

K^+、CN^-、硝酸盐和硫酸盐，在港区环境下，Na^+、K^+主要来源于海盐颗粒物，黑碳和硫酸盐来源于内燃机的排放，大气的扩散传输也会带来大量二次的硝酸盐和硫酸盐。

烟羽事件中采集到的颗粒物实际上是船舶尾气与周围空气的混合产物。因此，烟羽的平均谱图皆呈现出 ECOC 颗粒物的特征：既有黑碳（C^+、C_3^+、C_5^+）也有一定含量的有机碳（C_3H^+）和经过光化学氧化反应形成的二次有机气溶胶（$C_4H_3^+$、$C_5H_3^+$），还有一定的硝酸盐和硫酸盐。对比高硫烟羽与低硫烟羽，硫酸盐的含量有降低的趋势，高硫烟羽中，硫酸盐的含量与硝酸盐相当，相对峰面积在 0.3 左右；而低硫烟羽中，硫酸盐的含量明显低于硝酸盐，相对峰面积在 0.2 左右。由此证明，当船舶使用低硫燃油后，烟羽中可以检测到颗粒物的硫酸盐含量呈减少状态。但由于环境中也含有大量的二次硫酸盐，所以就检测到的情况来看，烟羽中硫酸盐的降低幅度不大。

6.3.3 船舶污染控制政策研究

6.3.3.1 国内外船舶控制措施

针对船舶排放，世界各地出台了一系列的控制措施，如表 6-5 所示。从政策措施的施行性质来看，主要包括：①船舶加装后处理设施；②区域性管控（船舶区域换油或区域内减速）；③港口接用岸电。考虑到船舶加装后处理设备措施监管复杂且成本较高，因此认为该措施不易于推行。从船舶的高流动性来看，区域整体管控是较为可行的控制方案。考虑船舶的 SO_2 排放与船舶燃油的硫含量直接相关，同时控制船舶燃油硫含量也能间接控制 PM 的排放，因此船舶换用低硫油成为了控制船舶 SO_2 排放最为直接有效的办法。此外，控制区内要求船舶减速从而达到减排目的同样在美国的多个港口施行，认为是具有一定可行性的船舶排放控制措施。因此，本研究拟从船舶排放区域管控出发，评估不同船舶换油及船舶减速控制情景下的船舶减排效果。

表 6-5 控制船舶排放的主要措施

政策措施	控制污染物	实施成本	已实施地区
发动机后处理技术（SCR、EGR、废弃洗涤器等）	SO_x、NO_x	加装后处理装置成本+运营成本	美国和欧盟：可用加装后处理技术代替控制区内换油
建立全国或区域性排放控制区	SO_x	低硫油成本+必要时加装新油箱成本	强制性：美国、欧盟和中国 自愿性：中国香港和新加坡
使用液化天然气（LNG）	SO_x、NO_x	港口储气和供气设备成本＋船上加装储气罐成本	欧盟和北美部分地区
岸电	SO_x、NO_x	港口泊位设备安装成本+船上改造设施成本	美国加利福尼亚州强制执行；美国和欧盟各大港口建有岸电设施；国内港口中，深圳、上海、青岛和连云港等正试点应用岸电
降低船舶航行速度	SO_x、NO_x	延长航行时间	美国多个港口强制执行，如加利福尼亚州港等

6.3.3.2 控制政策下船舶排放因子变化

船舶普遍使用的船用燃油为硫含量较高的船用燃料油，本研究假设船用燃料油硫含量为国际海事组织（IMO）于第三次温室气体报告中发布的平均值2.43%，对应船舶换用的轻柴油和低硫柴油对应的硫含量分别为0.5%和0.1%。船舶减速控制政策由于不涉及船舶换油，而是通过降低船舶发动机负荷的途径来实现减排，因此不涉及计算中基准排放因子的变化。由于船舶排放来源于船舶的主机、辅机和锅炉，因此排放因子分为三个部分，硫含量2.43%、0.5%和0.1%的燃油对应主机、辅机和锅炉的基准排放因子分别如表6-6、表6-7所示。

表6-6 船舶主机排放因子

发动机类型	燃油	排放标准	实施年份	PM/[g/（kW·h）]	NO_x/[g/（kW·h）]	SO_x/[g/（kW·h）]	CO/[g/（kW·h）]	VOC/[g/（kW·h）]	CO_2/[g/（kW·h）]
慢速机	重油（硫含量2.43%）	Tier 0	≤1999	1.335	18.1	9.261	0.54	0.6	607
中速机			≤1999	1.330	14	10.215	0.54	0.5	670
慢速机		Tier 1	2000—2010	1.335	17	9.261	0.54	0.6	607
中速机			2000—2010	1.330	13	10.215	0.54	0.5	670
慢速机		Tier 2	2011—2015	1.335	15.3	9.261	0.54	0.6	607
中速机			2011—2015	1.330	11.2	10.215	0.54	0.5	670
慢速机	重油（硫含量0.5%）	Tier 0	≤1999	0.31	17.0	1.81	0.54	0.6	607
中速机			≤1999	0.31	13.2	1.98	0.54	0.5	670
慢速机		Tier 1	2000—2010	0.31	16.0	1.81	0.54	0.6	607
中速机			2000—2010	0.31	12.2	1.98	0.54	0.5	670
慢速机		Tier 2	2011—2015	0.31	14.4	1.81	0.54	0.6	607
中速机			2011—2015	0.31	10.5	1.98	0.54	0.5	670
慢速机	低硫油（硫含量0.1%）	Tier 0	≤1999	0.199	17.0	0.515	0.54	0.6	607
中速机			≤1999	0.200	13.2	0.568	0.54	0.5	670
慢速机		Tier 1	2000—2010	0.199	16.0	0.515	0.54	0.6	607
中速机			2000—2010	0.200	12.2	0.568	0.54	0.5	670
慢速机		Tier 2	2011—2015	0.199	14.4	0.515	0.54	0.6	607
中速机			2011—2015	0.200	10.5	0.568	0.54	0.5	670
天然气机	LNG	无	全部	0.03	1.3	0.003	1.3	0.5	457

表 6-7　船舶辅机排放因子

燃油	PM/ [g/（kW·h）]	NO_x/ [g/（kW·h）]	SO_x/ [g/（kW·h）]	CO/ [g/（kW·h）]	VOC/ [g/（kW·h）]	CO_2/ [g/（kW·h）]
重油（硫含量 2.43%）	0.744	2.1	14.85	0.2	0.1	970
轻柴油（硫含量 0.5%）	0.2	2.0	3.1	0.2	0.1	970
低硫油（硫含量 0.1%）	0.112	1.974	0.825	0.2	0.1	970
LNG	0.03	1.3	0.002 69	1.3	0.5	457

6.3.3.3　响应航运吞吐量及控制政策的船舶减排预测方法

（1）控制政策情景

本研究中控制政策情景分为两部分，一部分为港口控制情景，对应我国《珠三角、长三角、环渤海（京津冀）水域船舶排放控制区实施方案》中 2016—2018 年的港口尺度控制政策，如表 6-8 所示。第二部分为区域控制，分别包括了京津冀船舶排放控制区内船舶换用 0.5%、0.1%硫含量燃油以及船舶减速至 12 节以内的三种区域控制情景，如表 6-9 所示。

表 6-8　京津冀港口控制政策情景设置

控制情景	控制方案	控制港口	硫含量限制/（g/g 燃油）
港口基准情景	无	无	无限制
港口情景 1（P1）	船舶在排放控制区内核心港口停泊期间使用低硫燃油	天津、秦皇岛、唐山、黄骅港	0.5%
港口情景 2（P2）	船舶在排放控制区内所有港口停泊期间使用低硫燃油	京津冀控制区域所有港口	0.5%

表 6-9　京津冀区域控制政策情景设置

控制情景	控制方案	2020 年硫含量限制/（g/g 燃油）
区域基准情景	无	无限制
区域情景 1（R1）	船舶在排放控制区内使用低硫油	0.5%
区域情景 2（R2）		0.1%
区域情景 3（R3）	船舶在排放控制区内减速至 12 节以下	无限制

（2）港口港区地理范围划分

由于港口控制情景中，涉及船舶停泊期间换油，因此需要对船舶停靠的港区地理位置进行准确划分，从而能够在港口控制情景的船舶排放清单计算过程中区分出靠港换油区域和非换油区域。目前，我国各港口所属港区并没有明确的地理范围划分。因此，确定各港口港区范围是建立港口排放清单的基础。在中国海运航线图基础上，结合BLM-Shipping 软件的船舶动态定位和 Google Earth 软件的地理位置，划分了 13 个港口，共 25 个港区范围，建立了港口及对应港区的地理范围信息库，并以此计算相应港口的排放。港区划分的分辨率与排放清单分辨率相同，均为 0.01°×0.01°。港区范围划分标准如下：①港区包含所有停泊状态的船舶；②因锚泊状态的船舶并未参与换油，港区不包含锚泊状态的船舶；③考虑船舶进出港前 1 h 便已更换低硫油，港区范围在停泊区域向外延伸约 5 节的距离。京津冀控制区内港口及对应港区如表 6-10 所示。

表 6-10 京津冀港口对应港区

区域	港口	港口对应的港区
京津冀	天津港	汉沽港区、北塘港区、东江港区、北江港区、南江港区、大沽口港区、高沙岭港区、南港码头港区
	秦皇岛港	西港区、东港区
	唐山港	西港区、京唐港区
	黄骅港	主港区
	烟台港	芝罘湾港区、西港区、蓬莱港区、莱州港区
	威海港	威海港区、龙口港区
	东营港	主港区
	潍坊港	主港区
	大连港	凌水港、大连湾港区、大窑湾港区、兴港区
	营口港	营口港区、鲅鱼圈港区、仙人岛港区
	盘锦港	盘锦港区、绥中港区
	锦州港	龙栖湾港区
	葫芦岛港	主港区

下面以烟台港为例说明本书中港区划分的合理性。烟台港自西向东分别为莱州港区、蓬莱港区、西港区和芝罘湾港区。4 个港区所占面积相对整个港口面积占比虽然较小，但

所有港口内船舶的停泊行为均位于港区当中。此外，港区中停泊船舶分布相当不均匀，对港口范围划分有较高的要求（表 6-11）。可以看出，本研究采用的港区划分范围包含了所有港口停泊船舶，且未覆盖锚泊状态船舶，此外还充分考虑了船舶换油过程的排放，为后续计算更换低硫油前后船舶排放变化打下基础。

表 6-11 烟台港港区边界的经纬度

港区	经度	纬度
莱州港区	119.85°E	37.47°N
	120.05°E	37.47°N
	120.05°E	37.37°N
	119.84°E	37.40°N
蓬莱港区	120.58°E	37.80°N
	120.64°E	37.73°N
	120.82°E	37.82°N
	120.74°E	37.98°N
	120.66°E	37.95°N
	120.69°E	37.85°N
西港区	121.02°E	37.76°N
	121.17°E	37.76°N
	121.18°E	37.68°N
	121.00°E	37.67°N
芝罘湾港区	121.32°E	37.64°N
	121.50°E	37.61°N
	121.48°E	37.50°N
	121.30°E	37.52°N

（3）船舶排放基准清单建立

本书采用自下而上的动力法，分别建立港口及区域基准船舶排放清单，基准年份为 2013 年。港口清单方面，2013 年京津冀控制区各港口的港区排放情况如图 6-44 所示。2013 年，京津冀港口的港区船舶 SO_2 排放和 PM 排放总量分别为 23.9×10^3 t 和 2.4×10^3 t。从核心港口和非核心港口来看，核心港口（天津港、秦皇岛港、唐山港、黄骅港）总体排放占比仅为 32%左右，非核心港口的船舶排放仍然不可忽视。排放量最大的 3 个港口分别为大连港、天津港和威海港，分别排放了 5.8×10^3 t、3.9×10^3 t 和 3.4×10^3 t 的 SO_2，以及 0.58×10^3 t、0.38×10^3 t 和 0.35×10^3 t 的 PM，三个港口中仅有天津港为核心港口，因此京津冀非核心港口排放应为关注重点。

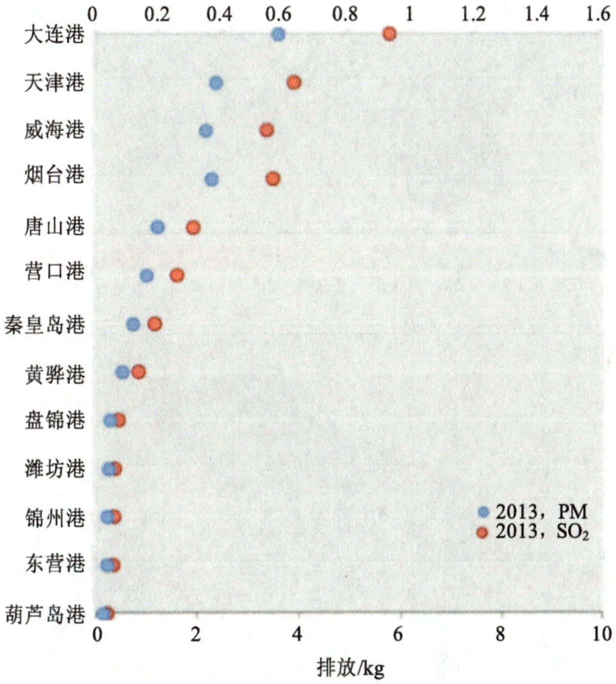

图 6-44　2013 年京津冀港口港区船舶排放

区域清单方面，京津冀区域船舶 SO_2 和 PM 排放空间分布如图 6-45 所示。总量方面，2013 年京津冀区域船舶 SO_2 排放量和 PM 排放量分别为 115.6×10^3 t、14.0×10^3 t。空间分布上，由图 6-45 可知，京津冀船舶排放较为密集，覆盖了该区域所有港口及航道。其中，天津港、秦皇岛港、唐山港和黄骅港等核心港口以及大连港、烟台港等吞吐量较大的港口周围排放明显高于其他区域。由于环渤海海域仅有一个出海口，该海域排放较高，存在一条明显的带状高排放航道。而京津冀地区非港口地区船舶活动并不显著，呈分散状的排放分布。

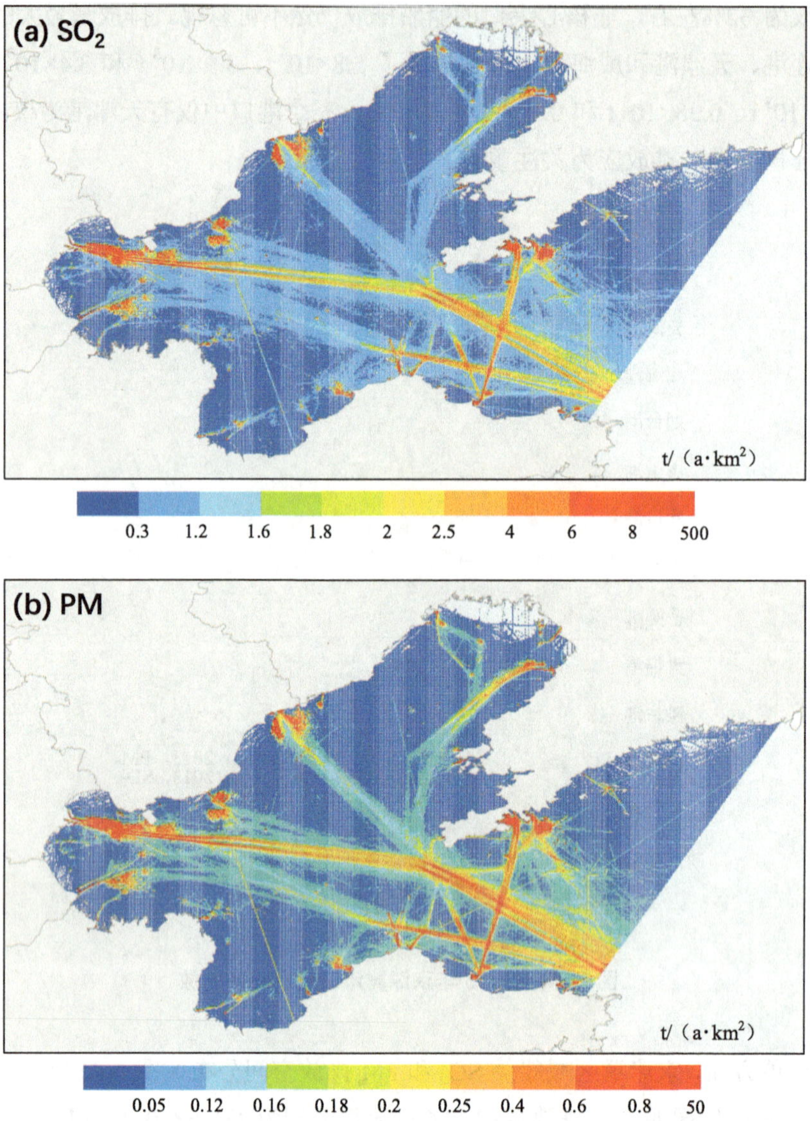

图 6-45 京津冀船舶排放空间分布

一般而言，不同船型的发动机功率、负责情况和行驶路线等条件均不相同，导致不同船型排放占比有所差异。京津冀地区不同船型排放占比如图 6-46 所示。可知，京津冀地区散货船的排放占比最大，SO_2 和 PM 的排放贡献率均接近 40%，其次为集装箱船、油轮及杂货船。这是因为京津冀地区以煤炭、矿石和期货为主的散货船运输较为繁荣，散货船活动较为频繁。对比基于 AIS 数据识别的京津冀地区 2013 年不同类型船舶活动水平（表 6-12），可以看出活动水平最高的船舶类型为其他类型船舶、散货船、杂货船、集装箱船、油轮。散货船活动水平远高于其他类型船舶，因此对应了较高的排放占比。此外，其他类型船舶活动水平较高，但是对应的排放占比较低，这是因为本研究中其他类型船舶主要包括了渔船、驳船、补给船和作业船等，这些船舶虽然数量众多、活动频繁，但大多为小功率的小型船舶，功率较小，因此总排放较小。

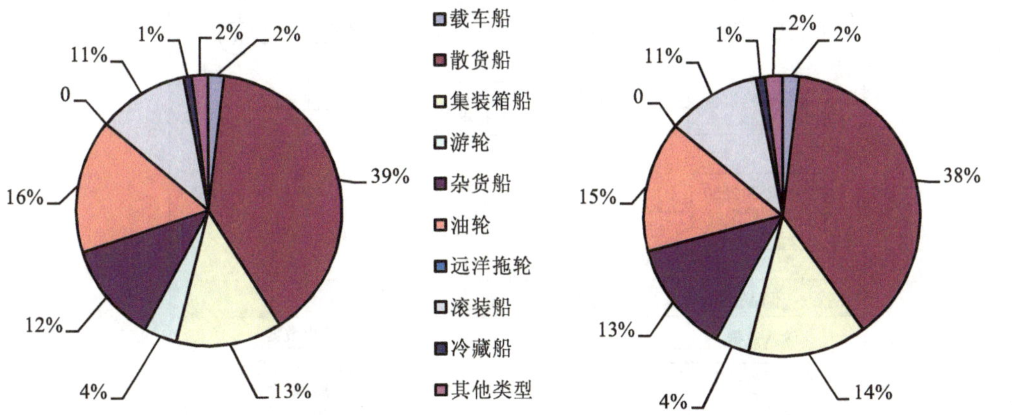

(a) SO_2　　(b) PM

图 6-46　京津冀地区不同船型的 SO_2（a）和 PM（b）排放分担率

表 6-12　2013 年京津冀区域船舶活动水平数据

月份	不同船舶类型活动艘次/次									
	载车船	散货船	集装箱船	游轮	杂货船	其他类型	远洋拖轮	滚装船	冷藏船	油轮
1	66	2 950	578	14	873	5 832	133	181	51	797
2	48	1 678	372	11	506	2 057	36	64	34	536
3	76	2 618	489	13	688	4 824	42	85	43	607
4	77	2 594	503	17	681	5 318	41	92	23	570
5	87	2 761	550	16	729	6 378	54	116	30	567
6	80	2 385	487	16	747	3 202	36	104	31	528
7	81	2 332	499	13	618	3 039	33	110	24	501
8	71	2 441	525	11	628	3 709	42	101	27	559
9	76	2 567	502	13	637	7 891	33	88	30	522
10	66	2 550	497	10	660	8 275	30	107	25	544
11	84	4 909	610	14	738	13 489	194	765	39	618
12	49	1 669	350	11	427	2 523	187	78	27	479
总计	861	31 454	5 962	159	7 932	66 537	861	1 891	384	6 828

（4）船舶排放预测方法

为了能够对不同控制政策下，未来船舶排放的变化做出预测，首先需要建立船舶排放清单预测方法。本研究采用基于船舶吞吐量的排放预测方法，该方法共分三大模块：艘次数增长预测模块、平均额定功率预测模块以及新增船舶油耗限值对船队油耗的影响模块，技术路线如图 6-47 所示。

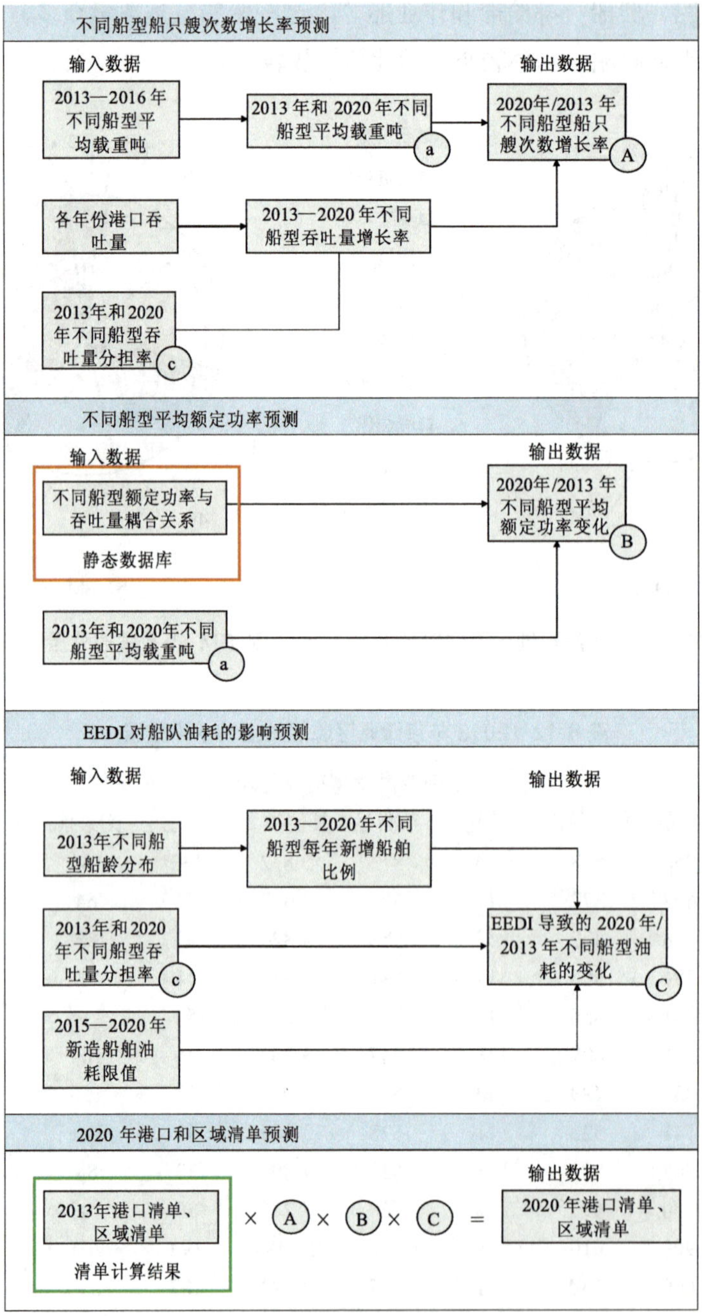

图 6-47 船舶排放预测技术路线

1）港口吞吐量预测。在艘次数增长预测模块中，首先对 2013—2020 年各港口吞吐量做预测。目前，国内航运吞吐量的研究仅有针对少数港口的预测结果，没有针对区域范围的整体预测，一方面最新的研究数量较少，另一方面这些研究并未考虑港口政策的变化对港口未来发展的重要影响，其预测数据还存在局限性。因此，本研究主要根据各港口 2020 年吞吐量目标值进行预测，具体步骤如下：收集《中国港口年鉴》中 2013—2015 年京津冀地区 13 个港口吞吐量数据；通过最新交通运输部快报得到其中 7 个港口 2016—2017 年吞吐量数据；根据各省市和区域发展规划得到 12 个港口 2020 年吞吐量目标值。港口吞吐量的历史数据、2020 年吞吐量目标值见表 6-13，对有 2020 年吞吐量目标的港口，设 2020 年前吞吐量每年等比增长；对没有 2020 年规划的港口，根据交通运输部规划研究院的相关研究结果，设吞吐量每年保持 4%的增速。

表 6-13　京津冀地区航运吞吐量数据

所属区域	港口名称	吞吐量数据/亿 t					
		2013 年	2014 年	2015 年	2016 年	2017 年	2020 年
京津冀	天津港	5.0	5.4	5.4	5.5	5.0	6.5
	秦皇岛港	2.7	2.7	2.5	1.9	2.4	2.7
	唐山港	4.5	5.0	4.9	5.2	5.7	8.2
	黄骅港	1.7	1.8	1.7	2.5	2.7	2.5
	烟台港	2.9	3.2	2.5	2.7	2.9	4.0
	威海港	0.4	0.7	0.4	—	—	1.0
	东营港	0.1	0.3	0.3	—	—	1.0
	潍坊港	0.2	0.3	0.3	—	—	0.7
	大连港	4.0	4.2	4.1	4.3	4.5	5.0
	盘锦港	0.3	0.3	0.3	—	—	1.0
	营口港	3.2	3.3	3.4	3.5	3.6	4.0
	锦州港	0.9	1.0	0.9	—	—	1.3
	葫芦岛港	0.2	0.2	0.2	—	—	—

可以看出，2013—2020 年，京津冀地区所有港口吞吐总量增加 46%，其中部分港口由于港口吞吐量基数较小，未来吞吐量增长十分迅速，如东营港、盘锦港和威海港等，2020 年吞吐量相较 2013 年分别增长了 715%、405%和 250%。此外，由于非核心港口吞吐量的快速增长，核心港口（天津港、秦皇岛港、唐山港、黄骅港）吞吐量占比将从 2013 年的 53.3%降至 2020 年的 52.2%。

2）艘次数增长率预测。不同船型艘次数计算公式如下：

$$\text{Number of Voyages}_i=\frac{\text{Total tonnes of cargo moved}_i}{\text{average DWT}_i\cdot\text{utilization rate}} \tag{6-3}$$

式中，$\text{Number of Voyages}_i$ ——不同船型艘次数；

$\text{Total tonnes of cargo moved}_i$ ——不同船型对应的港口吞吐量（港口清单）和区域吞吐量（区域清单）；

average DWT_i ——不同船型平均吞吐量；

utilization rate ——船只空载率，取常数 0.9。

本节分别对不同船型平均载重吨和吞吐量增长率做预测，以得到 2013—2020 年不同船型艘次数的增长率。

首先结合各港口吞吐量预测结果，对不同船型吞吐量增长率做预测。在 2013 年和 2020 年各港口及区域吞吐量数据（区域吞吐量为区域内所有港口吞吐量之和）的基础上，由联合国报告得到世界范围内 2013 年油轮、散货船、杂货船、集装箱船和其他船型的吞吐量分担率，由 EPA 报告得到 2020 年同类型船队吞吐量分担率（表 6-14）。在此用世界范围内船队吞吐量分担率数据代替中国范围内的数据，由于船舶的高移动性，同时考虑到中国海运贸易的枢纽地位，该假设具有合理性。通过以上步骤得到 2013—2020 年港口和区域清单里不同船型吞吐量增长率。

表 6-14　2013 年及 2020 年各船型吞吐量分担率　　单位：%

	散货船	集装箱船	杂货船	油轮	其他船型	数据来源
2013 年	42.2	12.7	4.8	29.1	11.2	联合国报告
2020 年	39.5	17.4	5.2	25.7	12.3	EPA 报告

接下来预测 2020 年不同船舶平均载重吨。由联合国报告得到世界范围内 2013—2016 年各船型不同船龄的平均载重吨（图 6-48）及吞吐量的分担率。其中，共包含 5 个不同船龄区间分别的船舶信息：0～4 年、5～9 年、10～14 年、14～19 年和 20 年以后。由此得到 2013—2016 年各船型平均载重吨（表 6-15）。由于平均载重吨历史数据规律性欠佳，无法据此预测 2020 年平均载重吨。且 2014—2016 年 5 类船型平均载重吨变动较小，变动幅度小于 2013—2014 年的变化幅度。基于此，本研究假定未来各船型平均载重吨维持恒定，2020 年平均载重吨与 2016 年相同。

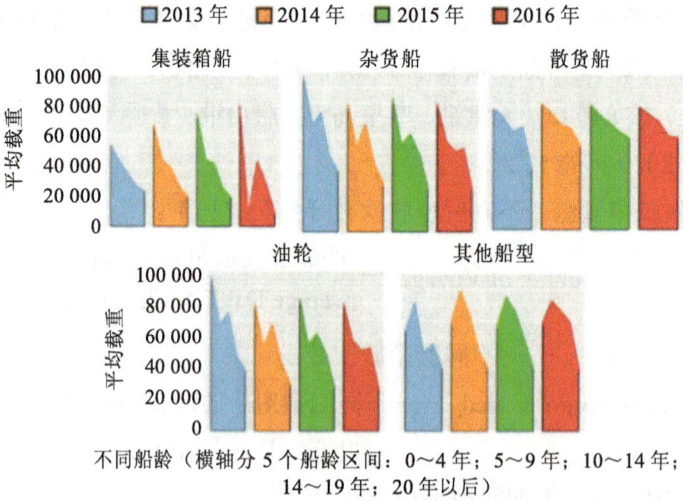

图 6-48　各船型 5 个船龄区间的平均载重

表 6-15　2013—2016 年各船型平均载重吨　　单位：10^3 t

	2013 年	2014 年	2015 年	2016 年
散货船	67.3	74.3	74.3	73.6
集装箱船	42.5	47.9	51.5	48.2
杂货船	6.0	5.0	5.0	4.8
油轮	58.8	80.8	79.2	78.7
其他船型	6.0	6.3	6.3	6.5

结合不同船型吞吐量增长率预测数据，得到 2020 年港口和区域清单中不同船型艘次的增长率。区域清单艘次增长率预测结果如图 6-49 所示。由图可知，不同类型船舶艘次增长率差异较大，其中集装箱船和杂货船增长最为迅速，京津冀地区杂货船和集装箱船艘次增长率均超过 70%。其中，油轮出现了艘次数的小幅降低，原因是 2013—2020 年油轮平均载重出现了较大的增长，而对应吞吐量增幅不高，因此导致了艘次的小幅降低。其他各船型船舶由于平均载重吨变化不大，因此艘次数的增长差异主要由不同的吞吐量增速导致。

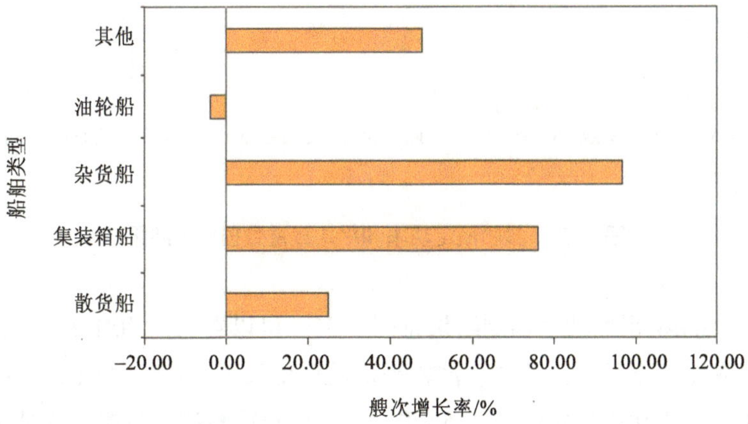

图 6-49　2013—2020 年不同船型艘次增长率

3）平均额定功率预测。对给定船舶类型的船舶来说，其额定功率与船舶吨位息息相关。而船舶的额定功率又直接决定了辅机和锅炉功率的大小，且船舶的排放正比于发动机功率大小。本研究利用不同船型静态数据信息，通过探究船型额定功率与吞吐量之间的耦合关系，由船舶平均载重吨计算得到不同船型的平均额定功率。表 6-16 为本研究中使用的额定功率—载重吨拟合关系，其中集装箱船、杂货船、油船的拟合效果较好，散货船、其他船型则使用已有文献研究中的相关结果。

表 6-16 不同船型额定功率与载重吨的非线性回归函数、数据来源及数据条数

船型	额定功率（MCR）与载重吨（DWT）关系式	静态数据来源
散货船	MCR=35.912×DWT0.527 6	Trozzi 研究调研数据
集装箱船	MCR=5.786 9×DWT0.857 9	本研究动力法模型数据库
杂货船	MCR=7.733 4×DWT0.634	本研究动力法模型数据库
油轮	MCR=6.035 5×DWT0.671 1	本研究动力法模型数据库
其他船型	MCR=59.049×DWT0.548 5	Trozzi 研究调研数据

本研究采用的集装箱船、杂货船和油船的静态数据及其拟合结果如图 6-50 所示。由图可知，额定功率与载重吨均呈对数关系。集装箱船、杂货船和油轮拟合关系的 R^2 均高于 0.9，用于预测船舶平均功率是较为可靠的。

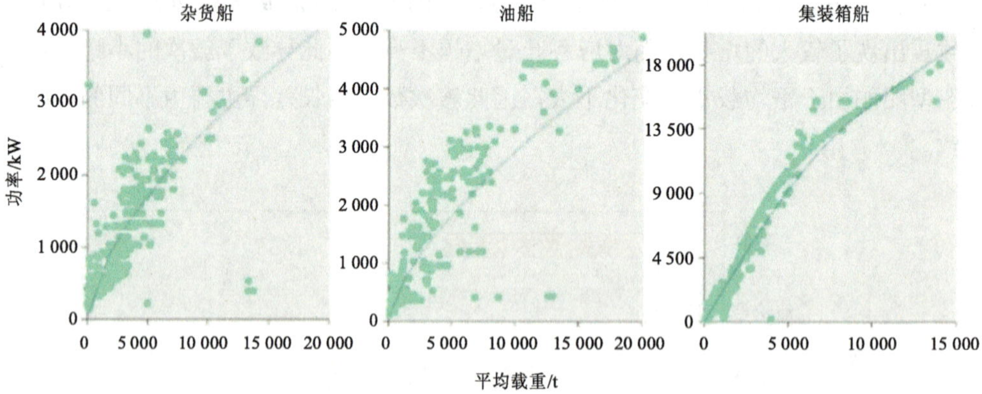

图 6-50 船舶额定功率和平均载重数据拟合结果

2020 年，各船型平均功率预测结果见图 6-51。可以看出，相对 2013 年，2020 年各船型平均功率变化均不显著。其中，油轮平均功率增长了 22%，变化最为明显。此外散货船和其他船型平均功率分别增长了 5%和 4%，集装箱船和杂货船平均功率分别减少了 5%和 13%。2020 年，集装箱船平均功率达到了 51 610 kW，远远大于其他船型，这是因为集装箱船常常为装载量巨大的大型船舶，发动机个数更多且功率较大。而吨位小、机动灵活的杂货船平均功率在五种船型里最小，2020 年仅为 1 674 kW。

4）EEDI 对船队油耗的影响。根据 IMO 推出的 EEDI（Energy Efficiency Design Index）政策，2015—2019 年新造船舶油耗减少 10%，2020 年及之后新造船舶油耗减少 20%。中国是 IMO 的 MARPOL 的签署国，需要执行 IMO 船舶排放控制的相关政策（包括 EEDI）。本小节通过估算不同船型每年新增船舶比例，考虑新增船舶油耗限值要求，估算 EEDI 对 2020 年不同船型船队油耗的影响。

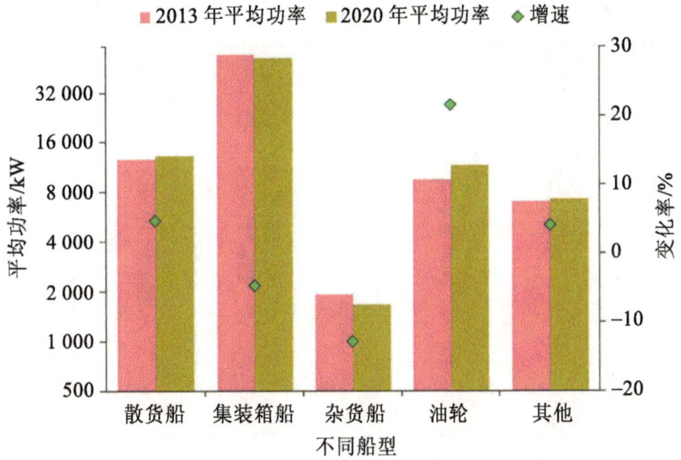

图 6-51　2013 年和 2020 年不同船型平均功率及增速

考虑船舶的高机动性，且中国航运贸易量在世界范围占比巨大，本研究以世界范围的不同船型船龄分布数据代表了中国的航运情况。由联合国报告得到世界范围内 2013—2016 年不同船型新船（0～4 年船龄）船舶数量占比情况，如图 6-52 所示，可以看出不同年份各船型新船所占比例较为稳定。由于缺乏新船预测方法，本研究假定每年新增船舶比例恒定，在 2013 年不同船型船龄分布基础上（图 6-53），假设各船型 0～4 年船龄的船舶比例等额分别，且每年各船型新增比例为 0～4 年船龄比例的 1/4，得到每年新增船舶数量占比（表 6-17）。

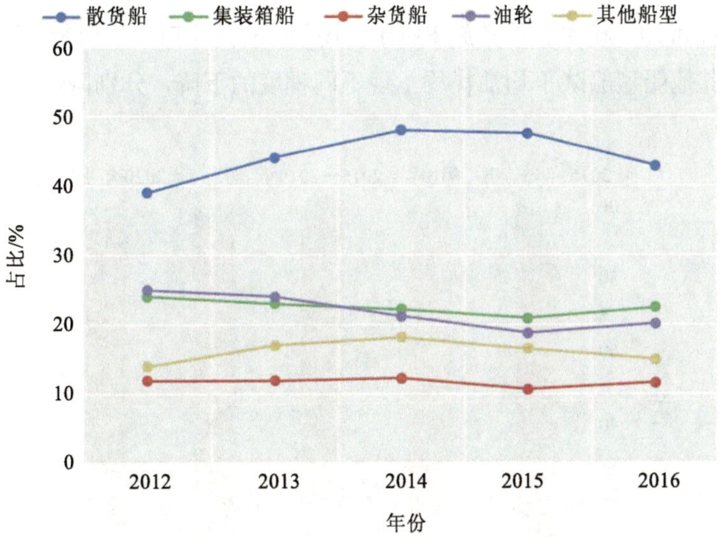

图 6-52　不同船型 0～4 年船龄所占比例（按船舶数量）

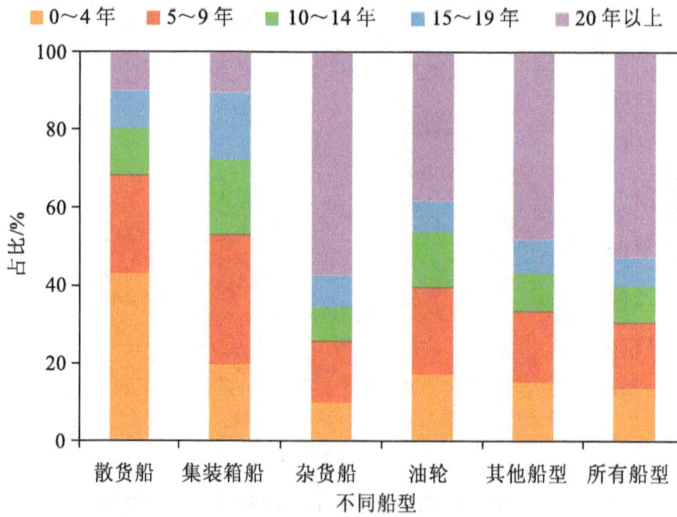

图 6-53 2013 年不同船型船龄分布情况（按船舶数量）

表 6-17 2013—2020 年不同船型每年新增船舶占比（按船舶数量） 单位：%

船型	散货船	集装箱船	杂货船	油轮	其他船型
每年新增船舶比例	10.7	4.9	2.4	4.3	3.8

在此基础上得到 2020 年各船型船龄分布情况（图 6-54），并区分出 2015 年前出厂船舶、2015—2019 年出厂船舶和 2020 年出厂船舶分别所占比例。结合每年新增船舶比例及这些新增船舶油耗限值，得到 2015 年及之后新增船舶油耗限值对 2020 年船队油耗影响（图 6-55）。由图可知，相比于不实施 EEDI 的场景，实施 EEDI 后散货船、集装箱船、杂货船、油轮和其他船型船队平均油耗均出现不同程度的下降，分别降低了 7%、3%、2%、3%和 3%。

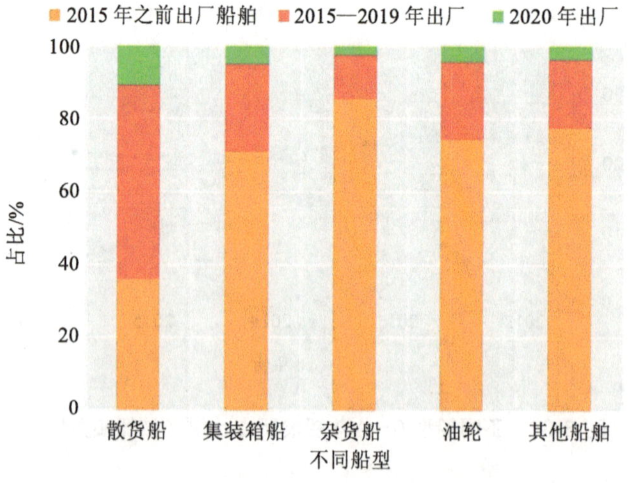

图 6-54 2020 年不同船型船龄分布

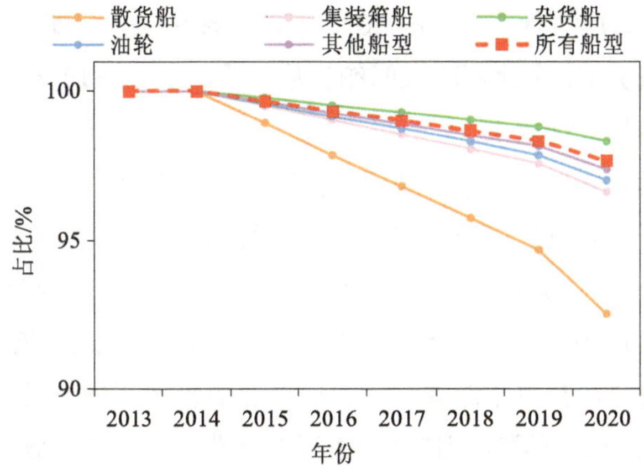

图 6-55　2013—2020 年 EEDI 对不同船型船队油耗的影响（相比不执行 EEDI）

（5）基准情景下 2020 年船舶排放预测

在 2013 年清单基础上，结合 2020 年不同船型艘次数、平均额定功率和 EEDI 对船队油耗的影响，得到 2020 年港口和区域清单（图 6-56）。在港口清单方面，京津冀港口港区船舶排放 SO_2 和 PM 分别为 38.5×10^3 t 和 3.9×10^3 t。其中，威海港、大连港船舶排放量显著高于其他港口，分别排放了 8.2×10^3 t 和 7.1×10^3 t SO_2，0.9×10^3 t 和 0.7×10^3 t PM。其中威海港由于其较高的港口吞吐量增长，排放量从 2013 年低于核心港口天津港增长至超过天津港。由于京津冀地区核心港口较少，仅为 4 个，且 2013—2020 年非核心港口吞吐量整体增长较快，因此，2020 年京津冀地区非核心港口的港区船舶排放远高于核心港口，说明未来京津冀地区进行所有港口控制可能优于仅控制核心港口船舶排放。

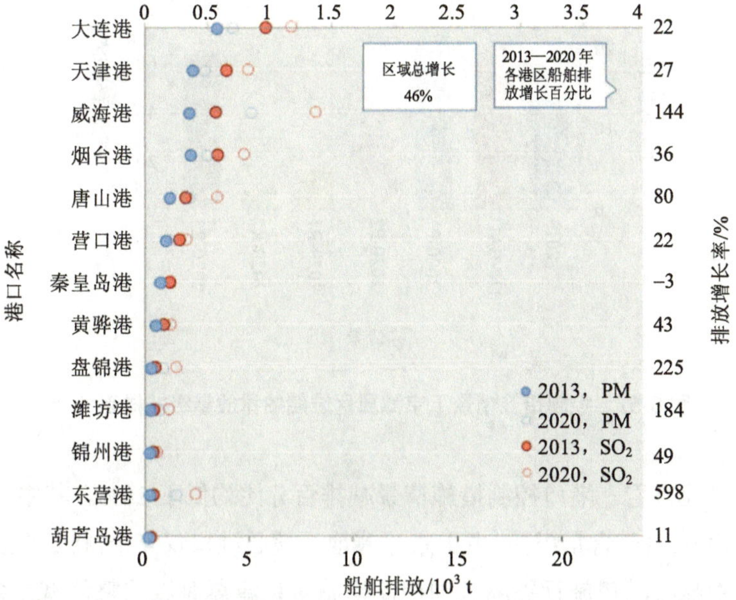

图 6-56　基准情景下京津冀各港口港区船舶排放量及对应区域、港口排放增长率

区域清单方面，基准情景下 2013—2020 年京津冀区域船舶排放总计增长 46%，在没有任何控制措施的情况下，京津冀区域船舶将总计排放 168.3×10^3 t SO_2 和 20.5×10^3 t PM。

（6）控制措施情景减排效果

控制情景设置见表 6-8、表 6-9。对于使用低硫油的情景，使用表 6-6 中给出的不同硫含量燃油排放因子差异进行排放量修正，从而得到低硫油情景下的船舶排放量。对于区域船舶减速情景，假设 2013—2020 年京津冀海域中船舶整体航线分布及航行速度分布基本不变，因此在动力法中加入减速设置判定，计算 2013 年减速情景排放分布，并和 2013 年非减速基准清单对比，获得京津冀海域船舶减速的整体减排效果，并将该减排百分比运用于 2020 年基准清单。不同控制措施情景下京津冀地区船舶排放量如图 6-57 所示。其中，P1、P2 分别对应港口控制情景，R1、R2、R3 分别为区域控制情景。

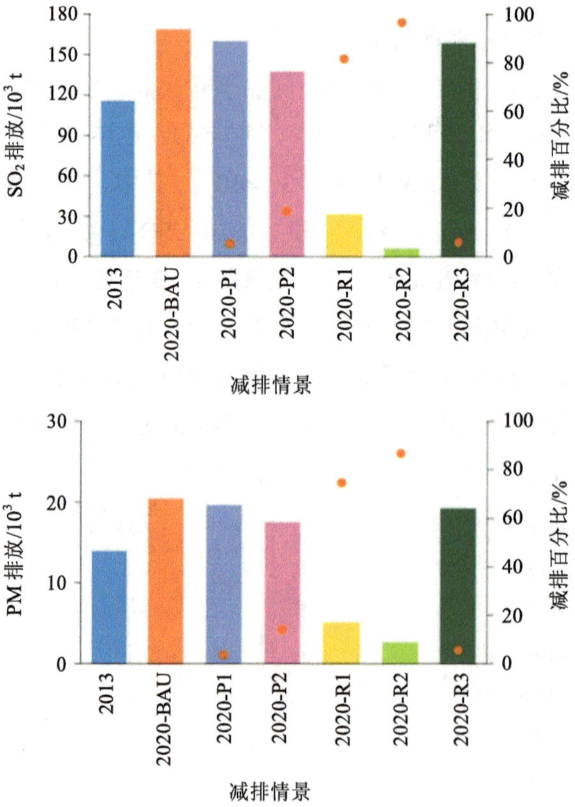

图 6-57 控制措施情景下京津冀区域船舶排放量级减排百分比

从减排百分比来看，港口控制措施情景减排百分比均低于 20%。其中，P1 为核心港口船舶靠港换用 0.5%硫含量燃油，由于京津冀地区核心港口仅 4 个，排放量占比仅为 30%左右，因此仅对核心港口施行靠港换油控制措施对京津冀海域的整体减排效果不大，相较之下，P2 情景对所有港口施行靠港换油措施能够将减排百分比提高至 18%左右。R1

和 R2 情景分别为京津冀海域所有船舶换用 0.5%和 0.1%的低硫燃油，SO_2减排百分比分别为 81%和 96%，对京津冀海域总体的船舶减排效果远优于港口控制措施情景。此外，R3 为区域船舶减速措施情景，减排百分比仅为 5.8%，远低于其余两种区域减排措施效果。究其原因，是因为京津冀海域主要为渤海湾区域，船舶进入渤海需途经相对狭窄的渤海海峡，且进入渤海后离各个港口距离较近，因此整体上京津冀地区船舶航速较低，超过 12 节的情况较少，因此设置 12 节限速的船舶减速措施对京津冀地区的船舶减排效果不大。

6.3.4 小结

通过对船舶尾气的烟羽进行测试，分析船舶换油前后尾气中大气污染物的 NO_x、SO_2 的浓度及变化趋势以及烟羽中的 PM 组分，为船舶换油的监测执法提供了快速有效的分析技术。

船舶使用硫含量为 2.43%的燃油，排放的 NO_x/SO_2 比值为 1.83～2.0；基于船舶排放因子数据，当船舶使用硫含量为 0.5%的燃油时，排放的 NO_x/SO_2 比值为 10.51。考虑船舶发动机型号、载荷、行驶状况和燃烧情况对实际污染物排放的影响，参考相似的文献中船舶烟羽平均值符合排放清单、个体排放有一定差异的现象，认为当烟羽中 $\Delta NO_x/\Delta SO_2$ 值低于 6.5 的情况下，证明船舶使用的是高硫油，否则使用的是符合换油规定的硫含量低于 0.5%的燃油。

船舶排放的 PM 谱图中，除了黑碳（碳簇的信号较强）和硫酸盐，正离子有明显的 Na^+、K^+、Ca^+和过光化学氧化反应形成的二次有机气溶胶（$C_4H_3^+$、$C_5H_3^+$），负离子有明显的氰离子（CN^-）和硝酸盐（主要特征离子为 NO_2^-、NO_3^-）。当船舶使用低硫燃油后，烟羽中可以检测到 PM 的硫酸盐含量呈减少状态。

经计算分析得出，在京津冀地区对所有港口施行靠港换油措施，对船舶减排效果最好。

下　篇

第 7 章

京津冀及周边地区柴油车（机）排放现状及问题*

京津冀及周边地区柴油车（机）保有量多、排放量大。本章对京津冀及周边地区柴油车（机）保有量及排放现状等问题进行分析，摸清区域内柴油车（机）、非道路移动机械、船舶等污染源排放的基本特点，在此基础上，从“车、油、路”三方面，分析柴油车（机）污染治理存在的“瓶颈”问题。

7.1 京津冀及周边地区柴油车（机）排放现状

7.1.1 柴油车（机）保有量及排放现状

京津冀地区钢铁、有色、焦炭等工业企业多，工业结构重，货运需求大，柴油货车保有量及运输强度与工业结构有密切关系[1]，课题组调查研究了“2+26”城市①柴油货车与钢铁产能、煤炭消费量的情况。研究发现，柴油车（机）保有量与钢铁产能、煤炭消费量、物流通道以及物流中心数量基本正相关。钢铁产能大的唐山市、邯郸市，物流通道大的石家庄市、长治市、济南市、天津市，煤炭消费量大的唐山市、石家庄市、长治市、济宁市、滨州市，以及物流集散中心郑州市，柴油货车保有量大。

7.1.1.1 柴油车（机）保有量现状

根据《2019 年移动源环境管理年报》[2]，2018 年，全国汽车保有量为 23 382.8 万辆，其中柴油车为 2 103.0 万辆。京津冀及周边地区“2+26”城市汽车保有量为 4 071.7 万辆，其中柴油车为 349.7 万辆，占汽车保有量的 8.6%，占全国柴油车保有量的 15%以上。“2+26”城市所在六省市（以下简称“六省市”）即北京市、天津市、河北省、山西省、山东省、

* 本章作者：解淑霞、王宏丽、谷雪景、纪亮。

① 根据生态环境部文件，“2+26”城市中 2 指北京市和天津市，26 指河北省石家庄、唐山、保定、廊坊、沧州、衡水、邯郸、邢台，山西省太原、阳泉、长治、晋城，山东省济南、淄博、聊城、德州、滨州、济宁、菏泽，河南省郑州、新乡、鹤壁、安阳、焦作、濮阳、开封共 26 个城市。

河南省柴油车保有量分别为 25.8 万辆、25.7 万辆、149.1 万辆、71.3 万辆、212.4 万辆和 150.4 万辆，分别占当地汽车保有量的 4.5%、8.6%、9.3%、10.6%、9.6%和 9.4%（表 7-1），柴油车保有量均未超过 11%。

表 7-1　京津冀及周边地区分省汽车保有量

省份	汽车保有量/万辆	柴油车保有量/万辆	柴油车占比/%
北京	577.3	25.8	4.5
天津	299.3	25.7	8.6
河北	1 598.3	149.1	9.3
山西	670.2	71.3	10.6
山东	2 219.3	212.4	9.6
河南	1 595.8	150.4	9.4
合计	6 960.2	634.6	9.1

根据历年统计数据，2013—2018 年京津冀及周边六省市柴油车保有量变化趋势如图 7-1 所示。图中可以看出，山东省、河北省、河南省柴油车保有量持续保持较高增长，年增长量分别约为 19 万辆、15 万辆、12 万辆，北京市、天津市、山西省年增长量相对较小。

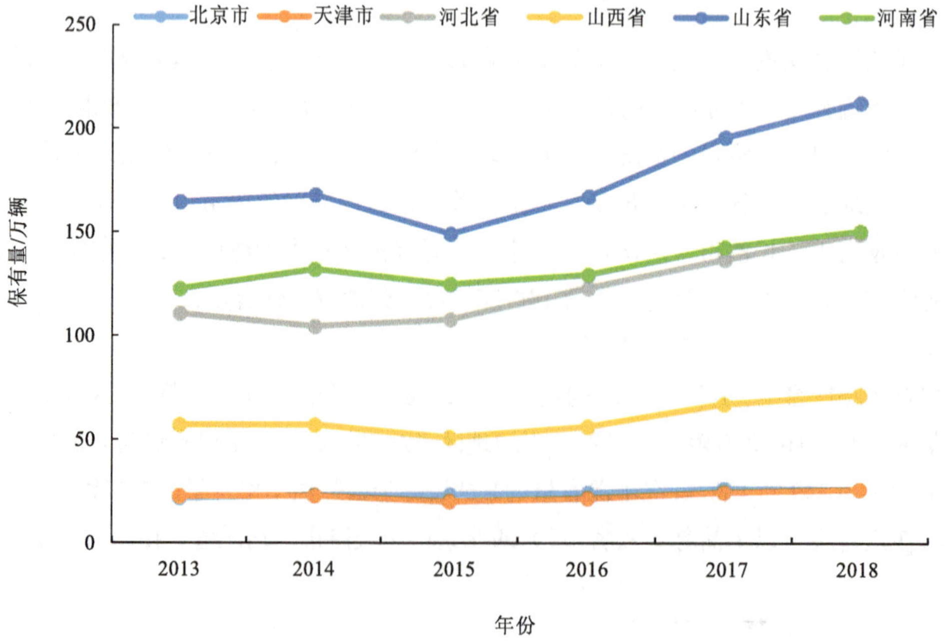

图 7-1　2013—2018 年京津冀及周边六省市柴油车保有量变化趋势

2018 年六省市柴油车各排放阶段占比情况如 7-2 所示，国Ⅲ及以下、国Ⅳ、国Ⅴ排放阶段占比分别为 36.8%、48.2%、15.0%。柴油货车保有结构中排放标准较低的国Ⅲ及以下车辆占比仍较大，接近 40%。北京市国Ⅴ车辆占比最高，接近 30%，但国Ⅲ及以下车辆占比超过 40%；河南省国Ⅲ占比超过 50%，在京津冀及周边地区中占比最高；国Ⅴ仅占比 6.0%，在京津冀及周边地区中占比最低。柴油车的主要车型包括重型货车、轻型货车和中型货车等（图 7-3），其中重型柴油货车、中型柴油货车、轻型柴油货车占比分别为 42.8%、3.8%、53.0%，微型柴油货车数量极少。

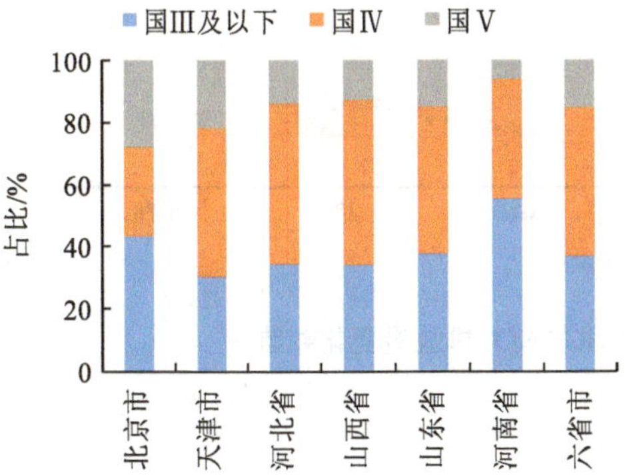

图 7-2 2018 年六省市柴油车各排放阶段占比

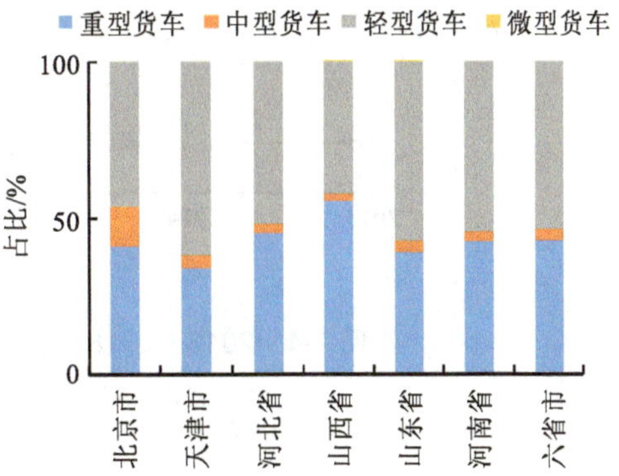

图 7-3 六省市柴油车各车辆类型占比

7.1.1.2 柴油车排放量现状

柴油货车作为主要交通运输工具，具有排放高、行驶里程长、所用油品劣、空驶率高等特点，污染物排放居高不下，尤其是 NO_x 和 PM。按照《道路机动车大气污染物排放清单编制技术指南（试行）》计算[3]，2018 年京津冀及周边六省市柴油车 NO_x 排放量为 111.3×10^4 t，占汽车排放量的 68.6%，山东省和河南省柴油车 NO_x 排放量最大，分别为 32.19×10^4 t 和 28.61×10^4 t；北京市、天津市、河北省、山西省柴油车 NO_x 排放量分别为 4.17×10^4 t、3.16×10^4 t、26.99×10^4 t、16.15×10^4 t。2018 年六省市汽车 PM 排放量为 11.3×10^4 t，99%以上为柴油车贡献，山东省和河南省 PM 排放量同样最大，分别为 3.12×10^4 t 和 2.96×10^4 t，北京市、天津市、河北省、山西省柴油车颗粒物排放量分别为 0.25×10^4 t、0.26×10^4 t、2.84×10^4 t、1.86×10^4 t。2013—2018 年京津冀及周边六省市柴油车 NO_x、PM 排放量变化趋势如图 7-4、图 7-5 所示。由图可知，六省市柴油车 NO_x 和 PM 排放量从 2015 年起，就处于缓慢上升的状态，与保有量增长趋势相似，到 2018 年虽然保有量仍然在增长，但 NO_x 和 PM 排放量有所放缓。

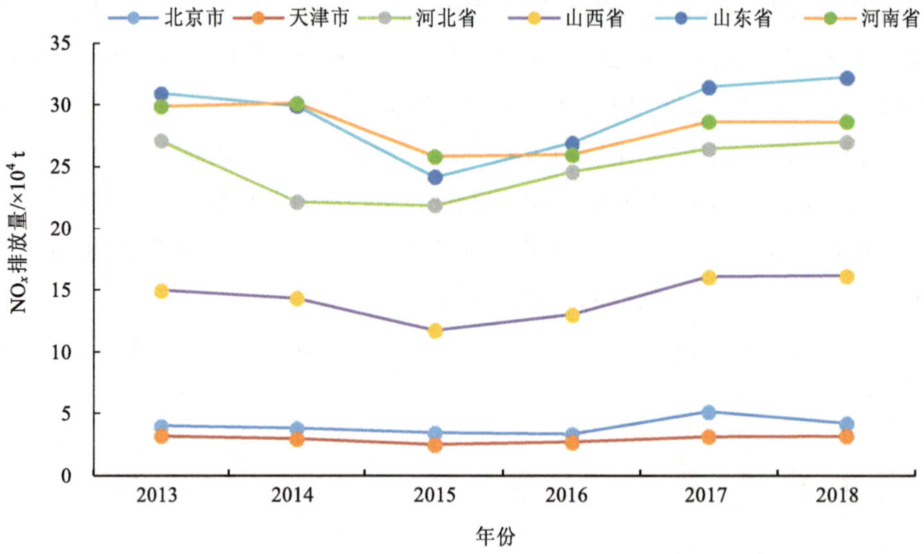

图 7-4　2013—2018 年六省市柴油车 NO_x 排放量变化趋势

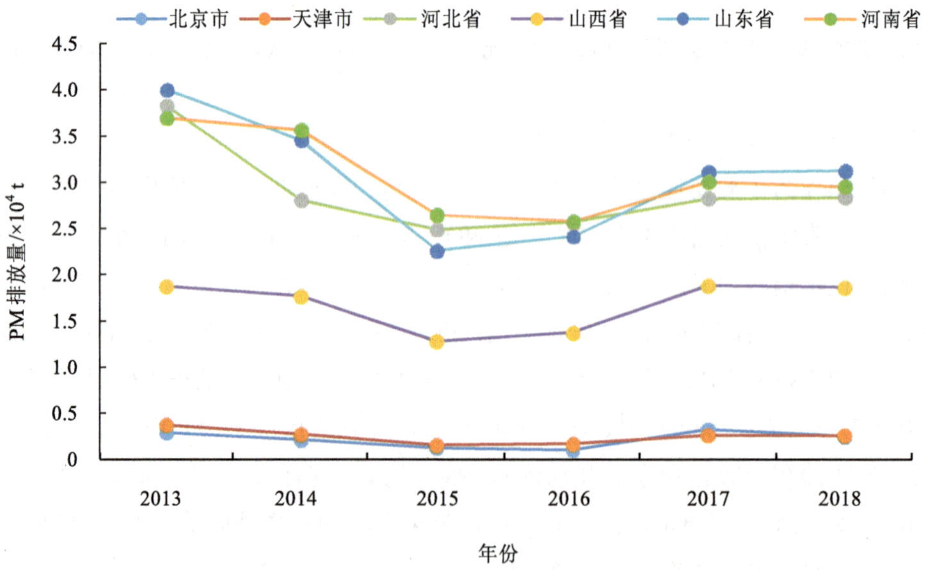

图 7-5　2013—2018 年六省市柴油车 PM 排放量变化趋势

另外，柴油车排放水平与当地产业结构也有密切关系。唐山市、石家庄市、邯郸市、郑州市、济宁市等城市机动车污染物排放量大，NO_x 和 PM 排放量均较高，这些城市也基本为钢铁产业集中、煤炭消费量大的城市。

7.1.1.3　非道路柴油机排放现状

“2+26”城市 2018 年工程机械 PM 和 NO_x 排放量分别为 1.0×10^4 t 和 23.9×10^4 t，占全

国工程机械总排放量的 8.6%和 13.6%左右，且部分城市的工程机械排放量已经超过了柴油货车（图 7-6）。

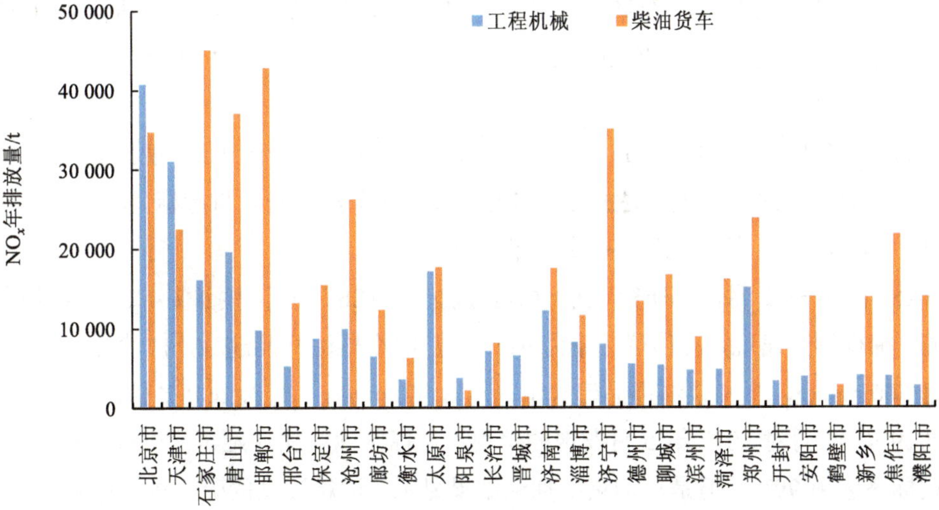

图 7-6 “2+26”城市工程机械和柴油车排放量对比

水运方面，据编者研究估算，2018 年环渤海区域船舶排放 PM 0.6×10^4 t、NO_x 7.4×10^4 t、硫氧化物（SO_x）5.6×10^4 t。航运方面[7]，“2+26”城市共有 11 个不同等级民用航空机场，2018 年起降航班共计 146.9 万架次，区域内飞机共排放 PM 363.7 t、NO_x 1.1×10^4 t。其中，北京首都机场起降 61.4 万架次，远高于其他“2+26”城市，是全国起降架次最多的机场，在全球机场排名第 5 位。此外，北京大兴国际机场地处北京市西南区域，近期规划飞机起降 62.8 万架次，远期规划 85 万架次。

7.1.2 油品关键指标摸底调查研究

编者于 2017—2019 年在京津冀及周边区域开展柴油及氮氧化物还原剂调研抽检工作结果显示，京津冀及周边地区柴油品质近年来逐步提升，达标情况有所改善，但仍存在一些突出问题，如个别加油站柴油硫含量严重超标，部分城市柴油硫含量达标率较差、问题集中，实际车辆和工程机械油箱中油品硫含量超标率远高于加油站，且硫含量超标严重等。调研期间还发现部分地区黑加油站、流动加油车等非法加油情况猖獗，黑加油站点油品质量难以得到监管，存在较大超标风险和安全隐患，需加大监管力度。

7.1.2.1 加油站柴油采样分析

（1）春夏季

2017 年 4 月编者在京津冀及周边 5 个城市，使用移动式车用油品环保指标实时监测车对 32 个加油站的柴油进行了隐蔽式采样检测工作。抽检的 32 个柴油样品中，仅 15 个样品达标，达标率为 47%。其中，在某市采集的 11 个柴油样品中有 10 个不达标。

2019 年 5 月，编者配合生态环境部执法局，在京津冀及周边“2+26”城市，以及张家口市、承德市、秦皇岛市共 31 个城市对加油站进行摸底式检查，对 11 769 个合规加油站进行抽检，共采集 19 552 个柴油样品，其中 873 个样品不合格，样品达标率为 95%。超标样品中硫含量最高达 9 030 mg/kg，是标准限值的 903 倍，超标严重。

（2）秋冬季

2017 年 10 月至 2018 年 1 月，本研究在京津冀及周边 16 个城市以隐蔽式采样方式采集 319 个柴油样品进行检测，达标率为 72%，有 90 个样品硫含量超标，其中 36 个硫含量超过 1 000 mg/kg，超标比例高，超标程度严重。

2018 年 10—12 月，本研究在京津冀及周边“2+26”城市中抽取 400 个柴油样品进行检测。抽样调查发现，总体达标率为 91%，有 35 个柴油样品超标，11 个柴油样品硫含量超过 500 mg/kg，个别柴油样品硫含量高达 6 660 mg/kg，超标 600 多倍。

2019 年 11 月对 2019 年 5 月发现的销售不达标柴油的加油站再次进行抽检，柴油硫含量达标率达到 99%。但是从油箱中抽测结果显示，油箱油品的硫含量达标率为 75%，硫含量平均值为 390 mg/kg。

（3）分时分区特点分析

根据编者对京津冀周边城市的市售柴油的调研情况可以看出，自 2017 年以来，随着各地对油品监督检查，尤其是加油站监督检查力度的加强，加油站油品供应情况明显好转（图 7-7），但黑加油站点仍然频发，从油箱中抽取油品质量仍然较差，油品质量仍然得不到保障。

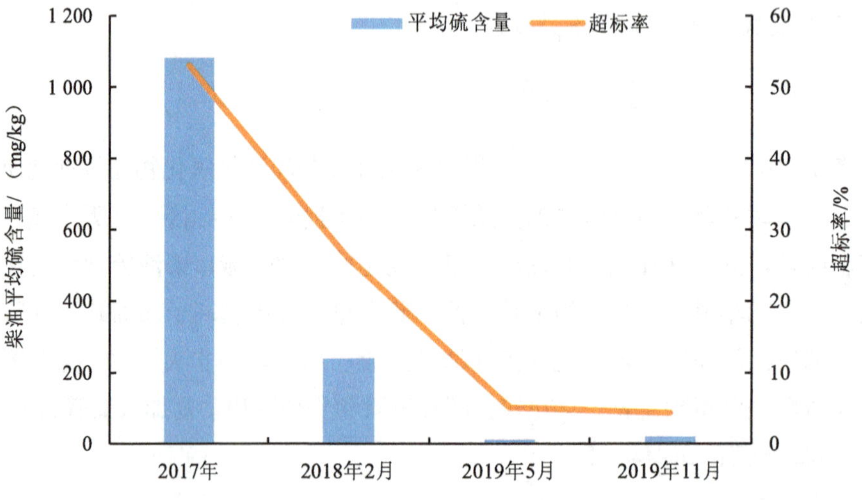

图 7-7　2017—2019 年抽查加油站油品质量变化趋势

从地理区域来看，北京市、天津市油品质量总体较好，几次抽检的达标率都维持在较高水平，其他区域不同城市油品质量差距较大，部分城市油品质量较差；从时间尺度来看，区域春夏季的油品质量整体好于冬季，应加大冬季的市售柴油监督管理力度。

7.1.2.2 黑加油站点调查研究

调研期间还发现，部分地区无证无照经营的黑加油站点（简称“黑加油站点”）、流动加油罐车等非法加油情况猖獗。在大货车停放较为集中的停车场经常可以见到经过伪装的非法流动加油罐车，它们经常以厢式货车、洒水车、油罐车等外形存在，其油品质量难以得到监管，存在较大达标风险和安全隐患。

编者在某市调研期间共发现黑加油站点 28 个、流动加油罐车 39 辆。同时发现在该市存在不合法油品储存—黑加油车辆改装—油品运输—油品销售完整利益链条。黑加油站点院内设数十个地下储油罐，向黑加油站点供应油品。流动加油罐车在二手车改装市场形成改装、造假的整个链条，将旧油罐车改造成流动加油罐车，安装加油枪和计价器，部分车辆喷涂绿化洒水等字样进行伪装。

黑加油站点售卖油品价格远低于正规加油站，油品来源不明，质量水平难以监管，大部分油品都达不到油品标准要求，在抽查的 85 个黑加油站点样品中，仅有 48 例硫含量达到标准要求，合格率 56.5%。37 个超标样品中平均硫含量 678 mg/kg，平均超标 67 倍，有 4 个样品硫含量超过 3 000 mg/kg，超标非常严重（图 7-8）。

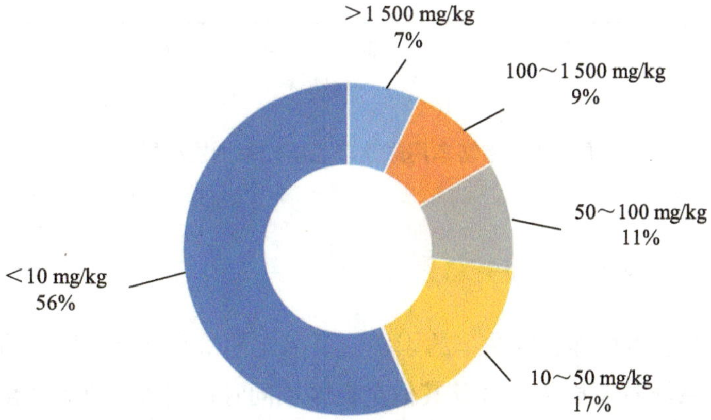

图 7-8　黑加油站点柴油 S 含量情况

7.1.2.3 NO_x还原剂调研

NO_x 还原剂（车用尿素）质量达标也存在一些问题，主要体现在尿素含量不达标、有害物质含量超标方面。按标准要求添加合格车用尿素是柴油车 SCR 系统能够有效运行的重要保证。尿素不达标，会影响柴油车尾气后处理系统对于 NO_x 的减排效果[3]。2017—2019 年，项目组在京津冀及周边“2+26”城市范围内的加油站采集了 62 个车用尿素样品，其中大部分为不同品牌，还含有部分从不同加油站采集的同一品牌的车用尿素产品。同时采集到 4 个没有品牌、厂商等的“三无产品”，说明车用尿素产品在该区域范围内监管存在的问题。根据国际标准 ISO 22241—2 柴油引擎 NO_x 减少剂 AUS 32（车用尿素）测试方法中，附录 C 表明通过尿素溶液的折光率可以计算出尿素含量。所以本书测试了不同车用尿素样品的折光率，其结果如图 7-9 所示。由图可知，车用尿素样品折光率不达标情况明显，尿素含量不达标率为 41%（含部分样品以折光率折算），主要是低于标准下限，说明车用尿素溶液中尿素含量不足。此外，部分样品存在缩二脲、醛类、钙元素、钠元素超标情况。

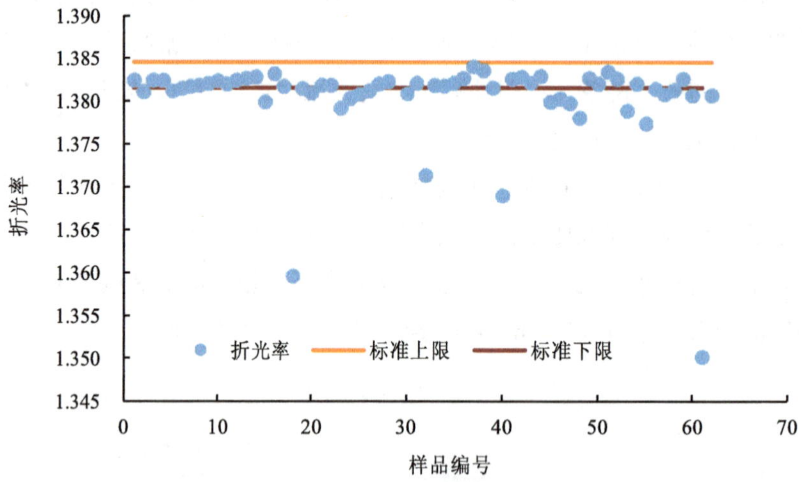

图 7-9 市售车用尿素产品折光率抽检结果

7.1.3 高排放柴油车识别能力现状

目前，我国对在用高排放柴油车的识别主要靠定期检查和路检路查进行定期或不定期排放检验[6,7]，京津冀及周边地区及其他重点区域同时正逐步建立非接触式遥感监测体系识别[7]。柴油车检测维修（I/M）是超标车辆识别和减排的重要环节，截至 2018 年年底，全国约有检验机构 6 878 家[2]，其中京津冀及周边地区六省市共有 1 679 家，包括自由加速检测线 1 519 条、加载减速检测线 1 707 条。区域内遥感监测点位 776 个，包括移动式点位 613 个、固定式点位 163 个，初步形成区域内遥感监测网络。

7.1.3.1 定期检验

根据机动车定期检验数据[2]，2018 年，京津冀及周边地区六省市柴油车定期检验总体合格率为 93.2%，柴油货车首检合格率仅为 60%左右。按排放阶段来分，国Ⅲ、国Ⅳ和国Ⅴ合格率分别为 93.1%、93.9%和 96.0%。

通过比较发现（图 7-10），由于加载减速法规定了 NO_x 的限值，加载减速法检验合格率明显低于自由加速法。加载减速法总体合格率为 88.2%，其中国Ⅲ、国Ⅳ和国Ⅴ合格率分别为 89.9%、88.2%和 93.2%；而自由加速法总体合格率高达 96.4%，其中国Ⅲ、国Ⅳ和国Ⅴ合格率分别为 95.6%、96.0%和 97.7%。截至 2018 年年底，京津冀及周边六省市柴油车定期检验工况法占比如图 7-11 所示。北京市加载减速法检验车辆占比 95%以上，天津市、河北省、河南省加载减速法检验车辆占比 70%左右，其余 30%仍采用自由加速法。山西省、山东省柴油车定期检验仍为自由加速法[①]。

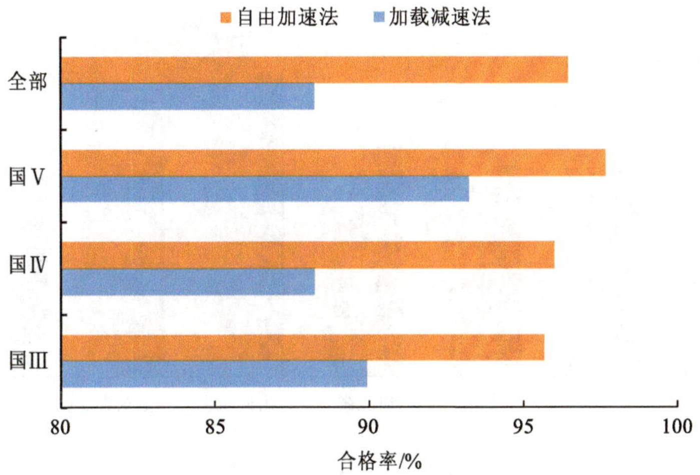

图 7-10　京津冀及周边地区柴油车定期检验合格率

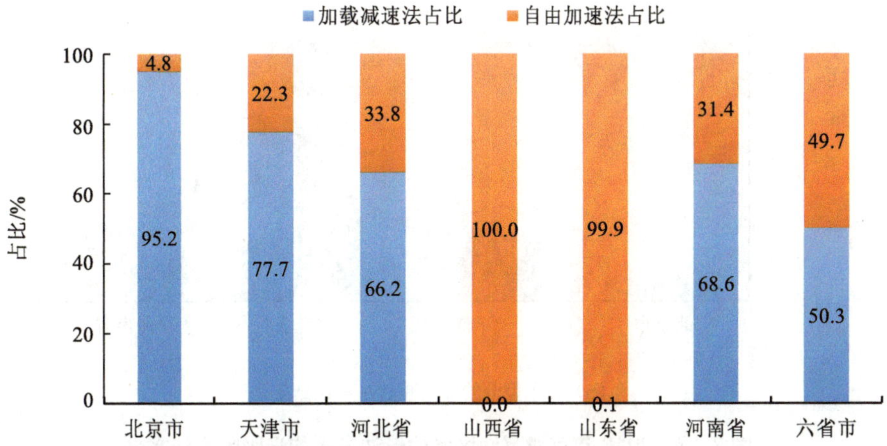

图 7-11　京津冀及周边地区柴油车定期检验工况法占比

① 说明：GB 3847—2018 规定在全国范围内进行的汽车环保定期检验应采用加载减速法，对无法按加载减速法进行测试的车辆可采用自由加速法，此标准于 2019 年 5 月 1 日起实施。本节统计的是 2018 年的情况，各地市仍处于标准过渡阶段。

2018 年，六省市参检柴油车测得的光吸收系数（m^{-1}）如图 7-12 所示。山西省采用自由加速法测试车辆的光吸收系数显著高于其他六省市、其次是山东省。采用加载减速法测试的结果显示，河北省测试车辆的平均光吸收系数最高，且中型、轻型货车平均光吸收系数已高于 1.2 m^{-1}（虽然 2018 年还未实施 GB 3847—2018，按照其限值 a 标准，光吸收系数应小于 1.2 m^{-1}），北京柴油车平均测试结果最低，北京市加载减速法检验车辆占比 95%以上，说明在京检测柴油车尾气颗粒物控制较好。

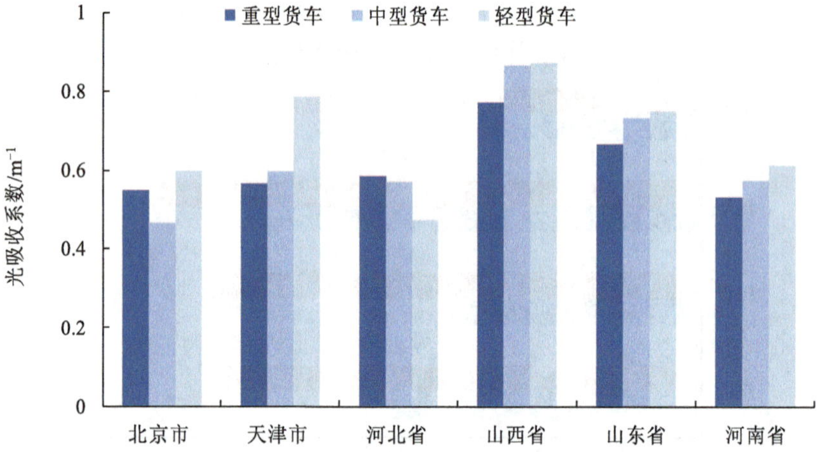

（a）按车型分的自由加速法测试结果

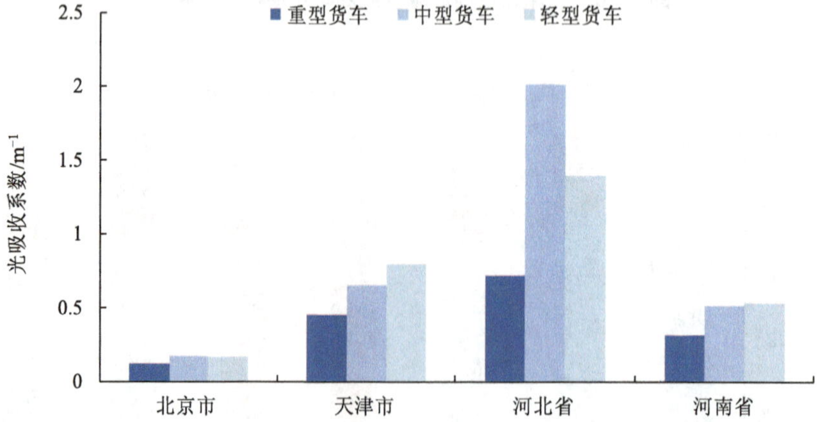

（b）按车型分的加载减速法测试结果

图 7-12 2018 年京津冀地区参检柴油车平均光吸收系数水平

7.1.3.2 路检路查

北京市、天津市、河北省 2018 年路检路查分别发现超标车辆 14 755 辆、5489 辆、3 099 辆，其中注册地在北京市、天津市、河北省的分别为 5 591 辆、4 702 辆、9 010 辆，注册在三地的车辆在总超标车辆中注册占比为 83%，其余 4 030 辆注册地为其他省份，在超标车辆中的占比为 17%，超标车辆仍以区域内车辆为主（图 7-13）。

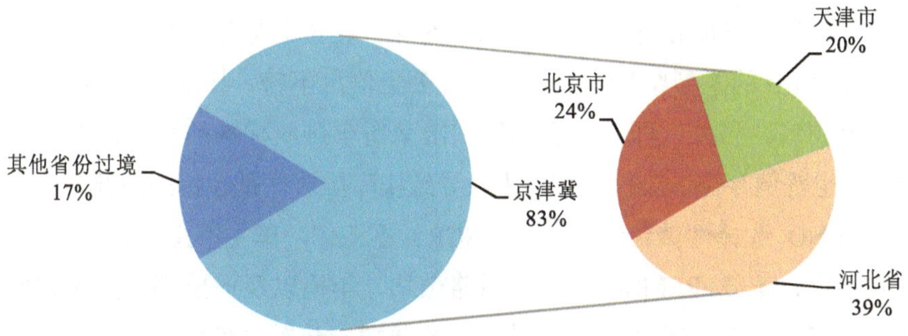

图 7-13　路检路查超标车辆注册地占比

7.2　京津冀及周边地区柴油车（机）排放问题

7.2.1　公路货运量占比大，柴油车使用强度高，导致柴油机排放总量居高不下

京津冀及周边地区位于“三西”（山西、陕西、蒙西）地区北煤南运、钢铁工业生产基地、北方煤炭下水港和进口矿石接卸港的重要通道上。钢铁、焦炭、平板玻璃等主要产品产量占全国的 30%～40%，涉及的大宗原材料和产品运输主要依靠公路完成。据有关统计数据，2017 年，六省市高速公路里程为 2.63 万 km，是全国平均水平的 2.64 倍[8]；天津港、唐山港是主要的金属矿石港，进港金属矿石量占全国进港量的 30%左右[9]，且基本依靠公路运输，货运需求量大。六省市 2018 年货运总量为 114.7 亿 t，其中公路运输占比高达 83.2%。“2+26”城市重型柴油车年均行驶里程超过全国平均水平的 38.3%，其中 28 t 以上的柴油车超过 50%以上。

产业布局的不合理，导致京津冀地区原材料和产成品运输需求远远大于全国其他地区。大宗货物通过公路运输，间接造成了重型货车污染物的集中排放。运输结构中公路运输承担了过高的货运比例，而铁路和水路运输的低成本、低排放、高能效等优势没能得到充分发挥，亟待将更多公路货运尤其是长途公路货运转向铁路和水路运输。

同时，我国公路货运市场“小、散、弱”特点明显，公路货运企业普遍规模小，货车使用、维护环境差。2017 年，全国从事公路货物运输经营业的有 643.6 万户，其中企业 55.6 万户，有 83.2%的货运企业拥有车辆数不足 10 辆，个体运输户 588.0 万户，户均 1.1 辆货车。

7.2.2 柴油车实际行驶排放控制效果差，使用劣质燃油现象十分严重

由于新车制造水平不稳定、使用劣质燃油、运输超载、维护保养不到位等原因，导致实际行驶中的柴油车排放超标现象严重。2016 年，在部分城市开展的新车注册登记查验结果表明，有近 1/3 的重型柴油车与环保达标公告信息不符，甚至国Ⅱ、国Ⅰ车辆冒充国Ⅳ和国Ⅴ车辆销售。另外，即使符合国Ⅳ和国Ⅴ新车排放标准的车辆，由于实际使用环节监管薄弱，也普遍存在污染控制装置失效导致实际排放严重超标的情况。典型的污染控制装置失效为 NO_x 选择性催化还原装置（SCR）不工作，车主不主动添加尿素水溶液。

近年来实验室、车载 PEMS、跟车、道路微站、年检以及遥感等多源大数据分析结果表明，区域内柴油车实际道路 NO_x 排放高，排放控制装置失效现象较为严重[10-12]。根据内燃机工业协会统计，2016 年全国车用尿素水溶液总消耗量为 74 万 t 左右，按国Ⅳ以上重型柴油车 400 万辆测算，实际尿素水溶液消耗量应为 130 万 t 左右，意味着有将近一半的重型柴油车存在不按要求添加尿素水溶液行为。排放测试结果表明，不添加尿素水溶液的情况下，国Ⅳ和国Ⅴ车辆相比正常添加状态平均排放分别超出 3～4 倍和 6～7 倍。此外，公路货运车辆普遍存在的超载运输现象，也会大幅度提高柴油车实际排放。

另外，重型天然气车 NO_x 实际排放严重超标。国Ⅳ和国Ⅴ阶段天然气车的技术路线主要有两种：当量燃烧加装三元催化器和稀薄燃烧加装氧化型催化器。我国市场销售及使用的国Ⅴ及以前天然气货车普遍采用的是稀薄燃烧加装氧化型催化器的技术。此类技术与当量燃烧技术相比，虽然研发及制造成本低，但容易导致发动机失火以及动力性和经济性下降。实际使用中很多用户或企业为了追求动力性及经济性，非法修改发动机标定、调整发动机空燃比，造成天然气车辆实际 NO_x 排放成倍数的增长。清华大学开展的大量跟车测试（详见本书第 6 章）结果显示，天然气车辆实际 NO_x 排放远高于柴油车。

同时恶劣的油品质量加剧了柴油货车的高排放，虽然最新抽查结果表明加油站柴油不合格率仅为 5%左右，但从货车油箱中抽取柴油的超标率达到 27%，黑加油站点（移动黑加油车）柴油超标率更是高达 81%，油品质量问题十分突出。劣质柴油和不按要求添加车用尿素水溶液导致柴油车实际排放超标较为严重。

7.2.3 公转铁整体进展缓慢，潜力尚未充分释放

区域内铁路货运网络布局不完善，干支及专用线布局不合理，运能虚糜与紧张并存，张唐铁路、大秦铁路以及朔黄铁路未发挥全部运力。唐山港、天津港等区域内重要港口铁水联运、多式联运比例低，与其他运输方式的衔接不畅通，导致煤炭、矿石到港后，仍然需要公路转运。铁路市场化运行机制不完善，导致铁路运价居高不下，服务体系与能力无法与公路竞争。具体表现在以下方面。

（1）铁路货运发展不充分

公铁价格倒挂问题严重。由于部分区域铁路运输能力不足，特别是铁路专用线短缺，铁路运输环节衔接不畅增加倒装次数、市场化程度不高、时效性和可靠性不足，公路运输不同程度存在过度竞争和压价等原因，目前社会实际承担的公路运价特别是中短途公路运价明显低于铁路运价。

铁路市场化改革进程亟待加快。铁路运输价格市场化程度不够、灵活性不足，导致在大多数情况下，缺乏与公路运输模式的竞争力。并且各路局之间存在相互竞争关系，执行下浮政策的标准不一致，导致部分站点无法享受铁路班列下浮政策。

港口铁路基础设施建设滞后，制约港口集装箱海铁联运发展和大宗货物运输。铁路进港比例低，有的港口甚至没有铁路线路，港口既有铁路设施配套亟待提高，一些进港铁路线路老旧，甚至没有完成电气化改造，一些进港铁路到发线数量少、长度短，装卸设备落后、服务能力差，能力上均无法匹配港口大量的货物集疏运需求。

零散货物运输周期长、效率低，制约港口货物铁路集疏运。由于铁路整列才能发运，零散货源需要等待车流，一方面造成等待时间过长；另一方面零散货源需要在编组站进行拆解、编组，增加了在途时间和不确定因素。此外，目前货运列车普遍速度较低，影响了班列的时效性。

（2）各运输方式间协同联动机制尚未健全

交通基础设施衔接不畅。长期以来，铁路、公路、水路、民航等行业主要着眼于自身基础设施建设、自成体系，跨运输方式基础设施的统筹规划和建设协调不足，枢纽场站集疏运效率低，“连而不畅”“邻而不接”和“最后一公里”等问题仍较突出。港口、物流园区和大型工矿企业铁路专用线建设滞后，集疏运体系不完善，影响了铁路运输的便利性。

多式联运发展水平不高。各运输方式管理部门间协同联动机制还不健全；信息资源共享不充足，无法实现货源、仓储和运力的精确匹配；各运输方式换装转运衔接不畅，中间环节费用占比较高，流通效率偏低，导致我国多式联运发展缓慢。我国 2020 年海铁联运比例仅占 2.6%左右，欧美国家普遍达 20%～40%，铁路集装箱运量占铁路货运量的比例，发达国家达 30%左右，而我国仅占 10%，仍存在较大差距。

（3）公路货运市场规范程度不足

市场运行不规范，公路货运超载超限现象依然多发频发。公路运价相对灵活，公路超载超限运输客观压低运价。难以形成推动不合理公路运输向铁路运输转移的公平、公开的市场环境。

市场管理不规范，执法不严导致部分运量回流至公路。2016 年“921”治超新政严格实施初期，公路运输价格普遍上涨，引导部分货源向铁路回流。但由于治理公路超载运输是一项长期而艰巨的任务，且各地治超执法标准不统一，存在执法不严、执法不公等乱象，公路超载问题阶段性普遍抬头，一些回流到铁路的货物又转回到公路。

行业维稳压力较大，影响治超力度和预期效果。在超载超限治理过程中，公路运输需求得到了较大程度的遏制，部分地区出现了卡车司机罢工、停运情况，对地方经济也带来一定影响。为了维护行业稳定，行业管理部门管理时松时紧，治超力度和效果达不到预期，也给超载超限不能根治带来一定的负面影响。

（4）公路城市绿色物流配送体系不健全

城市物流配送中心基础设施不完善，无法满足公铁联运需要。城市物流配送中心多数不具备铁路专用线等基础设施，无法实现城市配送物资的公铁联运功能，导致城市物资配送公路货运量占比较大。

城市物流配送节点布局不尽合理，增加公路无效运输。一方面，配送节点缺乏统筹规划，随着城市边界扩张，部分物流配送中心外移，分布更加分散，距离目标群体越来越远，城市物资在不同节点之间多次转运、分拨，增加了转运环节，对城市交通造成压力；另一方面，配送节点相互独立、互不兼容，经过多次分拨后，最终完成在城区内的配送，增加公路的无效运输。

车辆通行管控政策不完善，造成“停车难、卸车难、通行难”的三难问题。多数城市缺乏有效的城市配送车辆的通行管控政策。以北京市为例，货运车辆通行政策为凌晨至早上六点可以进城，且城市配送车辆通行证较少，导致目前以客带货的现象非常严重，根据北京市城市配送的统计分析，北京市中心城区配送车型平均载重约 0.9 t，白天配送占比达 62%，对城市交通造成了巨大的压力。

新能源配送车辆的推广和应用存在着技术和非技术方面难题。在技术方面，一是续航里程较短，难以满足全天支撑城市物流配送服务里程需求；二是充电配套设施不足，大规模建设面临困难。在非技术方面，一方面多数城市未出台新能源货车通行鼓励政策；另一方面在补贴退坡机制下，新能源车的成本比传统货车要高，不利于市场化程度高的货运企业市场大规模推广。

7.2.4 高排放柴油车（机）识别能力不足

目前，对于柴油车（机）达标状况的识别能力尚不能满足管理需求。一是技术上缺少识别实际行驶中柴油车（机）NO_x 排放超标的技术体系，2018 年修订的定期检验标准中增加了对柴油车 NO_x 检测的程序，但检测频率低且目前检测行业也存在失信严重的问题，另外，路检路查的监管体系中还缺少对柴油车 NO_x 检查的能力，从监管手段上尚未形成对柴油车的有效监管；二是监管能力严重不足，区域内仅有专职环境管理人员千余人，相比公安交管、交通等部门，环境监管能力严重不足。

参考文献

[1] 国家统计局能源司. 中国能源统计年鉴 2018[M]. 北京：中国统计出版社，2019.

[2] 生态环境部. 中国移动源环境管理年报 2019[R]. 北京：生态环境部，2019.

[3] 环境保护部. 道路机动车大气污染物排放清单编制技术指南[R/OL]. 北京：生态环境部，2019. http://www. mee.gov.cn/gkml/hbb/bgg/201501/t20150107_293955.htm？COLLCC=4091198132&.

[4] 郭红松，关敏，景晓军，等. 尿素—SCR 技术对 NO_x 转化率和 NH_3 排放的影响[J]. 车用发动机，2011，6（194）：55-64.

[5] 生态环境部，国家市场监督管理总局. GB 3847—2018 柴油车污染物排放限值及测量方法（自由加速法及加载减速法）[S].北京：中国环境出版集团，2018.

[6] 环境保护部. HJ 845—2017 在用柴油车排气污染物测量方法及技术要求（遥感检测法）[S]. 北京：中国环境出版社，2017.

[7] 中国民用航空局. 2019 年民航行业发展统计公报[R/OL]. 北京：中国民用航空局，2019. http://www. gov.cn/xinwen/2020-06/13/content_5519220.htm.

[8] 中华人民共和国国家统计局. 中国统计年鉴：2018[M]. 北京：中华人民共和国国家统计局，2018.

[9] 中华人民共和国交通运输部. 中国交通运输统计年鉴 2018[M]. 北京：人民交通出版社，2020.

[10] WU Y，ZHANG S J，LI M L，et al.，The challenge to NO_x emission control for heavy-duty diesel vehicles in China[J]. Atmos. Chem. Phys，2012，12：9365-9379.

[11] WANG X，WESTERDAHL D，HU J N，et al. On-road diesel vehicle emission factors for nitrogen oxides and black carbon in two Chinese cities[J]. Atmospheric Environment，2012，46：45-55.

[12] HUO H，YAO Z L，ZHANG Y Z，et al. On-board measurements of emissions from diesel trucks in five cities in China[J]. Atmospheric Environment，2012，54：159-167.

第 8 章

京津冀及周边地区交通结构优化计划和方案*

京津冀及周边地区是我国交通网络最为密集和货物运输最为繁忙的地区之一，铁路营运里程、高速公路里程分别是全国平均水平的 2.83 倍、2.64 倍，单位国土面积完成货运量、货运周转量分别是全国平均水平的 3 倍、2.76 倍，沿海港口群已形成环渤海地区煤炭装船、矿石接卸布局。受“最后一公里”难题、公铁运价倒挂、铁路运能不足和市场化改革缓慢等影响，目前以柴油货车为主的公路承担了过多的煤炭、矿石等大宗货物长距离运输任务，运输结构亟待优化调整。

研究提出以引导大宗货物回归铁路运输为重点，采用调研、公路交通流量观测与重载货车轨迹监控、抽样调查与模型模拟、兼顾运输结构调整与柴油货车管控、示范应用与政策支撑相结合的方法，开展京津冀及周边地区“2+26”城市货运现状调查分析、主要物流通道识别、物流集散特征研究，梳理和破解区域铁路、公路等货运物流系统的结构性问题，研究提出区域综合货物运输优化方案并进行管控措施效果评估。

8.1 区域货物运输现状

京津冀及周边地区是我国经济发展水平较高的地区，地处“三西”地区（山西、陕西、蒙西）西煤东运、北煤南运、北方煤炭下水港和进口矿石接卸港的重要通道，冶金、建材、石化等重化工行业高度集聚，货物运输强度高。区域单位国土面积完成货运量、货运周转量分别是全国平均水平的 3 倍、2.76 倍。

2017 年，京津冀及周边六省市公路、铁路、水运 3 种运输方式共完成货运量 104.81×10^8 t（图 8-1、图 8-2），占全国货运总量的 22.17%；公路货运量 87.21×10^8 t（占 83.21%），铁路货运量 13.36×10^8 t（占 12.74%）；区域 7 个规模以上港口（天津港、秦皇岛港、黄骅港、唐山港、青岛港、日照港、烟台港）组成了我国重要的能源、原材料运

---

* 本章作者：徐洪磊、吴睿、宋媛媛、谭晓雨、杨孝文、姜文汐、刘胜强、高美真、闫琰。

输港口群。如图 8-3 所示，2017 年共完成货物吞吐量 27.4×10^8 t（占全国的 31.66%），集装箱吞吐量 4 302 万 TEU（占全国的 20.49%），煤炭及制品吞吐量 7.77 亿 t（占全国的 51.27%），金属矿石 7.05×10^8 t（占全国的 48.51%），非金属矿石 1.05×10^8 t（占全国的 62.84%），钢铁 1.18×10^8 t（占全国的 37.12%）。

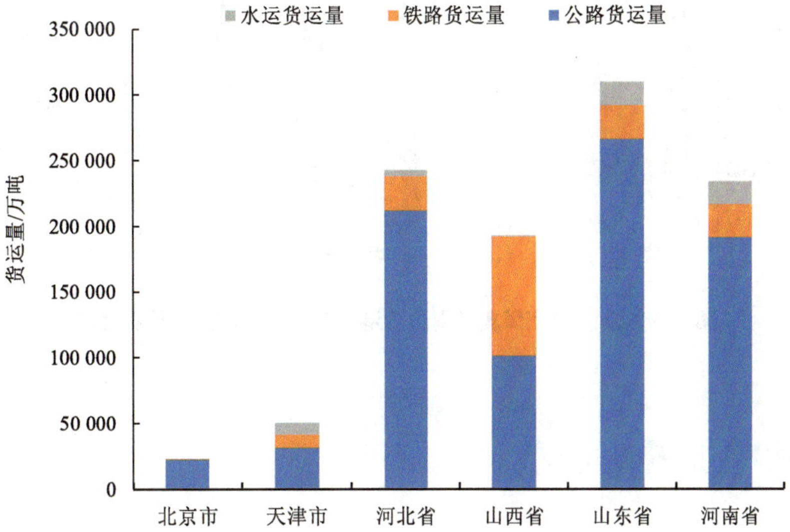

图 8-1　2017 年京津冀及周边六省市货运量情况

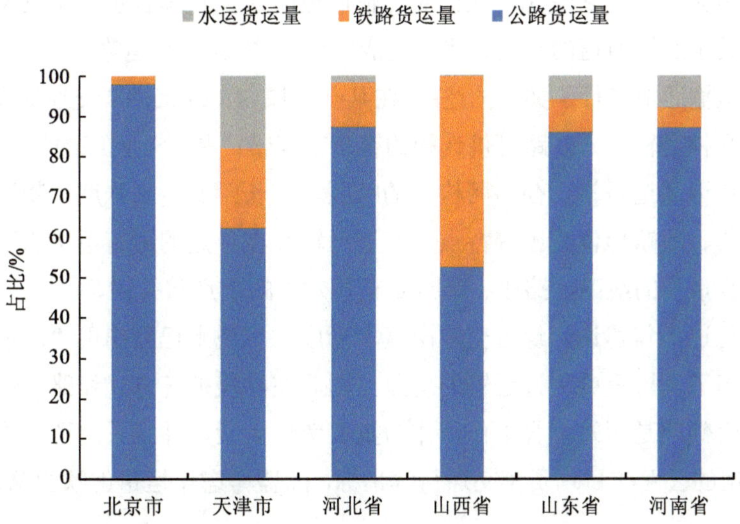

图 8-2　2017 年京津冀及周边六省市分方式货运量占比情况

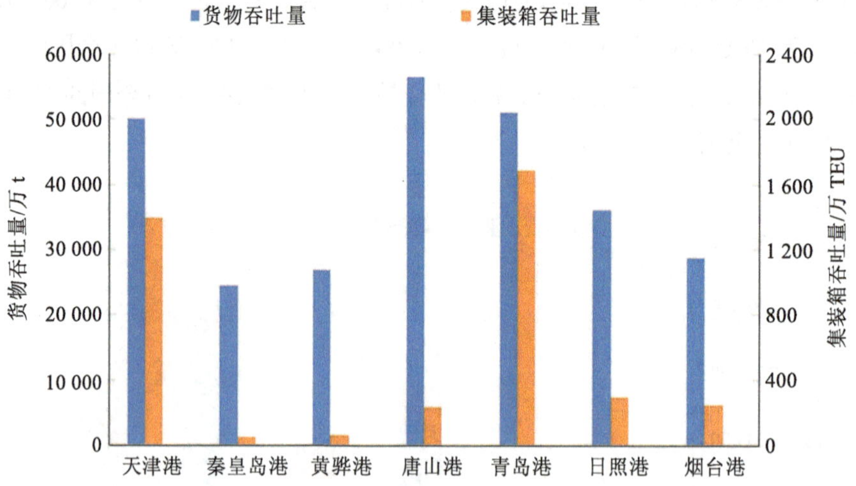

图 8-3 2017 年京津冀及周边 7 港分港口货物和集装箱吞吐量

8.2 物流通道梳理技术

运输通道概念最早于 20 世纪 60 年代提出，是伴随着各种运输方式不断完善和发展而由发达国家交通运输界提出的一种新理论。在最初系统研究综合运输通道的文章中，通道被定义为通过交通媒介联系城市区域的一种线性系统。随着社会经济、运输技术、生产布局等诸多因素的不断变化，人们对运输通道的认识和理解也逐步发展，然而到目前为止学术界关于运输通道的定义还尚未达成共识。“国际公共运输联盟”主编的《公共运输词典》对运输通道进行了如下描述：“在某一区域内，连接主要交通流发源地，有共同流向，且有几种运输方式线路可供选择的客货密集带，是运输网络的骨干线路。”[1]本研究认为公路货运通道是指由公路网构成的跨区域、长距离、高强度货物流动走廊，具有交通资源密集、战略地位突出等特点。交通运输存在一定的固有不平衡现象，在区域总存在一些“少量”的线路、路段、节点是整体效能的重点和关键。

欧美国家经过多年建设，综合交通网基本形成，客观上已经出现“运输集中”——关键的设施承担了高比重或关键运输的现象，因此在欧美把各方式线路在全社会客货运系统中承担的份额或是否发挥骨干作用作为重要考量因素，并且采用了量化指标进行识别。如美国采用的公路年日均货车交通量等指标，欧盟考虑年运量占欧盟总运量 1%来识别线路。

交通运输部自 2014 年开始推进的“物流大通道建设”“综合运输大通道布局”等系列研究工作，提出以“运输集中”为基本识别原则，通过量化统计、多网叠加等分析，找寻“关键功能”路段和节点，并依此确定国家层次运输通道布局的技术思路。这里所谓“运输集中”现象，是特指少数关键的线路和节点设施承担了高比重或重要运输功能的现象。一般而言，这个所谓的“高比重”并没有明确的量化标准，学术界也并未引起高度重视。实际操作时，可以适度简化为“核心路线所承担的运输规模占全网比重和其里程在全网占比二者之间的相对关系”来判断其是否具备足够“关键功能”。李伟等（2017）[2]经过详细的数据分析，发现我国不少“历史悠久”“功能突出”的干线运输线路大都表现出 3/7 规律，即大致说 30%的线网规模承担了 70%的运输周转量或车千米规模的公路承载量。当国家高速公路的货车换算交通量大于 15 000 AADT（年平均日交通量）时，国家高速公路中 36.4%的里程完成了全路网 69.0%的货车行驶量。因此，在开展“2+26”城市地区重型货车监管时，集中有限资源在重要公路货运通道，对重要公路货运通道采取措施，将显著提升全省柴油货车监管效率。

8.2.1 货运通道识别方法

基于公路交通调查情况实际数据和全国道路货运平台重载货车轨迹数据，找寻“运输集中”线路区段，形成的“断续线”基本勾绘出区域货运最为集中的运输线路，反映出由产业结构、城镇格局、人口消费、地理及基础设施条件而自然演化形成的“公路货物运输通道”基本格局。综合考虑货物运输的特点，结合实地调研的情况，选取“2+26”城市地区的国家高速公路、省级高速公路、普通国道和普通省道作为主要公路货物运输通道分析的范围，再结合交通调查的流量数据，分析筛选出主要货物运输通道。

筛选货运通道，首先应考虑的是该条道路上货运车辆的流量和占比情况，在货车中，大型货车（包括大货车、特大货车和集装箱车）主要进行长距离运输；其次应考虑大型货车的流量和占比情况。因此，本次分析将综合考虑 2017 年京津冀地区国家高速公路、省级高速公路、普通国道和普通省道上货运车辆的流量和占所有车辆总流量比例的情况，重点分析大型货车的流量和占所有车辆总流量比例的情况。

本研究对“2+26”城市区域内所有国家高速公路、省级高速公路、普通国道和普通省道的货车加权流量、货车加权流量占比、大型货车加权流量、大型货车加权流量占比进行了分析和测算，在此不做详述。经分析“2+26”城市区域国省干线（含国家高速公路、省级高速公路、普通国道和普通省道）货车加权流量、货车加权流量占比，大型货车加权流量和大型货车加权流量占比四项指标的分布情况，得到高速公路货运通道的筛选标准，如表 8-1 所示。

表 8-1 主要货运通道筛选标准

指标	货车加权流量	货车加权流量占比	大型货车加权流量	大型货车加权流量占比
标准	6 000 辆以上	40%以上	5 000 辆以上	30%以上

选取同时符合以上四项指标中货车加权流量、货车加权流量占比两项指标或者大型货车加权流量、大型货车加权流量占比指标标准的道路作为主要货运通道。

8.2.2 省级公路货运通道识别

基于以上标准，对“2+26”城市区域国省干线（含国家高速公路、省级高速公路、普通国道和普通省道）货运流量进行分析，可以得到“2+26”城市区域主要公路货物运输通道共计 56 条（图 8-4），其中：

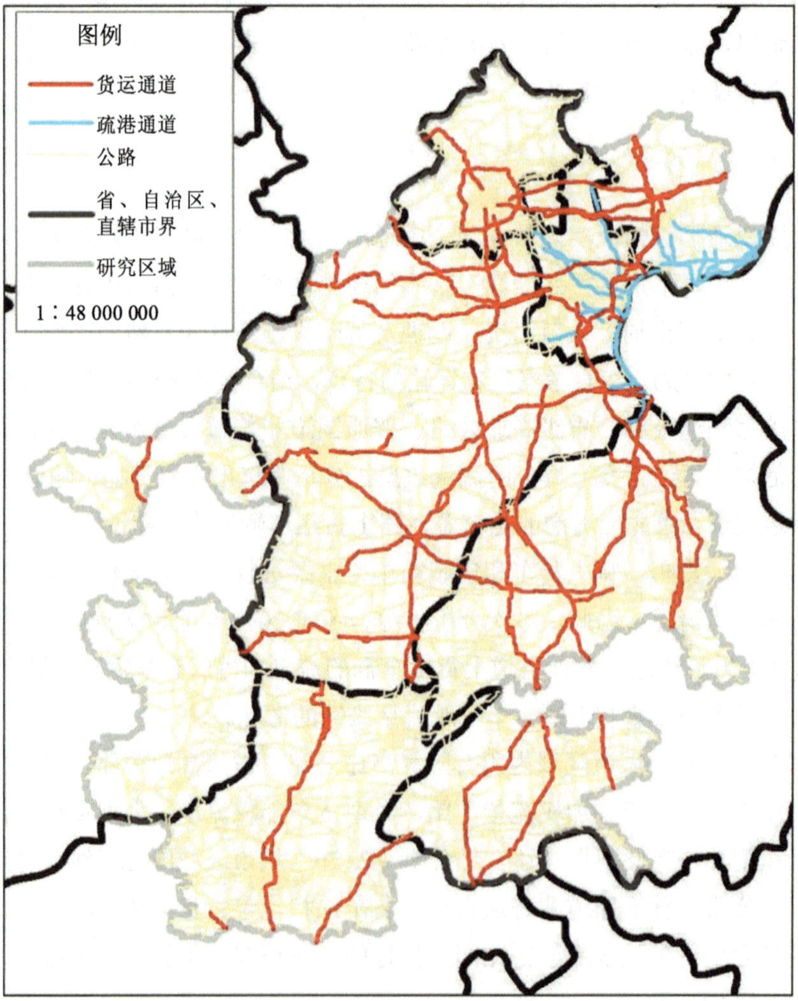

图 8-4 京津冀及周边地区货运通道

（1）京津冀货运通道 22 条

国家高速公路 9 条：G4501（北京六环高速）、G7（北京—乌鲁木齐高速公路）、G25（长春—深圳高速公路）、G2501（滨保高速公路）、G1（北京—哈尔滨高速公路）、G18

（荣成—乌海高速公路）、G20（青岛—银川高速公路）、G3（北京—台北高速公路）和G95（首都地区环线）。

省级高速公路1条：S0105（唐山绕城高速）。

普通国道6条：G102（北京—哈尔滨公路—河北段）、G102（北京—哈尔滨公路—天津段）、G106（北京—广州公路）、G112（北京环线）、G307（歧口—银川公路）和G309（荣成—兰州公路）。

普通省道6条：S215（北京—广州公路）、S115（津淄公路）、S039（晋深连接线）、S281（富德线）、S324（邢德线）和S361（唐通线）。

（2）山东省货运通道19条

国家高速公路5条：G18（荣成—乌海高速公路—山东段）、G2（北京—上海高速公路—山东段）、G25（长春—深圳高速公路—山东段）、G3（北京—台北高速公路—山东段）、G35（济南—广州高速公路—山东段）。

普通国道5条：G105（北京—珠海公路—山东段）、G205（山海关—深圳公路—山东段）、G233（克什克腾—黄山—山东段）、G237（济宁—宁德—山东段）、G308（文登—石家庄—山东段）。

省级高速公路3条：S29（滨州—莱芜）、S31（泰安—新泰）、S84（德州连接线高速）。

普通省道6条：S222（央子—赣榆）、S226（羊口—青州）、S239（乐陵—胡集）、S316（寿光—高青）、S508（田庄—广北农场）、S509（青州—周村）。

（3）山西省货运通道10条

国家高速公路3条：G1812（沧榆高速—山西段）、G20（青岛—银川高速公路—山西段）、G2516（东营—吕梁高速公路—山西段）。

普通国道2条：G108（北京—昆明公路—山西段）、G338（海兴—天峻公路—山西段）。

普通省道5条：S206（大同—忻州线）、S211（杀虎口—山阴城线）、S212（平鲁城镇—朔州线）、S243（汾阳—介休线）、S340（汾阳—柳林线）。

（4）河南省货运通道5条

国家高速公路1条：G1511（日照—兰考高速—河南段）。

普通国道1条：G107（北京—深圳公路—河南段）。

省级高速公路2条：S32（永城—登封高速公路）、S83（兰考—南阳高速公路）。

普通省道1条：S501（台前—寿张公路）。

8.2.3 城市公路货运通道识别

按照上述公路货运通道筛选标准，对2018年“2+26”城市区域国省干线（含国家高速公路、省级高速公路、普通国道和普通省道）货运流量进行分析，可以得到“2+26”各城市主要公路货物运输通道（表8-2）。

表 8-2 “2+26”城市货运通道

序号	城市	货运通道	序号	城市	货运通道
1	北京市	G4501（北京六环高速） G7（北京—乌鲁木齐高速公路） G1（北京—哈尔滨高速公路） G106（北京—广州公路） S215（京开辅路） S46（京通京哈联络线） G45（大广高速） S220（延康路）	15	济南市	G3（北京—台北高速公路） G2（北京—上海高速公路） G2001（济南市绕城公路） G105（北京—澳门公路） G308（文登—石家庄）
2	天津市	G25（长春—深圳高速公路） G2501（滨保高速公路） G1（北京—哈尔滨高速公路） G18（荣成—乌海高速公路） G102（北京—哈尔滨公路—天津段） G112（北京环线） S115（津淄公路） S11（海滨高速） S40（京津塘高速） S331（赛达大道）	16	淄博市	G233（克什克腾—黄山） G308（文登—石家庄） S316（寿光—高青） S231（张店—台儿庄）
3	石家庄市	G4（北京—港澳高速公路） G2001（石家庄绕城高速公路） G5（北京—昆明高速公路） G107（北京—深圳公路） S302（正港线） S039（晋深连接线） G307（黄骅—山丹公路） S233（安新线） S393（郑昔线） S232（安新线）	17	聊城市	G105（北京—澳门公路） G309（青岛—兰州公路） S323（乐陵—馆陶）
4	唐山市	G508（赤峰—曹妃甸） G205（山海关—深圳公路） G102（北京—抚远公路） G112（北京环线） S0105（唐山绕城高速） S262（迁曹线）	18	德州市	G3（北京—台北高速公路） G105（北京—澳门公路） S84（德州连接线高速） S239（乐陵—胡集）
5	保定市	G107（北京—深圳公路） S333（海顺线） S331（保沧线） G337（黄骅—榆林线）	19	滨州市	G18（荣成—乌海高速公路） G25（长春—深圳高速公路） G308（文登—石家庄） G205（山海关—深圳公路） S228（黄河口—临朐） S309（田横—高青） S316（寿光—高青）

序号	城市	货运通道	序号	城市	货运通道
6	廊坊市	G112（北京环线） G102（北京—抚远公路） S371（廊涿线） S361（唐通线）	20	济宁市	G1511（日照—兰考高速公路） G220（东营—深圳） G105（北京—澳门公路） G237（济宁—宁德） S244（汶上—金乡）
7	沧州市	G106（北京—广州公路） S381（津保南线） G105（北京—澳门公路） G307（黄骅—山丹公路） G228（丹东—东兴公路）	21	菏泽市	G35（济南—广州高速公路） G1511（日照—兰考高速公路）
8	衡水市	G307（歧口—银川公路） S281（富德线） S383（千武线）	22	郑州市	G107（北京—深圳公路—河南段） S233（焦作—桐柏公路） S228（卫辉—新野公路）
9	邯郸市	G309（荣成—兰州公路） G106（北京—广州公路） S314（磁左线） S0411（邯郸环城高速公路） S82（邯大高速公路）	23	新乡市	G107（北京—深圳公路—河南段） S310（长垣—邵原公路） S311（封丘—辉县公路） G327（连云港—固原公路）
10	邢台市	S324（邢德线） G106（北京—广州公路） G107（北京—深圳公路） G230（通化—武汉公路）	24	鹤壁市	G107（北京—深圳公路—河南段）
11	太原市	G108（北京—昆明公路—山西段） S103（太原—小店线）	25	安阳市	G342（日照—凤县线） S225（安阳—平舆公路）
12	阳泉市	G338（海兴—天峻公路—山西段） G307（黄骅—山丹公路）	26	焦作市	G327（连云港—固原公路） S308（武涉—济源公路）
13	长治市	G309（青岛—兰州公路） G208（二连浩特—淅川公路）	27	濮阳市	S501（台前—寿张公路） G106（北京—广州公路） G342（日照—凤县线）
14	晋城市	S227（长治—晋城线） S333（碗城—周村线）	28	开封市	G1511（日照—兰考高速—河南段） S83（兰考—南阳高速公路） G310（连云港—共和公路）

8.3 物流集散特征研究

8.3.1 区域公路运输货类调查

鉴于现有公路货物运输统计体系无法支持公路分货类流量流向分析工作，为了进一步研究京津冀区域物流集散特征，本书依托“2+26”城市主要货运通道的高速公路典型收费站于2017—2018年、2018—2019年冬季开展抽样调查，通过高速公路运往京津冀地区的货类结构和货物流向等进行统计分析，为更加准确地评估大气污染源头、污染程度和调控效果提供数据支撑。

高速公路是交通运输体系中的主干和动脉的高速公路运输，以全国数据为例，每年高速公路上的货物周转量占全国道路运输货物周转量的40%左右。同时，高速公路收费站可以提供良好的调研平台。此外，考虑到冬季作为京津冀及周边地区重污染天气的高发季节，结合实际工作安排，本次调研时间定为2018年1月和2019年1月，依托“2+26”城市主要货运通道中的高速公路，调研布局以日均交通量大于1 800辆次的边界主线站为主，同时结合地理位置和路网状况，辅助部分货车日均交通量较大省（市）内收费站。每个收费站选择货车较多的车道，进行为期24 h的货车调查，调查期间需调研该车道过往货车的通过时间、车牌、轴型、车货总重、是否为空车、运输货类、货物运输的起止点以及相关运营备注。

本次调研共计45个站点（表8-3），日均货车交通量16万辆次，以其为总样本库。由于调查有效车辆数 $n>30$，属于大样本抽样。并且与调查的总体车辆数 N 相比，可以认为 $\sqrt{\frac{N-n}{N-1}}$ 近似等于1。在容许的抽样误差为2.5%时，最低样本数量为1 536个。本次抽样数量为29 069个，样本数量远高于最低样本数量要求。

表8-3 京津冀及周边地区高速公路货运调查站点

区域	序号	地市	收费站名	收费站类型	高速路段	样本量
京	1	北京	康庄市界收费站	京冀主线站	G6京藏高速	485
	2	北京	榆垡南收费站	京冀主线站	G45大广高速	696
津	3	天津	津冀收费站	津冀主线站	G18荣乌高速	860
	4	天津	宁河收费站	津冀主线站	G25长深高速	846
	5	天津	高村收费站	京津主线站	S15京津高速	300
	6	天津	临港收费站	匝道站	G0111秦滨高速	432
冀	7	石家庄	井陉西收费站	匝道站	G5京昆高速	1 086
	8	保定	保定南收费站	匝道站	G4京港澳高速	775
	9	廊坊	固安主线收费站	京冀主线站	G45大广高速	929
	10	张家口	东花园收费站	京冀主线站	G6京藏高速	507
	11	邢台	邢台南收费站	匝道站	G4京港澳高速	569
	12	邯郸	永年收费站	匝道站	G4京港澳高速	823
	13	唐山	丰南西收费站	津冀主线站	G25长深高速	1 019

区域	序号	地市	收费站名	收费站类型	高速路段	样本量
冀	14	唐山	唐山北收费站	匝道站	G1 京哈高速	496
	15	沧州	盐山主线站	冀鲁主线站	G2 京沪高速	792
	16	沧州	青县收费站	匝道站	G2 京沪高速	493
	17	衡水	桃城收费站	匝道站	G45 大广高速	406
	18	廊坊	香河主线收费站	京冀主线站	G1 京哈高速	724
	19	廊坊	霸州收费站	匝道站	G18 荣乌高速	646
	20	廊坊	固安服务区	服务区	G95 环线高速	148
晋	21	阳泉	郝家庄收费站	主线站	G5 京昆高速	712
	22	阳泉	旧关收费站	主线站	G5 京昆高速	554
	23	长治	东阳关收费站	主线站	G22 青兰高速	869
	24	太原	清徐南收费站	匝道站	G5 京昆高速	646
	25	晋城	泽州收费站	主线站	G55 二广高速	993
豫	26	安阳	安阳豫冀站	主线站	G4 京港澳高速	474
	27	濮阳	濮阳豫冀站	主线站	G45 大广高速	826
	28	鹤壁	淇县收费站	匝道站	G4 京港澳高速	163
	29	新乡	新乡收费站	匝道站	G4 京港澳高速	220
	30	焦作	豫晋界收费站	主线站	G5512 晋新高速	1 050
	31	开封	豫鲁收费站	主线站	G1511 日兰高速	485
	32	郑州	郑州圃田收费站	匝道站	G4 京港澳高速	766
鲁	33	德州	滨德收费站	主线站	S12 滨德高速	803
	34	德州	德商收费站	主线站	G3W 德商高速	330
	35	德州	京沪鲁冀收费站	主线站	G2 京沪高速	540
	36	德州	京台收费站	主线站	G3 京台高速	650
	37	德州	青银鲁冀收费站	主线站	G20 青银高速	904
	38	德州	齐河收费站	匝道站	G3 京台高速	517
	39	德州	德州南收费站	匝道站	G3 京台高速	590
	40	菏泽	山东鲁豫收费站	主线站	G1511 日兰高速	726
	41	滨州	鲁北收费站	主线站	G18 荣乌高速	717
	42	淄博	高青北收费站	匝道站	G25 长深高速	580
	43	济南	崮山收费站	匝道站	G3 京台高速	617
	44	济宁	曲阜收费站	匝道站	G3 京台高速	537
	45	聊城	冠县西收费站	主线站	G22 青兰高速	768

8.3.2 货运特征分析

调研结果显示煤炭及制品、金属矿石和钢铁等大宗货物占区域公路货物总量的

42.0%。高速公路运输大宗货物成本高、效率低、风险大，应优先调整以煤炭、矿石为代表的大宗货物运输。区域高速公路货车样本平均运距 555 km，其中大宗货物平均运距 495 km。北京穿越类货物运输中，大宗货物平均运距 661 km，大宗货物煤炭及制品、金属矿石和钢铁三项共占比 75%。

北京市货类主要集中在轻工医药产品（35.3%）、金属矿石（26.5%）和钢铁（11.3%），45.9%的金属矿石来自天津港运往内蒙古；天津市货类主要集中在轻工医药产品（24.6%）、煤炭及制品（14.2%）和机械设备（11%），煤炭主要是山西省和内蒙古地区经天津市运往河北省；河北省货类主要集中在煤炭及制品（26.2%）、钢铁（17.9%）和轻工医药产品（14.7%），煤炭运输集中在石家庄市、张家口市、保定市和唐山市，钢铁运输集中在唐山市和沧州市；山西省货类主要集中在煤炭及制品（72.6%）；河南省货类主要集中在轻工医药产品（31.4%）、农林牧渔业产品（17.4%）、其他货类（12.1%）；山东省货类主要集中在轻工医药产品（16.2%）、钢铁（13.6%）、煤炭及制品（10.2%）（表 8-4）。

京津冀区域中的京港澳高速（G4）主要是煤炭和钢铁的货运通道，京藏高速（G6）、京新高速（G7）主要是煤炭、金属矿石和钢铁的货运通道；晋豫鲁区域中的长深高速（G25）、京台高速（G3）和京昆高速（G5）是主要的煤炭货运通道。

表 8-4 京津冀及周边地区高速公路调研样本分货类统计 单位：%

代码	货类	北京市	天津市	河北省	山西省	河南省	山东省
1	煤炭及制品	0.6	14.2	26.2	72.6	3.5	10.2
2	石油、天然气及制品	1.6	6.0	4.7	3.5	0.7	8.0
3	金属矿石	26.5	5.4	2.1	2.9	1.1	5.5
4	钢铁	11.3	8.2	17.9	3.4	6.4	13.6
5	矿物性建筑材料	1.3	1.9	7.2	2.5	4.4	4.8
6	水泥	0.6	0.2	4.0	0.5	1.0	1.2
7	木材	1.1	1.4	1.2	0.2	2.2	2.2
8	非金属矿石	0.3	0.6	0.4	0.1	0.3	0.7
9	肥料及农药	0.5	1.4	1.0	1.2	3.6	1.1
10	盐	0.0	0.3	0.0	0.0	0.1	0.3
11	粮食	1.2	3.1	2.4	1.1	1.6	3.1
12	机械设备	5.5	11.0	4.1	0.9	10.6	8.8
13	化工原料	2.8	4.2	3.1	6.0	3.3	6.7
14	有色金属	1.3	0.6	0.4	0.4	0.5	1.5
15	轻工、医药产品	35.3	24.6	14.7	2.4	31.4	16.2
16	农、林、牧、渔业产品	7.7	8.4	7.3	1.4	17.4	7.3
17	其他货类	2.4	8.3	3.3	1.0	12.1	8.7
合计		100.0	100.0	100.0	100.0	100.0	100.0

8.4 区域综合货物运输优化方案

8.4.1 存在的问题

京津冀及周边地区货物运输结构不合理，总体呈现为公路“一家独大”、铁路“干线尚有余力，支线能力不足”，以柴油货车为主的公路运输承担区域80%以上的货物运输量和过多的煤炭、矿石等大宗货物长距离运输任务，铁路和水路运输的低成本、低排放、高能效等优势没能得到充分发挥，具体表现在以下四个方面。

8.4.1.1 综合运输体系结构不合理

京津冀及周边六省市的运输结构呈现公路运输为主、铁路运输为补充的特点。北京市、河北省、山东省、河南省 4 地区的公路货运量占比高达 90%左右，山西省因拥有大秦线、侯月线、朔黄线等煤炭铁路通道，因此铁路可承担 40%的货运量。但总体上来看，六省市综合运输体系仍旧表现为公路“一家独大”、铁路“干线尚有余力，支线能力不足”。区域内运输强度大，单位面积完成的货运量和周转量分别为全国平均水平的 3 倍和 2.76 倍。公路承担了过多的钢材、水泥、机械设备、建材、化工产品、煤炭、矿石等大宗货物中长途运输任务，汽车（柴油货车）运输比例过高导致环保压力大，秋冬季大气重污染现象时有发生，铁路运输和水路运输大运量、低能耗、低排放的优势未能充分发挥。区域内综合交通运输体系与“宜铁则铁、宜水则水、宜公则公”相比，具有较大差距。

8.4.1.2 交通基础设施衔接不畅

长期以来，铁路、公路、水路、民航等运输方式主要着眼于自身基础设施建设，相对自成体系，跨运输方式基础设施的统筹规划和建设协调不足，枢纽场站集疏运效率低，“连而不畅”“邻而不接”和“最后一公里”等问题仍较突出。港口、物流园区和大型工矿企业铁路专用线建设滞后，集疏运体系不完善，影响了铁路运输的便利性，主要体现在以下两个方面：

港口铁路专用线接入比例低。铁路进港比例低，集疏港铁路建设与港口发展不协调，有的港口甚至没有铁路线路，例如，山东日照港岚山港区、青岛港董家口港区等一些新建港区，铁路专用线未能及时配套建设，导致港口集疏运不得不依靠公路运输。“十三五”期间才新规划建设了集疏港铁路，实现了铁路运输，但铁路集疏运能力与港口吞吐量仍有较大差距。实现了铁路进港的港口和设置了铁路专用线的大型企业，港口既有铁路设施配套亟待提高，一些进港铁路线路老旧，甚至没有完成电气化改造，一些进港铁路到发线数量少、长度短，装卸设备落后、服务能力差，能力上均无法匹配港口大量的货物集疏运需求。

工矿企业铁路专用线建设滞后。经调研发现，陕北煤炭矿区的铁路专用线不足，“最后一公里”问题突出。全省 150 万 t 以上的大型工矿企业铁路专用线接入比例不足 1/2，与国家要求达到 80%的目标还有着很大差距。铁路专用线建设中存在较多困难，投资规模较大，审批手续烦琐，铁路运价和运营成本偏高，制约了企业建设铁路专用线的积极性。而且随着城市边界不断扩大，工矿企业和物流园区周边土地开发密度越来越高，铁路专用线修建难度也越来越大。

8.4.1.3 主要铁路干线运能未发挥

京津冀及周边地区的山西省是我国主要的煤炭生产基地，拥有大秦线、神黄线、侯月线、瓦日线等多条煤炭运输大通道，铁路运输也是煤炭外运的主要途径。但是近年来，几条通道存在着运量不均衡的问题。我国“西煤东运”的大动脉大秦线，其年运量占全国铁路煤炭运量的 1/4 左右，目前已基本满负荷运转。但同时，由于铁路部分联络线及沿线集疏运配套设施建设滞后，年设计运力 2 亿 t 的煤炭运输通道瓦日铁路实际运量只有设计运量的 1/10，部分煤炭运输通能力未能得到有效的发挥。

8.4.1.4 铁路货运竞争力有待提高

目前，京津冀周边省市铁路路网密集，拥有大秦线、神黄线、瓦日线多条亿吨重载煤炭运输通道，但是铁路运输依然未能发挥其优势，经调研，发现铁路在大宗货物运输市场竞争中缺乏竞争优势，主要表现在以下两个方面。

公铁价格倒挂问题严重。由于部分区域铁路运输能力不足，特别是铁路专用线短缺，铁路运输环节衔接不畅增加倒装次数、市场化程度不高、时效性和可靠性不足，公路运输不同程度存在过度竞争和压价等原因，目前社会实际承担的公路运价特别是中短途公路运价明显低于铁路运价。有数据显示，煤炭经铁路从陕北神木运输到唐山曹妃甸港的价格为每吨 730 元，而通过汽车运输的价格为每吨 580 元，铁路和公路运价存在明显的“倒挂”现象，企业采用铁路运输成本将有明显上升，推进“公转铁”主动性不高。此外，以北煤南运的整体成本来计算，铁路货运依然优势不足。以神木地区为起点、湖北荆州为终点为例，如果走汽运，含税运输费用多数时候都在每吨 350～370 元；如果走“环渤海下水+海进江”，含税费用每吨 360 元左右，与汽运直达相比，“海进江”的价格优势并不明显，甚至还要经过多次转运，无意中增加了损耗成本。

铁路运输的服务水平不高。由于铁路通常需要集结整列到发，时效性较差，不能满足客户快速性需求。汽车 1 天可以到达的地方，铁路可能需要 3～5 天才能到达。而且铁路场站布局分散，其运作效率、运营水平、信息化程度等综合运作能力不足，也在一定程度上影响了运输效率。既有铁路运力调度组织不完善也严重制约了已建专用线的发运能力。经调研，发现梅七线、甘钟线运力调度和运行优化不够，汾渭平原核心地区的煤炭企业装车后待发车时间较长，企业既有铁路专用线的运能无法完全释放，陕北地区的煤炭企业铁路运输占比仅为 55%。此外，铁路与其他运输方式之间的衔接协调仍存在一定障碍，进一步阻碍了铁路运输服务水平的提升。

8.4.1.5 公路货运市场规范程度不足

市场运行不规范，公路货运超载超限现象依然多发频发。公路运价相对灵活，公路超载超限运输客观压低运价，卡车司机为了“抢活”压价、议价普遍存在，且卡车司机大多利用“互联网+”物流平台回程载货，间接造成在中长距离运输中公路运价低于公铁联运运价。如营口港至黑龙江伊春西林钢厂，公路运输平均每吨千米 150 元，铁路运输平均每吨千米 180 元。公路超载超限运输现象屡禁不止，难以形成推动不合理公路运输向铁路运输转移的公平、公开的市场环境。

市场管理不规范，执法不严，部分运量回流至公路。2016 年，“921”治超新政严格实施初期，公路运输价格普遍上涨，引导部分货源向铁路回流。但由于治理公路超载运输是一项长期而艰巨任务，且各地治超执法标准不统一，存在执法不严、执法不公等乱象，公路超载问题阶段性普遍抬头，一些回流到铁路的货物又转回到公路。

行业维稳压力较大，影响治超力度和预期效果。在超载超限治理过程中，公路运输需求得到了较大程度的遏制，部分地区卡车司机出现了罢工、停运，对地方经济也带来一定影响。为了维护行业稳定，行业管理部门管理时松时紧，治超力度和效果达不到预期，也给超载超限不能根治带来一定的负面影响。

8.4.2 主要任务方向

针对京津冀及周边地区综合运输体系结构不合理的现状和问题，提出了以下七个方面的主要任务方向。

8.4.2.1 补齐铁路基础设施短板

（1）加快港口铁路专用线建设

港口铁路专用线建设应以提升港口集疏运能力为重点，加快打通铁路进港“最后一公里”，补齐港口集疏运基础设施短板。建议以地市为单位及时组织编制港口集疏运系统建设规划。建设的重点一是着力优化新建港口集疏运铁路网络布局，加强与干线网络和码头堆场的顺畅衔接，为开行直达列车运输创造条件；二是统筹优化铁路港前站布局建设方案，鼓励铁路专用线向堆场、码头前沿延伸。

（2）积极推进物流园区和企业铁路专用线建设

对于物流园区，各地在编制物流园区建设规划时应同步规划铁路专用线建设规划，同时支持煤炭、钢铁、建材等大型专业化物流园区、交易集散基地新建或改扩建铁路专用线，不断提高铁路运输比例。对于大型企业，鼓励钢铁、电力、焦化、电解铝、水泥等行业的企业充分利用已有铁路专用线能力、新建或改扩建铁路专用线，切实提高铁路运输比例。对年货运量达到 150 万 t 及以上的物流园区或大型企业，具备专用线建设条件的均应引入专用线，不具备专用线建设条件的也应充分共用临近专用线资源。地方政府和铁路部门可通过税收优惠政策、规范专用线养护维修收费标准等措施降低企业铁路专用线运营成本，鼓励企业共用专用线。

（3）加快推进铁路专用线与路网接轨

一是在专用线的规划和设计阶段，根据企业运输货物流向，科学合理设计专用线接轨方案。在新建铁路项目中，鼓励铁路专用线与接轨铁路同步规划、同步设计、统筹建设、同步开通，满足接轨技术标准要求；二是进一步简化专用线接轨行政许可手续，优化专用线与路网接轨办理流程，缩短专用线接轨审批时限，提高审批效率，尽快实现专用线审批一次提报、全程服务。

8.4.2.2 提升铁路货运服务水平

（1）优化铁路运输组织

根据铁路重点货类运量的大小、货物流量流向、周期性波动等特点，统筹运力配置，合理优化运输产品结构，加快开发时效性强、性价比优的运输产品。一是在运量稳定的重点企业之间，加快开通点到点直达列车，提高产品运输时效性；二是加强海铁联运集装箱运输产品设计，开发当日达、次日达等多种时效运输产品，实现车船班期稳定对接；三是在双向货源稳定的通道，加大组织开行重来重去循环列车，进一步提高煤炭集港、矿石疏港效率；四是加强跨局列车组织协调，在运力紧张区段或运能紧张时期，运力调配优先向公路转移运量倾斜，确保“转得了、接得住”。

（2）提升铁路运营管理水平

一是加快铁路货运市场化改革进程，为客户提供多渠道受理、一站式服务，优化办理流程，简化办理手续，满足客户差异化个性化服务需求；二是加大铁路部门与煤炭、矿石运输大客户年度运输协议的签订比例，提高客户运输需求的兑现率；三是加强与社会物流企业合作，完善接取送达服务体系，打通铁路“门到门”物流服务的“最后一公里”；四是推行市场化灵活定价机制，充分发挥铁路低成本的比较优势，建议针对公路转移新增运量实行价格下浮的优惠政策；五是加强港铁信息化资源共享，为客户提供全程货物追踪、信息查询等多功能服务；六是拓展铁路增值服务空间，为客户提供物流信息发布、交易撮合、物流咨询与方案设计等服务，全面提升客户体验和满意度。

（3）强化铁路与其他运输方式衔接

加强铁路部门与公路、水运运输企业之间的深度合作，延伸铁路服务链条，实现不同运输方式之间的无缝衔接。创新研发并推广现代化装卸与多式联运衔接设施设备，在有条件的区域或通道开展公铁驮背运输试点。推进铁路集装箱中心站、铁路物流基地等多式联运型物流园区建设，并积极向社会物流企业开放。加强港铁信息平台建设，实现港航信息与铁路运输产品信息资源共享，全面提高集疏港效率。以客户需求为导向，提高多式联运服务质量，提供“一单制”“一站式”办理模式与全程运输服务。

8.4.2.3 推进大宗产品运输“公转铁”

（1）完善港口柴油货车煤炭、矿石集疏运政策

鼓励港口货物目的地不在沿海城市的煤炭、矿石由公路运输向铁路运输转移。充分利用港口铁路集疏运能力，大幅提升天津港、唐山港、青岛港等沿海港口铁路集疏运比例，限期禁止港口承接柴油汽车运输的煤炭、矿石集疏港。2018 年年底前，京津冀及周边地区沿海港口煤炭集港全部改由铁路运输，禁止国Ⅳ及以下柴油货车运输疏港矿石。2019 年年底前，矿石铁路疏港比例达到 45%以上。2020 年年底前，矿石铁路疏港比例达到 60%以上。

（2）提升大型企业原材料及产成品铁路运输比例

减少钢铁、电力、焦化、电解铝和水泥生产等大型企业采用柴油货车运输大宗原材料及产成品。到 2020 年年底，具有铁路专用线的企业，煤炭、矿石、钢铁、粮食等大宗货物铁路运输比例不低于 80%。不具有铁路专用线的重点企业，应充分利用现有物流园区，或联合建立具有铁路专用线的煤炭、矿石、钢铁、粮食等公用堆场或物流枢纽（园区），并因地制宜充分利用密封廊道、管道等方式就近运输原材料，减少重型柴油货车运输。

（3）制定促进大宗货物“公转铁”政策措施

各地方人民政府应与重点港口和企业联合制定运输结构调整工作方案，细化目标和任务，做到“一港一策、一厂一策”。各地应根据实际情况制定鼓励煤炭、矿石、钢铁、粮食等大宗散货“公转铁”的鼓励政策。对铁路运输达到一定比例、运输结构调整工作取得明显成效的工业企业，地方人民政府在分解错峰生产任务时可适当减少限产比例，或给予减免企业税收等优惠政策。对运输结构调整工作成效显著的港口，可给予港口建设费减免等奖励政策。

8.4.2.4 推进集装箱多式联运发展

（1）优化多式联运组织

推广集装箱多式联运，加快推进铁路货物集装化，加大冷藏集装箱、罐式集装箱等专业化集装箱多式联运推进力度。鼓励铁路运输企业在泛京津冀地区主要港口、腹地物流园区、重点工矿企业之间开行小编组、快运行的钟摆式、循环式等铁路集装箱列车。积极发展厢式半挂车多式联运，有序发展驮背运输，推进江海中转联运、江海直达和水陆滚装运输模式。启动第三批多式联运示范工程，重点支持公路向铁路转移集装箱运量 5 万 TEU 以上的项目。

（2）加快推进多式联运信息互联互通

支持铁路、海关等部门和重点港口及第三方物流企业，联合建立泛京津冀区域多式联运物流公共信息平台，提供资质资格、认证认可、检验检疫、通关查验、税收征缴、违法违章、信用评价、政策动态等一站式服务，积极引导企业开放枢纽站场、运力调配、班线计划等数据资源。加快建立部门间、政企间、企业间多式联运信息资源互联共享推

进机制，协同完善信息共享标准，明晰责任边界、共享条件、交换接口、信息目录、风险管控等事项，推动数据资源的适时交换和有效供给。

（3）统筹推进内陆集装箱发展

加快《系列 2 集装箱 分类、尺寸和额定质量》等标准实施，做好与公路货运车型、托盘等装载单元标准的衔接。选择主要公铁联运通道，依托泛京津冀地区多式联运示范工程，开展 45 英尺内陆箱的公铁联运应用。研究发展适应我国铁路和公路技术条件的大尺寸、大容量可交换箱体，促进与国际多式联运装备的技术对接。加强内陆集装箱站场及配套吊装转运设施的规划建设。

（4）制定促进集装箱海铁联运发展的政策措施

出台《集装箱海铁联运通道和运输枢纽布局规划》，统筹构建全国集装箱铁水联运体系。深化改革集装箱海铁联运市场化经营机制，鼓励港口、铁路、船公司、货主或货代等市场主体之间通过合资合作、承包经营等方式参与联运业务，在共享货源、运力、空箱等资源的同时，签发联运统一提单或全程运单，减少中间环节，保障合作契约的稳定性和连续性，联合开展班列运营模式的创新。加大集装箱海铁联运业务的扶持力度，鼓励各级财政部门对集装箱铁水联运进行补贴。继续推进铁路运输部门实施集装箱铁路运输价格优惠政策，采取管内运价下浮、按空重箱比例折扣运价、总量包干运输等更加灵活多元的运价形式，鼓励双向重载等各类高效运输组织，取消运价下浮的品类限制，对长距离运输给予更多优惠下浮政策。

8.4.2.5 深化道路货运行业治理

（1）大力推进货运车辆标准化

加强货运车辆准入管理，从非标车退出与标准化车型推广两方面入手，加快推动货运车辆的标准化进程。一是推进非标或违规半挂车淘汰。通过建立非标低平板半挂车信息平台、换发电子营运证等方式，按企业规模制定相应的淘汰方案，用 3 年的时间淘汰现有的 20 余万辆非标低平板半挂车，加强违规车辆运输半挂车整治；二是组织开展模块化中置轴汽车列车示范运行，健全完善模块化中置轴汽车列车相关技术标准，提升道路货运车型标准化水平；三是采取政策引导和资金补贴的方式，加快推广标准化车型应用。对用户购置符合甩挂运输要求的牵引车与半挂车、可甩厢运输的汽车列车等标准化车型，给予相应的资金补贴，并发放单独标识。

（2）深化道路货运车辆超限超载治理

一是强化货物装载源头监管，开展煤矿、砂石厂、港口等货运装载源头联合执法，从运输源头杜绝超限超载车辆上路行驶；二是与相关部门共同构建路面联合执法协作机制，完善道路监控网络，综合利用公路超限检测站、路面检查等手段和线上监测设备，开展整治公路货车违法超限超载行为、非法改装车辆治理、车辆运输车治理等专项行动；三是严格实施“一超四罚”，建立健全运输企业和驾驶人信用体系，形成信用治超的威慑力；四是利用信息化手段，实现跨区域、跨部门治超信息共享，实现对货车生产、改装、销售和道路货物运输的全过程监管，提高对超限超载运输行为的发现和打击能力，逐步形成“协同发展、共建共享、优势互补、联动防控、一体运行”新格局。

（3）推动道路货运行业转型升级

一是贯彻落实《促进道路货运行业健康稳定发展行动计划（2017—2020 年）》，创新甩挂运输、共同配送等新型组织模式，大力发展无车承运人等新业态、新平台，出台无车承运人管理办法及运营服务规范，继续深化京津冀及周边地区无车承运人试点，建设全国性、区域性无车承运综合服务平台；二是大力推广甩挂运输模式，研究制定区域甩挂运输推广应用实施方案，鼓励联盟甩挂、网络化甩挂、陆海联运甩挂、干支衔接甩挂等不同主题类型的组织模式，3 年内力争培育 20 家甩挂运输龙头骨干企业；三是大力发展“互联网+”货运物流新业态，鼓励引导“互联网+”车货匹配、“互联网+”专线整合、“互联网+”共同配送、“互联网+”大车队管理等新模式、新服务。四是鼓励冷链物流创新发展，加快新能源、冷藏保温车辆、冷藏保温箱等先进设备推广应用。

8.4.2.6 构建城市绿色物流体系

（1）组织开展北京市生活物资公铁接驳配送试点

结合北京市物流需求和空间分布特点，优化调整城市物流运输结构，不断强化干支衔接水平，发挥好城市内部既有铁路线网和站场资源优势，创新运输组织和合作模式，加快运力结构调整，积极打造城市绿色物流服务体系。

针对北京市的特点，研究制定依托铁路线网和站场资源的城市公铁接驳配送试点方案。一是按照“外集内配、绿色联运”的总体思路，加快中心城市及周边地区铁路外围集结转运中心系统布局，推动形成以既有城市外围铁路货运站场为载体的铁路干支中转物流基地；二是充分发挥市内既有铁路货场资源和地理优势，加快站场设施改造和功能提升，打造若干集仓储、分拣、流通加工、短驳配送、信息服务等为一体的城市公共配送服务中心；三是发展新型铁路运输组织，积极推动外围铁路集结转运中心与铁路公共配送中心之间钟摆式、小编组干支接续运输，减轻货物进城对市内道路运输的依赖和压力；四是完善城市公铁接驳运输配送车辆通行管理政策，为参与配送车辆提供通行、停靠等便利。提升铁路配送中心公共开放服务能力，加强与物流配送企业、商贸流通企业等之间的合作，努力打造公平开放、协同联动、合作共赢的公共配送服务平台。

（2）加快建立完善基于碳排放核算和交易的管理制度

贯彻落实《关于促进汽车维修业转型升级　提升服务质量的指导意见》（交运发〔2014〕186 号）、《关于进一步规范排放检验加强机动车环境监督管理工作的通知》（国环规大气〔2016〕2 号）等文件要求，探索建立以碳排放作为定量化考核指标的公路货运碳排放费用征收制度，加快推动公路货运环境污染外部成本内部化，鼓励企业加快淘汰老旧落后运能，积极推广应用能效高、排放小、绿色环保的新型车辆，对减少公路运输、公转铁成效显著、购置更换高能效、低排放车辆的企业给予奖励，努力营造奖优罚劣的市场治理格局。

（3）鼓励配送企业推广应用城市配送新能源车辆

加快调整城市配送车辆结构，推广应用新能源车辆，不断提高新能源车辆在城市配送运力中的比重。在车辆标准化方面，加快完善新能源车型标准，结合城市配送需求特点，鼓励配送物流企业加强与车辆研发生产企业的战略合作，推广应用适应日用品、冷链等城市配送的经济适用标准化车辆。在基础设施配套方面，推动城市管理部门将公共充电桩建设纳入城市基础设施建设范围，不断完善充电设施网络规划布局，加大政府财政支持力度，对电力供应部门、加油站经营企业、物流园区和配送中心等运营企业、第三方物流企业投入建设的公共充电设施给予财政补贴。在通行管控政策方面，逐步放宽车辆通行管理，对参与公铁联运、保障城市生活物资供应、加入城市绿色车队的油电混合等新能源车辆，给予道路通行便利，切实解决配送车辆通行难、停靠难等问题。

8.4.2.7 出台运输结构调整支持政策

（1）设立多式联运产业基金

按照《政府出资产业投资基金管理暂行办法》，交通运输部、财政部联合中国铁路总公司及招商局集团等大型综合物流企业，共同发起设立多式联运专业性产业引导基金，重点支持京津冀及周边地区多式联运基础设施建设、运输装备标准化升级、物联网技术应用、联运组织模式创新等领域，通过财政支持引导、社会融资投入方式，形成多式联运产业投资资金池，既发挥财政资金的放大功能，拉动社会资本共同投资，拓展多式联运行业投资融资渠道，同时发挥产融结合优势，提高财政资金使用效率，带动释放市场的新动能。

（2）优化铁路专用线建设管理政策

简化铁路专用线建设地方安监、消防、环保、用地、设计、施工审批流程，推进铁路专用线建设审批改革，缩短审批时间，加快铁路专用线建设审批。优化铁路专用线与国铁接轨管理程序，简化建设项目可行性研究、初步设计等前期工作审查流程，提高审查效率，对京津冀及周边地区的铁路专用线接轨审查，应当在接到接轨意向 10 个工作日组织研究；收到专用线接轨人报送的符合要求的专用线可行性研究报告后，应当在 10 个工作日内组织进行审查，并向专用线接轨人出具审查意见；对专用线已出具审查意见并修改完善可行性研究报告的，应当在 10 个工作日报铁路总公司备案。各铁路运输集团公司不得排除、限制、拖延办理非本企业参与投资经营和委托建设、运营的铁路专用线接轨申请。制定铁路专用线用地扶持政策，对于纳入本方案的铁路专用线项目给予额外新增建设用地指标，不占用地方用地指标。

（3）完善货运财税政策

充分发挥财税政策的调节作用，对铁路货运行业实行财税优惠政策，降低铁路运输企业成本，提高铁路运输企业竞争力。推进铁路运输企业增值税改革，修订《铁路运输企业增值税征收管理暂行办法》，优化铁路运输企业增值税纳税方式和纳税地，建立合理的中央与地方铁路运输税收收入分配比例，提高地方推动货运“公转铁”的积极性。将铁路总公司所属运输企业由铁路总公司汇总缴纳调整为所属企业缴纳。研究降低铁路运输企业货运业务增值税税率，免征或减征铁路货运行业增值税。结合铁路局公司制改革，推进铁路运输企业所得税改革，实行铁路局集团公司在所在地缴纳企业所得税。对纳入本方案的铁路专用线项目免征城镇土地使用税。降低铁路集疏运货物的港口建设费，对通过铁路集疏港的货物，实行港口建设费减免政策。开展公路货运环境保护税征收研究，加快出台公路货运环境保护税征收政策。

（4）鼓励实行“公转铁”资金支持政策

对于列入运输结构调整实施方案的港口集疏运铁路项目，优先安排资金支持；对于物流园区、工矿企业专用铁路、铁路专用线建设项目，加快研究制定资金支持政策。对于符合交通运输部投资补助政策的铁路物流基地项目，优先安排资金支持。地方政府要参考中央政策，结合地方实际，研究制定本地区支持专用铁路和物流基地建设项目的补助政策。鼓励各地基于“公转铁”转移量，研究制定资金奖励政策。

（5）给予通行费优惠等支持政策

深入推动物流业降本增效，充分发挥车辆通行费在运力调节、运输结构调整中的功能作用，鼓励企业积极参与车辆结构调整、高速公路错峰出行、公转铁多式联运和甩挂运输等，不断优化京津冀及周边地区路网通行政策，提高全路网运行效率和节能减排水平。及时总结河北省、河南省等地关于高速公路分时段差异化收费政策、分类型差异化收费政策，研究制定京津冀及周边地区统一的车辆通行优惠政策方案，对符合要求的新能源车辆、新型高能效低排放车辆，参与多式联运短驳运输、集装箱运输、冷链运输等车辆，以及夜间错峰出行车辆给予通行费优惠，形成京津冀及周边地区统一的、较为完善的车辆通行费优惠政策体系和征收管理体系。

8.4.3 京津冀及周边地区货物运输结构优化方案

基于主要任务方向，在京津冀及周边地区推进铁路专用线建设、铁路货运服务提升、港口大宗货物“公转铁”、工矿企业大宗货物“公转铁”、集装箱铁水联运拓展、多式联运信息互联互通、货运车辆超限超载治理、城市配送新能源车辆推广、城市生产生活物资公铁联运试点九大工程。

8.4.3.1 铁路专用线建设工程

加快港口集疏运铁路建设，强化与铁路干线路网的衔接。推进煤炭、钢铁、电解铝、电力、焦化、汽车制造等大型企业及煤炭、钢铁、建材等大型物流园区、交易集散基地新建或改扩建铁路专用线。2018 年、2019 年和 2020 年分别新增港口集疏运铁路 150 km、

150 km和200 km。2020年年底，大宗货物年货运量150万t及以上的大型工矿企业和新建物流园区，原则上全部修建铁路专用线。

8.4.3.2 铁路货运服务提升工程

中国铁路沈阳、北京、太原、呼和浩特、西安、济南局集团公司等优先保障大宗货物运力，强化铁路局集团之间的政策配套与衔接。在大连及营口至东北地区、天津至华北和西北地区、青岛至郑州及陇海沿线地区等重点线路，加大班列开行密度和频次。制定重点货运通道返程运力利用方案，推动朔黄、邯黄等线路充分利用返程运力开展矿石、建材、集装箱等运输。根据市场情况出台短途大宗货物铁路运价浮动方案。

8.4.3.3 港口大宗货物“公转铁”工程

进一步加大柴油货车煤炭集港运输管控力度，2018年年底前，大连港、营口港、秦皇岛港、唐山港、天津港、黄骅港、烟台港、青岛港、日照港等港口的煤炭集港改由铁路或水路运输；2020年采暖季前，上述港口的矿石、焦炭等大宗货物原则上主要改由铁路或水路运输。其他港口大力推进煤炭集港、矿石和焦炭疏港改由铁路运输。

8.4.3.4 工矿企业大宗货物“公转铁”工程

钢铁、电解铝、电力、焦化等重点企业要充分利用铁路专用线能力，加强与铁路运输企业合作，签订运量运能互保协议，大幅提高铁路运输比例。进一步规范铁路专用线代维、共用等收费行为，降低专用线使用成本。2020年年底，具有铁路专用线的大型工矿企业，大宗货物铁路运输比例应达到80%以上。

8.4.3.5 集装箱铁水联运拓展工程

依托多式联运示范工程和集装箱铁水联运示范线路，完善集装箱铁水联运服务网络。2018年年底，打造秦皇岛港—朔州块煤、大连港—图们冷链、营口港—吉林淀粉、天津港—山西和内蒙古的精选煤、焦炭等一批集装箱精品班列，青岛港“胶黄小运转”等一批城际短途班列。2020年年底，主要集装箱港区基本形成“长途重点货类精品班列+短途城际小运转班列”的铁水联运产品体系。

8.4.3.6 多式联运信息互联互通工程

建设多式联运公共信息平台，率先在京津冀及周边地区实现不同运输方式间信息互联互通。以沿海港口和铁路运输企业为主体，以集装箱运输、冷链物流、商品车运输为重点，在交换接口标准、运力数据开放、流程规则统一、电子单证应用、交易结算支付、信用数据共享等方面取得突破。2019年年底，大连港、营口港、秦皇岛港、唐山港、天津港、黄骅港、烟台港、青岛港、日照港等与中国铁路沈阳、北京、太原、济南局集团公司实现铁水联运信息交换共享。

8.4.3.7 货运车辆超限超载治理工程

推进货运车辆超限超载治理联合执法常态化制度化，实施高速公路收费站入口称重检测、国省干线公路超限检测站点拦截查处、农村公路限宽限高保护。建立重点货运源头单位超限超载治理监管信息系统，督促货运源头单位安装使用称重检测设备和视频监控设备，加强货车出场（站）装载情况检查，从源头上遏制违法超限超载运输。2019 年年底，高速公路入口称重检测的收费站占比达到 50%；2020 年年底，全面实施入口称重检测，高速公路货运车辆平均违法超限超载率不超过 0.5%，普通公路超限超载得到有效遏制。

8.4.3.8 城市配送新能源车辆推广工程

加快优化城市配送车辆结构，引导物流企业将老旧柴油货车更新为新能源和清洁能源车辆，鼓励出台新能源城市配送车辆运营补贴、便利通行、充电桩建设补助等支持政策。2018 年年底，大中城市制定绿色城市配送实施方案。2020 年年底，新增和更新轻型物流配送车辆中新能源或达到国Ⅵ排放标准的清洁能源车辆比例达到 80%；重点物流园区、铁路物流中心、机场和港口新增或更换作业车辆，主要采用新能源或达到国Ⅵ排放标准的清洁能源车辆。

8.4.3.9 城市生产生活物资公铁联运试点工程

在北京市开展试点，制定《北京城市生产生活物资公铁接驳配送试点方案》，并纳入城市总体规划。建设北京市周边铁路干支中转物流基地，加快市内相关站场的设施改造。2020 年年底，在日用品、冷链、电商快递、建筑材料运输等领域，开通若干条钟摆式、小编组铁路运输与共同配送、仓配一体公路运输相衔接的示范线路。

8.5 区域货物运输管控措施效果预测及评估

运输结构调整势必显著改变区域路网货车运行时空格局，为进一步评估区域货物运输管控措施的效果，本节以交通需求预测四阶段法为建模基本框架，结合公路交通流量断面观测数据和重型货车行驶轨迹数据，引入神经网络模型和遗传算法等数据驱动方法，构建了“2+26”城市公路货运交通流时空分布模型。一方面依据铁路货运增量目标模拟运输结构调整政策实现情景下的重型货车流量变化和减排潜力；另一方面通过实际路网观测数据识别重型货车使用强度真实下降水平，以期为相关地区探讨运输结构调整政策效果评估提供借鉴，为后续精确分析道路排放规律提供完善的交通活动水平数据。

8.5.1 区域货运交通流模型及情景预测方法

交通分布模型作为一种宏观交通模型，考虑了路网结构、土地利用、运输方式及交通管控等因素，可对路网 OD 供需分布、路段交通流量进行预测[3]，从而为路网交通规划[4,5]、土地利用[6,7]及相关政策研究提供科学指导[8,9]。随着交通数据获取渠道丰富化、数据类型多元化、数据质量精准化，基于传统四阶段法的交通分布模型近年来得到广泛的应用[10-14]。运用交通分布模型开展交通领域的能耗与污染物排放研究也逐渐成为热点方向[15-19]。鉴于传统的重力模型、多比例法、原单位法等方法在实际应用过程中易出现较高的误差[20]，一些数据驱动模型，例如，神经网络、遗传算法等逐渐被引入作为交通分布模型的基础，并取得了较好的应用效果[21,22]。因此，该研究从宏观交通流分布角度出发，开展运输结构调整政策对路网货车重型流量的影响研究。

研究可分为五个阶段（图 8-5），①第一阶段：将“2+26”城市区域划分交通小区，

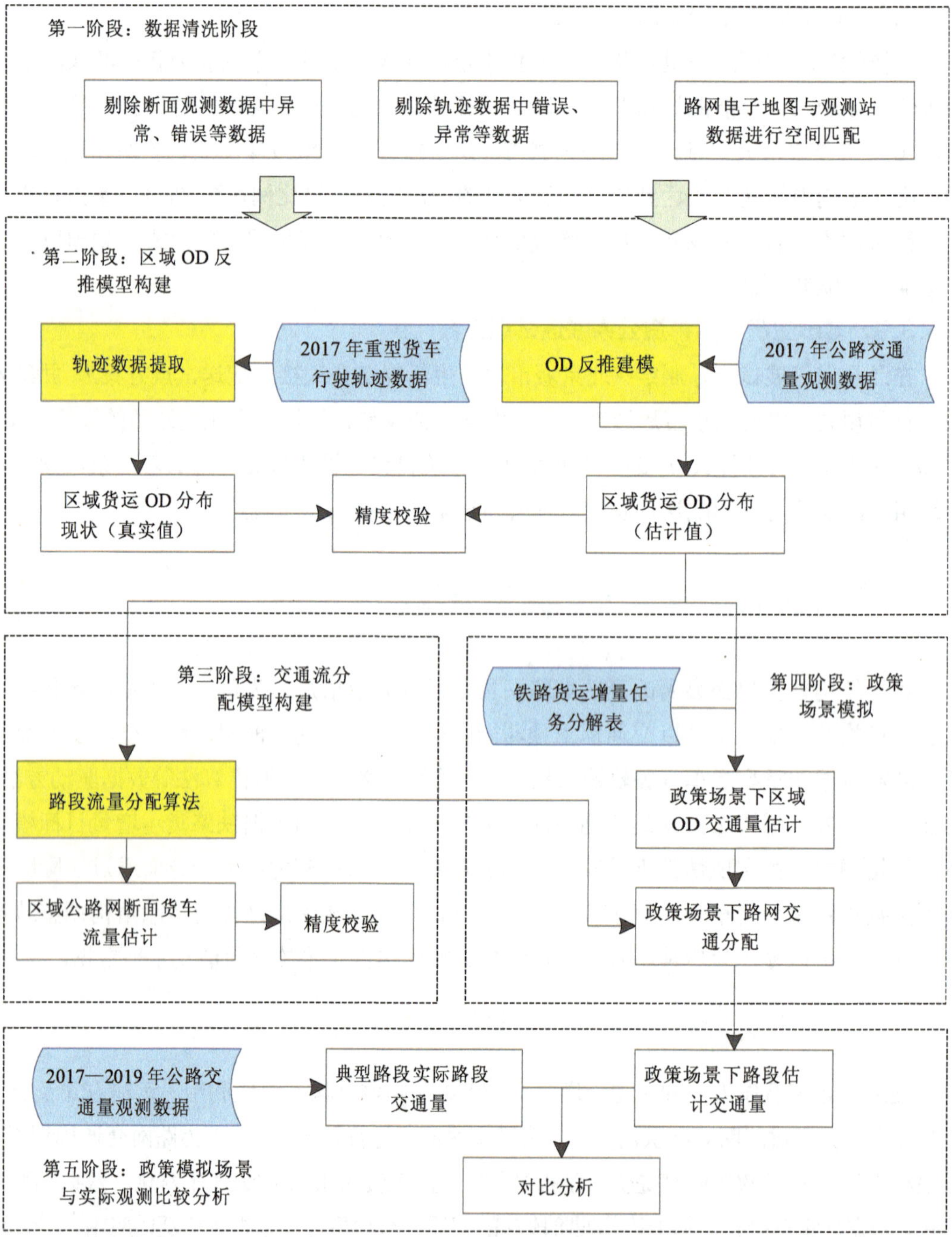

图 8-5 区域货运交通流模型及情景预测思路

采集并清洗区域路网中重型货车交通流量断面观测数据、重型货车行驶轨迹数据，匹配路网地图与观测站流量数据；②第二阶段：采用神经网络模型训练构建 OD 反推模型并估计区域货运车辆 OD 分布现状，并进行精度校验；③第三阶段：基于遗传算法、BP 神经网络设计路径搜索算法和路径选择概率模型，构建区域路网货运交通量分布模型，并进行精度校验；④第四阶段：结合运输结构调整政策情景预测区域货运车辆 OD 分布变化，开展不同政策情景下的重型货车流量估计；⑤第五阶段：货车流量估计值与实际观测值进行对比分析。

8.5.1.1 OD 反推模型的构建

（1）交通小区的划分

根据整理完善后得到的路网基础数据，按照城市数目将研究区域划分为 28 个交通小区（表 8-5）和 7 个外部小区。

表 8-5 交通小区的划分

序号	交通小区	序号	交通小区
1	安阳	15	天津
2	保定	16	新乡
3	北京	17	鹤壁
4	滨州	18	衡水
5	沧州	19	济南
6	德州	20	济宁
7	邯郸	21	焦作
8	菏泽	22	晋城
9	廊坊	23	开封
10	聊城	24	邢台
11	濮阳	25	阳泉
12	石家庄	26	长治
13	太原	27	郑州
14	唐山	28	淄博

（2）基于神经网络的 OD 反推建模实例

本研究采用了多比例法、极大熵法和 BP 神经网络模型分别进行 OD 反推建模。通过对比模型精度和计算的稳定性，最终选定基于神经网络模型的 OD 反推模型来进行京津冀“2+26”城市的 OD 反推。

1）模型输入输出参数设计

OD 反推的基本原理是通过路段交通量反推得到交通小区间的 OD 量。因此，输入参数应基于路段交通量，输出参数应为交通小区 OD 交通量进行设计[23]。

此次研究路段交通量来源于高速公路网交调系统中的检测数据，涵盖了京津冀“2+26”城市范围内高速路网上所有的交调站点，每个交调站点数据包含各类型交通量，并区分了上行、下行和断面流量。项目组共提取了5月28天、9月10—16日和11月29天的交调站点数据作为基础数据。

交通小区OD交通量作为模型的输出参数，此次研究共划分为28个内部小区、7个外部小区，因此，输出参数包括内部小区间的OD交通量（28×27）和内部小区与外部小区间OD交通量（28×7×2），共计1 148个。

2）神经网络层数设计

神经网络包含输入层、隐含层和输出层，其中隐含层可以是一层，也可以是多层。隐含层数越多，网络结构也越复杂，神经网络的训练时间也越长。根据Kolmogorov原理，三层及以上BP神经网络可以逼近任一连续函数，能实现任意复杂非线性映射问题。经过尝试，此次研究设置隐含层为二层，故BP神经网络模型总层数为四层。

3）传递函数选取及隐含层神经元数量设计

在传递函数选取时，要求传递函数必须是可微的。本模型中隐层1节点、隐层2节点和输出节点的传递函数分别采用tansig、tansig、logsig函数。其中，为保证输出参数为正值，输出层节点传递函数参用了logsig函数。

关于隐含层神经元数目，如果数目太多，会导致网络学习时间过长，误差并非最佳，也会导致容错性差，因此模型存在一个最佳隐层神经元数目选择的问题。由于现有研究并未有公认成熟的神经元数目确定依据，多为经验法。因此，通过试算最终选定隐层1为35个、隐层2为1 147个。

4）OD反推结果分析

此次研究选取5月的21天、11月的22天作为训练数据，5月的7天、11月的7天和9月的7天作为检验数据。模型检验结果如表8-6所示。不难发现，OD反推结果在整体规律上把握较好，精度在合理范围内。

表8-6 OD反推模型误差分析

<table>
<tr><th colspan="2"></th><th>真实值</th><th colspan="2">估计值</th><th>相对误差百分比/%</th></tr>
<tr><td colspan="2">平均OD量（当量）</td><td>648.63</td><td colspan="2">631.36</td><td>2.66</td></tr>
<tr><td colspan="2">最大OD量</td><td>12 722</td><td colspan="2">12 326.3</td><td>3.90</td></tr>
<tr><td colspan="2">最小OD量</td><td>1</td><td colspan="2">2.01</td><td>101.26</td></tr>
<tr><td rowspan="4">平均绝对误差（MAE）</td><td>5月</td><td>40.40</td><td rowspan="4">平均绝对百分比误差（MAPE）</td><td>5月</td><td>13.22</td></tr>
<tr><td>9月</td><td>79.23</td><td>9月</td><td>18.76</td></tr>
<tr><td>11月</td><td>63.73</td><td>11月</td><td>16.98</td></tr>
<tr><td>整体</td><td>61.12</td><td>整体</td><td>16.32</td></tr>
<tr><td></td><td>3年月平均</td><td>55.28</td><td></td><td>3年月平均</td><td>14.25</td></tr>
<tr><td></td><td>20 t以上</td><td>46.79</td><td></td><td>20 t以上</td><td>15.27</td></tr>
</table>

8.5.1.2 交通流分配

该研究选取基于遗传算法的路径选择概率计算方法和交通流加载方法的组合算法作为货车流量分配算法。

（1）OD 间出行路径集合生成

备选路径集合生成是指针对任一特定起讫点，确定哪些路径是出行者考虑的备选路径。备选路径集合的大小和组成将严重影响标定路径选择行为模型的准确性。考虑到算法的计算效率、路径集合的数量及有效性，采用 K-最短路算法中执行效率相对较高的双向扫除算法（含无回路处理）筛选得到每个 OD 对间的 K 条最短路径，通过乘客对出行时间的容忍程度限制删除不满足条件的路径，构造得到备选路径集合。

（2）基于遗传算法的路径选择概率计算

由于决策变量 x_t 属于 0～1 的变量，可直接将解向量 $X=(x_1, x_2, \cdots, x_m)$ 作为遗传算法的一个染色体进行计算。根据解 X 的构成可以发现，其可以表示出任意一种路径选择概率组合方案，且每一组方案必须满足任一 OD 间路径集合的选择概率小于或等于 0[24]。该研究提出了一个基于交通流加载的遗传算法，具体包括七个步骤。

步骤 1：初始化。设定种群规模 n 及最大进化代数。

步骤 2：产生初始种群。随机生成染色体作为初始种群。

步骤 3：计算适应度函数值。将各染色体对应的路径选择概率输入交通流加载算法，通过加载得到相关参数值，并将其代入适应度函数中进行求解，得到各染色体对应的适应度函数值。

其中，交通流加载算法采用非平衡分配方法中的增量分配法，具体步骤如下。

步骤 3-1：针对任意 OD，将 OD 间需求量等分为 24 分，进行 24 次加载。

步骤 3-2：初始时，认为各路段的交通量为 0，根据自由流时间和路径选择模型计算各路径的选择概率，结合出行量得到各方式、各路径第一次加载的货车流量。

步骤 3-3：更新路段时间，重复上述步骤，直至将所有的交通需求都分配到各路径上。路段时间的更新采用 BPR（Bureau of Public Roads）函数，具体形式如下：

$$t_a(x_a)=t_a\left[1+\alpha\left(\frac{x_a}{C_a}\right)^{\beta}\right] \tag{8-1}$$

式中，t_a——路段自由流时间；

x_a——路段流量；

$t_a(x_a)$——路段在流量 x_a 下的旅行时间；

C_a——路段通行能力；

α和 β——待定系数，分别取 0.15 和 4。

步骤 4：选择操作。采用轮盘赌的方式从父代染色体种群中选出 n 个染色体，组成子染色体种群。

步骤 5：交叉操作。采用单点交叉的方式对选择出来的两个父代染色体进行交叉操作，以产生新的染色体。

步骤 6：变异操作。对选择出的染色体进行变异，以产生新的染色体。随机产生实数 $b \in [0,1]$，若 $b \leqslant 0.5$，则采用基因片段内部充足规则对父代染色体进行变异；否则，采用单点变异规则对父代染色体进行变异。

步骤 7：终止条件判断。若遗传算法达到最大进化代数，则算法结束，输出最优染色体；否则进化代数加 1，并转步骤 3。

（3）分配结果分析

基于上述分配方法分配得到的路段流量，与交调站点的观测路段流量值（共计 3 781 条路段）作对比，其结果如表 8-7 所示。不难发现，分配结果在流量整体规律上把握尚可接受。

表 8-7 误差分析

	真实值	估计值	相对误差百分比/%
平均路段流量（当量）	6 694.82	7 208.16	7.67
平均绝对误差		1 802.42	
平均相对误差		25.2%	

8.5.1.3 公转铁政策影响评估

采用公转铁政策后，京津冀区域内 468 343 条路段中，交通流量降低的路段为 254 089 条，占比约为 54%。全路网日平均交通流量减少 281 车次，其中高速公路日平均交通流量减少 362 车次，国道日平均交通流量减少 382 车次，省道日平均交通流量减少 215 车次。唐山市、天津市、沧州市、太原市、邯郸市、晋城市等周边的路段交通流量下降效果明显，此外部分城市间的连接通道上流量也下降明显，如太原市与阳泉市之间。

8.5.1.4 区域货物运输量变化分析

（1）区域整体货运量和货运结构的变化

2017 年开始，交通运输结构调整工作拉开帷幕，持续推进大宗货物运输“公转铁”，2017—2019 年，京津冀及周边六省市铁路货运量持续增长，运输结构调整工作取得了阶段性成效（图 8-6）。

2019 年，京津冀及周边六省市完成公路货运量 99.03 亿 t，比上一年增长 3.70%。2018 年完成公路货运量 95.56 亿 t，比上一年增长 9.57%。从近 2 年的增长率来看，增速放缓。

2019 年，京津冀及周边六省市完成铁路货运量 16.49 亿 t，比上一年增长 11.12%。2018 年完成铁路货运量 14.84 亿 t，比上一年增长 11.08%。铁路货运量大幅提高。

2019 年，京津冀及周边六省市完成水运货运量 4.81 亿 t，比上一年增长 9.79%。2018 年完成水运货运量 4.38 亿 t，比上一年增长 3.40%。水运货运量年增速加快。

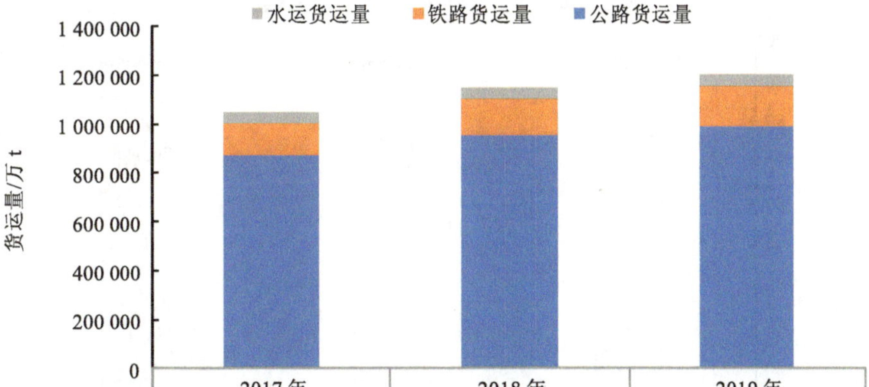

	2017 年	2018 年	2019 年
水运货运量	42 398	43 840	48 132
铁路货运量	133 570	148 393	164 948
公路货运量	872 168	955 627	990 347

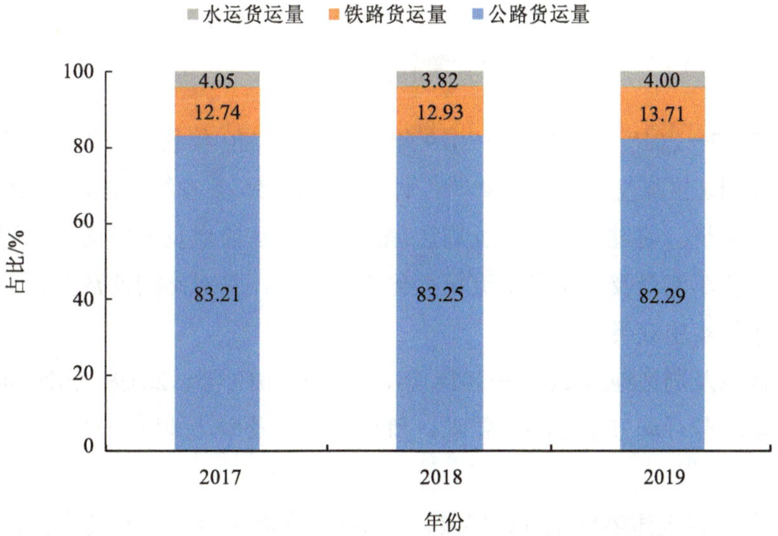

图 8-6　2017—2019 年京津冀及周边六省市分运输方式货运量及占比

（2）区域港口的煤炭、矿石集疏运变化

《推进运输结构调整三年行动计划（2018—2020 年）》[25]中明确要求，2020 年采暖季前，沿海主要港口和唐山港、黄骅港的矿石、焦炭等大宗货物原则上主要改由铁路或水路运输。京津冀及周边六省市港口大宗货物“公转铁”初见成效。近 3 年来，唐山港、黄骅港在内的京津冀周边地区共 7 个港口的焦炭、矿石等大宗货物公路疏港比例，由 2017 年的 67.8%下降至 2019 年的 56.3%，下降了 11.5 个百分点；铁路和水路疏港比例由 32.3%增长到 39.6%，增长了 7.3 个百分点（图 8-7）。

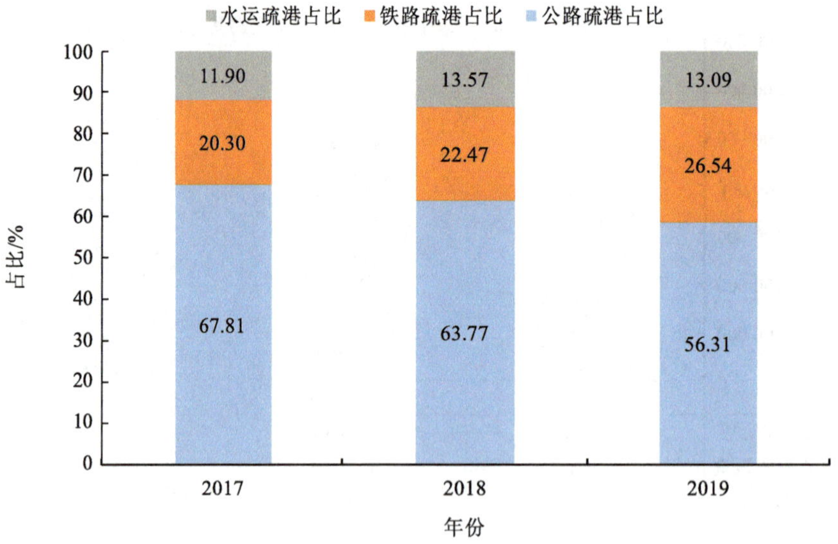

图 8-7　2017—2019 年京津冀周边港口矿石焦炭疏港货运量分运输方式占比情况

8.5.2　区域主要公路货运通道流量变化分析

为分析 2017—2018 年、2018—2019 年、2019—2020 年秋冬季大气污染综合治理措施对京津冀及周边区域交通流量的影响，针对识别出 56 条省级货运通道 2016—2019 年流量进行跟踪分析。通过对京津冀及周边地区主要货运通道及港口周边主要道路政策节点实施前后的货车流量及重型货车流量变化进行分析，并对比同期数据，通过车流量变化反推分析政策实施效果。

根据京津冀及周边地区 2017—2018 年、2018—2019 年、2019—2020 年秋冬季大气污染综合治理攻坚行动方案等相关要求，梳理京津冀及周边地区运输相关主要政策节点如下：

①2017 年 5 月天津港禁止汽运煤炭，9 月底环渤海所有港口严禁接受公路运煤；

②2017 年 6 月 1 日起，天津市除持有通行证外，全天禁止本市及外埠中型重型载货汽车在外环线（含外环线）内通行；

③2017 年 9 月 21 日起，北京国Ⅲ排放标准柴油载货汽车进入六环路（含六环路）以内道路通行，外埠车辆限行；

④2017 年 9 月底前制定错峰限停产方案，大宗物料实施错峰运输，重污染天气预警期间，环渤海地区港口集疏运车辆禁止进出港区；

⑤2017 年 10 月起，严厉查处货车超标排放行为，每天开展综合执法检查，对违法车辆一律从严处罚。

⑥2018 年 10 月 1 日起，各地加快淘汰国Ⅲ及以下排放标准的营运中重型柴油货车、

采用稀薄燃烧技术或“油改气”的老旧燃气车辆。

⑦2018 年 10 月 1 日起，新增和更新城市公交、环卫、邮政、出租、通勤、轻型物流配送车辆全部采用新能源或清洁能源汽车。

⑧2018 年 10 月起，天津港煤炭集疏港持续由铁路运输，严格禁止汽运煤炭集疏港。

⑨2018 年 12 月底前，多地出台运输结构调整方案。

⑩2018 年 12 月底前，环渤海地区、山东省沿海主要港口和唐山港、黄骅港的煤炭集港改由铁路或水路运输。

⑪2019 年 10 月底前，在主要物流货运通道和城市主要入口布设排放检测站（点），针对柴油货车等开展常态化全天候执法检查。

⑫2019 年 12 月底前，老旧柴油货车淘汰数量应达到任务量的 40%以上。

8.5.2.1 典型货运通道流量对比分析

（1）G4501（北京段）

从流量数据来看，2016—2019 年货车流量与重型货车流量呈明显下降趋势，其中 2017 年下降幅度最大，3 月之后出现明显下降；2018 年 11 月货车流量相比 10 月出现明显突增，且以中小型货车为主，同时重型货车呈缓慢下降趋势，考虑重型货车拆分为中小型货车运输的可能性；总体来看，港口禁止汽运煤炭和秋冬季大气污染综合治理政策效果显著（图 8-8 和图 8-9）。

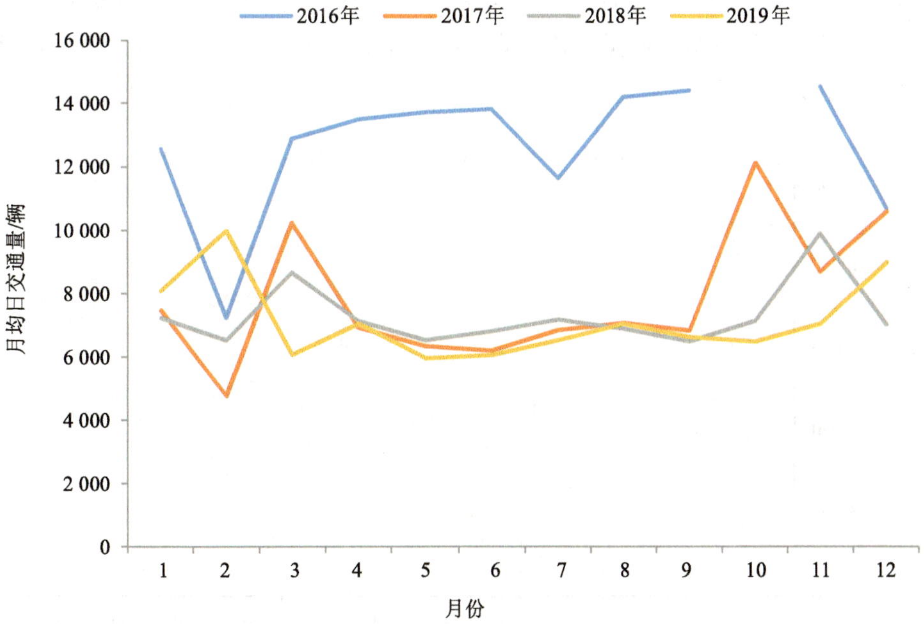

图 8-8　G4501 北京段货车加权流量对比

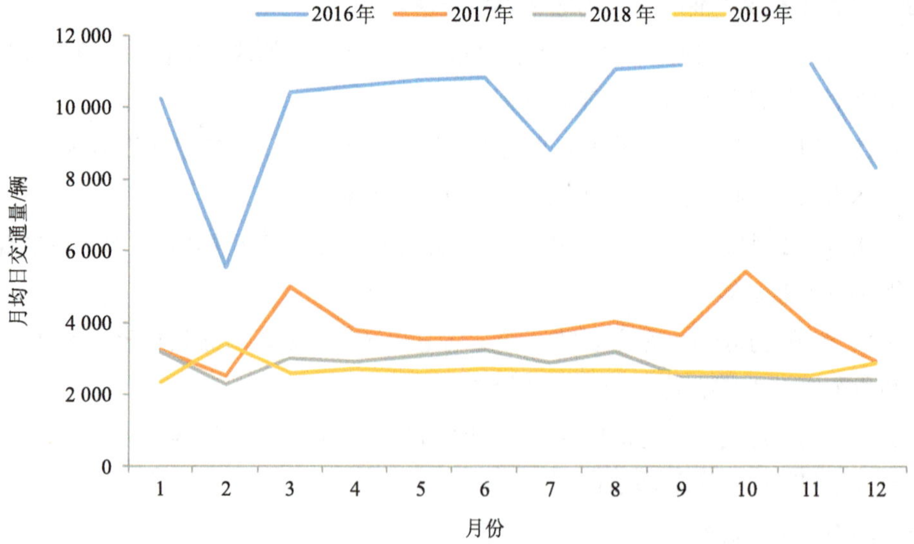

图 8-9　G4501 北京段重型货车加权流量对比

（2）G25（天津段）

G25 通道重型货车占比非常高，大于 90%，是典型的大宗货物运输通道。从货车流量情况来看，2017 年 9 月后，货车及重型货车流量显著增加，2018 年货车及重型货车流量显著高于 2017 年，考虑唐山港禁止汽运煤炭后导致的绕行车辆增加的可能；2018 年 10 月之后，货车及重型货车流量开始下降，秋冬季大气污染综合治理政策效果显著（图 8-10 和图 8-11）。

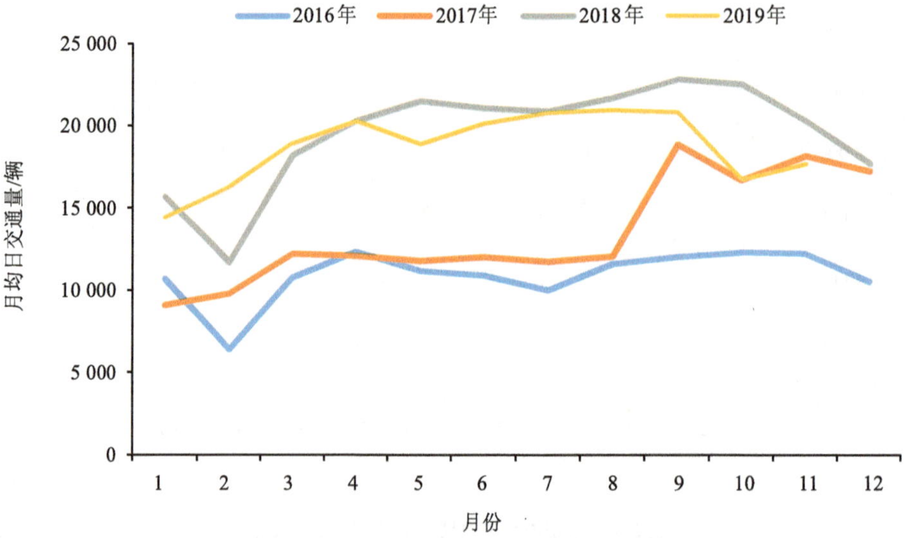

图 8-10　G25 天津段货车加权流量对比

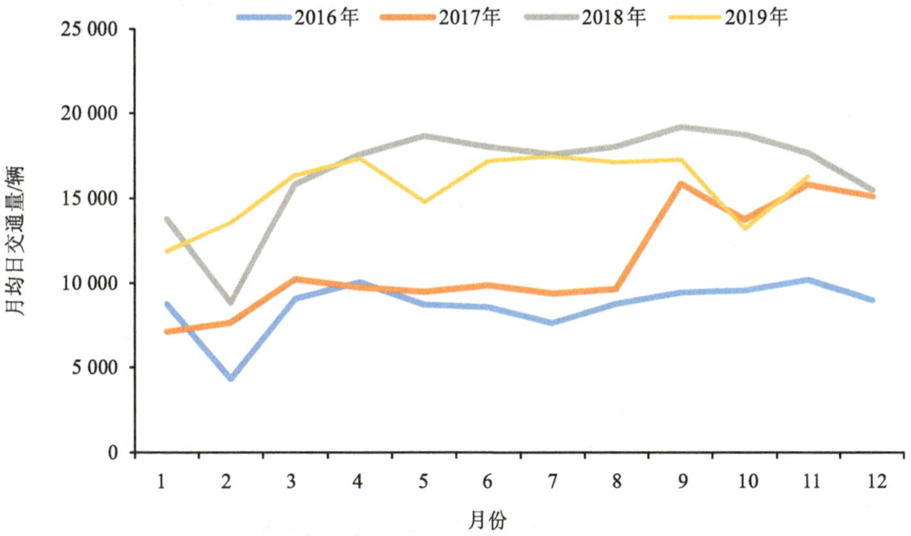

图 8-11　G25 天津段重型货车加权流量对比

（3）S324（河北段）

S324 从流量来看，2017 年 10—12 月，货车及重型货车流量暴增 2～3 倍，远远高于 2016 年同期水平，考虑秋冬季大气污染防治政策引发的车流量转移的可能。2018 年 1—9 月，货车及重型货车流量高于 2017 年同期，10 月开始呈下降趋势；2019 年 6 月后，货车及重型货车流量均低于 2018 年，11 月之后流量下降，秋冬季大气污染防治政策效果显著（图 8-12 和图 8-13）。

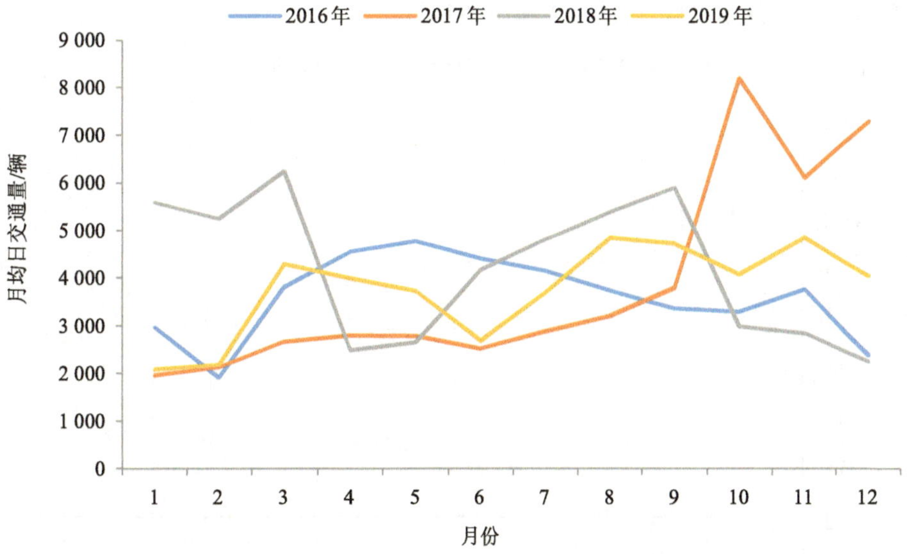

图 8-12　S324 河北段货车加权流量

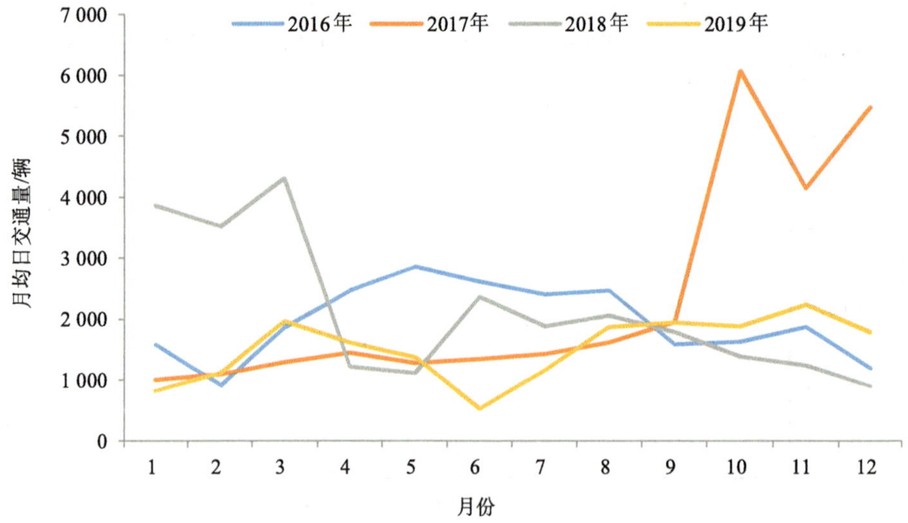

图 8-13 S324 河北段重型货车加权流量

8.5.2.2 典型港口集疏运通道流量变化分析

港口周边疏港通道，除天津港周边 G103、曹妃甸港区周边 G228 和京唐港区周边 G508 观测站部分月份可能出现因流量转移或绕行带来的流量增高外，总体港口禁止汽运煤炭政策效果明显。此处仅以典型港口周边道路流量观测站为例进行详细说明。

（1）天津港 S412—津港观测站

天津港周边 S412 津港观测站虽然缺少部分数据，但总体看来，2018 年货车及重货流量与 2017 年同期持平，2019 年货车及重货流量总体低于 2017、2018 年水平，港口禁止汽运煤炭政策效果开始显现（图 8-14 和图 8-15）。

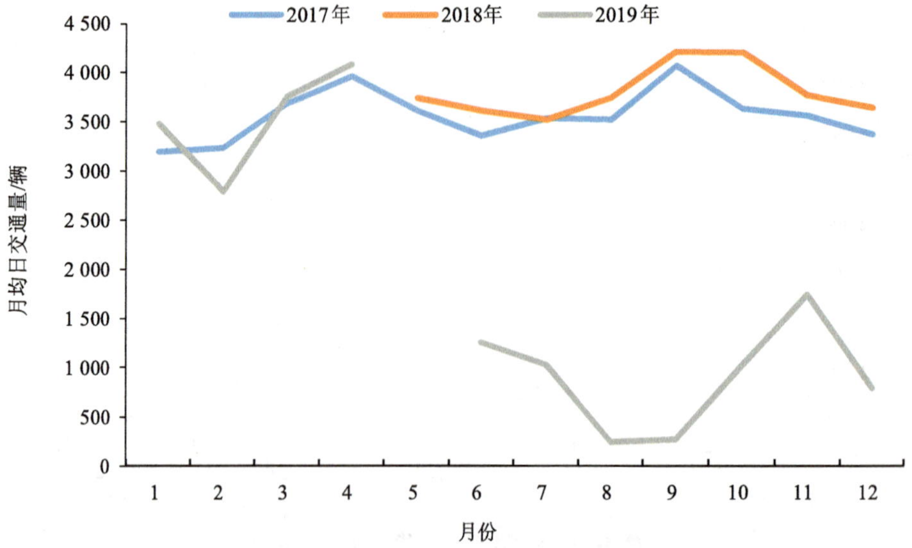

图 8-14 天津港 S412—津港观测站货车流量

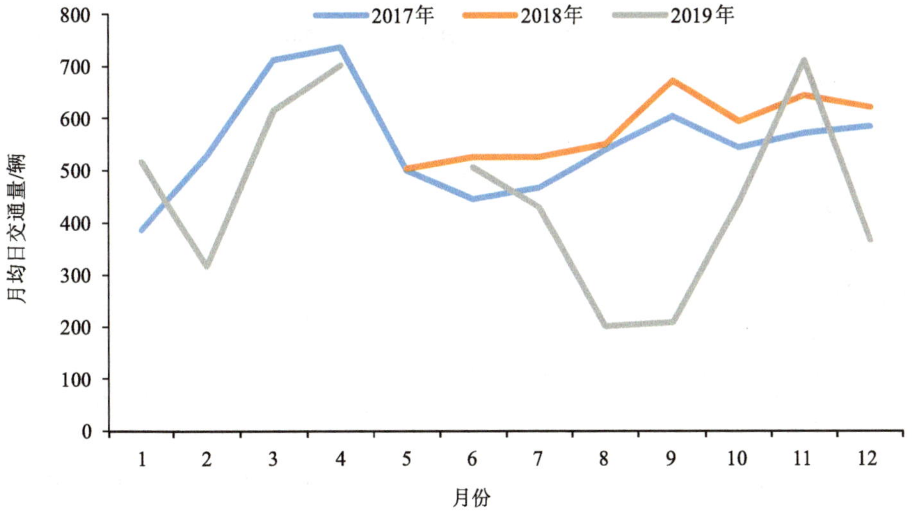

图 8-15　天津港 S412—津港观测站重型货车流量

（2）天津港 G103—空港保税区观测站

天津港周边 G103 空港保税区观测站缺少部分月份数据，但从 2017 年 7 月开始货车流量和重型货车流量整体水平都偏低，2019 年 1—8 月货车流量显著低于 2018 年同期水平；7—10 月也显著低于 2017 年同期水平，天津港 2017 年 5 月开始禁止汽运煤炭政策效果显著。2019 年 11—12 月货车流量激增，考虑秋冬季大气污染防治措施政策引发车流量转移的可能。

2019 年 3—8 月重型货车流量显著高于 2018 年同期水平；但货车流量却低于 2018 年同期水平，考虑货车大型化发展的可能（图 8-16 和图 8-17）。

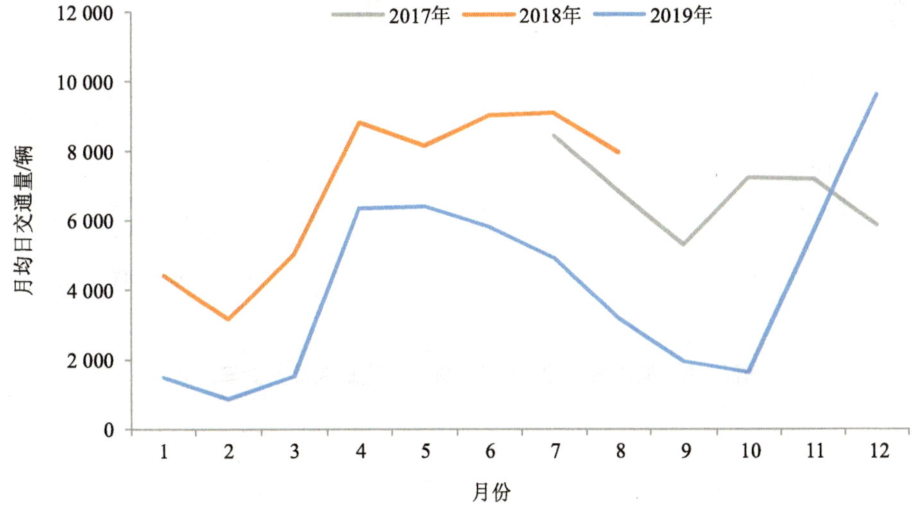

图 8-16　天津港周边 G103—空港保税区观测站货车流量

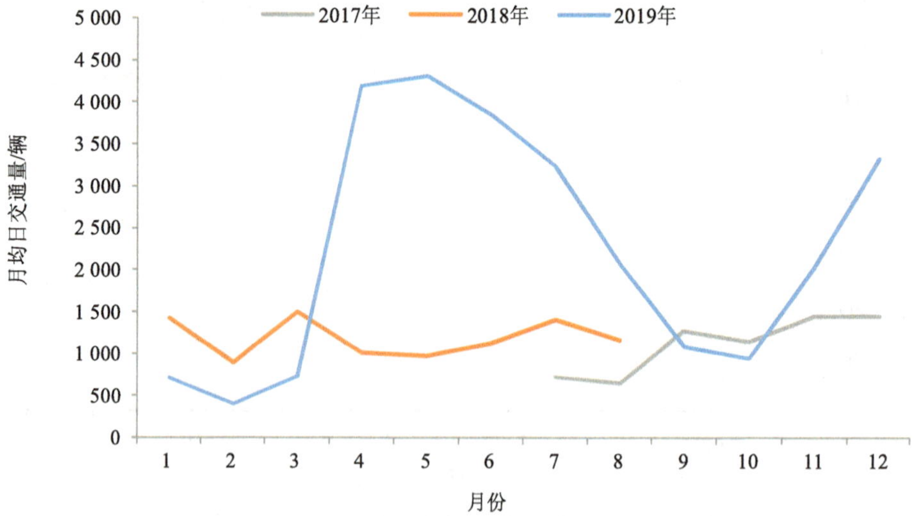

图 8-17　天津港周边 G103—空港保税区观测站重货流量

（3）唐山港京唐港区 G508—林李坨道班观测站

唐山港周边 G508 林李坨道班观测站 2018 年、2019 年相比于 2017 年货车及重型货车流量显著降低，港口禁止汽运煤炭政策效果显著（图 8-18 和图 8-19）。

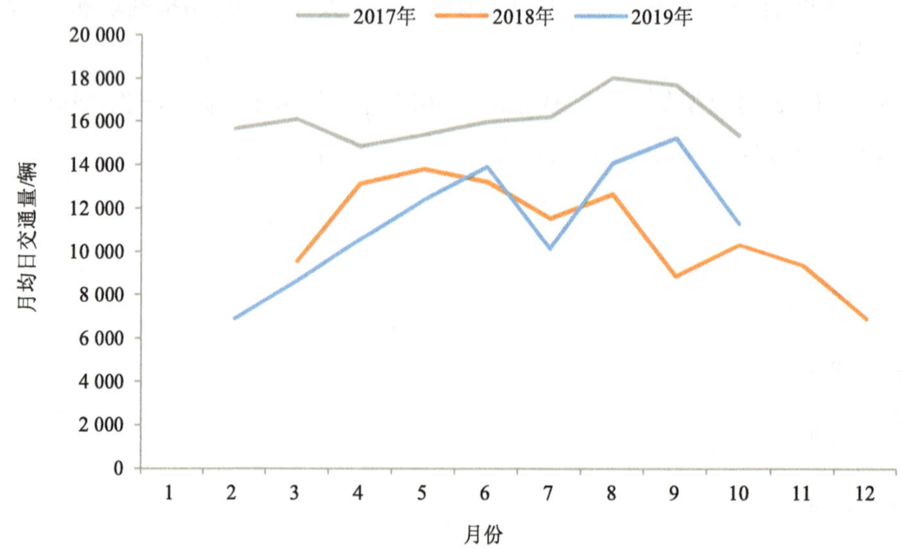

图 8-18　唐山港周边 G508—林李坨道班观测站货车流量

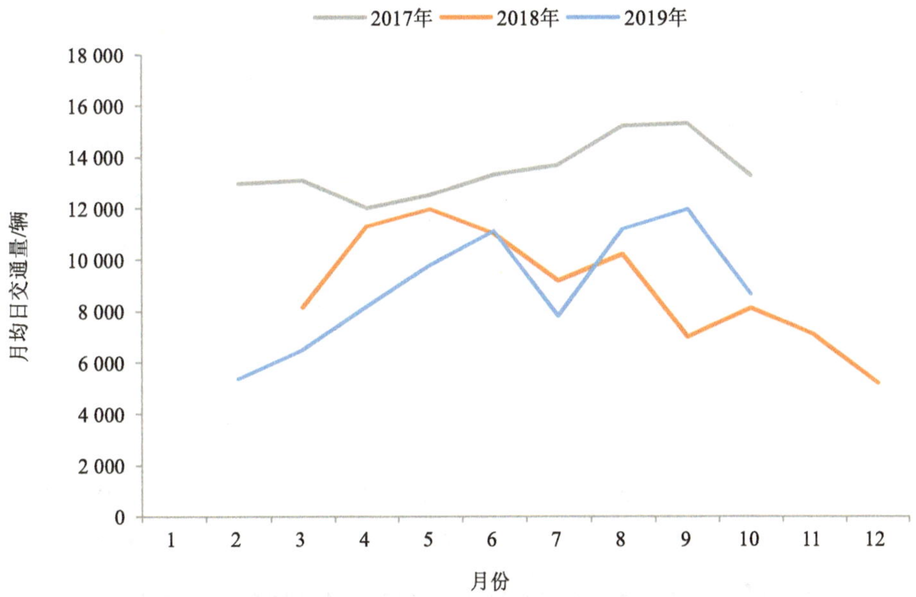

图 8-19　唐山港周边 G508—林李坨道班观测站重货流量

8.5.2.3　典型钢铁、电力、煤炭企业周边道路流量变化分析

对京津冀周边“2+26”城市范围内 10 个钢厂、3 个电厂和 5 个煤矿 24 条路的 31 个观测站的货车流量和重型货车流量进行了分析，除河北建设沙河发电有限责任公司周边 S329 新城观测站、峰峰矿区薛村矿周边 S315 林峰观测站、河南煤业化工集团永煤公司开封龙宇化工有限公司周边 S201 新桥观测站、山东钢铁股份有限公司莱芜分公司周边 G22 城岭隧道观测站、G341 辛庄观测站，华能国际电力股份有限公司德州发电厂周边 G105 廿里铺观测站、G105 索庄观测站，兖州矿业（兴隆庄煤矿）周边 G104 小雪观测站 8 个观测站流量可能出现转移或政策效果不明显外，其余 23 个观测站流量都显示了明显的政策效果。3 个电厂中有 2 个电厂周边道路流量政策效果不明显，10 个钢厂中有 1 个钢厂周边道路流量政策效果不明显，5 个煤矿中有 3 个煤矿周边道路流量政策效果不明显，可见钢厂受政策影响最大。此处以典型企业周边道路流量观测站为例。

（1）钢铁厂—唐山国丰钢铁有限公司

唐山国丰钢铁有限公司周边 S0105 唐曹互通观测站货车及重货流量从 2017—2019 年基本持平，2019 年总体水平略有下降，考虑是大型工矿企业运输结构调整政策带来的效果（图 8-20 和图 8-21）。

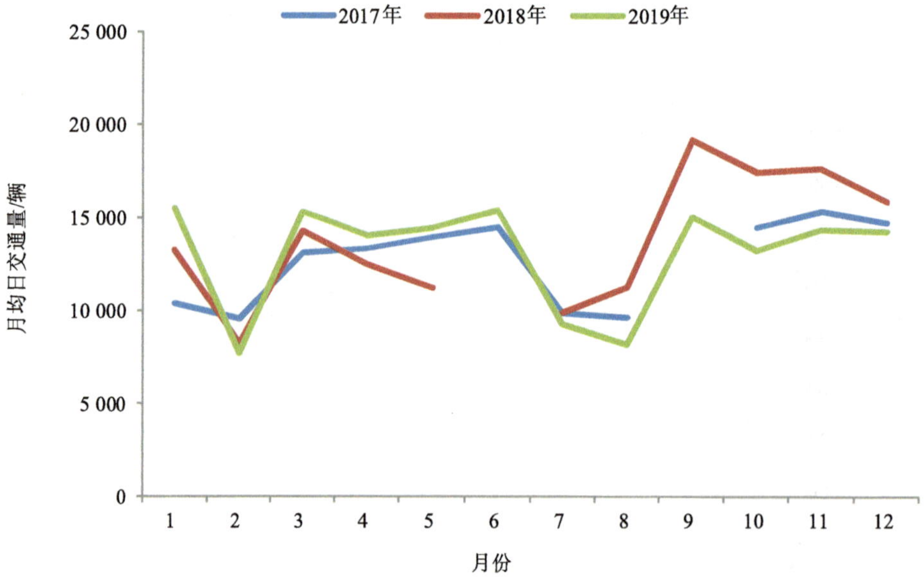

图 8-20　唐山国丰钢铁有限公司周边 S0105 唐曹互通观测站货车流量

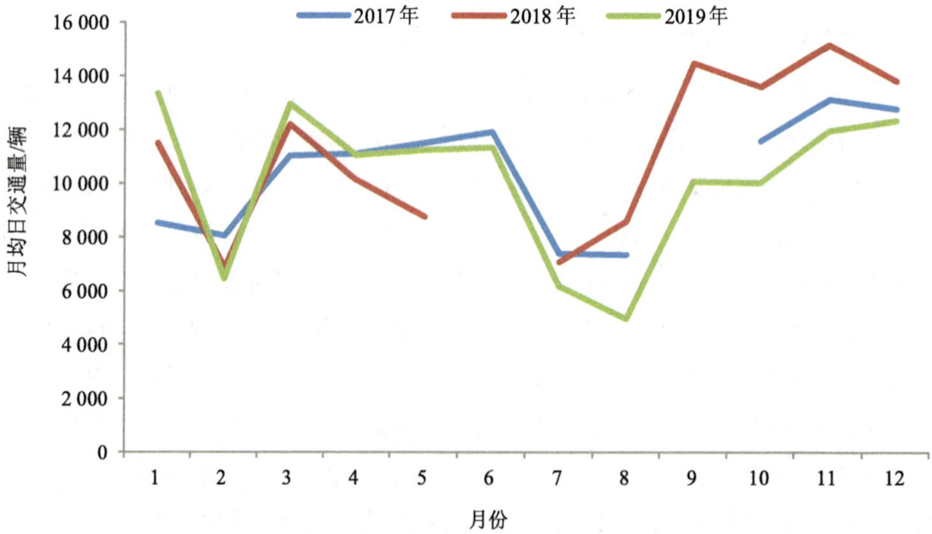

图 8-21　唐山国丰钢铁有限公司周边 S0105 唐曹互通观测站重货流量

（2）电厂—郑州裕中能源有限责任公司

郑州裕中能源有限责任公司周边 S317 观音堂观测站货车及重货流量从 2017—2019 年整体呈现逐年下降趋势，考虑是大型工矿企业运输结构调整政策带来的效果（图 8-22 和图 8-23）。

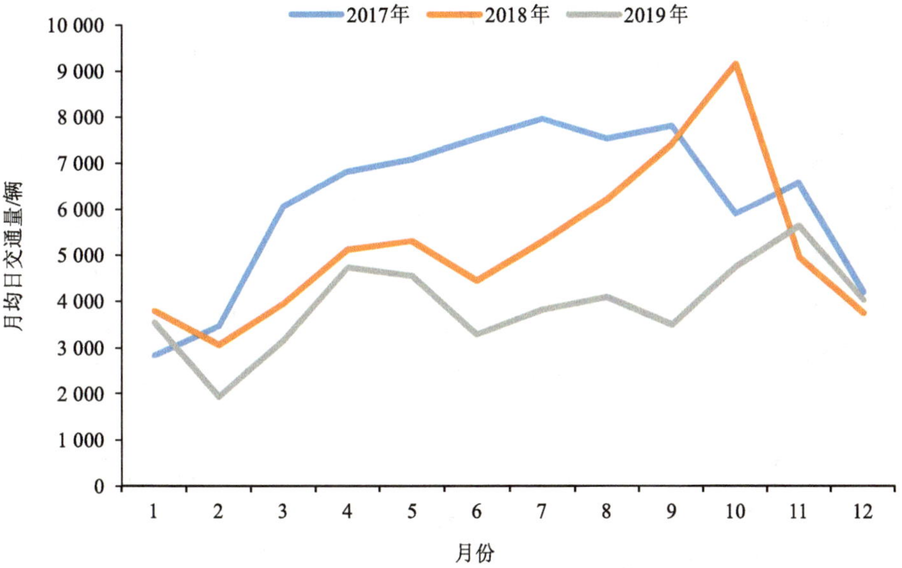

图 8-22　S317 观音堂观测站货车流量

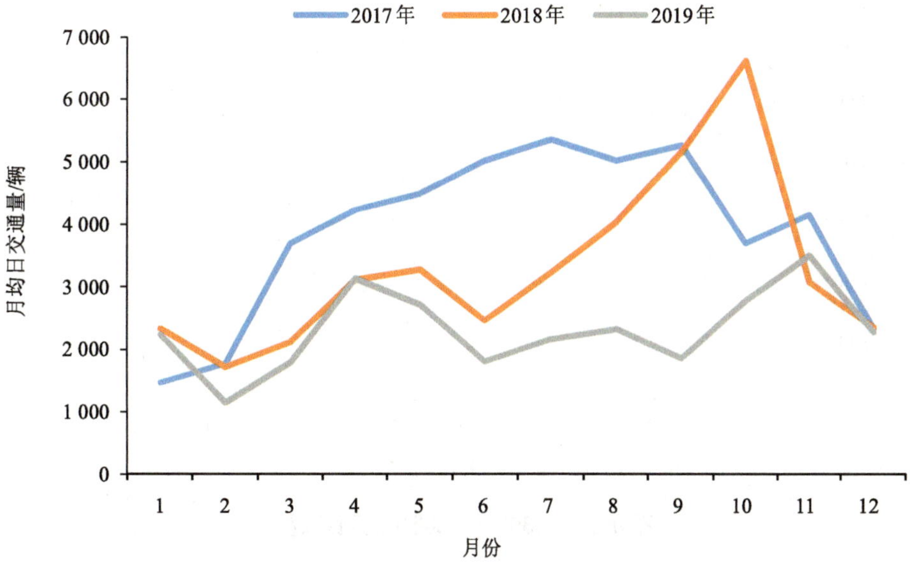

图 8-23　S317 观音堂观测站重货流量

（3）煤矿—阳泉煤业集团（一矿）

阳泉煤业集团（一矿）周边 G307 辛兴观测站货车及重货流量从 2017—2019 年逐年大幅降低，考虑是大型工矿企业运输结构调整政策带来的效果（图 8-24 和图 8-25）。

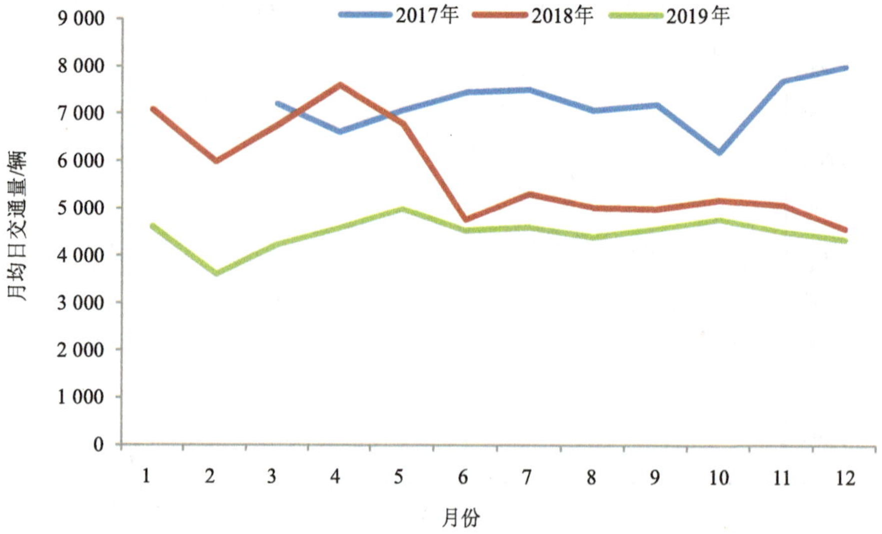

图 8-24　G307 辛兴观测站货车流量

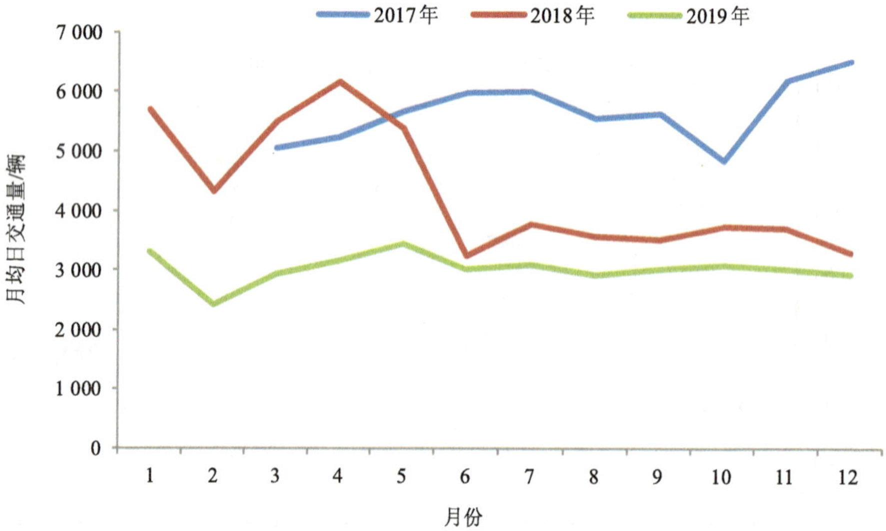

图 8-25　G307 辛兴观测站重货流量

8.5.2.4　主要流量变化结论

（1）2017—2018 年、2018—2019 年、2019—2020 年秋冬季大气污染综合治理政策影响以点为主，对面影响不显著，体现在整体货运通道货车及重型货车流量变化对政策不敏感，而关键节点（如港口、重点工业城市）周边道路货车及重型货车流量变化对政策响应及时；

（2）2017—2018 年、2018—2019 年秋冬季大气污染综合治理政策中，港口禁止汽运煤炭影响效果最为显著，港口周边道路货车及重型货车流量明显降低，但同时也引起了货车运输转移的现象；

（3）2018 年 11 月政策实施初始有一定效果，12 月效果较为显著，可能因为部分政策节点在 12 月底前，为达到目标出现政策执行力度加强的情况，2019 年延续之前的政策产生效果，调控表现优于 2018 年；

（4）北京市货运通道货车及重型货车流量基本体现出了秋冬季大气污染防治政策影响，虽然南部方向（G106）、西北方向（G7）及六环（G4501）重型货车流量 2018 年全年较 2017 年同期降低的效果不显著，但 2019 年三条线路车流量都明显低于 2018 年；

（5）天津港禁止汽运煤政策降低了天津主要物流通道车辆流量，且政策实施之后的 11—12 月，除了 G112 在 2019 年 10 月之后可能存在车流量转移现象，其余通道货车及重型货车流量呈下降的趋势，秋冬季大气污染防治政策影响显著；

（6）河北省除重点工业城市周边货运通道（如邯郸 G309）体现出错峰生产运输带来的货车流量变化外，其他货运通道货车流量 2018 年与 2017 年基本持平且变化趋势相似，尤其是政策实施后，车流量波动不大，2018 年秋冬季大气污染防治政策影响不明显，2019 年新增 3 条货运通道受政策影响明显，开始展现政策延续效果；

（7）河南省除 G107 通道政策实施之后，货车及重型货车流量下降趋势显著外，其余通道 2018 年车流量全年要高于 2017 年同期，2018 年秋冬季大气污染防治政策影响不明显，2019 年新增 1 条货运通道受政策影响明显，开始展现政策延续效果；

（8）山东省是通道最多的省，2018 年除 G205、G3 和 S508 通道，货车及重型货车可能存在车流量转移现象而导致的车流量上升外，其余部分通道（如 G2、S31、S84）受秋冬季大气污染防治政策影响显著，政策实施后的 11—12 月，货车及重型货车流量显著下降；而剩余通道车流量受政策影响不明显，2019 年新增 6 条货运通道受政策影响明显，开始展现政策延续效果；

（9）山西省除了 G108、G2516 通道重型货车存在车流量转移现象和 2019 年的政策显著影响外，其余通道货车及重型货车流量变化波动不大，秋冬季大气污染防治政策影响不明显。

参考文献

[1] 朱晓磊. 构筑“泛长三角”地区一体化交通运输通道的设想[C]. 中国公路学会学术年会论文集，2004：377-380.

[2] 李伟，孙鹏，李可，等. 运输集中、廊道识别与国家综合运输大通道规划[J]. 综合运输，2017，39（3）：1-7，12.

[3] APRONTI D T，KSAIBATI K. Four-step travel demand model implementation for estimating traffic

volumes on rural low-volume roads in Wyoming[J]. Transportation Planning and Technology，2018，41（5）：557-571.

[4] 傅兰兰. 城市道路改扩建交通预测应用研究[D]. 成都：西南交通大学，2018：42-60.

[5] LIN Hongzhi，WEI Jie. Optimal transport network design for both traffic safety and risk equity considerations[J]. Journal of Cleaner Production，2019，218：738-745.

[6] 傅白白，于善初. OD 反推技术下的高强度开发片区容积率确定方法[J]. 规划师，2014，30（10）：58-63.

[7] WANG Shuwei，SUN Lishan，RONG Jiang，et al. Transit traffic analysis zone delineating method based on thiessen polygon[J]. Sustainability，2014，6（4）：1821-1832.

[8] LI Tongfei，SUN Huijun，WU Jianjun，et al. Optimal urban expressway system in a transportation and land use interaction equilibrium framework[J]. Transportmetrica A：Transport Science，2019，15（2）：1247-1277.

[9] AGRAWAL A，UDMALE S S，SAMBHE V K. Extended four-step travel demand forecasting model for urban planning. information and communication technology for sustainable development[M]. Singapore：Springer，2018：191-198.

[10] 邓红星，赵志恒，王玮琦. 基于公交 IC 卡和 GPS 数据的公交 OD 量推算研究[J]. 重庆理工大学学报（自然科学），2019（6）：33.

[11] 孙卓，刘即明，阎妮. 基于手机信令大数据的城市居民出行 OD 预测[J]. 数学的实践与认识，2019，49（11）：68-77.

[12] HORVÁTH M T，MÁTRAI T，TÓTH J. Route planning methodology with four-step model and dynamic assignments[J]. Transportation Research Procedia，2017，27：1017-1025.

[13] YING Xiwen，SHI Jing. Road resources distribution and evolution analysis using a species competition model for improving road equity[J]. Tsinghua Science and Technology，2008，13（5）：651-659.

[14] FENG Xuesong，ZHANG Junyi，FUJIWARA A. Adding a new step with spatial autocorrelation to improve the four-step travel demand model with feedback for a developing city[J]. IATSS Research，2009，33（1）：44-54.

[15] GATELY C K，HUTYRA L R，PETERSON S，et al. Urban emissions hotspots：Quantifying vehicle congestion and air pollution using mobile phone GPS data[J]. Environmental pollution，2017，229：496-504.

[16] LEVIN M W，JAFARI E，SHAH R，et al. Network-based model for predicting the effect of fuel price on transit ridership and greenhouse gas emissions[J]. International Journal of Transportation Science and Technology，2017，6（4）：272-286.

[17] GARIKAPATI V M，YOU D，ZHANG Wenwen，et al. Estimating household travel energy consumption in conjunction with a travel demand forecasting model[J]. Transportation Research Record，2017，2668

（1）：1-10.

[18] LEVIN M W，SMITH H，BOYLES S D. Dynamic four-Step planning model of empty repositioning trips for personal autonomous vehicles[J]. Journal of Transportation Engineering，Part A：Systems，2019，145（5）：04019015.1-14.

[19] ZHANG Rui，YAO Enjian. Mesoscopic model framework for estimating electric vehicles' energy consumption[J]. Sustainable Cities and Society，2019，47：101478.

[20] 邵春福. 交通规划原理[M]. 北京：中国铁道出版社，2004.

[21] OU Jishun，LU Jiawei，XIA Jingxin，et al. Learn，assign，and search：real-time estimation of dynamic origin-destination flows using machine learning algorithms[J]. IEEE Access，2019：26967-26983.

[22] RAO Wenming，WU Yaojan，XIA Jingxin，et al. Origin-destination pattern estimation based on trajectory reconstruction using automatic license plate recognition data[J]. Transportation Research Part C：Emerging Technologies，2018，95（OCT.）：29-46.

[23] SADEGHI B H M. A BP-neural network predictor model for plastic injection molding process[J]. Journal of Materials Processing Technology，2000，103（3）：411-416.

[24] ZHU Yuting，MAO Baohua，BAI Yun，et al. A bi-level model for single-line rail timetable design with consideration of demand and capacity[J]. Transportation Research Part C Emerging Technologies，2017，85（2017）：211-233.

第 9 章

柴油车（机）排放管控方案应用实例——北京篇*

北京市交通发展水平在全国领先，初步形成了以北京市为中心，以快速铁路、高速公路为骨干，普速铁路、国省干线公路为基础，与港口、机场共同组成的放射圈层状综合交通网络[1]。北京市机动车保有量一直处于全国第一，2018 年北京市汽车保有量达到 583.9 万辆，包括柴油货车 19.58 万辆，占汽车保有量的 3.35%[2]，是“2+26”城市柴油货车保有量第三的城市。汽车 NO_x 和 PM 排放量分别为 7.26 万 t 和 0.25 万 t，其中柴油货车 NO_x 和 PM 排放量分别占汽车排放量的 37.6%和 61.3%[3]。从北京市源解析结果来看，移动源是北京市 $PM_{2.5}$ 最主要的贡献源。北京市在移动源，包括机动车和非道路移动源的监管方面，采取多种措施，一直处于全国领跑水平，有许多可供借鉴的先进经验。

9.1 北京市实际道路流量特性研究

为了提出精细化的道路移动与管控措施，首先应该了解的就是实际道路流量特征状况，识别流量重点区域和通道，指导后续的机动车污染排放的精确治理，因此，本章针对北京市实际道路流量特性展开研究。本节研究北京市实际道路流量特性，基于交通多源大数据融合结果，结合路网车队结构模型，构建道路流量评估模型，并开展特征分析。

9.1.1 路网车队结构调查与模型搭建

9.1.1.1 数据采集调查方案

（1）点位布设方案

道路车型结构调查点位共计 20 个，主要分布于环路、进出京高速及主次干路[4]。汇总数据的路段如下（图 9-1）：广和东三路、黄陈路、金宝街、京通快速路、亮马桥路、榴乡路、马家堡西路、闵庄路、蒲芳路、万红路、万泉河路、西三环、西四环主路、张

* 本章作者：何巍楠、刘莹、郑晓彬、韩媛、程颖、吴睿、田苗。

自忠路、珠市口东大街。其中，大部分点位包括京籍与非京籍的省际、出租、公交、郊区客运、货运、租赁、旅游、社会客车、社会货车不同车重类型、燃料类型、排放标准的工作日道路流量占比，选择调查点位时充分考虑客运站、货运站等设施对路段车辆结构的影响[4]；还有部分点位的调查地点和时间为环路周末、高速周末、环路四九限行日[4]。该数据可用于求解不同环保属性的路段车辆结构比例。道路车型结构调查现场如图 9-2 所示。

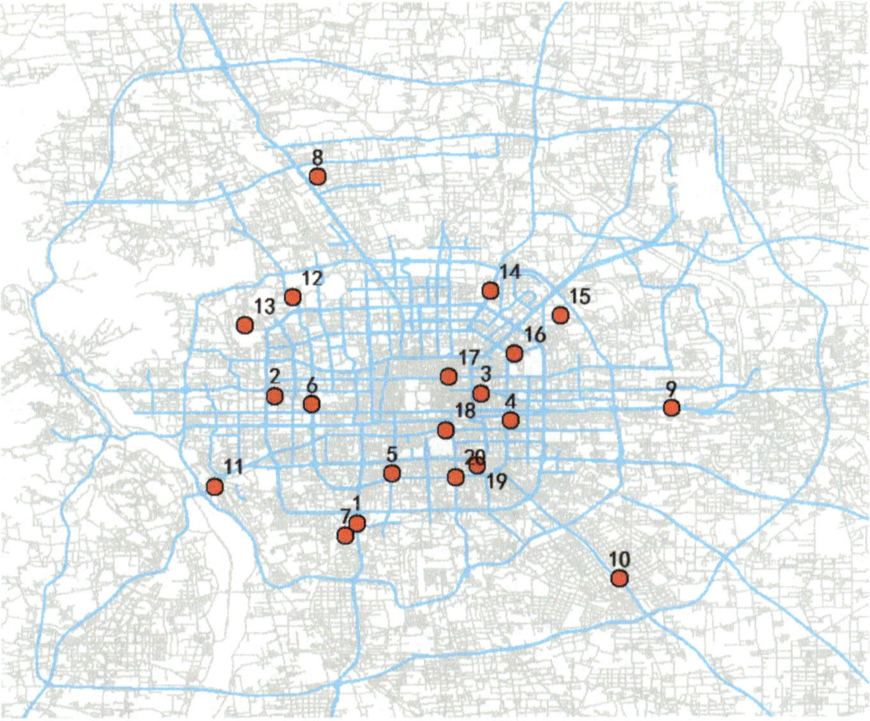

图 9-1　道路车型结构调查点位空间分布

图 9-2　道路车型结构调查现场

（2）具体实施方案

考虑了路网车队结构情况的时间分布特征，调研时间选取了全日典型时段特征，包括 7：00—10：00、17：00—1：00 两段，17：00—1：00 期间保证 17：00—20：00、23：00—1：00 仪器运行正常，具体实施点位如表 9-1 所示。

表 9-1 具体实施方案

序号	路段属性	调查点位	单侧路段车道数	调研时间	覆盖样本备注
1	京通高速公路	北京第二外国语学院附属中学天桥	三车道（东向西）	普通工作日	非京籍车辆比例 20%～40%，年车流量 2 000 万辆以上
			三车道（西向东）	普通工作日	
2	京沪高速公路	东渠路五环立交	二车道（西北向东南）	普通工作日	非京籍车辆比例 20%～40%，年车流量 0～2 000 万辆
			二车道（东南向西北）	普通工作日	
3	京石高速公路	大瓦窑桥	三车道（北向南）	普通工作日	非京籍车辆比例 40%～60%，年车流量 2 000 万辆以上
			三车道（南向北）	普通工作日	
4	京藏高速公路	百嘉城天桥	三车道（南向北）	普通工作日	非京籍车辆比例 40%～60%，年车流量 0～2 000 万辆，京承高速
			三车道（北向南）	普通工作日	
5	京藏高速公路	百嘉城天桥	三车道（南向北）	周末	高速公路周末
			三车道（北向南）	周末	
6	主干路—太平桥大街	西城区食品药品委员会	主路三车道（北向南）	普通工作日	城市主干路主路普通工作日
			主路三车道（南向北）	普通工作日	
			辅路一车道（北向南）	普通工作日	城市主干路辅路普通工作日
			辅路一车道（南向北）	普通工作日	
7	主干路—菜市口大街	里仁东街天桥	主路四车道（北向南）	普通工作日	城市主干路主路普通工作日
			主路两车道（南向北）	普通工作日	
			辅路一车道（北向南）	普通工作日	城市主干路辅路普通工作日
			辅路一车道（南向北）	普通工作日	
8	次干路—广渠门外大街	广和东三路天桥	主路四车道（东向西）	普通工作日	城市次干路主路周末
			主路四车道（西向东）	普通工作日	
			辅路一车道（东向西）	普通工作日	城市次干路辅路周末
9	次干路—惠新西街	惠新北街天桥	主路三车道（南向北）	普通工作日	城市次干路主路普通工作日
			主路三车道（北向南）	普通工作日	
			辅路一车道（南向北）	普通工作日	城市次干路辅路普通工作日
			辅路一车道（北向南）	普通工作日	
10	二环快速路	东二环金宝街天桥	主路三车道（北向南）	普通工作日	二环主路普通工作日
			主路三车道（南向北）	普通工作日	
			辅路两车道（北向南）	普通工作日	二环辅路普通工作日
			辅路两车道（南向北）	普通工作日	

序号	路段属性	调查点位	单侧路段车道数	调研时间	覆盖样本备注
11	二环快速路	西二环复兴门天桥	主路四车道（北向南）	普通工作日	二环主路普通工作日
			主路四车道（南向北）	普通工作日	
			辅路二车道（南向北）	普通工作日	二环辅路普通工作日
			辅路二车道（北向南）	普通工作日	
12	三环快速路	西三环荣华大厦天桥	主路四车道（南向北）	普通工作日	三环主路普通工作日
			主路四车道（北向南）	普通工作日	
			辅路两车道（南向北）	普通工作日	三环辅路普通工作日
			辅路两车道（北向南）	普通工作日	
13	三环快速路	西三环荣华大厦天桥	主路四车道（南向北）	工作日（四九限行）	环路主路四九限行
			主路四车道（北向南）	工作日（四九限行）	
			辅路两车道（南向北）	工作日（四九限行）	环路辅路四九限行
			辅路两车道（北向南）	工作日（四九限行）	
14	三环环保局环境监测站附近	南三环万芳亭公园天桥	主路三车道（东向西）	普通工作日	环保局环境监测附近主路普通工作日
			主路三车道（西向东）	普通工作日	
			辅路二车道（东向西）	普通工作日	环保局环境监测附近辅路普通工作日
			辅路二车道（西向东）	普通工作日	
15	三环六里桥附近莲宝路	三环六里桥莲宝路天桥	主路四车道（北向南）	普通工作日	客运站附近主路普通工作日
			主路四车道（南向北）	普通工作日	
			辅路二车道（北向南）	普通工作日	客运站附近辅路普通工作日
			辅路二车道（南向北）	普通工作日	
16	三环六里桥附近莲宝路	三环六里桥莲宝路天桥	主路四车道（北向南）	周末	客运站附近及三环主路周末
			主路四车道（南向北）	周末	
			辅路二车道（北向南）	周末	客运站附近及三环辅路周末
			辅路二车道（南向北）	周末	
17	四环快速路	西四环玉渊潭南路天桥	主路四车道（南向北）	普通工作日	四环主路普通工作日
			主路四车道（北向南）	普通工作日	
			辅路三车道（南向北）	普通工作日	四环辅路普通工作日
			辅路三车道（北向南）	普通工作日	
18	四环新发地附近快速路	南四环汽车博物馆天桥	主路四车道（东向西）	普通工作日	货运站附近主路普通工作日
			主路四车道（西向东）	普通工作日	
			辅路两车道（东向西）	普通工作日	货运站附近辅路普通工作日
			辅路两车道（西向东）	普通工作日	
19	五环快速路	康化桥（东五环）	三车道（东北向西南）	普通工作日	五环普通工作日
			三车道（西南向东北）	普通工作日	
20	五环快速路	李营桥（西五环）	三车道（东向西）	普通工作日	五环普通工作日
			三车道（西向东）	普通工作日	

9.1.1.2 模型搭建及特征分析

路网车队结构的获得主要依靠道路车型结构视频调查数据结果，辅以核查线数据、视频卡口数据、交调数据，最终得到数据覆盖位置的路网车队结构（图 9-3）。

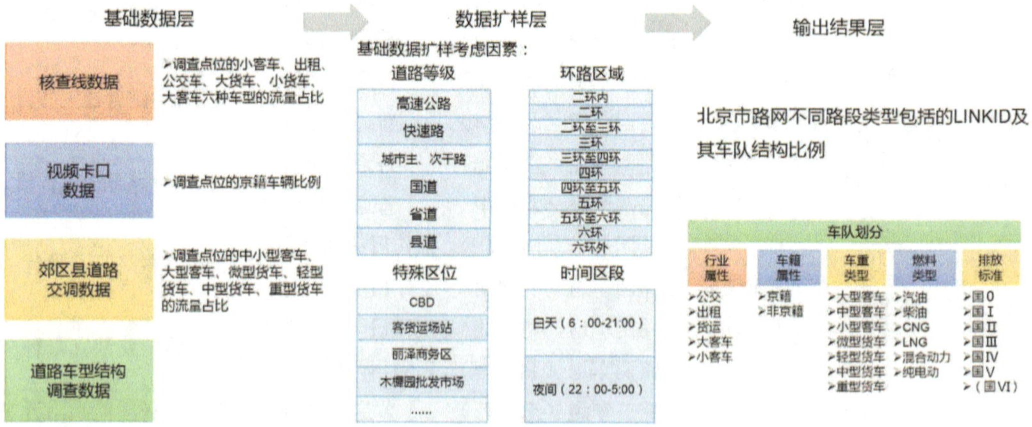

图 9-3 技术路线

本车队结构模型研究范围为北京市六环内全部道路，限于各类交调数据、调查数据不能完全覆盖六环内 17 万条 Link（一种道路网络的拓扑结构），我们将六环内区域按照功能不同、环路不同等考虑因素将六环内区域聚类为 40 多个功能区，之后将实测数据得到的车队结构按照区域放样到该小区，从而得到六环内 17 万 Link 上的车队结构。区域划分如图 9-4 所示。

图 9-4 区域划分

建立全市车队结构之后，本项目从以下几个方面做了详细分析。

（1）调查点位特征

调查回收数据量共 70 万辆车次，其中西三环南华大厦天桥调查点回收的数据量最大（图 9-5）。

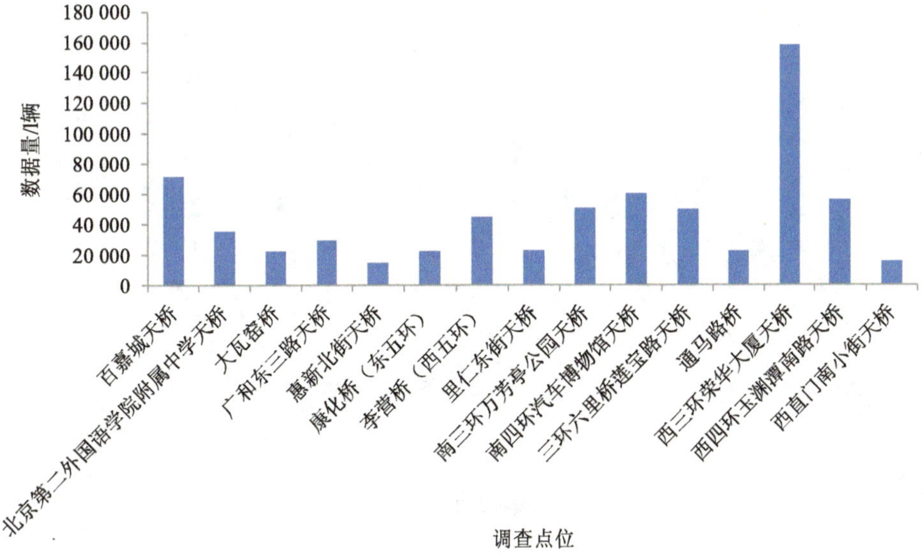

图 9-5　调查点位采集样本数

由调查得到的车辆与车辆库匹配之后，可以得到调查车辆的车型、排放标准、燃油类型特征。车型结构对比中，小汽车占比均较高（图 9-6）。

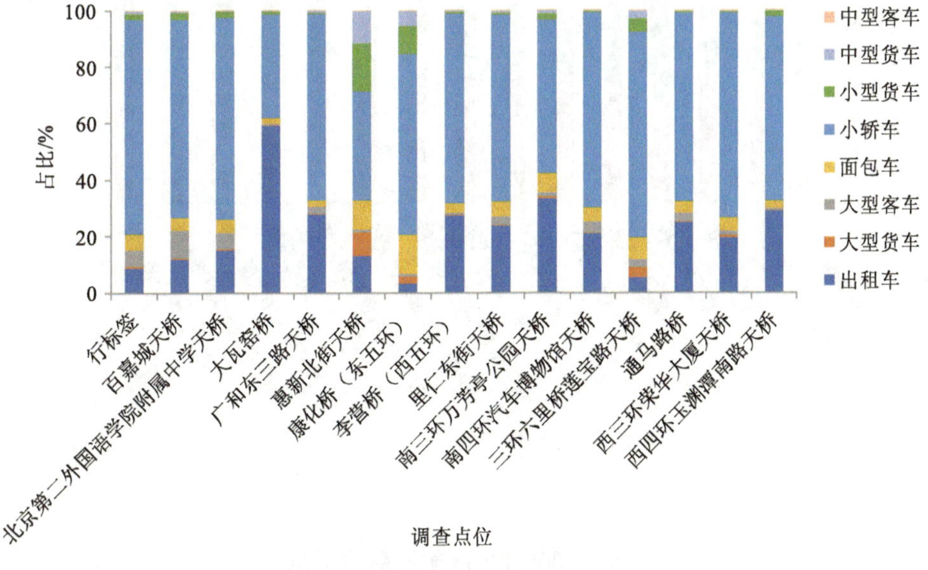

图 9-6　调查点位调查车辆车型比较

燃料类型的分布特征中，汽油车占比均最大，康化桥和李营桥处于西五环上，明显柴油占比高于其他调查点位（图 9-7）。

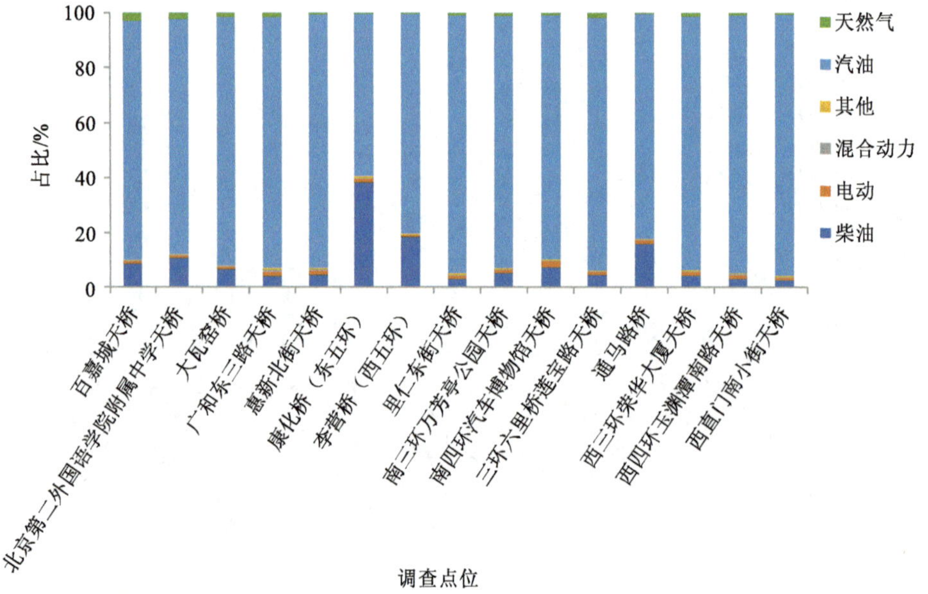

图 9-7　调查点位调查车辆燃料类型

排放标准的分布特征中，国Ⅴ车占比均最大，其次为国Ⅳ（图 9-8）。

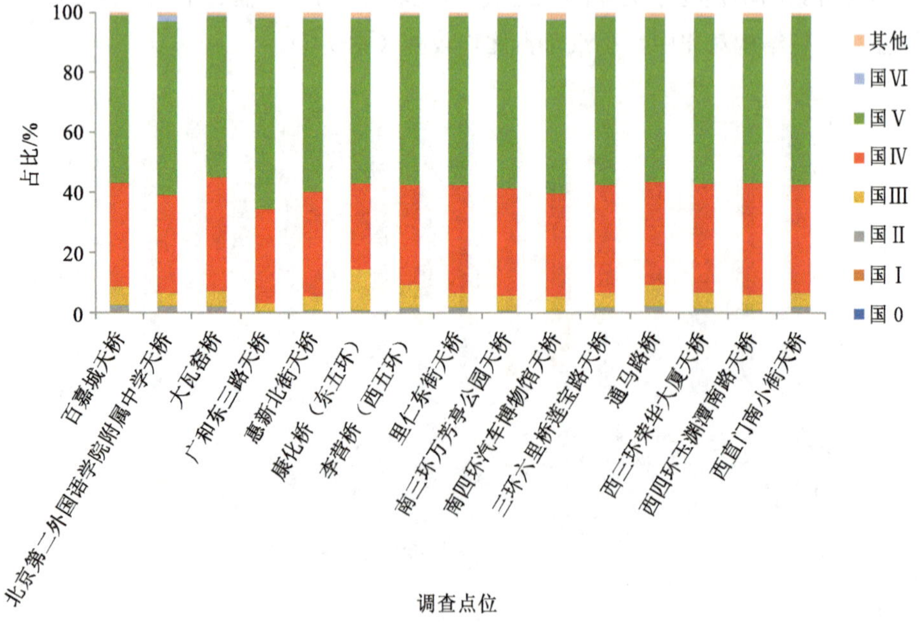

图 9-8　调查点位调查车辆排放标准

（2）全市结构特征

全市车队结构特征指从全市的宏观角度研究车队结构的特征，本章从车籍类型、车辆能源类型、车辆排放标准三个方面对细化的车队结构进行了分析。

从京籍、非京籍的特征中可以看出全市有 85%的车为京牌车辆。非京牌车辆在北京城区范围内行驶时会有各种限制，因此大量非京籍车辆并不直接驶入城区，车牌比例也正好印证了这一点。

从排放标准的分布特征中可以看出（图 9-9），国Ⅳ和国Ⅴ的车辆数最多，达到 90%以上，其中国Ⅴ车辆单项占比最高，达到 56%。除此之外仍有少量的黄标车、国Ⅰ排放标准的车辆在城区内行驶，说明城区内须进一步加大监管力度，严控排放不合格车辆上路行驶。

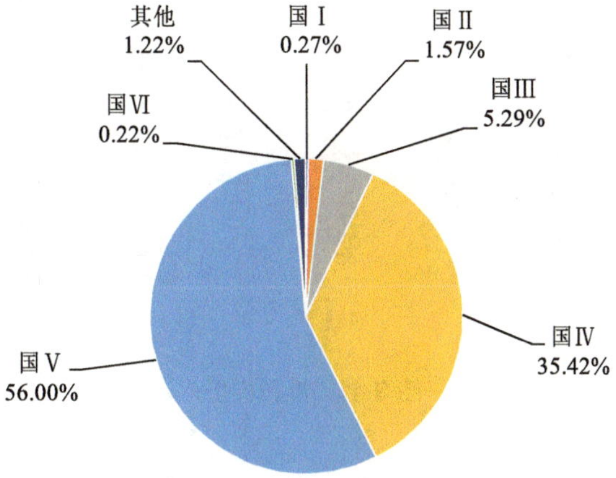

图 9-9　全部调查车辆排放标准

从车辆能源结构的分布特征中可以看出，汽油车辆单项占比最大，达到 90%以上，其次为柴油车，占到 6.4%（图 9-10）。

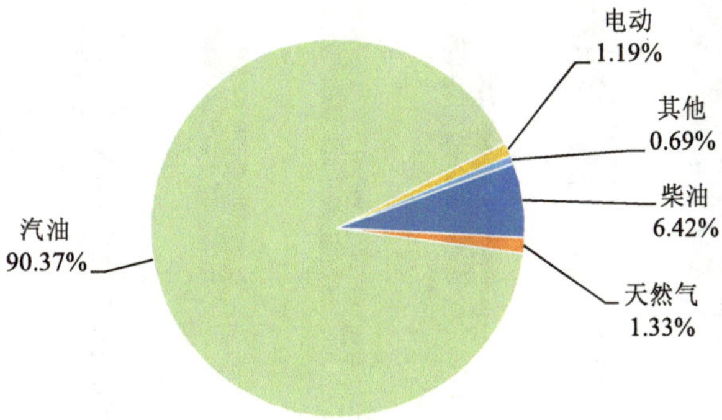

图 9-10　全部调查车辆能源类型

（3）分区域车队结构

按照二环内、二环至三环、三环至四环、四环至五环、五环至六环的区域划分，研究车队结构中的能源类型和排放标准。从区域划分角度分析车队结构中能源类型的特征可以看出，整体上各个区域均是汽油车占比最大，其次为柴油车；另外随着研究区域的逐渐外移，柴油车的占比逐渐增加，在四环至五环达到最大，之后又略有下降。柴油车大部分为货车、大型客车，说明这些车辆活动范围在四环至五环最集中（图 9-11）。

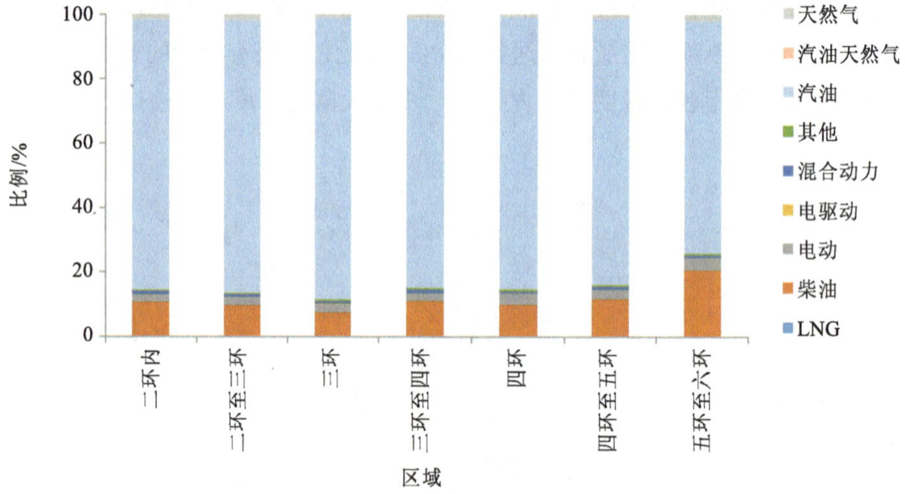

图 9-11　能源类型

从排放标准类型的统计特征可以看出，整体上各个区域均是国Ⅴ车占比最大，其次为国Ⅳ车辆；国Ⅴ车辆在三环至四环占比最大，而这部分车辆进入二环至三环时有了减少，说明这些出行者中存在部分选择停车换乘公共交通出行的乘客（图 9-12）。

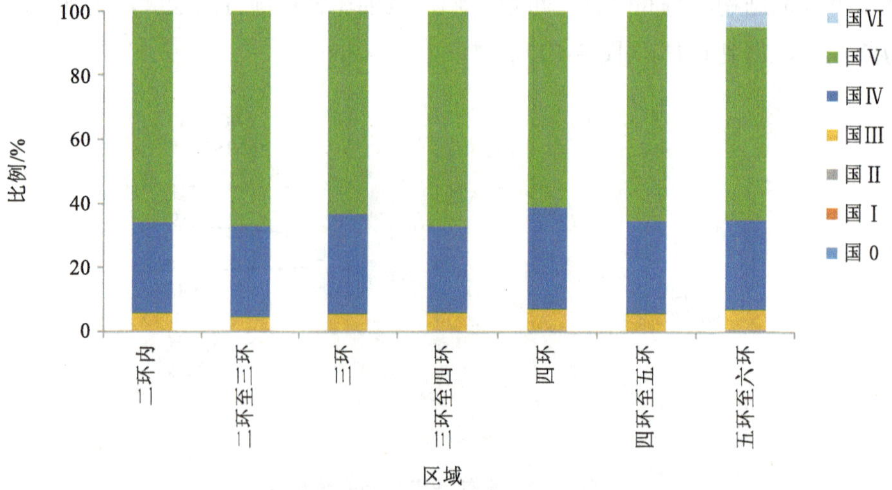

图 9-12　排放标准

以环路划分区域分析车队结构来看，小轿车和出租车比例较高；五环至六环的大型客车比例较其他环路明显提升（图 9-13）。

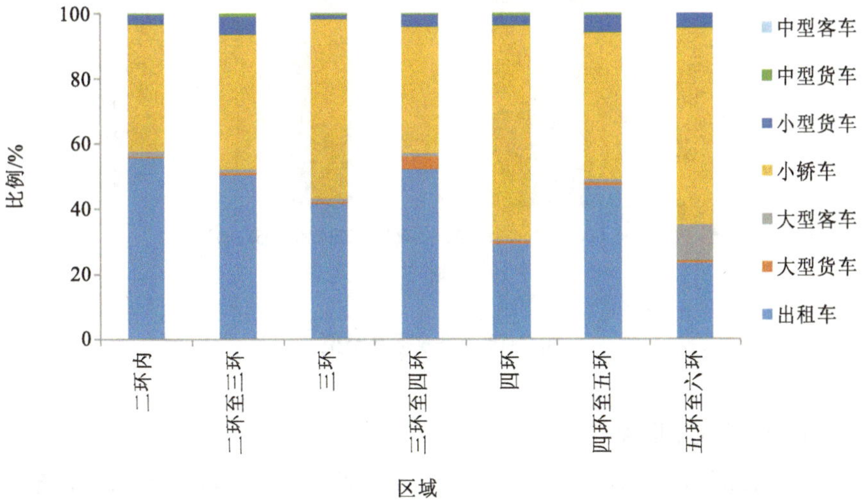

图 9-13　车型结构

（4）白天夜间车队结构

考虑到货车晚上 10：00 以后放行的政策，从时间的维度出发，对车辆的燃料类型，能源类型进行了特征分析。从燃料类型的统计特征可以看出，不管夜间（22：00—5：00）还是白天（6：00—21：00），均是汽油车占比最高，达到 90%以上（图 9-14）。从排放标准的统计特征可以看出，不管夜间还是白天，国Ⅴ车辆占比最高，其次为国Ⅳ车辆。国Ⅳ车辆在夜间的占比高于白天占比，晚上行驶的车辆中国Ⅳ车占比增加，说明货车中国Ⅳ车辆占比较高（图 9-15）。

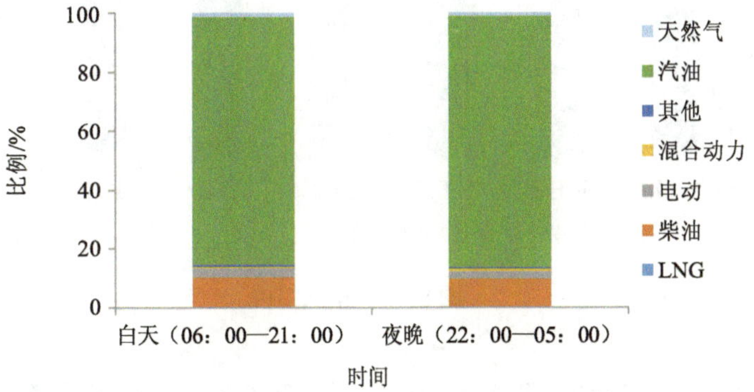

图 9-14　燃料类型

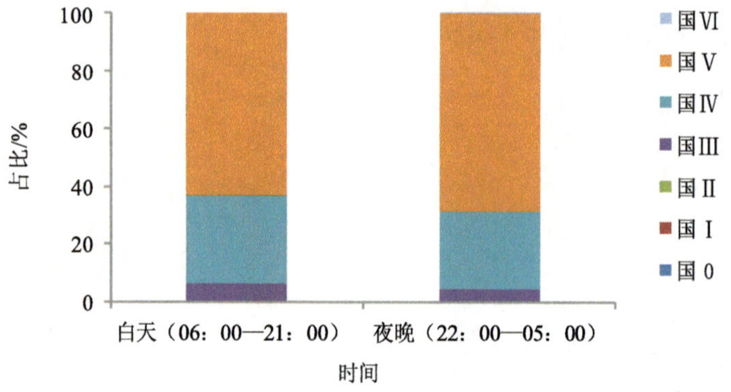

图 9-15 排放标准类型

（5）不同道路等级车队结构分析

城市道路与公路的出租车、公交车及货车比例差距极大。城市道路出租车与公交车占的比重相对较大，而公路货运车辆占比相对较大（图 9-16）。因此，车队模型需要考虑道路等级差异性。

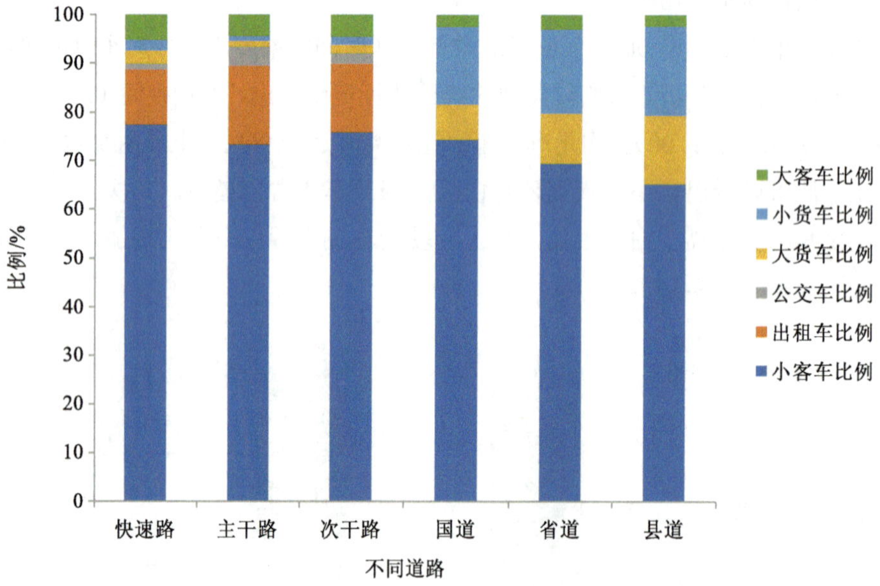

图 9-16 车队结构

从高速公路和非高速公路两个方面分析了车队结构，可以看出整体上均是小客车占比最高，货车的占比在夜间和白天存在明显的差异性，夜间占比明显高于白天占比。相比较时，可以看出高速公路的货车占比高于非高速公路的占比。非高速公路上出租车占比高于高速公路（图 9-17、图 9-18）。

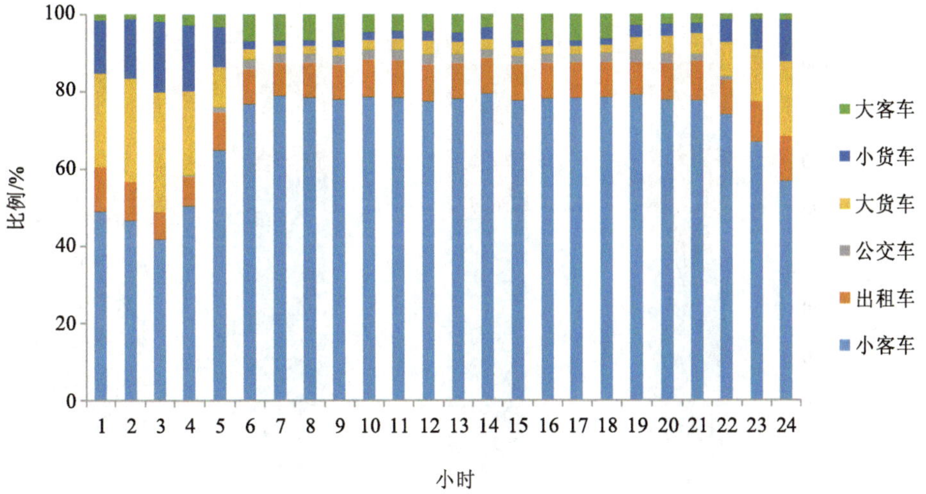

图 9-17　高速公路

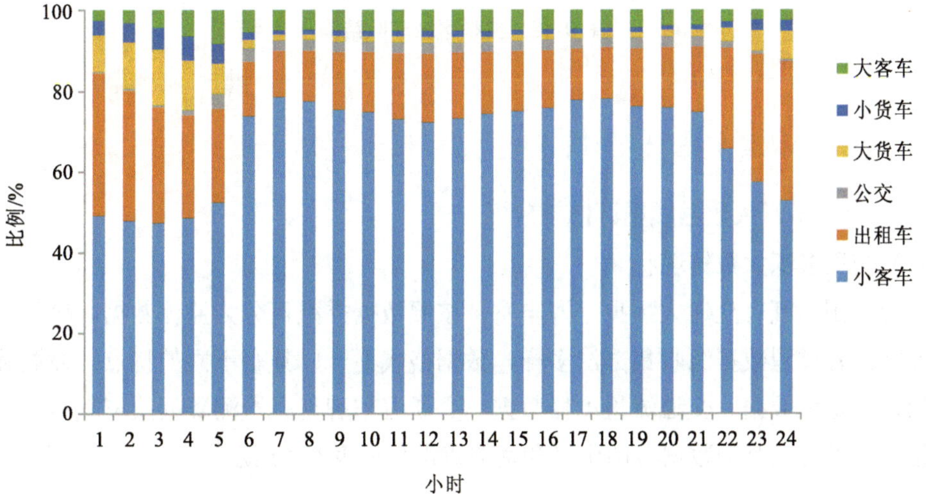

图 9-18　非高速公路

（6）典型区域车队结构

从典型区域角度分析车队结构发现，不同典型区域车队结构具有各自的鲜明特点，货运场站区位货车比例高于其他区位，CBD 区位出租车比例高于其他区位，批发市场区位大客车比例高于其他区位（图 9-19）。

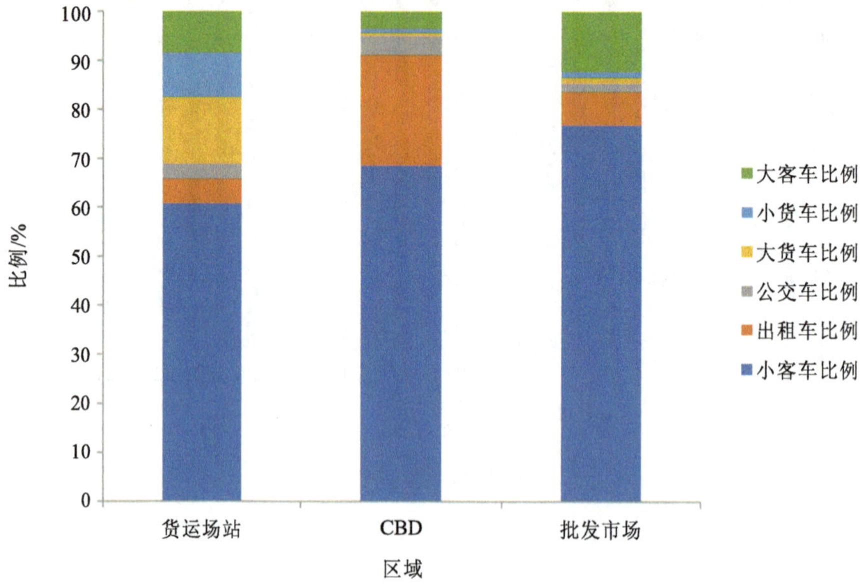

图 9-19 典型区域车队结构

9.1.2 路网交通流量评估模型

9.1.2.1 交通多源大数据质量评估与分析

（1）交通多源大数据现状

目前，国内既有交通大数据来源丰富，按照数据类型可分为监测数据、统计数据、调查数据。各类型数据源收集方法多样，数据格式不一，具有不同的特点。监测数据主要包括货车定位数据、交通流检测器数据、交通流车牌视频检测数据及车载尾气测试设备数据。各类交通监测数据源的定义和优缺点汇总如表 9-2 所示。

表 9-2 各类交通监测数据源的定义和优缺点

序号	数据源	定 义	优 点	缺 点
1	浮动车数据	将卫星定位系统（GPS）安装于车内，利用车载设备定期传送车辆运行信息，如：时间、道路编号、经纬度等	覆盖面广，且其速度为行程速度，能更准确地反映机动车行驶特性，因此浮动车数据适用于城市路网交通能耗和排放的测算	1. GPS 数据体量越来越大，数据预处理难度增加 2. 数据存在不稳定、重复、混乱、GPS 点的漂移、GPS 数据的“假象”、GPS 数据的“跳跃现象”、采集路段的不连续性等多种问题

序号	数据源	定 义	优 点	缺 点
2	交通流检测器数据	用于道路交通状况检测的传感器，其检测内容包括路段交通流量、断面平均速度、道路占有率、交通流密度等	1. 线圈检测技术较为成熟的一种检测方式 2. 视频检测器突出的优点是能够观察到道路实时图像 3. RTMS 便于安装，可直接安装在道路两旁的电线杆上，不需损坏路面，且安装在侧向的检测器可同时检测各个车道的交通参数信息	1. 线圈检测器的线圈寿命易受各种环境因素影响，安装和维护难度较大 2. 视频检测器容易受天气情况影响，另外传输交通图像需要昂贵的网络传输设备如光纤网络，从中获取交通参数需要作大量的图像处理工作 3. RTMS 收集机动车断面交通流量和速度数据，该流量只能测出断面小汽车和长车流量，分不出具体车型；收集的速度为断面点速度，而非行程速度，该速度覆盖面不广，无法反映车辆的实际行驶速度
3	交通流车牌视频检测数据	在主干道上安装有行程时间检测系统，通过实时视频拍摄，测算进出某路段的交通流量数据，同时收集车牌信息	1. 不需要外接触发设备，由相机内部算法自动触发 2. 施工成本低，使用方便	偶尔会有漏车，无牌车不输出结果现象

（2）交通多源大数据质量问题

由于基础数据质量缺乏控制，数据断点率、离群、字段缺失、经纬度漂移等问题十分突出，例如，车辆定位监测数据断点率达 40%；部分货运车辆 GPS 漂移，难以形成有效的车辆轨迹，无法支撑与路网关联关系耦合分析，导致数据无法直接应用到特征提取工作中。亟须系统评估车辆监测数据存在的问题，形成体系化的科学数据清洗方案，提高数据质量精度，支撑相关政策需求的数据分析和应用，在使用过程中数据一般有以下常见问题。

1）交调数据。交调数据指通过微波、激光等设备采集的分车型交通流量及速度。数据有时存在数据不完整、数据未上传、异常组合、异常高值假零、波动异常等质量问题，对于分析分车型道路流量时空特征影响较大。

2）RTMS 数据。RTMS 数据指通过远程交通微波雷达检测器采集的不分车型道路流量，数据常存在异常回传、数据未上传、假零等质量问题，对于分析非道路流量时空特征影响较大。数据平均回传率 40%以下，可用性平均只有 30%以下。

3）高速收费数据。高速公路收费数据是从各个高速公路收费口统计上来的分 A、B、C、D、E 五种车型的流量统计结果数据，常存在无数据、间歇缺数据等质量问题，对于分析高速公路时空流量影响大。

4）车辆 GPS 轨迹数据。通过车辆终端设备，将车辆经纬度、时间、速度等信息回传平台采集获取的数据，常存在数据漂移、缺失、逻辑混乱、数据不连续等数据源问题，不时出现漂移 3 000 km 的 GPS 数据。

5）车辆 OBD 数据。基于平台实践经验，OBD 排放在线监测数据可能会出现 3 大类 35 小类的问题（表 9-3），进而影响数据质量，对后期数据分析造成严重的干扰。

表 9-3 车辆 OBD 数据异常情况统计

一级指标	二级指标	问题清单
数据量	逐秒传回率	部分车辆没有传回数
		所有车辆 5 min 数据中逐秒传回率达到 60%的数据占 20%
	阈值范围内数据量	部分车辆阈值范围内数据量少于 10 条/月（5min）
数值异常	数值为零	部分车辆里程 3 个字段、能耗 2 个字段中有多于一个字段传回的数都为 0，导致对应的百公里能耗计算结果为 0
	奇异值	大部分车辆里程 3 个字段、能耗 2 个字段中每个字段含有若干条远超阈值的数据，导致百公里能耗出现相应的奇异值
		LNG 公交速度数据的检测存在问题，平均速度超过 700 km/h，故导致里程 2 数值过大
	数值分布	里程 1 数值精度为 1，数据皆为整数，精度不足
		LNG 公交里程 3 呈现两极分化，90%里程 3 小于 0.2，10%大于 30 w
	均值不合理（阈值控制后）	总体：柴油第 2/4/5/6 个百公里能耗字段均值大于 60 L/100 km 或小于 15 L/100 km；LNG 第 1/3/4/5/6 个 100 km 能耗字段均值大于 100 L/100 km 或小于 15L/100km
		个体：存在经过阈值控制后单辆车 3 个字段、能耗 2 个字段均值不合理的车辆，如 AN5720 车辆的 765 条传回率达 60%的 5 min 数据里程 1 均值为 1.3 m；存在 6 个 100 km 能耗字段均值大于 70 L（柴油）/136（LNG）的车辆
数值关系异常	3 个里程字段关系（阈值控制后）	总体：柴油公交 3 个里程字段两两相关性都好，且均值接近；LNG 公交则两两相关性都不好，且均值差异较大
		个体：柴油公交中存在里程之间相关性不好，均值差距大的车辆
	2 个能耗字段关系（阈值控制后）	总体：无论是柴油还是 LNG 出租，2 个能耗字段相关性都较差，柴油累计能耗均值为瞬时累计能耗的 6 倍，LNG 累计能耗均值为瞬时累计能耗的 1/300
		个体：存在与上条总体关系不同的车辆
	6 个百公里能耗字段与速度关系（阈值控制后）	总体：柴油公交 6 个 100 km 能耗字段中第 2/3 个与速度的指数相关性较好，其余不好；由于 LNG 车辆的速度数据存在错误，无法判断与速度关系。
		个体：存在 6 个 100 km 能耗字段与速度的指数相关性不好的车辆

（3）交通多源大数据评估分析

针对交通多源大数据的质量问题，通过以下三个步骤开展对交通多源大数据的评估和分析工作（图 9-20）。

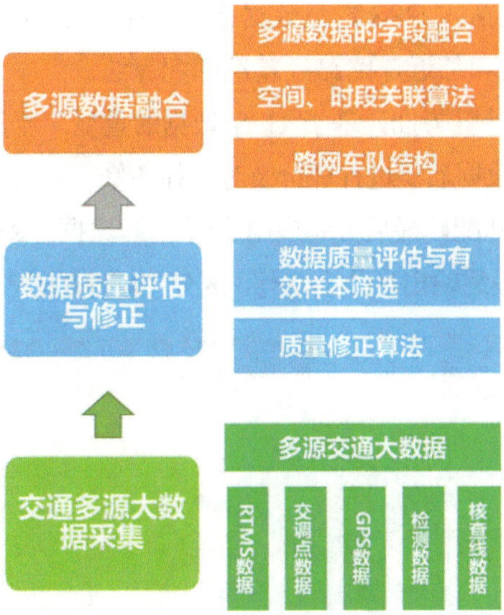

图 9-20　多源数据融合及流量搭建

1）交通多源大数据数据采集。对 RTMS、交调点、核查线、GPS 轨迹监测数据等海量交通流量相关数据源进行整合，形成多源数据基础库。

2）数据清洗和质量评估分析。开展数据筛查与有效性评估，并构建流量修正算法对数据质量进行提升。依托海量多源异构数据分析法，开展数据融合和交叉匹配分析，全面利用多领域底层数据，为获取高精度、高分辨率的关键数据提供基础。数据质量控制从评价数据的完整性、稳定性、及时性三个层面进行评价，对于评分较低的数据，必须经过数据补齐之后才可以进行数据挖掘（图 9-21）。

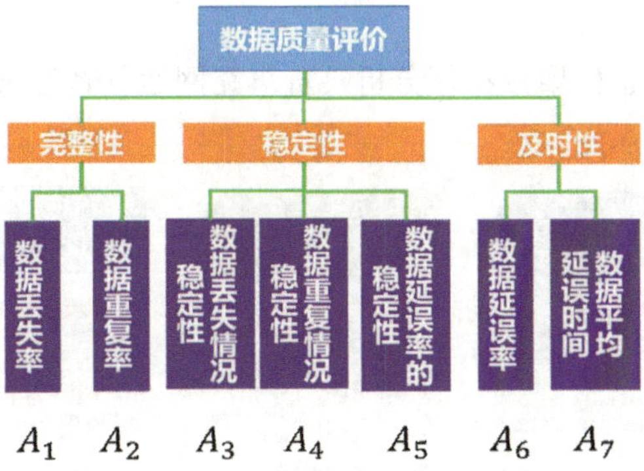

图 9-21　数据质量评价层次分析法

3）多源数据融合及流量搭建。不同源相同字段数据形成融合数据结果，并结合时间、空间特征，进行 GIS 匹配融合，部分道路类型开展车型结构调查，获得不同道路车型结构及流量特征结果。具体包括数据挖掘分析和数据融合与关键指标计算两个方面。

数据挖掘分析方面包括了 GPS 定位数据路网匹配算法、基于长时间空间维度 GPS 数据车辆通行路径修正算法和邻近道路路径精准匹配算法。

数据融合与关键指标计算方面，基于 GPS 数据的重型车流量仿真模型在汇集海量原始数据基础上，首先对原始数据质量进行评价及对应补齐修正，之后应用邻近道路精准识别算法等算法对数据进行路网匹配，最后分别应用交调/治超数据，RTMS 数据/核查线数据对货车、公交流量进行修正，最终输出区分上下行，区分主辅路的公交/货车流量结果（图 9-22）。

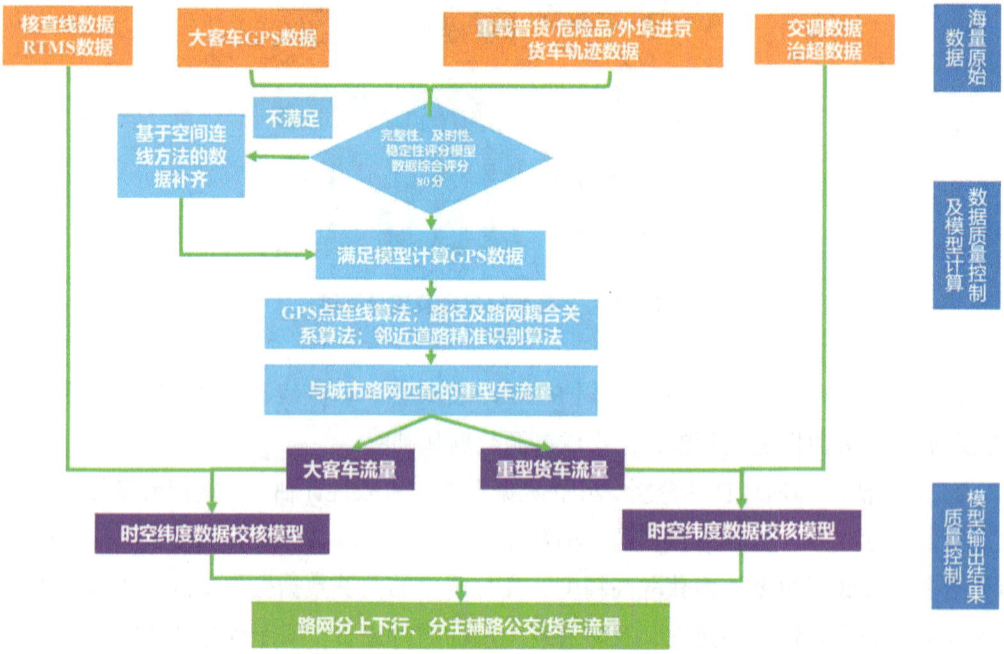

图 9-22　公交/货车流量仿真模型流程

分析指标从货车静态积聚点特征分析、货车路网运行特征分析、货车路网排放特征分析三个方面开展（图 9-23）。

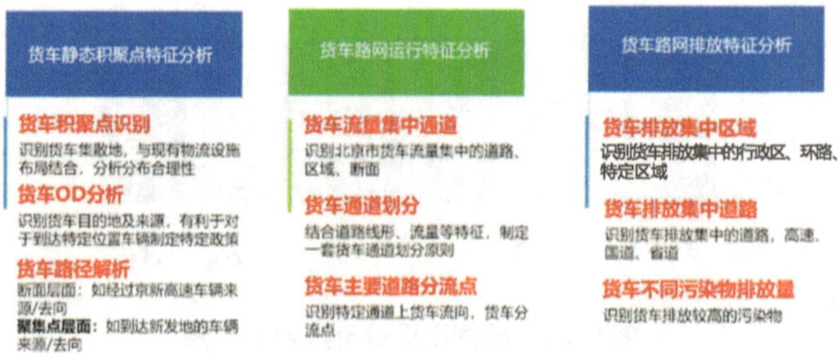

图 9-23　关键指标分类

（4）交通多源大数据融合结果验证分析

以北京市重型柴油货车为例，由于 GPS 轨迹数据常出现漂移、不连续等问题，若将数据未经处理直接做路径匹配会存在匹配异常，导致路段流量识别错误等问题。以平谷区马坊桥区域早上 9：00—10：00 为具体区域及研究时段，算法重构前流量为 748 辆/h，算法重构后流量为 890 辆/小时，相差 16%（图 9-24、图 9-25、表 9-4）。

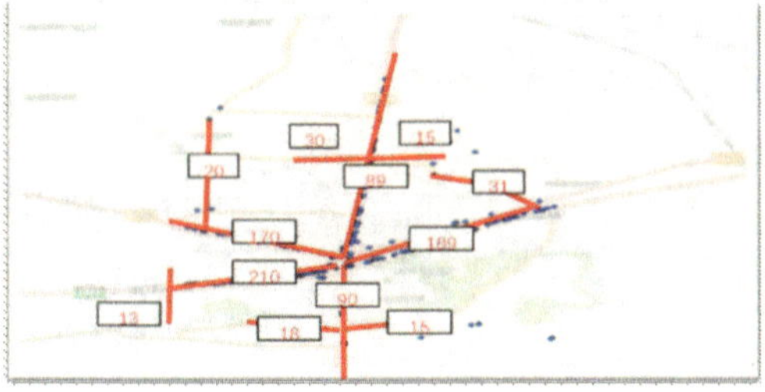

图 9-24　算法重构前流量

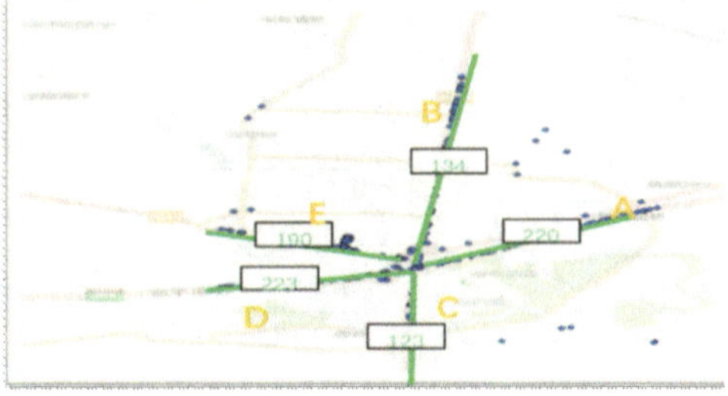

图 9-25　算法重构后流量

表 9-4　算法修正前后对比

道路	算法修正前/（辆/h）	算法修正后/（辆/h）	流量误差/%
A	189	220	14
B	89	134	34
C	90	123	27
D	210	223	6
E	170	190	11
总计	748	890	

9.1.2.2　小客车流量测算模型

（1）小汽车交通流参数获取方法

小汽车交通流模型可分为两部分，分别为速度扩样模型及速度流量反推模型，具体流程如图 9-26 所示。

1）基于交调数据、RTMS 数据、浮动车 Link 数据，融合分析路网上不同日期（工作日、非工作日）小时级路网速度；

2）速度—流量模型标定。基于路网上 Link 的速度，通行能力，结合 BPR 路阻函数模型，输出路网上不同日期（工作日、非工作日）小时级社会车流量。

将流量与交通指数进行联合分析得出，小汽车 24 h 流量图（图 9-27）有明显的早晚高峰特性，这两个时段同样是交通指数较高时段，尤其晚高峰更为突出。

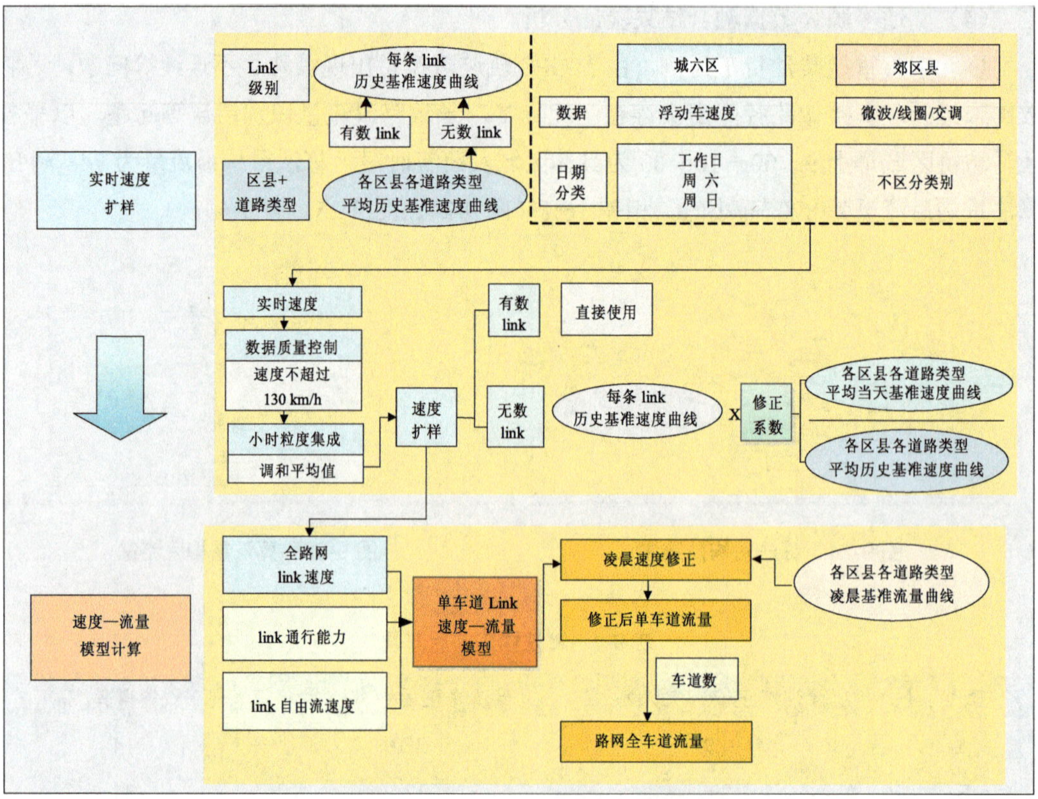

图 9-26 小客车流量提取算法

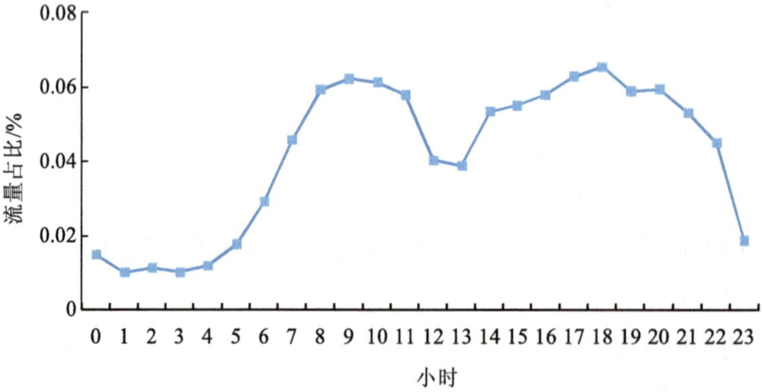

图 9-27 小汽车流量时间分布特征

9.1.2.3 出租车流量测算模型

（1）出租车交通流参数获取方法

出租车交通流参数要先依据基于 link 的浮动车数据获取出租车重车交通流参数，再根据浮动车 OD 数据分区分时刻计算重车占所有出租车的比例，依次反算所有出租车的交通流参数（图 9-28）。

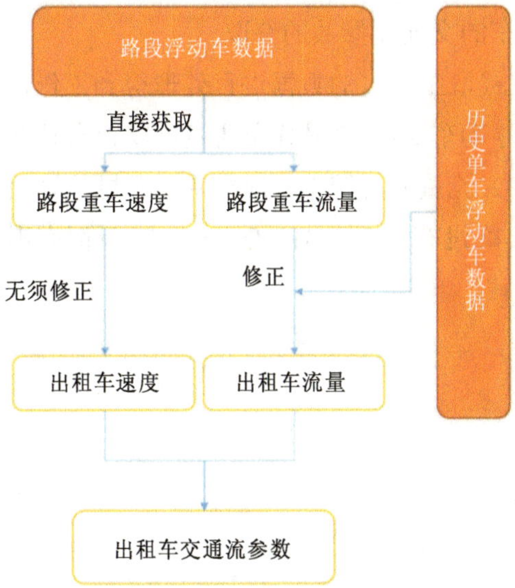

图 9-28　出租车流量仿真模型框架

出租车重车交通流参数可直接由基于 Link 的浮动车数据获取，其数据样例如下：根据浮动车 OD 数据可获取路网上在运行的处于重车的数量，同时根据浮动车数据获取路网上运行出租车的总数量，即可得到每个时段、每个区域的重车与所有出租车的数量比值。基于 Link 的浮动车数据可获取重车交通流参数，再依据浮动车 OD 数据获取各区域、各时刻空重车比例，计算所有出租车的交通流参数。

（2）数据基本情况

在本研究中，可获取的用于进行出租车交通流参数信息提取的基础数据包括基于 Link 的浮动车数据和浮动车 OD 数据两类。

1）基于 Link 的浮动车数据。基于 Link 的浮动车数据即基于 Link 的浮动车重车数据，基于 Link 的浮动车数据包含以下内容：LinkID、时间、LinkID 相关道路信息、出租车交通流参数。

2）浮动车 OD 数据。浮动车 OD 数据是根据浮动车数据处理得到每个浮动车每次出行 OD 的数据，浮动车 OD 数据包括以下内容：出租车车牌号、每次出行 OD 的起止时间、每次出行 OD 的位置信息。

基于 Link 的浮动车数据和浮动车 OD 数据各有其优势和劣势，本研究对其总结如下：基于 Link 的浮动车数据较为准确，其数据可直接拿来使用，但是缺点是只有重车数据；浮动车 OD 数据则较为全面，但是缺点是其没有与 Link 做成对应关系。

鉴于上述两类数据的优缺点分析，考虑到本研究的主要关注对象是实现对大范围路网的机动车排放估计，因而在目前的数据条件下，在该研究阶段主要采用基于 Link 的浮动车数据进行出租车重车交通流参数的获取，采用浮动车 OD 数据辅助基于 Link 的浮动车数据来进行所有出租车的交通流参数的获取。

3）分析结果。通过提取工作日的数据进行处理得到工作日早高峰、晚高峰和平峰的出租车交通流参数。从浮动车 24 h 流量分布曲线可以看出具有两个明显特点。①出租车在日间（6：00—22：00）流量波动较小，没有特别明显的峰值；②出租车与其他交通方式（如公交车）相比，高峰没有重合于 7：00—9：00，反而有滞后的出行峰值（图 9-29）。

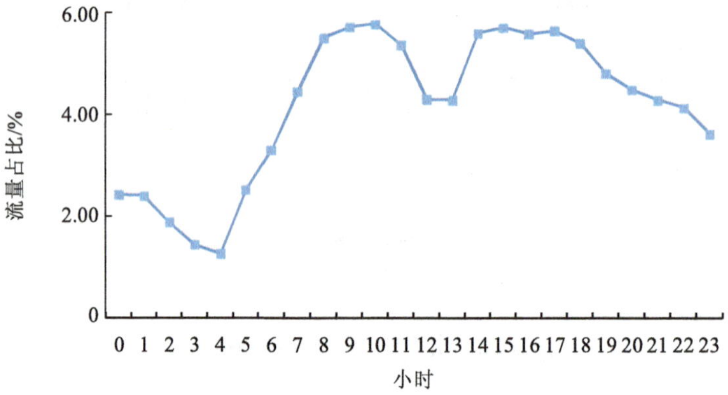

图 9-29 出租车流量时间分布特征

9.1.2.4 公交车流量测算模型

（1）基于 GPS 数据的公交车交通流参数获取方法（图 9-30）

1）GPS 数据纠偏：以公交车 GPS 数据作为输入，经过数据清洗、纠偏等质量控制之后，输出质量较好的原始数据。

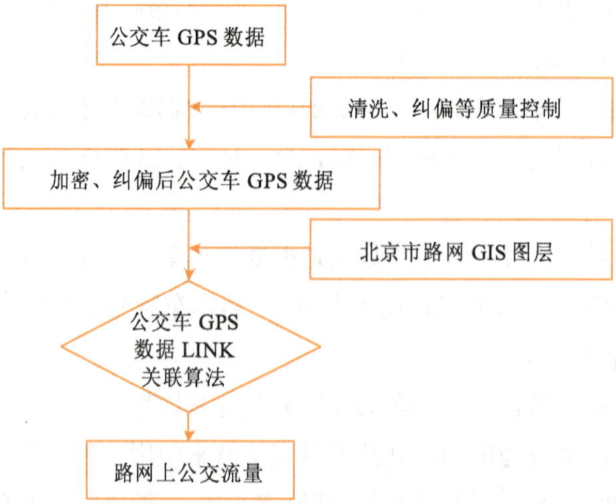

图 9-30 公交车流量仿真模型框架

2）基于轨迹数据的路段匹配算法：结合北京市路网图层，建立 GPS-Link 匹配算法，实现上下行精准分离。

（2）分析结果

通过提取工作日的数据进行处理得到工作日早高峰、晚高峰和平峰的趋势如图 9-31 所示。可以看出，公交车从 08：00—18：00 流量较为恒定，其他时间迅速下降，在 00：00—04：00 时几乎为 0。

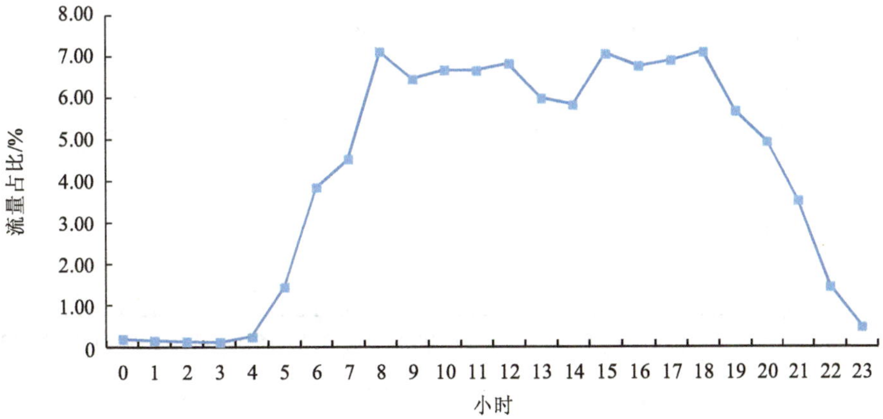

图 9-31 公交车流量时间分布特征

9.1.2.5 货车流量测算模型

（1）模型介绍

模型综合应用了交调数据、高速公路收费数据、核查线调查数据、RTMS 城市快速路微波检测数据四大类流量数据。模型基于治超数据、视频检测数据进行货车车队结构特征提取，结合货车 GPS 轨迹和运单数据进行行驶路径校核与验证（图 9-32）。模型建立了能够区分外地进京、本地货运车辆时空运行特征的货车流量仿真技术。

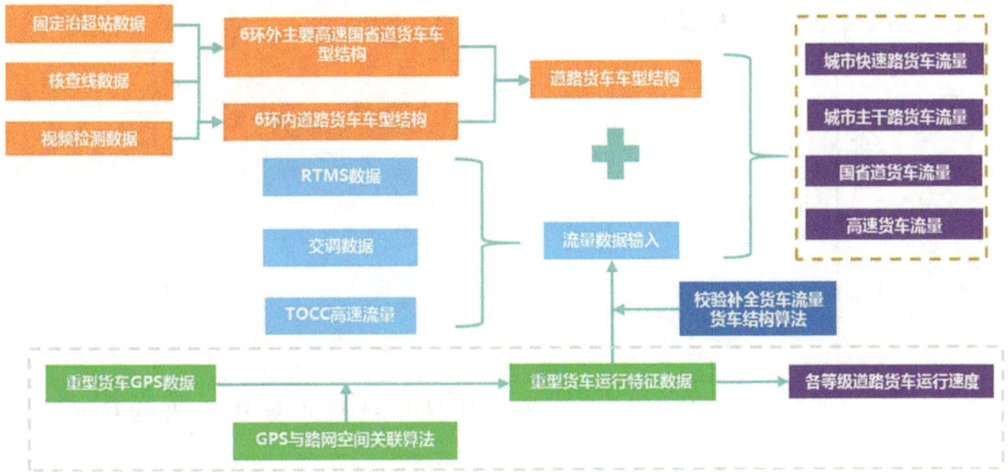

图 9-32 货车流量仿真模型框架

（2）分析结果

货车流量大部分集中于高速路、国省道路、城市快速路、主干路。因此本研究挑选出流量较大的道路作为分析图层。本研究提取某工作日的货车流量数据进行处理得到全市域 24 h 流量趋势如图 9-33 所示，限于货车限行政策，可以明显看出货车流量相对集中于夜间 0：00—6：00，日间的流量峰值相比较而言较低。

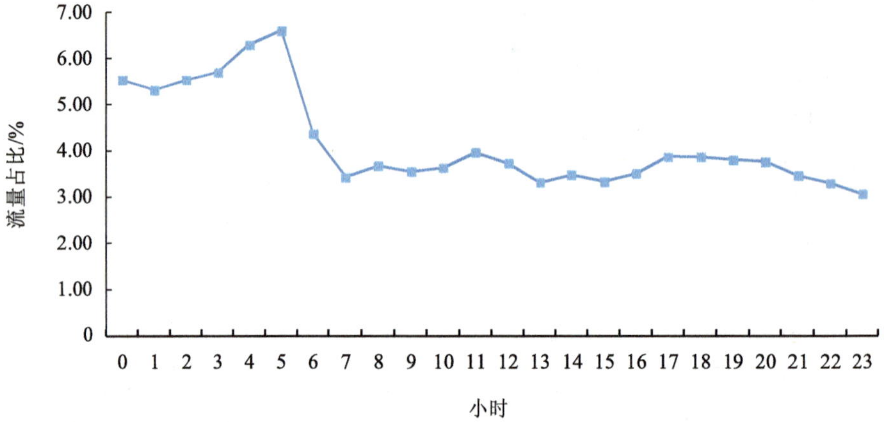

图 9-33 货车流量时间分布特征

9.1.2.6 大客车流量测算模型

本研究中的大客车流量指旅游、省际等长途客运车辆，也包含一些营运类型的单位班车流量。在分析计算时，大客车数据来源主要为两客一危 GPS 监测数据，但限于 GPS 监测车辆较少且数据质量较差，本研究最终选择用小客车流量、路网车队结构数据两类数据做数据输出，辅以 GPS 数据做小样本对照的方式来获取，计算得到大客车流量特征分布如图 9-34 所示。流量呈双峰分布，分别在 09：00—11：00、17：00—18：00 达到峰值，尤其是晚高峰时，流量最高。

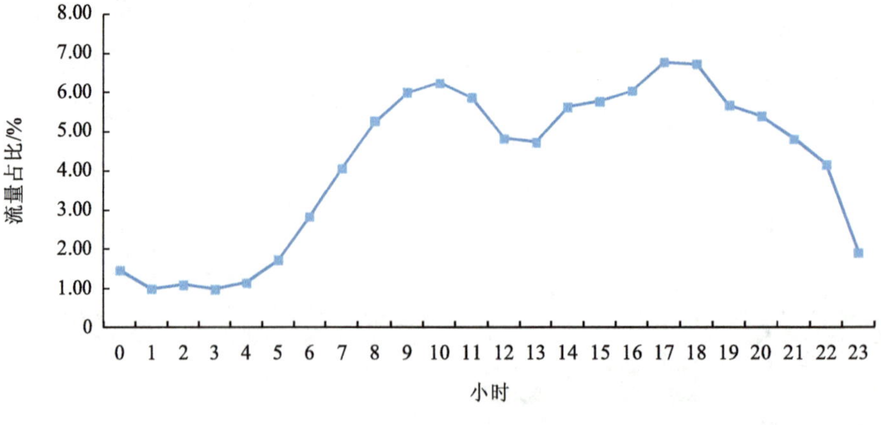

图 9-34 大客车流量时间分布特征

9.1.3 路网流量特征分析

9.1.3.1 典型日行车千米数（VKT）特征分析

（1）总 VKT 分析

VKT 当天总量工作日最多，其余依次为重污染天、节日、非工作日、重大活动（图 9-36）。原因为工作日的车流量是五种典型天最高的；造成重污染天一定程度上是因为当天流量较高；而在节日、非工作日、重大活动，车辆在一定程度上减少了必要的行驶，车流量没有太大的差别。

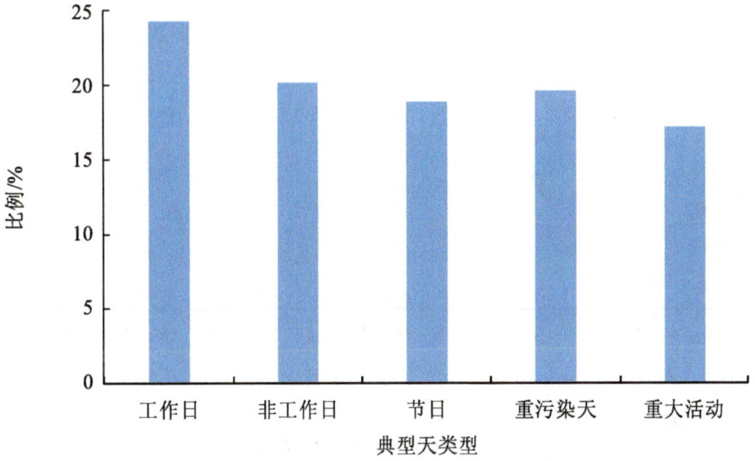

图 9-35 分典型天 VKT

（2）分交通方式的 VKT 分析

如图 9-36 所示，社会车的 VKT 占比最高，为 86.77%，其余依次为出租、公交、货车、大客车的 VKT。北京市 2018 年车辆保有量为 555 万辆，社会小客车为 492 万辆，占到 88.68%，故而其 VKT 也是所有行业中最高的。

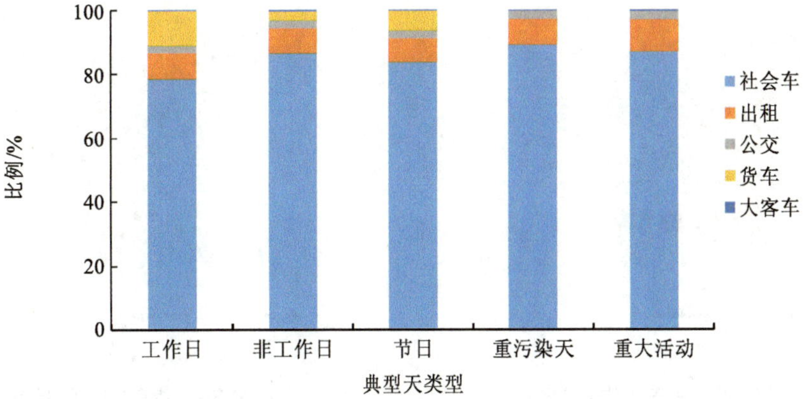

图 9-36 分交通方式 VKT

（3）分时段的 VKT 分析

分时段 VKT 曲线呈现马鞍型双峰曲线，早晚高峰时 VKT 均较高，中午 12：00—13：00 为白天的 VKT 最低点。早晚高峰流量是一天当中最高的，使得 VKT 亦为最高；中午为普遍意义上的吃饭、午休时段，致使流量降低，VKT 降低（图 9-37）。

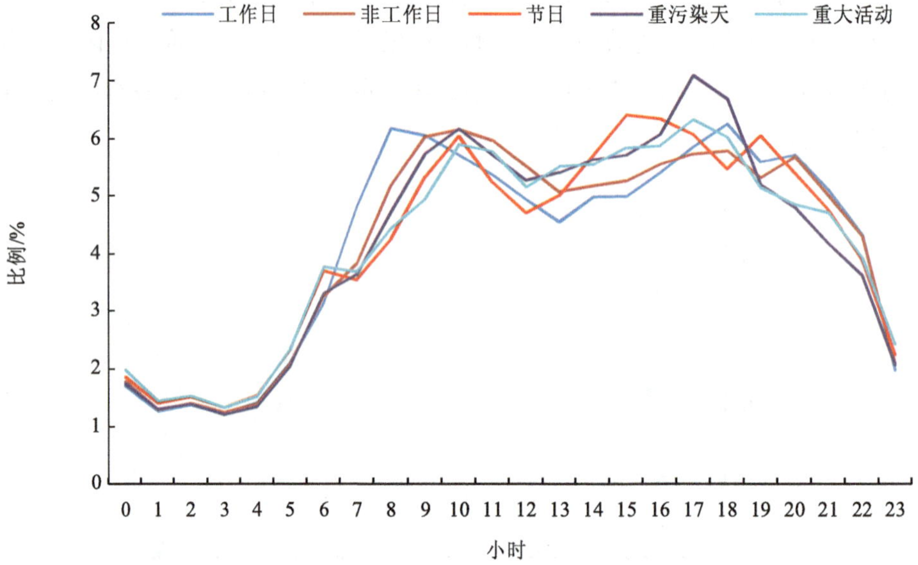

图 9-37　分时段 VKT

（4）路网流量分布分析

如图 9-38、图 9-39 所示，货车在工作日、非工作日流量主要集中在五环到六环和几个主要国省道上。实际货车全年主要行驶的区域也为此二图所示。

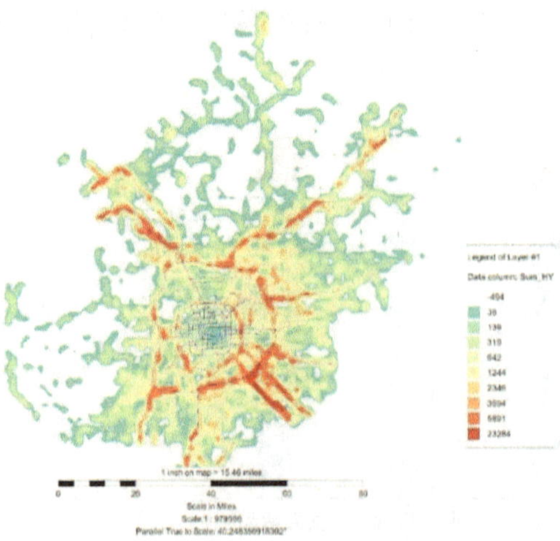

图 9-38　货车工作日 VKT

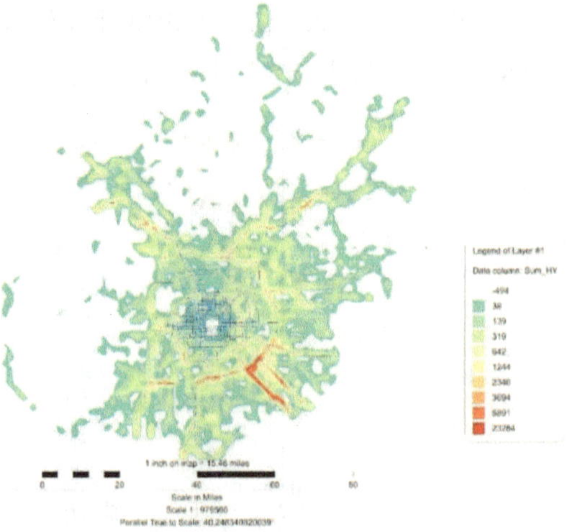

图 9-39　货车非工作日 VKT

小客车在工作日、非工作日流量主要集中在四环以内（图 9-40、图 9-41）。北京市小客车流量和人流量密切相关，四环包含东城区、西城区、海淀区、朝阳区、丰台区，聚集了大量的流动人口，故而此区域出行的小客车占比较高。小客车在重污染天除了集中在四环内，四环外的区域均有一定量的小客车行驶。在天气条件恶劣的情况下，进出京的人流一定程度上会选择自有的小客车出行，减少在搭乘公共交通时暴露在污染天的时间。

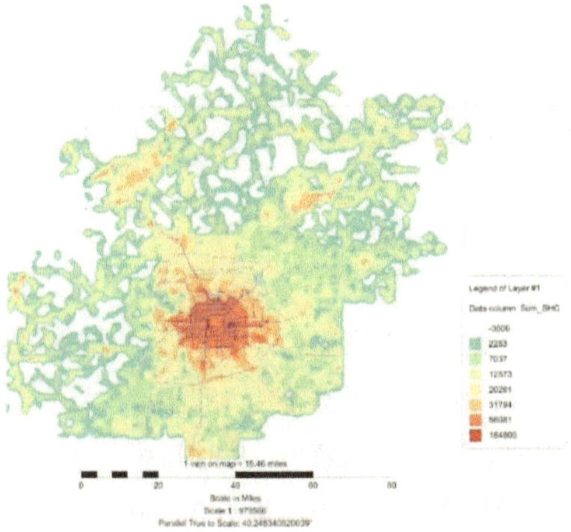

图 9-40　小客车工作日 VKT

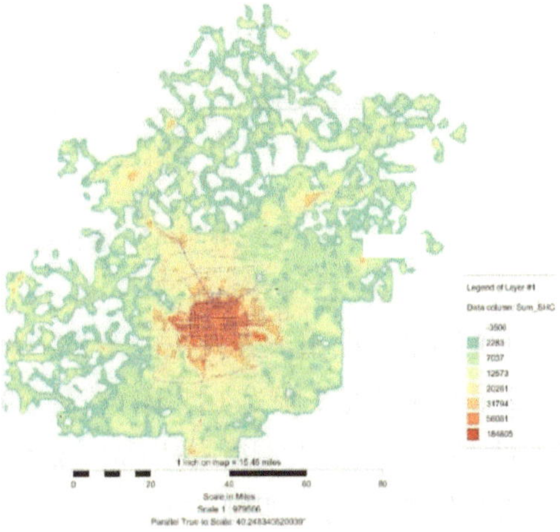

图 9-41　小客车非工作日 VKT

9.1.3.2　重污染天与非重污染天流量特征分析

本研究选取重污染天气（2018 年 3 月 3 日）与非重污染天（2018 年 8 月 27 日），基于高速公路收费数据、交调数据、RTMS 数据、核查线数据等应用重柴车路网排放模型对全市主要通道货车流量进行特征分析。

政策影响分析。重污染天发生时北京市进行了一定的交通管制：某些道路不定时管制、禁止外埠剧毒危险化学品运输车和普通危险化学品运输车进北京市行政区域行驶、禁止外埠载货汽车全天进入五环（含）内，经测算进入五环内流量将比无政策限制降低 1 436 辆次。

流量降幅分析。重污染天北京市主要通道上货车流量比非重污染天全天降低了 3 389 辆，平均降幅为 50.71%，其中 6：00 降幅最高，为 123%（图 9-42）。

结论：管制措施有效降低了五环内车流量，但管制措施限制 0：00—6：00，也引起了 6：00 大量外埠货车赶时间走出管制区，路网上交通流激增，容易引起交通安全隐患。

本研究选取二环路、三环路、四环路、五环路四条快速路，京哈高速等 10 条高速、京银线等 9 条国道，G6 辅路等 14 条市道对货车流量进行重污染天与非重污染天比较分析：

涨幅分析：环路平均每小时增加了 15 辆车，高速平均每小时增加了 58 辆车，国道平均增加了 37 辆车，市道平均增加了 31 辆车。

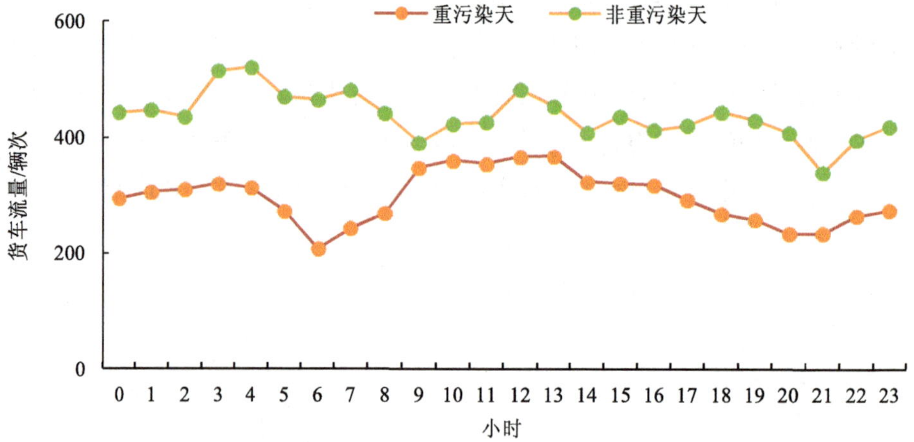

图 9-42 重污染天与非重污染天全天流量

时间分析：非重污染天在白天（7：00—18：00）流量涨幅为 116 辆/h，夜间（19：00—23：00）流量涨幅为 145 辆，凌晨（0：00—6：00）流量涨幅为 182 辆。

结论：重污染天管制措施对于高速流量效果最佳，环路影响最小。从时间涨幅发现，大量的管制车辆均在夜间限制了行驶，结合现有 921 治超新政要求外埠货车 0：00—6：00 行驶可得，管制措施较好地限制了外埠货车，对于原本就白天运行的货车（大部分为绿通等保障性车辆）造成影响较少。

9.1.4 北京市基于交通流的机动车排放清单建立及特征分析

9.1.4.1 排放清单计算方法

基于交通流的机动车排放清单的构建是以路网路段为计算单元基础，通过识别路网路段在不同时段下的分车型流量，以及该车型在对应时段运行速度下的排放因子，计算出路网路段单元的排放量结果。最终的排放清单基于路段单元在不同区域、不同时段下的统计形成，清单建立基本原理如图 9-43 所示。

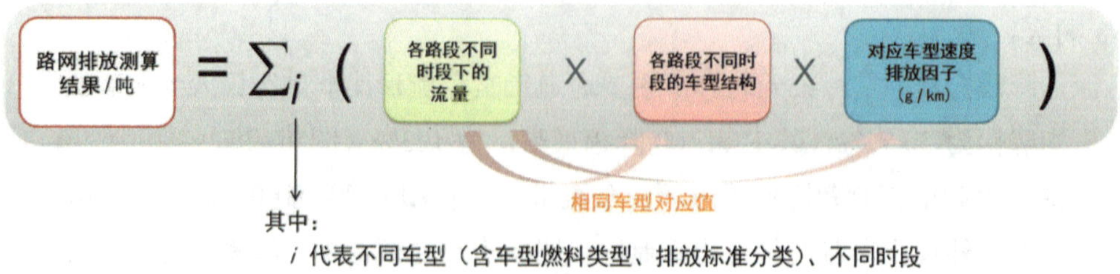

图 9-43 路网排放测算公式示意

9.1.4.2 排放清单计算及结果分析

将基于交通流计算得到的北京市排放清单与基于保有量的排放清单进行对比，以核算基于交通流计算的排放清单。研究对比了 2018 年 8 月 2 日、8 月 6 日和 11 月 3 日的排放总量测算结果，并分析了北京市分车型排放特征和各污染物 24 h 排放变化。

分别对比 2018 年 8 月 2 日、8 月 6 日和 11 月 3 日基于保有量的排放测算结果和基于交通流的排放测算结果，可以发现两者差异不大，基于交通流的各污染物排放量与基于保有量的平均相对偏差在 10%左右。其中，污染物 HC 的相对偏差最高，三天平均相对偏差为 14.28%。污染物 CO 的相对偏差最低，三天平均相对偏差为 6.28%（图 9-44～图 9-46）。

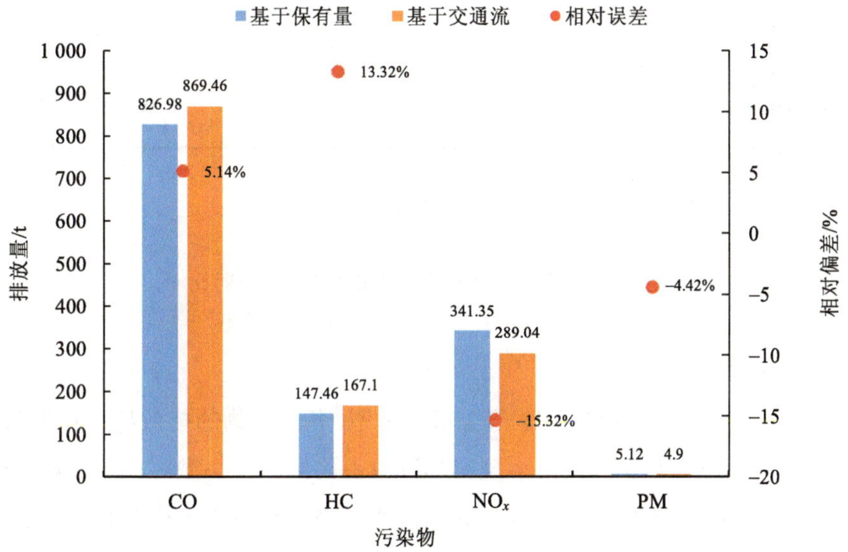

图 9-44　2018 年 8 月 2 日排放测算结果对比

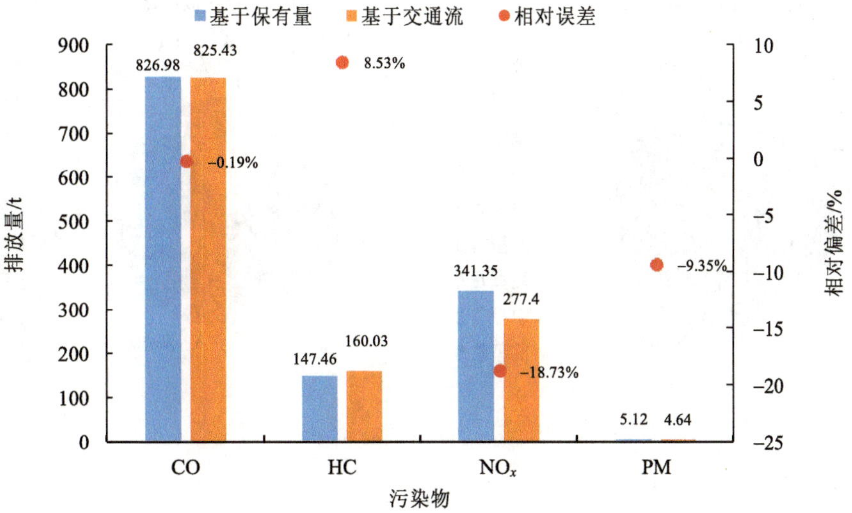

图 9-45　2018 年 8 月 6 日排放测算结果对比

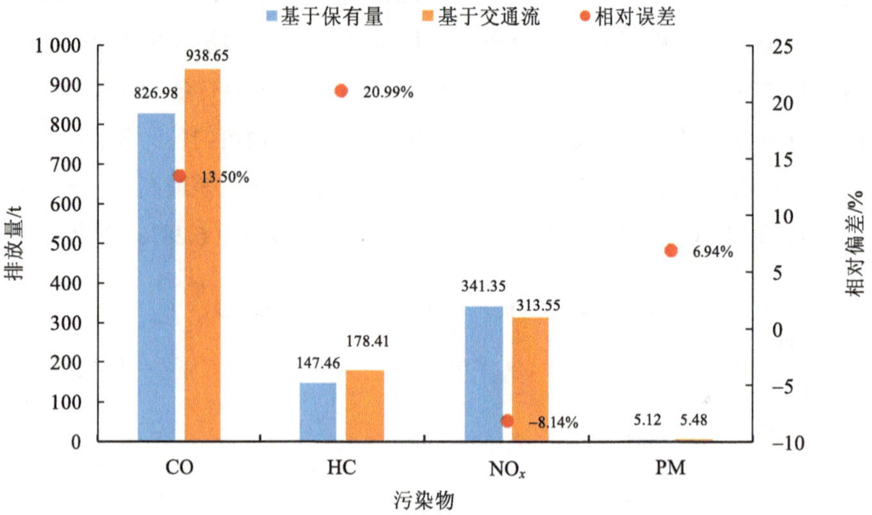

图 9-46　2018 年 11 月 3 日排放测算结果对比

（1）分车型排放特征

2018 年 8 月 2 日、8 月 6 日和 11 月 3 日各车型、各污染物的排放特征相似（图 9-47～图 9-49）。对于排放物 CO 和 HC，小型客车排放占比最高，小型客车 CO 和 HC 排放分别占所有车型总排放的 66.6%、74.4%，其余占比较高的车型为出租车和重型客车。排放物 NO_x 和 PM 的排放特征与 CO 和 HC 不同，公交车、中型货车和重型货车的 NO_x 和 PM 排放占比较高，为 20%～30%，其余 NO_x 排放占比较高的车型为大型客车和中型客车，PM 排放占比较高的车型为大型客车和轻型货车。

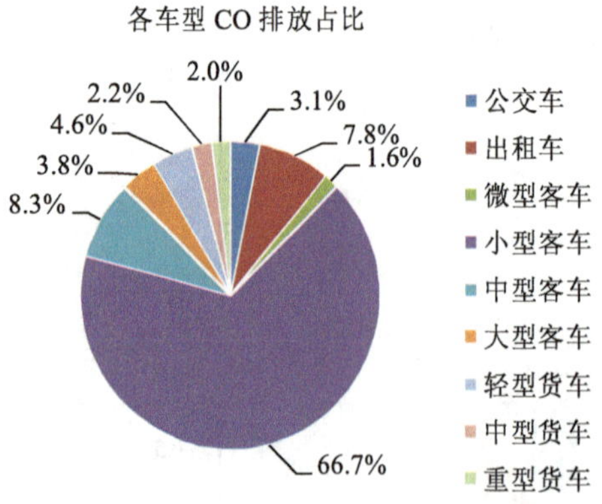

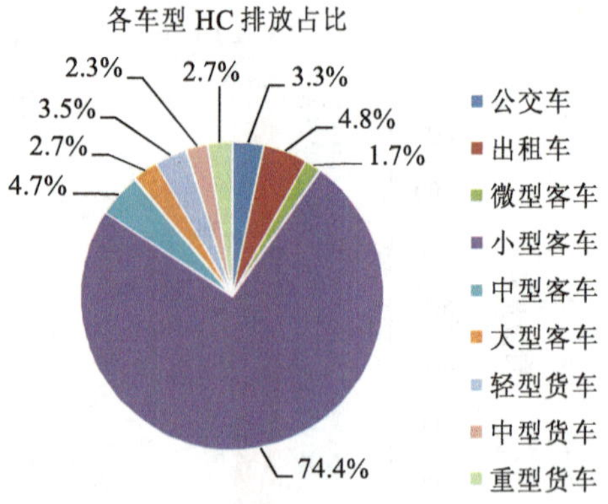

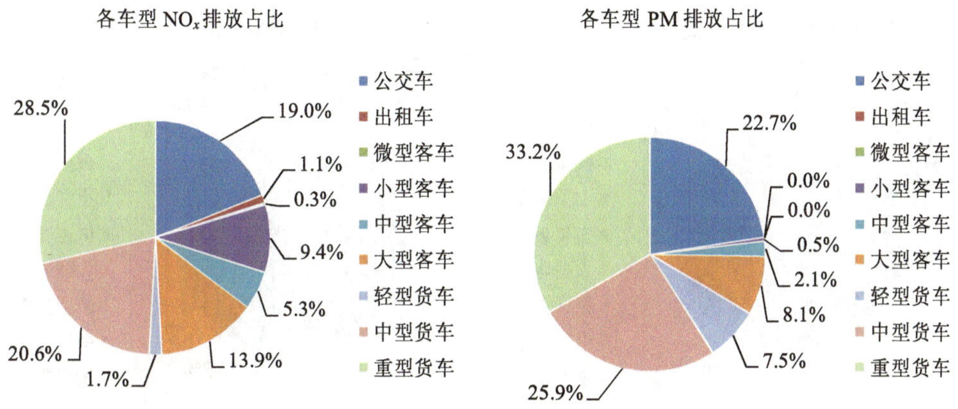

图 9-47　2018 年 8 月 2 日各车型排放占比

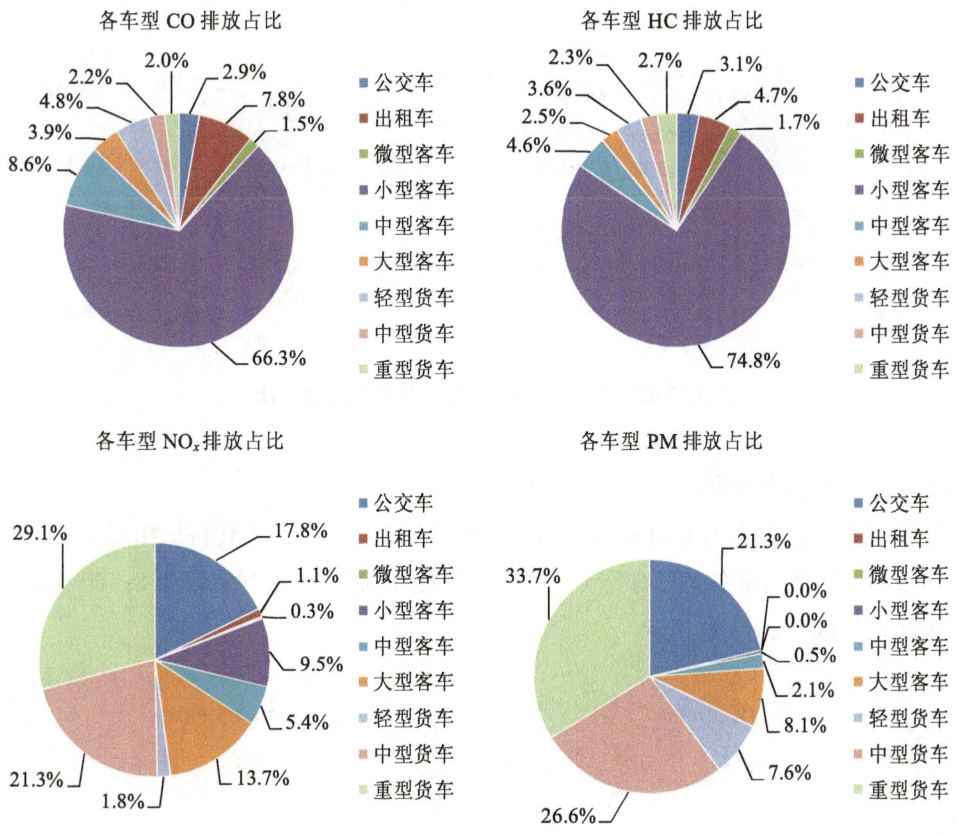

图 9-48　2018 年 8 月 6 日各车型排放占比

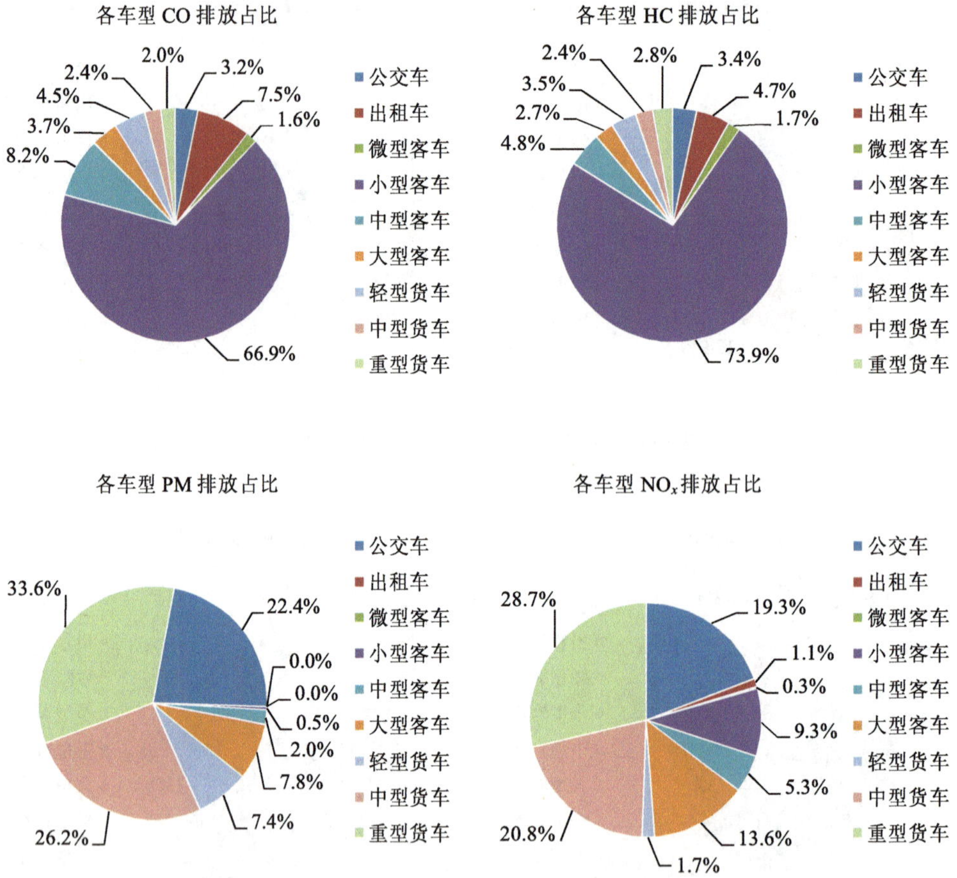

图 9-49　2018 年 11 月 3 日各车型排放占比

（2）24 小时排放变化

2018 年 8 月 2 日、8 月 6 日和 11 月 3 日各污染物 24 h 的排放变化特征相似（图 9-50～图 9-52）。各污染物排放量在夜间均较低，白天有明显的早晚高峰，早高峰为 8：00—10：00，晚高峰为 17：00—19：00。

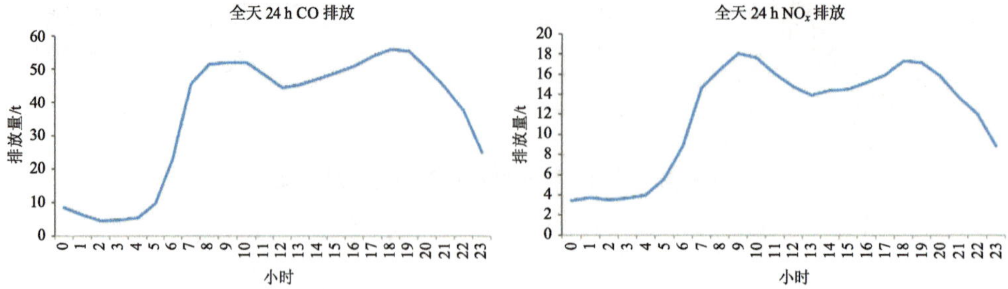

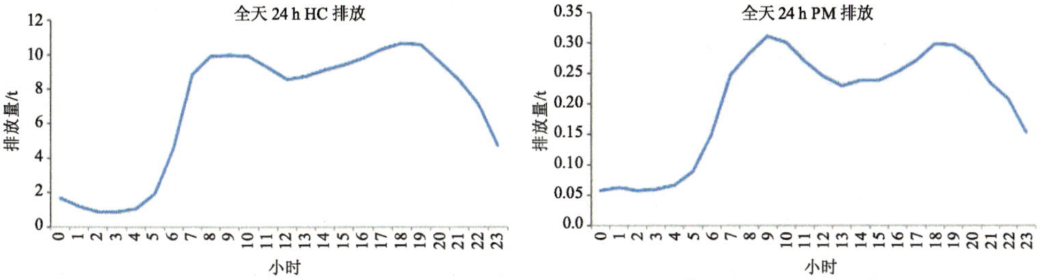

图 9-50　2018 年 8 月 2 日 24 h 排放变化

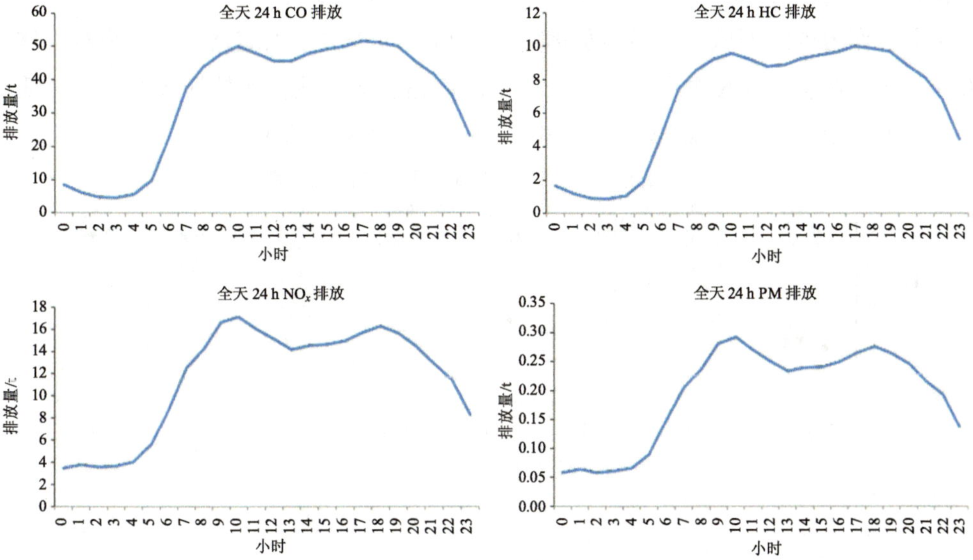

图 9-51　2018 年 8 月 6 日 24 h 排放变化

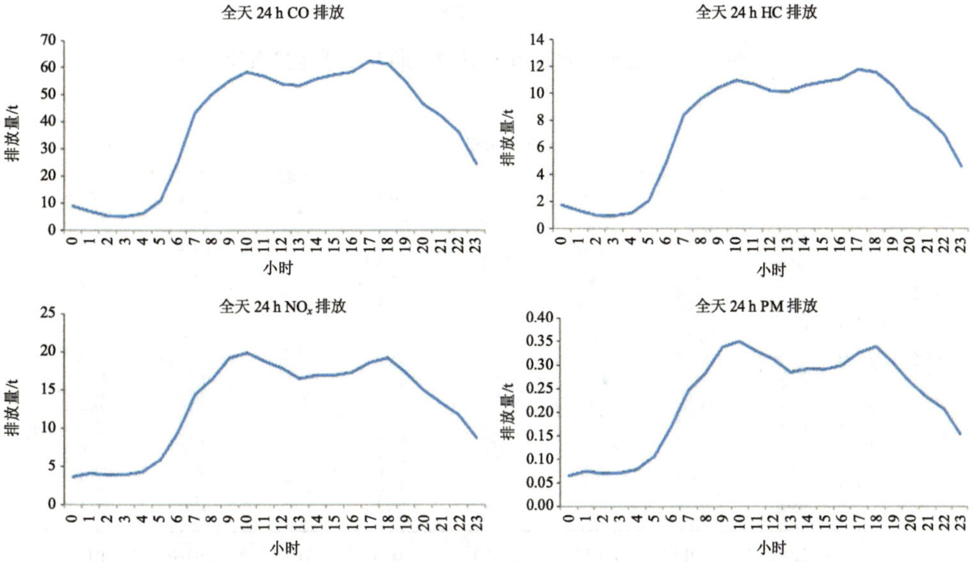

图 9-52　2018 年 11 月 3 日 24 h 排放变化

9.2 货物运输结构优化

9.2.1 北京市货物运输特点

北京市经济流通和货物运输活跃。2017 年，北京市完成营业性公路货运量 1.9 亿 t，道路货物周转量达 159.2 亿 t·km，平均运距 82 km。道路货运经营业户达 4.67 万户，营运性载货汽车规模为 18.3 万辆，货运从业人数超过 43.3 万人[5]。

北京市作为内陆型城市，道路货运量占比高达 95.6%，以道路运输为绝对主体，近年来货运量和在总货运量中占比均趋于稳定。铁路货运市场份额持续下降，全市铁路货运量占比由 2015 年的 5.0%降至 2017 年的 3.5%（图 9-53、图 9-54）。

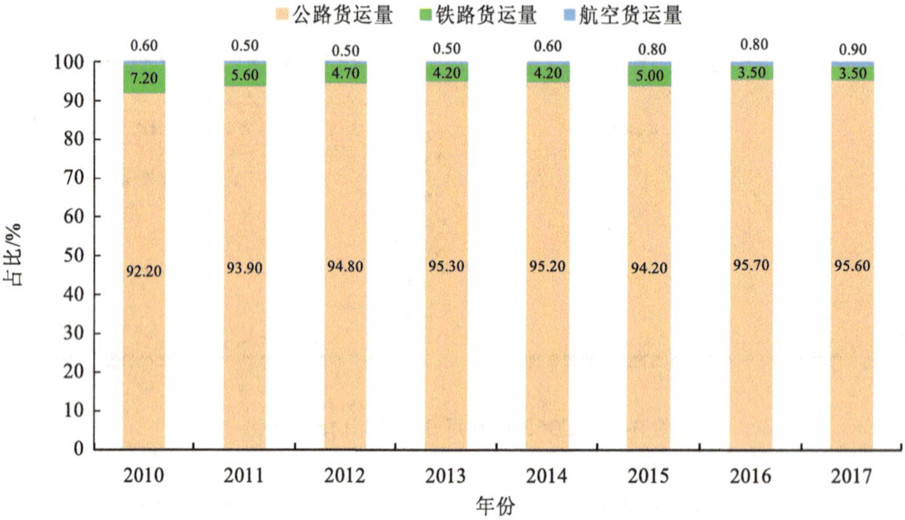

图 9-53 近年来北京市分不同交通方式货运量占比

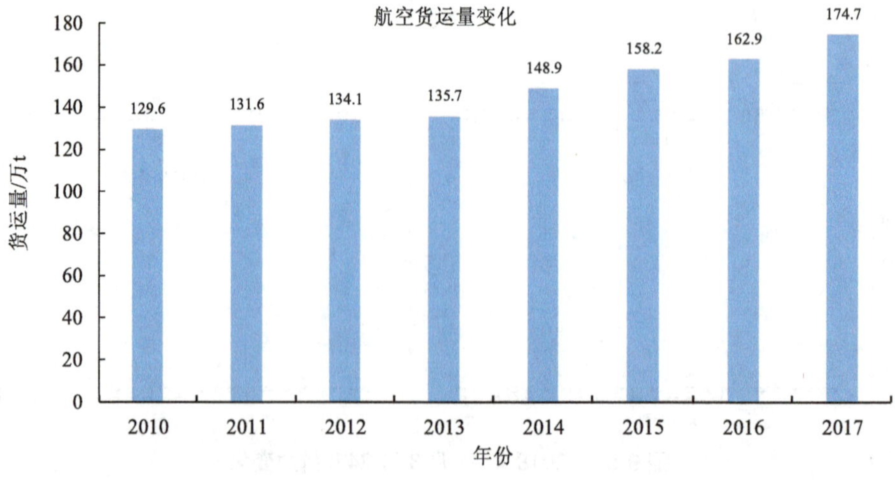

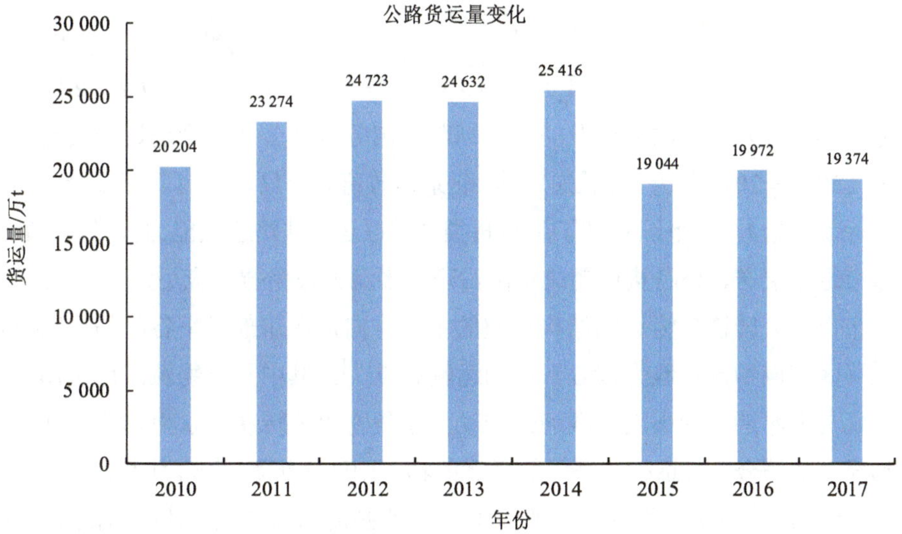

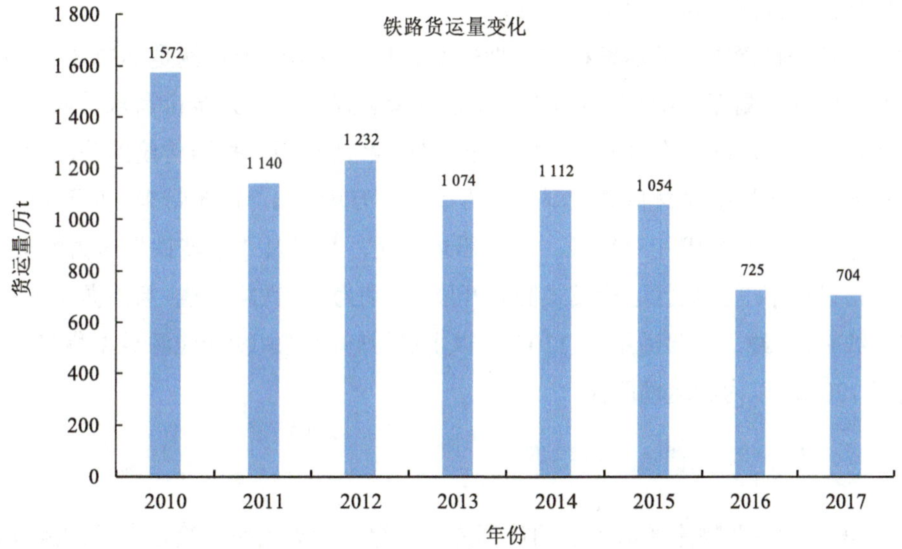

图 9-54 北京市近年来分不同交通方式货运量

铁路方面，京津冀及周边地区是我国交通网络最为密集的地区之一，2017 年，铁路营运里程达到 26 000 km，密度 3.71 km/100 km^2，是全国平均水平的 2.83 倍[6]。北京市铁路枢纽内共有货运站 59 个车站，其中主要货运办理站 10 个，站内及专用线都办理货运车站 17 个，仅办理专用线货运业务的车站有 24 个，仅办理路用货物发到业务车站 8 个。北京市枢纽现衔接专用线 163 条。除了燕郊、大厂、三平、三河、固安 5 个车站位于河北省境内，其他 54 个货运站均位于北京市境内。

9.2.2 北京市交通结构调整三年行动计划

按照国务院办公厅印发的《推进运输结构调整三年行动计划（2018—2020 年）》[7]以及交通运输部等九部门联合印发的《贯彻落实国务院办公厅〈推进运输结构调整三年行动计划（2018—2020 年）〉的通知》[8]，北京市政府办公厅印发《北京市推进运输结构调整三年行动计划》[9]。组织实施了重点货类公铁联运、铁路承载能力提升、公转铁运输试点、城市绿色配送、公路货运超载超限治理、多源大数据智慧应用六大工程[11]。

北京市以“公转铁”为运输结构调整的主要方向，在东部以平谷区马坊物流基地，在南部大兴区京南物流基地为核心，启动运输试点[10]。其中马坊物流基地利用既有地方铁路，实现与天津港、唐山港的联动，推动大宗货物等公转铁。京南物流基地与大兴国际机场物流功能结合，打造公、铁、航联运的物资中转集配新模式。同时，全市有顺义、三家店、大红门等 9 个铁路枢纽，以商品车、生活必需品为重点，依托新能源货车接驳，构建全程绿色、低碳、高效的配送网络[10]。

北京市还积极探索绿色运输模式，像砂石骨料绿色运输模式就是其中之一。根据北京交通发展研究院测算，北京市砂石骨料年需求量达到 1 亿 t，是全市需求量最大的货类，但平均运距仅为 200 km，低于传统的 500 km 铁路经济运距，按照传统的公路运输方式，北京市目前全市运输矿建材料的重型柴油货车约 1 万辆次/d，每年带来 1.9 万 t 的污染物排放[11]。由于时效性要求相对较低，加上需求量大，是最具“公转铁”潜力的货类[12]。为此北京市设计了三种绿色运输模式同时开展，分别为：①铁路干线+新能源重卡车接驳；②铁路干线+专用线，主要适用于 120 km 以上的运输距离；③新能源重型货车运输，主要适用于 120 km 以内的运输距离[12]。

9.2.3 主要公路物流通道梳理

根据第 5 章主要物流通道识别的计算方法，综合考虑道路上货运车辆的流量和占比情况，对北京市国省干线（含国家高速公路、省级高速公路、普通国道和普通省道）货运流量进行分析，得到北京市主要公路货物运输通道，主要筛选标准如表 9-5 所示。筛选出 8 条主要货运通道分别为：G4501（北京六环高速）、G7（北京—乌鲁木齐高速公路）、G1（北京—哈尔滨高速公路）、G106（北京—广州公路）、S215（京开辅路）、S46（京通京哈联络线）、G45（大广高速）、S220（延康路）。

表 9-5 主要货运通道筛选标准

指标	货车加权流量/辆	货车加权流量占比/%	大型货车加权流量/辆	大型货车加权流量占比/%
标准	6 000 以上	40 以上	5 000 以上	30 以上

9.2.4 北京市货物运输优化建议

9.2.4.1 构建北京市绿色物流体系

组织开展北京市生活物资公铁接驳配送试点。结合北京市物流需求和空间分布特点，优化调整城市物流运输结构，不断强化干支衔接水平，发挥好城市内部既有铁路线网和站场资源优势，创新运输组织和合作模式，加快运力结构调整，积极打造城市绿色物流服务体系。

针对北京市的特点，研究制定依托铁路线网和站场资源的城市公铁接驳配送试点方案。首先，按照“外集内配、绿色联运”的总体思路，加快中心城市及周边地区铁路外围集结转运中心系统布局，推动形成以既有城市外围铁路货运站场为载体的铁路干支中转物流基地。其次，充分发挥市内既有铁路货场资源和地理优势，加快站场设施改造和功能提升，打造若干集仓储、分拣、流通加工、短驳配送、信息服务等为一体的城市公共配送服务中心。再次，发展新型铁路运输组织，积极推动外围铁路集结转运中心与铁路公共配送中心之间钟摆式、小编组干支接续运输，减轻货物进城对市内道路运输的依赖和压力。最后，完善城市公铁接驳运输配送车辆通行管理政策，为参与配送车辆提供通行、停靠等便利。提升铁路配送中心公共开放服务能力，加强与物流配送企业、商贸流通企业等之间的合作，努力打造公平开放、协同联动、合作共赢的公共配送服务平台。

鼓励配送企业推广应用城市配送新能源车辆。加快调整城市配送车辆结构，推广应用新能源车辆，不断提高新能源车辆在城市配送运力中的比重。在车辆标准化方面：加快完善新能源车型标准，结合城市配送需求特点，鼓励配送物流企业加强与车辆研发生产企业的战略合作，推广应用适应日用品、冷链等城市配送的经济适用标准化车辆；在基础设施配套方面：推动城市管理部门将公共充电桩建设纳入城市基础设施建设范围，不断完善充电设施网络规划布局，加大政府财政支持力度，对电力供应部门、加油站经营企业、物流园区和配送中心等运营企业、第三方物流企业投入建设的公共充电设施给予财政补贴。在通行管控政策方面：逐步放宽车辆通行管理，对参与公铁联运、保障城市生活物资供应、加入城市绿色车队的油电混合等新能源车辆，给予道路通行便利，切实解决配送车辆通行难、停靠难等问题。

9.2.4.2 推进物流园区和企业铁路专用线建设

在编制物流园区建设规划时应同步规划铁路专用线建设规划，鼓励铁路专用线与接轨铁路同步规划、同步设计、统筹建设、同步开通，满足接轨技术标准要求。对年货运量达到 100 万 t 及以上的物流园区或大型企业，具备专用线建设条件的均应引入专用线，不具备专用线建设条件的也应充分共用临近专用线资源。地方政府和铁路部门可通过税收优惠政策、规范专用线养护维修收费标准等措施降低企业铁路专用线运营成本，鼓励企业共用专用线。

9.2.4.3 开展城市生产生活物资公铁联运试点工程

制定《北京城市生产生活物资公铁接驳配送试点方案》，并纳入城市总体规划。建设北京市周边铁路干支中转物流基地，加快市内相关站场的设施改造。2020 年年底，在日用品、冷链、电商快递、建筑材料运输等领域，开通若干条钟摆式、小编组铁路运输与共同配送、仓配一体公路运输相衔接的示范线路。

9.2.4.4 深化道路货运行业治理，推动货运行业转型升级

大力发展“互联网+”货运物流新业态，鼓励引导“互联网+”车货匹配、“互联网+”专线整合、“互联网+”共同配送、“互联网+”大车队管理等新模式、新服务。鼓励冷链物流创新发展，加快新能源、冷藏保温车辆、冷藏保温厢等先进设备推广应用。

9.3 油品精细化管控

9.3.1 严控油品标准

北京市油品管控一直处于全国领先水平。2012 年 5 月，北京市发布了《关于实施北京市第五阶段车用汽柴油标准有关工作的通知》，实行新的车用汽、柴油两项地方标准，硫含量降到 10 mg/kg，严于国家标准。又在 2017 年 1 月 1 日开始实施第六阶段车用燃油标准。汽油方面，加严了烯烃、芳香烃、苯的限值，加严车友汽油蒸气压并更加精细化，以及汽油馏程 50%蒸发温度限值。柴油方面，加严多环芳烃含量限值、对密度、运动黏度等指标进行调整，加入清净剂的要求。

2017 年 10 月至 2018 年 1 月，本研究在北京、天津、廊坊、保定、石家庄、邢台、邯郸、唐山、阳泉、安阳、郑州、新乡、德州、沧州、滨州和淄博 16 个城市以隐蔽式采样方式采集 319 个柴油样品进行检测。其中，北京市采样油品合格率为 100%。

9.3.2 分季节控制汽油蒸气压，控制 VOCs 排放

蒸气压是汽油的一个特征指标，用来表示汽油的挥发性。蒸气压越高，说明挥发性越强。汽油由于其使用场景，需要挥发性较好，才能更好地在缸内气化并燃烧，但蒸气压大容易产生蒸发排放，向大气中排放较多 VOCs，VOCs 是臭氧和细颗粒物污染重要的前体物。为更加精细化管控油品质量，控制 VOCs 排放，需要对蒸气压进行一定的控制。美国根据气象条件、空气质量等因素，分区域、分时段在全国实行不同的汽油蒸气压控制指标。

北京市对车用汽油实施春、夏、秋、冬四季蒸气压要求[13]，即从 3 月 16 日至 5 月 14 日 45～70 kPa、从 5 月 15 日至 8 月 31 日 42～62 kPa、从 9 月 1 日至 11 月 14 日 45～70 kPa、从 11 月 15 日至 3 月 15 日 47～80 kPa，市场监管部门加强对汽油蒸气压的监管。

9.3.3 北京市油品清洁剂监管方案及监管现状

在汽油中加入合格的车用汽油清净剂具有降低机动车污染物排放水平，降低燃油消耗，清洗发动机积碳，保持发动机性能等功能，清净剂本身不能单独体现清净性能，必须加入到汽油中并通过专用的测试台架来测试其清净性指标。加与不加、加多加少、加好加坏会呈现不同的结果。一些油库、加油站在添加清净剂上以次充好、以少代多，不仅达不到节能降耗和削减尾气排放的效果，反而造成耗油量、汽车尾气排放量的增加，尤其是汽车燃油系统积炭结垢现象更加严重，缩短了一些汽车零部件的使用寿命，加重了汽车排放污染。因此油品清净剂的监管是其实现减排的重要保障。

9.3.3.1 北京市清净剂监管情况

北京市多年来一直强制要求在车用汽油中加入合格的汽油清净剂，并通过多种渠道进行监管，2014 年 3 月 1 日北京市出台的《北京市大气污染防治条例》特别要求添加汽油清净剂。

中国环境科学研究院自 2014 年起就北京市售汽油清净性进行抽样检测，检测清净性合格率也逐年上升，由 2014 年的 60%上升至 2018 年的 95%。期间北京市于 2008 年、2014 年、2015 年对加油站售卖汽柴油硫含量进行了抽检，检测的 203 个样品全部合格（图 9-55）。

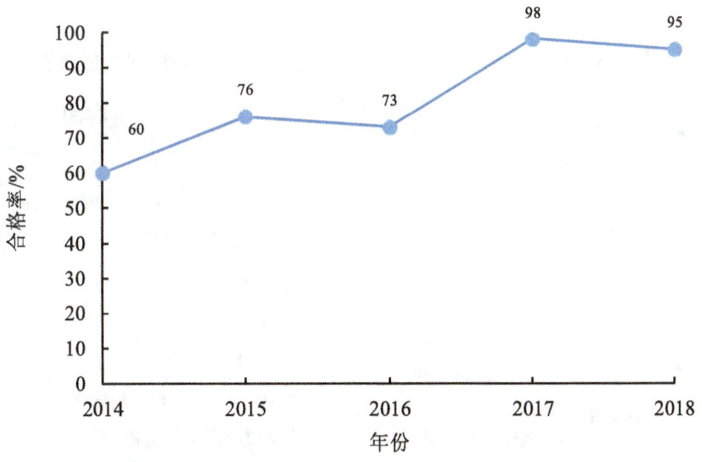

图 9-55 2014—2018 年北京市汽油清净剂抽检情况

9.3.3.2 汽油清净剂监管方案

连续多年的抽检结果表明，北京市汽油清净剂合格率逐年上升，在油品清净剂监管方面成效显著。北京市针对汽油清净剂出台相关法规并进行有效监管对于油品质量及机动车污染排放有着积极的促进作用。

从北京市对汽油清净剂逐年抽检的效果来看，北京市汽油清净剂添加已逐渐符合标准。建议将北京市汽油清净性监管模式进行推广，即地方性法规明确立法与不定期抽检相结合的方式对汽油清净剂进行监管。地方出台相应的条例，要求本地加油站在汽油中添加汽油清净剂，再由职能部门不定期对加油站进行抽检，由第三方检测机构出具检测结果并依规进行处罚。

9.4 效果评估

基于中观路网动态排放仿真模型，对高排放货车通行管理政策实施效果、天津港禁止运煤对北京市流量影响、运输结构调整对平谷区交通状态的影响、京东车辆电动化之后对交通状态的影响四个典型情景进行了特征分析。

9.4.1 高排放货车通行管理政策实施效果

9.4.1.1 政策内容

2017 年 8 月 21 日，北京市交通委会同北京市环保局、北京市公安交管局联合发布了《关于对部分载货汽车采取交通管理措施降低污染物排放的通告》[14]，该政策于 2017 年 9 月 21 日正式实施。政策目的在于减少货车过境穿行，六环路主路 6：00—24：00 禁止外埠货车通行；提高排放标准，国Ⅲ货车六环路（含）以内禁行（表 9-6）。

表 9-6 北京市六环路主路及以内道路货车交通管理措施概览

<table>
<tr><th colspan="3" rowspan="2">车辆类型</th><th colspan="2">时间</th></tr>
<tr><th>2017 年 9 月 21 日
至 2019 年 9 月 20 日</th><th>自 2019 年 9 月 21 日</th></tr>
<tr><td colspan="3">国Ⅰ、国Ⅱ柴油货车</td><td>全天全市域禁行</td><td>全天全市域禁行</td></tr>
<tr><td colspan="3">本市国Ⅲ柴油货车</td><td>23：00—06：00 通行</td><td>全天禁行</td></tr>
<tr><td rowspan="4">外埠进京货车</td><td rowspan="3">国Ⅲ柴油货车</td><td>保障本市生产生活需求的</td><td>须进行需求确认后
办理进京证
每天 0：00—06：00 通行</td><td>全天禁行</td></tr>
<tr><td>整车运送鲜活农产品的</td><td>无须办理进京通行证
每天 0：00—06：00 通行</td><td>全天禁行</td></tr>
<tr><td>其他</td><td>全天禁行</td><td>全天禁行</td></tr>
<tr><td colspan="2">其他（含国Ⅳ、国Ⅴ等柴油货车）</td><td colspan="2">须办理进京通行证
每天 0：00—06：00 通行</td></tr>
</table>

2018 年 11 月 1 日，市交通委会同市环保局、市公安交管局联合发布了《关于对国Ⅲ排放标准柴油载货汽车采取交通管理措施降低污染物排放的通告》，该政策于 2018 年 12 月 1 日正式实施。

政策内容有：自 2018 年 12 月 1 日起，全天禁止外埠国Ⅲ排放标准柴油载货汽车在本市行政区域内道路行驶；三类车辆继续执行“9.21”政策的过渡期，并将过渡期延长至 2019 年 10 月 31 日，在此期间准予通行；自 2019 年 11 月 1 日起，全天禁止本市及外埠国Ⅲ排放标准柴油载货汽车在本市行政区域内道路行驶。

9.4.1.2 评估方法

通过对评价方法和分类的梳理分析，结合方案内容，本次政策效果评估重点有两方面评估需求，一是针对政策实施后对我市空气质量改善、降低货车流量两方面的政策目标实现程度评估；二是对政策实施后的潜在风险进行识别。

对潜在风险进行分析，政策实施可能存在交通、行业、社会三方面的潜在风险，结合政策实施可能存在的潜在风险，采用层次分析法，以科学性、可测性、可比性作为指标选取原则，研究提出以目标为导向的政策效果评价指标体系。高排放货车通行管理政策效果评价体系包括目标层、准则层、指标层三个层级（图 9-56）。

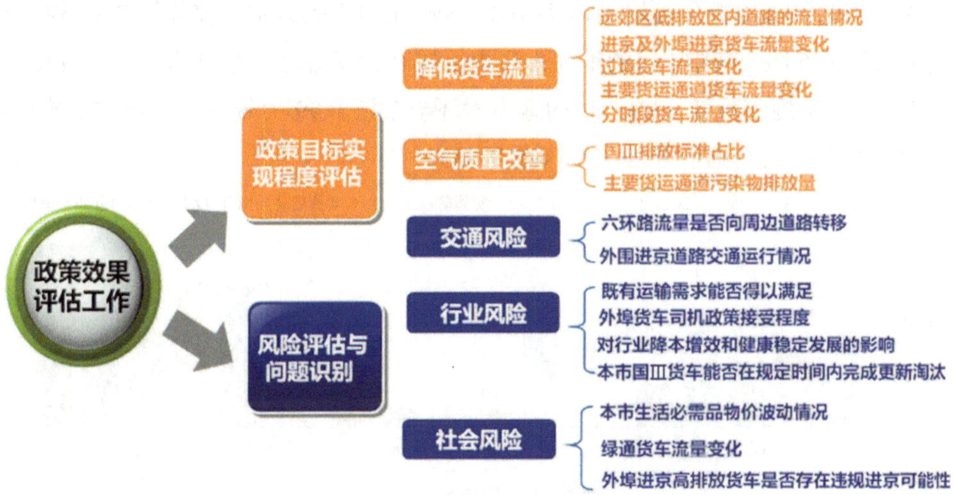

图 9-56 政策效果评估体系架构

9.4.1.3 评估效果

（1）外埠进京货车流量实现进一步下降

“12.1”政策实施后，2019 年第一季度日均进京货车流量 2.5 万辆次，较“12.1”政策实施前降低了 17%，较“9.21”政策实施前降低了 47%。2019 年第一季度外埠进京货车日均 1.6 万辆次，较“12.1”政策实施前降低 16%，较“9.21”政策实施前降低 58%（图 9-57）。

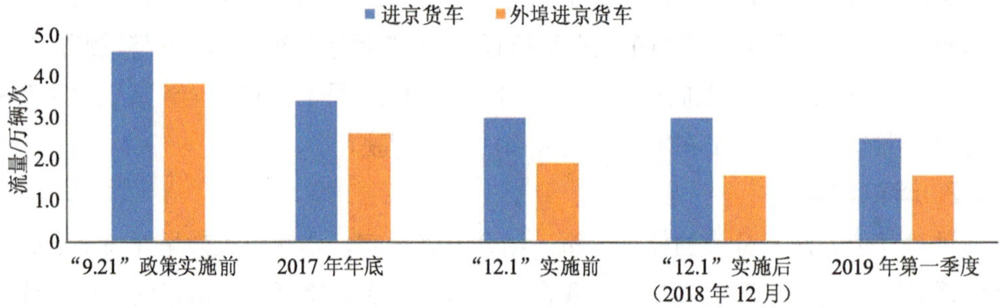

图 9-57 进京货车流量

（2）外埠过境货车流量进一步降低

分目的地来看，外埠过境穿行北京的外埠货车日均 0.43 万辆次，较“12.1”政策实施前降低 34%，较“9.21”政策实施前降低 67%。

目的地为北京市的货车日均 1.16 万辆次，较“12.1”政策实施前降低 7%，较“9.21”政策实施前降低 54%。其中，目的地为六环内区域 0.17 万辆次，较新政实施前降低 13%，较“9.21”政策实施前降低 83%；目的地为六环至市域 0.99 万辆次，较新政实施前降低 5%，较“9.21”政策实施前降低 33%（图 9-58）。

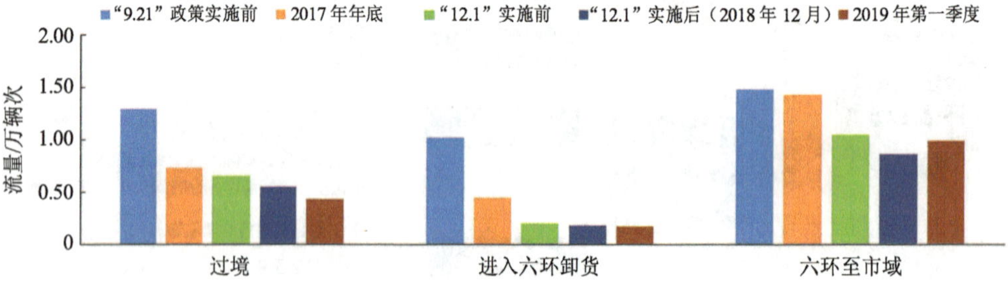

图 9-58 外埠货车流量

（3）外埠进京国Ⅲ货车流量呈现持续下降趋势

“12.1”政策实施后，外埠进京国Ⅲ及以下柴油货车日均 0.17 万辆次，较“12.1”政策实施前降低 9%，较“9.21”政策实施前降低 85%，国Ⅴ货车显著升高（图 9-59）。

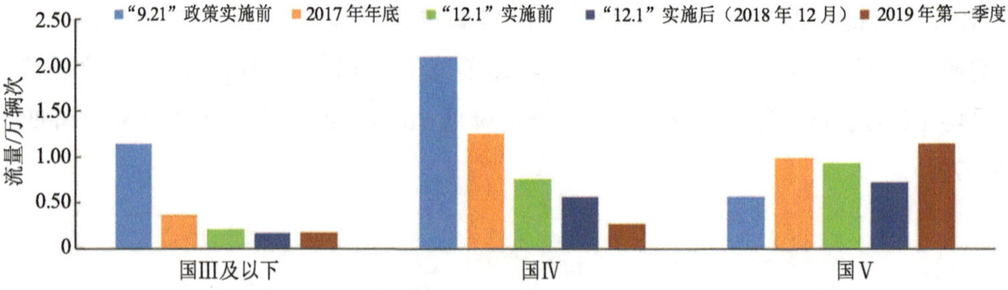

图 9-59 外埠进京货车流量

（4）污染物排放持续降低

受“12.1”政策影响，2019 年第一季度市进京主要货运通道的污染物排放量（CO、HC、NO_x、$PM_{2.5}$和 PM_{10}）比“12.1”政策实施前降低了 25%。高速公路的污染物排放量降低 33.18%。比“9.21”政策实施前降低了 35%。高速公路的污染物排放量降低 49.23%（图 9-60）。

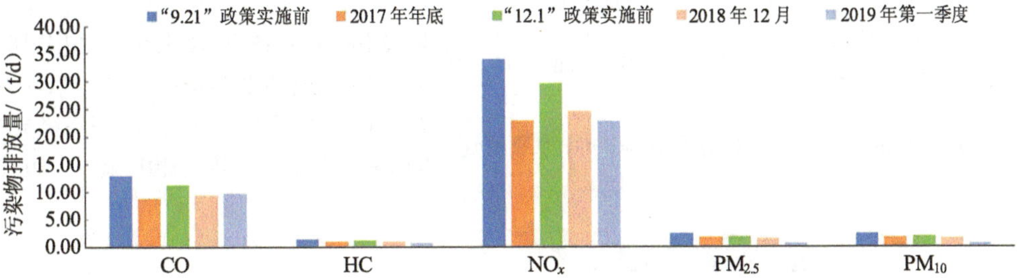

图 9-60　污染物排放量

9.4.2　运输结构调整对平谷区交通状态的影响

9.4.2.1　政策内容

运输结构调整政策背景

2018 年国务院印发《推进运输结构调整三年行动计划（2018—2020 年）》的通知，计划到 2020 年，全国铁路货运量相比 2017 年，增加 11 亿 t、增长 30%。《打赢蓝天保卫战三年行动计划》中也规定[15]，在环渤海地区、山东省、长三角地区，2018 年年底前，沿海主要港口和唐山港、黄骅港的煤炭集港改由铁路或水路运输；2020 年采暖季前，沿海主要港口和唐山港、黄骅港的矿石、焦炭等大宗货物原则上主要改由铁路或水路运输（表 9-7）。

表 9-7　公转铁政策文件要求解读

公转铁全国重点区域	涉及的主要省市/港口	政策要求
京津冀及周边地区	天津、河北、河南、山东、山西、辽宁、内蒙古	铁路货运量增加 40%
长三角地区	上海、江苏、浙江、安徽	铁路货运量增加 10%
汾渭平原	山西、河南、陕西	铁路货运量增加 25%
沿海主要港口	唐山港、黄骅港、秦皇岛港、天津港	大宗货物公路运输量减少 4.4 亿 t；2020 年采暖季前，矿石、焦炭等大宗货物原则上主要改由铁路或水路运输

基于运输结构调整政策文件要求，结合北京市区位特征以及道路特性，总结分析政策对北京市以下道路产生的影响（表 9-8）。

表 9-8 公转铁对北京市主要通道上重型货车流量的影响

政策影响港口	影响的北京市主要通道	对重型货车流量的影响
秦皇岛港	G1 京哈高速	重型柴油车减少 3 000 多辆/d
唐山港	G1 京哈高速	
黄骅港	京沪高速	
天津港（公转铁后每年减少运煤大货车约 200 万辆次）	京津高速、京沪高速、103 国道	煤炭集疏于 2017 年 10 月全部改由铁路，每天减少重型柴油货车使用 3 500～4 000 辆
延庆进京通道	G6 京藏高速、G7 京新高速	自 2017 年 10 月起，运煤车辆日均下降至 3 100 辆左右，与 2016 年同期相比减少 3 800 辆

9.4.2.2 平谷区运输结构调整政策措施

北京市相应运输结构调整政策要求，将平谷区马坊镇选取为试点区域，开展运输结构调整相关实地研究，并从 2016 年 11 月开始推行一系列方案措施（表 9-9）。

表 9-9 平谷区运输结构调整政策措施

时间	推行的方案措施	措施类型
2016 年 11 月 18 日	启动空气重污染预警	污染源排放监察
2018 年 12 月	启动北京平谷物流枢纽发展战略与规划、北京平谷物流枢纽铁路规划编制工作	总体部署
2019 年 1 月	构建首都东部外环线建设，确保有效实现过境货物的铁路运输	基础设施建设
2019 年 1 月	依托连通天津港的外环线在平谷发展保税物流口岸，通过公转铁和口岸功能结合，支撑形成口岸物流发展基础	口岸物流
2019 年 1 月	重点服务商品车、矿建材料、生活必需品和钢材及制品四大公转铁运输货类	路网重柴货车减量减排
2019 年 1 月 10 日	开通运营建筑材料进京绿色物流大通道	绿色运输
2019 年 2 月	将借助现有的铁路站场线路、商贸物流口岸实现现代汽车出京，从顺义到平谷，再通过专列运送到全国各地	改变汽车出京运输模式

平谷区将原有的“一站三场”（马坊站，北区、中区、南区），打造为“两站五场”（增加平谷站、三河场区、平谷站区）。与具有铁路融合发展能力的大兴京南物流基地共同构成规模相当、“一南一东”的城市保障公铁融合一级枢纽布局[16]。平谷区将提升铁路货运“担当”，构建以公转铁为核心，传统物流园区与铁路运输、贸易发展相协同的创新发展模式。

9.4.2.3 评估方法

运输结构调整对平谷区交通状态影响分析以 2018 年 3 月和 2019 年 3 月交调数据、绿色货运评价数据作为输入，计算产生以下三类成果。

（1）本市和外埠日均进入平谷区运行车辆总数及停车车辆数及停车位置变化；

（2）平谷区主要道路流量变化（重点考虑平谷马坊物流枢纽周边流量变化）；

（3）平谷区主要道路上五种污染物排放量。

评估主要思路如下（图 9-61）。

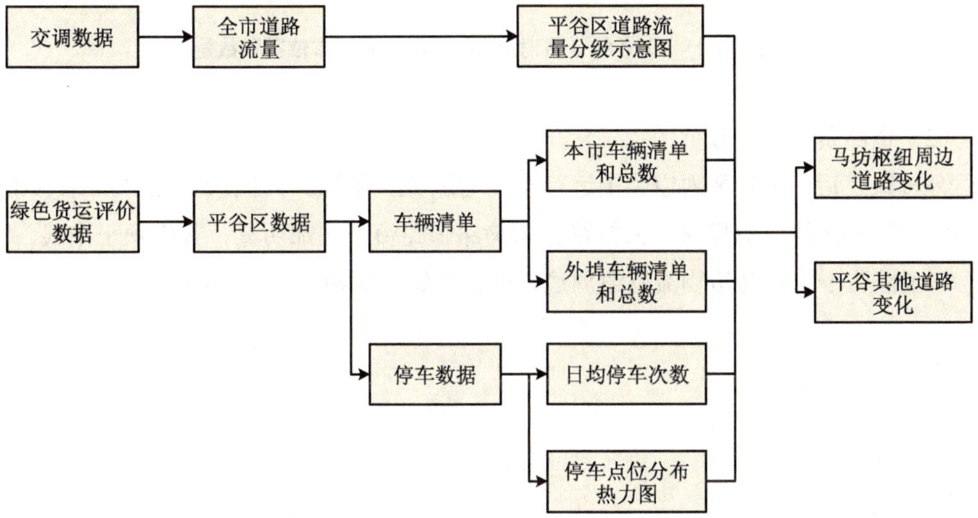

图 9-61 平谷区运输结构调整评估方法

（1）分析交调数据得出平谷区各条道路流量；

（2）利用绿色货运评价数据获得本市和外埠车辆进入平谷车辆清单和总数，以及停车点位和位置信息，形成停车点位热力分布图分析其变化；

（3）形成道路流量分级示意图，对比 2018 年和 2019 年 3 月平谷区和马方物流枢纽流量变化并分析其影响；

（4）结合车队结构、排放因子计算污染物排放量。

9.4.2.4 评估效果

（1）货车车辆总数分析

公转铁后，2019 年 3 月和 2018 年 3 月相比，本市和外埠日均进入平谷区重型货车运行车辆总数增加 474 辆，货运中转量增加 0.9 万 t，同比增长了 13.8%。在平谷区停车的车辆数日均增加 336 辆，同比增长了 85.3%。从停车位置变化分析，平谷区内部停车区域基本保持不变，平谷马坊周边停车数量有较大增长（图 9-62）。

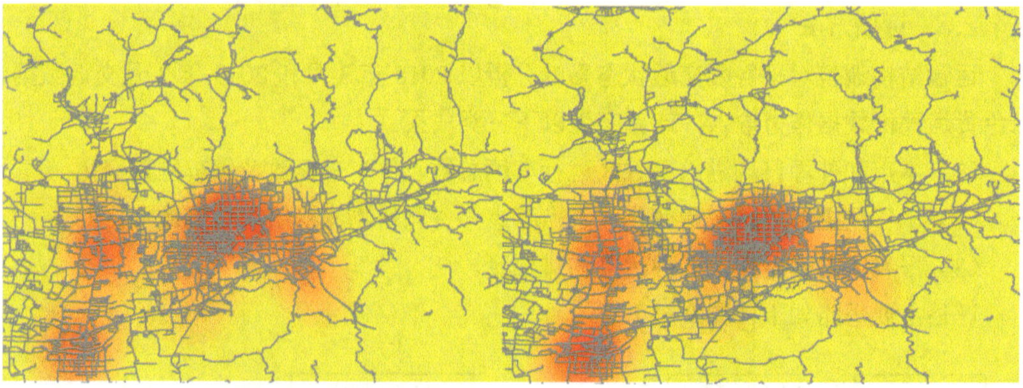

图 9-62 2018 年 3 月对比 2019 年 3 月停车位置和数量

（2）道路货车流量分析

公转铁之后，平谷区内道路上运行车辆增加 455 辆次，同比增长 4.6%（表 9-10）。平兴路、顺平南线、胡靠路、云打路、东撞路道路流量增加明显，其中顺平南线、云打路、东撞路位于平谷马坊物流枢纽周边，受公转铁影响最大（图 9-63）。

图 9-63 平谷区道路货车流量对比

表 9-10 平谷区道路货车流量变化

路段	2018 年	2019 年	公转铁后降幅/%
昌金路	1 365	1 141	−16.46
崔杏路	530	552	4.26
东南路	246	242	−1.55
东撞路	150	234	56.80
韩黑路	78	115	46.48
胡靠路	128	248	94.05
胡熊路	124	72	−41.83

路段	2018 年	2019 年	公转铁后降幅/%
马李路	243	203	−16.65
密三路	597	533	−10.67
平程路	368	420	13.88
平东路	143	156	8.86
平关路	239	269	12.43
平蓟路	347	362	4.10
平三路	726	695	−4.25
平兴路	250	551	120.02
顺平路	764	788	3.18
顺平南线	428	566	32.16
西外环路	512	558	8.89
夏鱼路	1 060	849	−19.86
杨杏路	87	104	19.81
寅北路	231	277	19.97
云打路	328	421	28.52

（3）道路货车排放分析

根据以上数据，结合中观路网排放仿真模型，对平谷区主要道路进行仿真发现，公转铁之后 CO 排放量为 0.39 t/d，NO_x 为 0.59 t/d。

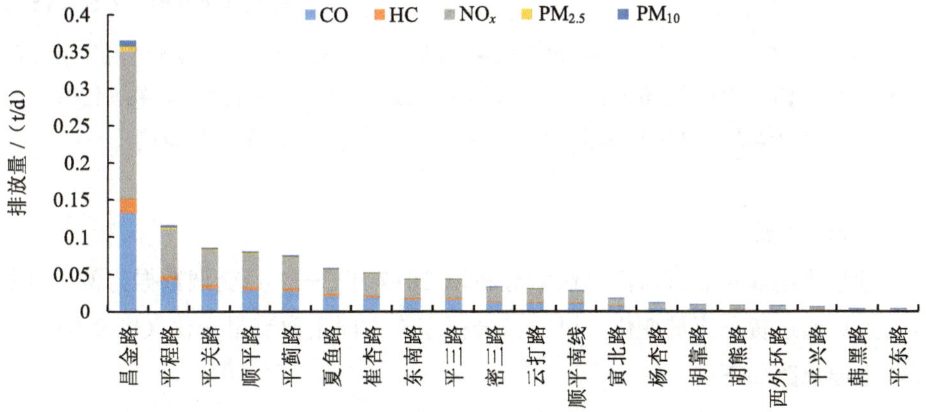

图 9-64　平谷区道路货车排放量

9.4.3 天津港禁止运煤对北京市流量影响

9.4.3.1 政策内容

天津港禁止汽运煤是天津市港航局响应运输结构调整大政策要求，为有效降低重型货车对于环境的影响而制定的政策（表 9-11），文件要求自 2017 年 5 月 1 日起，天津港停止接收公路运输煤炭[17]。

表 9-11 天津港禁止运煤政策

时间	限制措施	推荐转移地
2017 年 4 月 19 日	散货物流中心实施“只出不进”，停止接收公路运输煤炭。从大港、黄骅等地紧急调集转运车辆 260 多辆，解决运力不足问题	
2017 年 4 月 30 日	日均组织出清车辆 600 余辆，完成整体清空工作，并对剩余的少数封存及质押货物进行全部苫盖，封闭堆场卡口、道路，妥善监管	
2017 年 4 月 31 日	各作业码头停止接收长途公路散运煤炭、焦炭，全部实现铁路进港；天津交管部划定了载运煤炭车辆 17 个限行区域和 77 条限行道路	
2017 年 5 月 1 日	不再接收公路运输煤炭	转由张唐铁路经唐山港转运
2017 年 6 月	专门成立了海铁联运办公室，统筹协调公路转铁路运煤工作，同时完善港内铁路设施，优化港内集疏运组织，每年增加煤炭铁路运输能力约 3 000 万 t	在内陆腹地加快建设内蒙古乌兰察布有色矿分拨基地、河北武安铁矿石分拨基地、山西阳泉（应县）煤炭聚集基地三大远程物流基地
2017 年 6 月底	散货物流中心清空，散货物流铁路道线只接受集装箱来货（但只能短倒至港内各库掏箱）；长途汽运车辆（包括柴油、LNG）均不能运输散装煤炭、焦炭	焦炭、煤炭入港内各库采用集装箱或港内铁路道线（包括南港港区与临时港港区）

9.4.3.2 评估方法

天津港禁止运煤对北京市流量影响分析以 2017 年 3—7 月交调数据为例，计算产生东南方向重点通道货车流量变化，以支撑分析东南方向主要流量变化（图 9-65）。

评估主要思路如下：

（1）分析交通调查数据得出北京市各条道路流量；

（2）根据天津港区位识别京内主要东南地区通道；

（3）匹配东南地区通道流量，形成各月道路流量分级示意图，分析流量变化及主要道路影响。

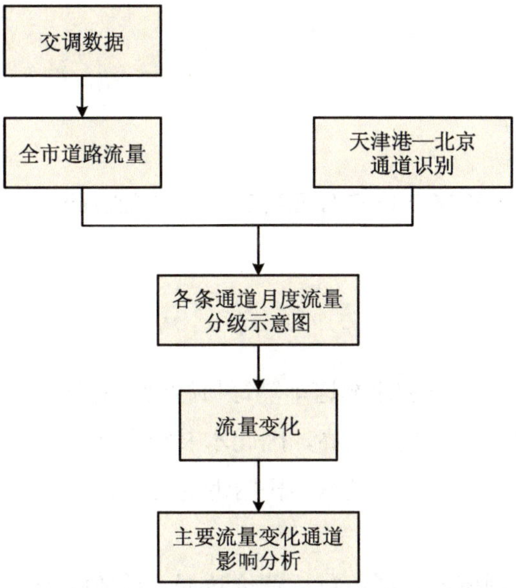

图 9-65　天津港禁止运煤评估方法

9.4.3.3 评估效果

天津港停止接收公路运输煤炭之后，对北京市道路影响较大的为东南方向的 35 条道路。研究发现，政策实施后东南方向整体流量降低 4 980 辆次/d，降幅为 16%。

对各条道路进行降幅分析发现，2017 年 3—7 月货车流量变化如表 9-12、图 9-66 所示，其中南中轴路、通马路、安采路、德觅路、东大路流量降低较多。东大路 7 月流量比 3 月货车流量降低 695 辆，下降幅度达到 46%，是东南方向道路中降幅最高道路。

表 9-12　天津港禁止运煤政策影响道路

路段	所属行政区	2017 年 3 月	2017 年 7 月	增幅	降幅百分比/%
东大路	大兴区	1 511	816	–695	–45.99
德觅路	通州区	1 299	769	–530	–40.80
安采路	大兴区	1 437	965	–472	–32.83
南中轴路	大兴区	1 630	1 204	–426	–26.11
通马路	通州区	1 893	1 535	–358	–18.92
青魏路	大兴区	965	695	–270	–27.99
九周路	通州区	633	460	–172	–27.21
京哈高速	通州区	2 757	2 608	–149	–5.40
京塘线	通州区	2 031	1 892	–139	–6.85

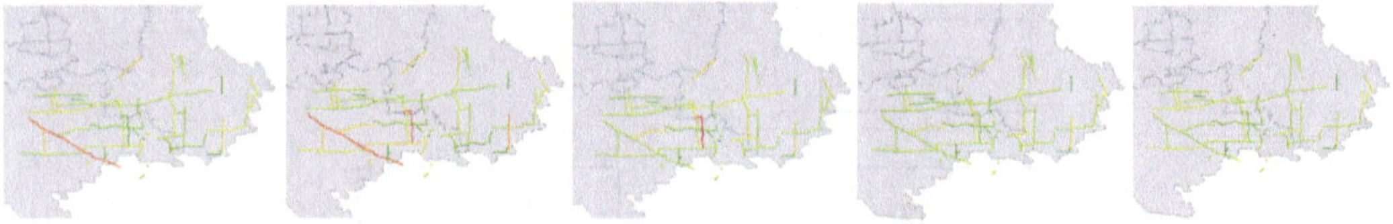

图 9-66　2017 年 3—7 月天津港—北京市主要通道货车流量变化

9.4.4 京东物流配送车辆电动化之后对交通排放的影响

受业务特性的影响，京东物流配送车辆每日行驶里程较普通箱式货车高，燃油车辆产生的排放量同样会比普通厢式货车高，因此本书结合部分京东货车 GPS 数据，对京东货车全市运行特征，产生排放，以及马驹桥附近的交通特性进行研究。

9.4.4.1 评估方法

输入：物流园区路网图层、绿色货运评价数据、排放因子。

输出：物流园区周边货车流量变化情况（总流量、小时流量、道路流量）、排放量情况（总排放量、小时排放量、道路排放量）。

具体流程图如图 9-67 所示。

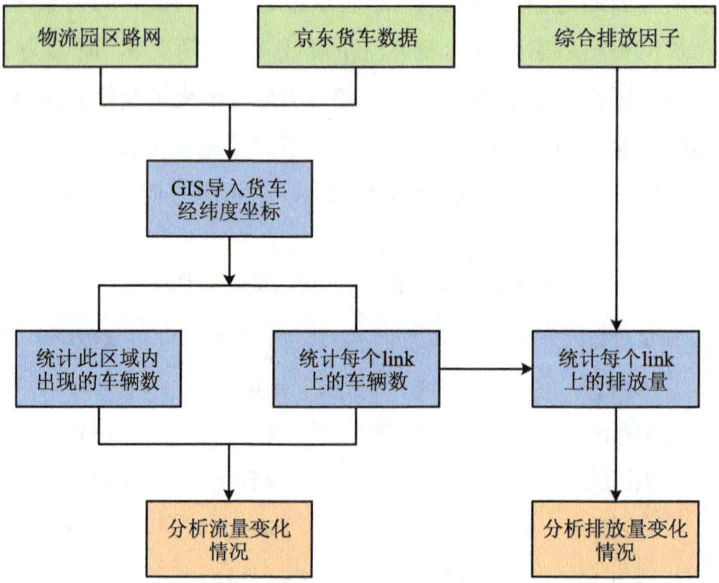

图 9-67　京东物流配送车辆电动化评估方法

9.4.4.2 评估效果

（1）全市运行特征

京东货车 2018 年 9 月 13 日全天在北京市域内的行驶轨迹如图 9-68 所示。

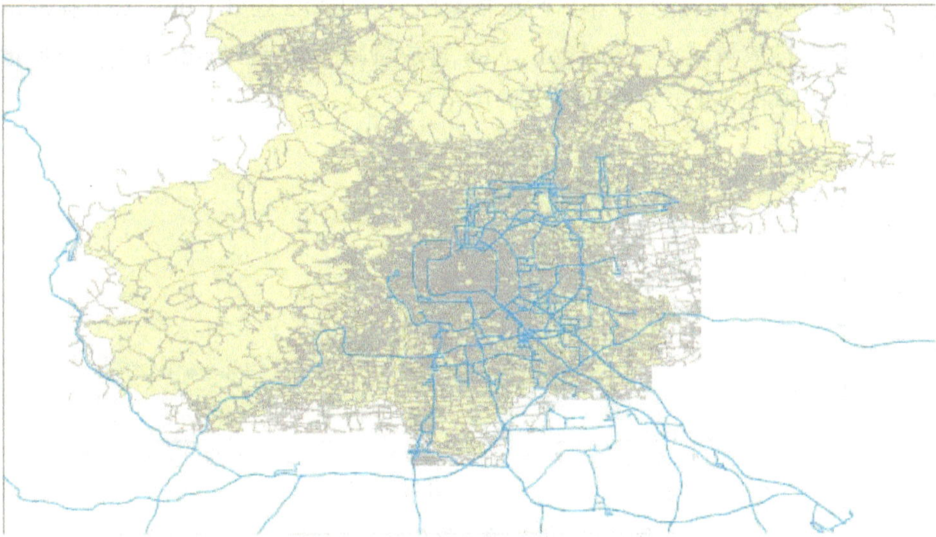

图 9-68　京东物流配送货车行驶轨迹

从热力分布图（图 9-69）可以看出，货车主要在东南方向的通道大广高速、京沪高速、京津高速周边有明显的集聚。

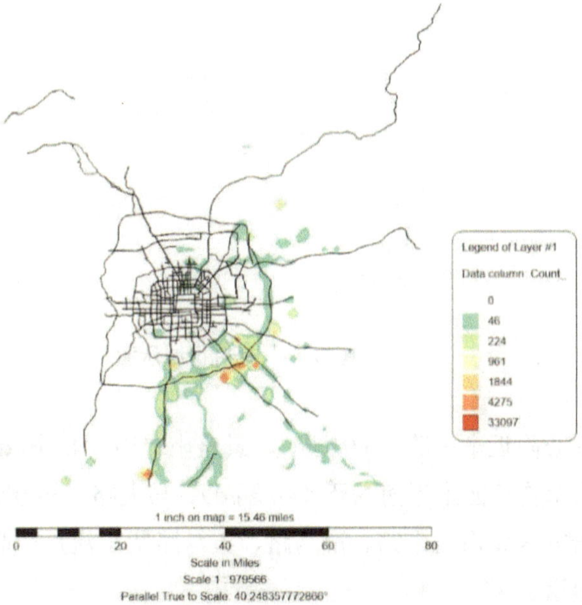

图 9-69　京东物流配送货车热力分布

京东物流配送货车未替换成电动车前，此部分货车排放主要集中在夜间至清晨，如 NO_x 的排放量在夜间至清晨最高，于 5 点达到最大值，7 点开始下降；白天低，其变化量不明显。全部替换为清洁能源货车后污染物减排量为 94.88 kg/d，其中 CO 排放量减少 30.75 kg/d，HC 排放量减少 2.95 kg/d，NO_x 排放量减少 59.38 kg/d，$PM_{2.5}$ 排放量减少 0.86 kg/d，PM_{10} 排放量减少 0.95 kg/d（图 9-70）。

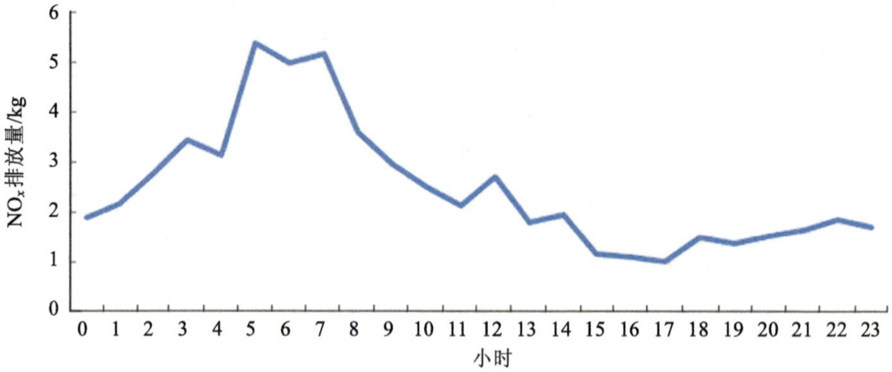

图 9-70　京东物流货车 NO_x 排放量

（2）马驹桥区域京东物流货车运行特征

以北京亦庄马驹桥京东物流园和京东分拣中心为例（图 9-71），计算其运行特征。研究区域范围内日均出现车辆数为 79 辆/d（2018 年 9 月一周数据）。

图 9-71　研究区域示意

京东分拣中心附近辛房路（53 辆/d）、景盛南二街（48 辆/d）、西周路（48 辆/d）货车流量较高。京东物流园附近南六环（46 辆/d）、马大路（39 辆/d）、四支路、融商六路、车流量较高。研究区域内马朱路、漷马路、黄马路货车流量较高，以上路段为京东厢式货车通行主要通道。

根据全天时间段货车流量分布，6：00—12：00 流量较高，其中 9：00 流量最大达到 78 辆。15：00—18：00 流量下降明显，其中 17：00 流量达到最低谷，小时流量为 35 辆（图 9-72）。

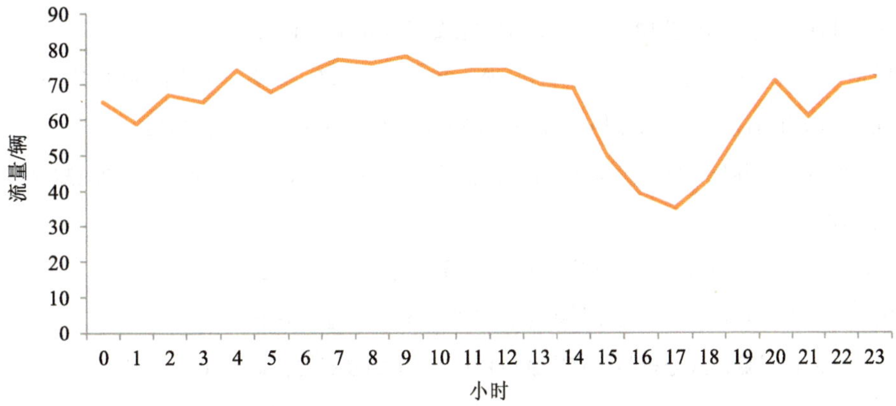

图 9-72 马驹桥区域小时流量

根据中观路网排放模型仿真计算显示，研究区域内京东货车产生 NO_x 排放量为 6.66 kg/d（2.4 t/a），CO 排放量为 3.45 kg/d，HC 排放量为 0.33 kg/d，$PM_{2.5}$ 排放量为 0.10 kg/d。其中，8 点 NO_x 排放量为全天最高，占 11.2%（图 9-73）。

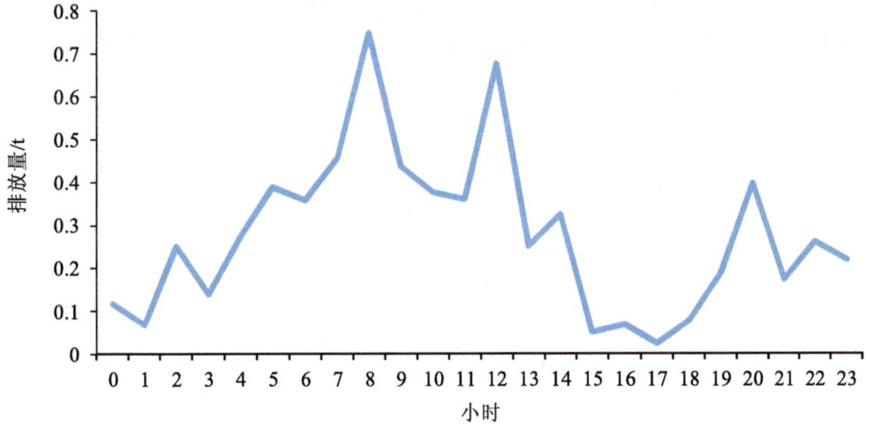

图 9-73 马驹桥区域 NO_x 排放量

参考文献

[1] 丁焰，王军方，尹航. 京津冀地区机动车污染防治重点及建议[J]. 环境保护，2018，46（19）：22-26.

[2] 北京市机动车保有量及使用特征分析报告[R]. 北京：北京交通发展研究院，2019.

[3] 2019 年北京市生态环境统计年报[R]. 北京：北京市生态环境局，2019.

[4] 王燕军，何巍楠，赵晋，等. 北京市 2017 年动态交通流模型开发和模拟[J]. 环境与可持续发展，

2020，45（3）：97-102.

[5] 2019 年北京交通发展年报[R].北京：北京交通发展研究院，2019.

[6] 中华人民共和国国家统计局. 中国统计年鉴：2018[M].北京：中华人民共和国国家统计局，2018.

[7] 推进运输结构调整三年行动计划（2018—2020 年）[R].北京：国务院，2018.

[8] 贯彻落实国务院办公厅《推进运输结构调整三年行动计划（2018—2020 年）》的通知[R].北京：国务院，2018.

[9] 北京市推进运输结构调整三年行动计划[R].北京：北京市政府，2018.

[10] 全国运输结构调整暨多式联运现场推进会走进平谷[R].北京，2019.

[11] 砂石骨料绿色运输模式分析与北京实践[R].北京：中国砂石协会，2020.

[12] 公铁绿链. 保卫碧水蓝天 建设绿色之城[R].北京：北京公铁绿链多式联运股份有限公司，2020.

[13] 北京市生态环境局，北京市市场监督管理局. DB11/238—2021 车用汽油环保技术要求[EB/OL]. http://sthjj. beijing.gov.cn/bjhrb/index/xxgk69/sthjlyzwg/jczf/11024973/2021070816422634572.pdf.

[14] 关于对部分载货汽车采取交通管理措施降低污染物排放的通告[R]. 北京：北京市交通委员会，北京市环境保护局，北京市公安局公安交通管理局，2018.

[15] 打赢蓝天保卫战三年行动计划[R]. 北京：国务院，2018.

[16] 十六区两会. 北京市平谷区谋划建设“两站五场”公转铁物流枢纽[R]. 北京市平谷区，2019.

[17] 天津市港航管理局对天津港不再接受公路运输煤炭工作的通知[R]. 天津：天津市港航管理局，2017.

第 10 章

柴油车（机）排放管控方案应用实例——唐山篇*

唐山市是我国重要的能源原材料基地和重工业城市，钢铁、装备制造、能源（电力、煤炭、原油）、化工、建材、陶瓷等工业发达，钢铁产量位居全国地市第一。唐山市也是主要的运输节点，京唐港、曹妃甸港是北方煤炭、钢铁、矿石等重要中转站，大宗物料运输需求及中转量都非常大，亟须有效的货车监管手段来管控本市柴油货车排放污染对空气质量的影响。本章分析唐山市在柴油货车排放管控方面采取的措施，可以为城市货运管控提供有益借鉴。

10.1 唐山市柴油车排放概况

近年来，唐山市政府对环境保护工作日益重视。随着唐山市不断加大产能压缩和污染源治理力度，空气中 SO_2、NO_2、PM_{10} 和 $PM_{2.5}$ 等污染物的浓度逐年下降[1,2]（图 10-1），但空气污染问题仍比较突出，除 SO_2 达到国家环境空气质量二级标准外，其余污染物均

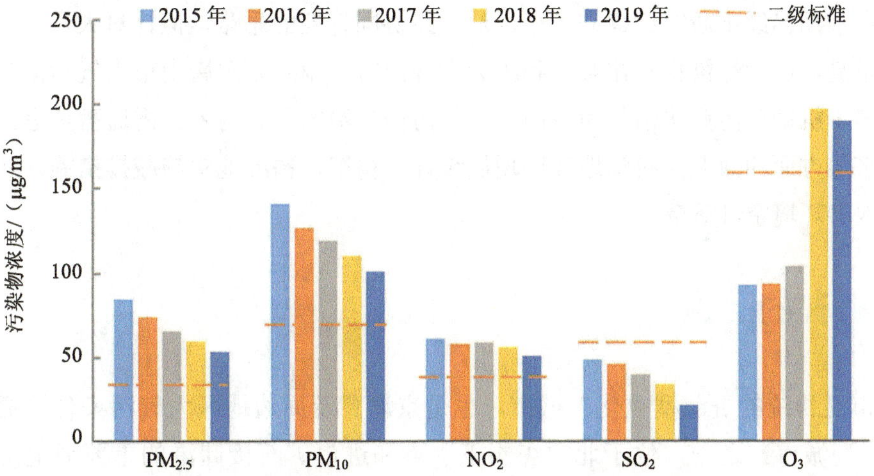

图 10-1　唐山市 2015—2019 年年均空气质量变化[2]

* 本章作者：吉喆、钱立运、王志伟、刘士光、黄健畅、宋国华。

高于国家二级标准，尤其是 $PM_{2.5}$ 浓度仍然较高。从 2017—2018 年唐山市 $PM_{2.5}$ 源解析结果来看，机动车尾气排放是唐山市大气 $PM_{2.5}$ 污染物的主要来源。在冬季和夏季占比分别约为 23.5%和 20%[3]，且在冬季随着 $PM_{2.5}$ 污染的加重，机动车尾气污染占比明显增大[4]。

唐山市交通运输结构偏重公路，重型柴油车运输量大。2018 年，唐山市公路货物运输量为 4.40 亿 t（图 10-2）。2018 年，唐山港货物吞吐量 6.37 亿 t，同比增加 11.14%，吞吐量位居全国第三，其中集装箱 295.83 万标箱，同比增长 16.91%。较大的货运需求，带来了较大的货运量。2018 年，唐山市汽车保有量为 196 万辆，柴油货车超过 18 万辆，占汽车总数的 9.45%。其中，营运车辆约 16 万辆柴油货车排放 NO_x 和 $PM_{2.5}$ 分别为 3.8 万 t/a 和 0.4 万 t/a，占汽车排放量的 64.7%和 88.5%（图 10-2）。

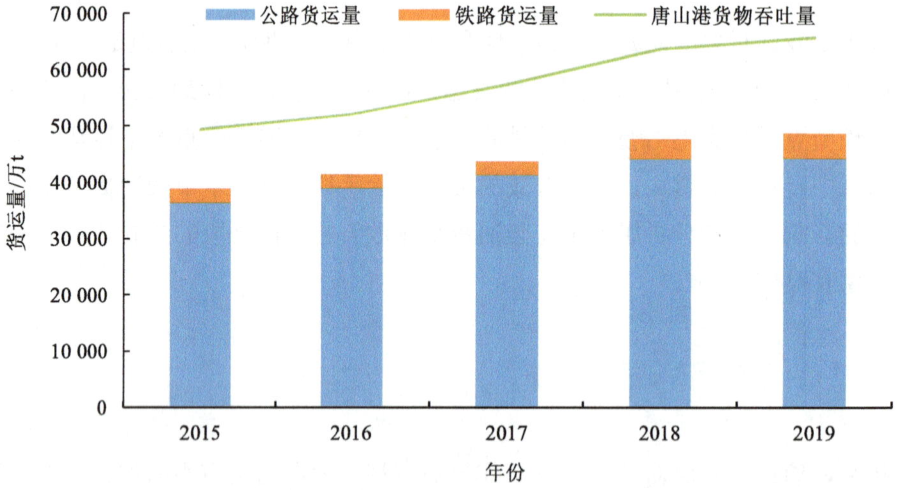

图 10-2　2015—2019 年唐山市货运量与唐山港货物吞吐量统计[5]

唐山市前期已经不断完善建立了车、油、路协同管控的思路，但针对大量柴油货车实际排放量高，后续污染物减排难度和压力大等问题，亟须制定唐山市大气污染防治整体解决方案。机动车污染防治作为唐山市大气污染防治的重要内容，需通盘考虑环境、社会、经济等方面的效益，科学地开展顶层设计，精细、精准地实施减排措施，才能切实有效地改善环境空气质量。

10.2　存在的问题

唐山市是传统的资源型重化工城市，也是京津冀及周边地区大气污染传输通道城市（“2+26” 城市）之一，位于北方煤炭下水港和进口矿石接卸港的重要通道上，涉及的大宗原材料和产品运输企业多、运输总量大，且主要依靠公路完成。首先，钢铁工业是唐山的第一大支柱产业，2018 年唐山市炼钢产能约 1.33 亿 t。钢铁、焦化均涉及大宗物料运输，由此带来巨大运输量。重型柴油车尤其是柴油货车需求大，且运输强度高、营运比例高。其次，非本地注册登记地车辆比例大，造成了靠传统监控和监管模式无法短时间内有效解决目前存在的问题。最后，唐山港等区域内重要港口铁水联运、多式联运比例低，与其他运输方式的衔接不畅通，导致煤炭、矿石到港后，仍然需要公路转运。加上柴油车实际行驶排放控制效果较差，高排放柴油车识别能力不足。具体问题如下：

（1）柴油货车排放量占比居高不下。尤其是重型柴油货车是唐山市移动源排放的主要贡献者。2018 年，唐山市柴油货车 NO_x 排放总量约为 3.84 万 t，其中重型柴油货车是主要分担车型；柴油货车 $PM_{2.5}$ 排放总量约为 0.37 万 t，其中重型柴油货车是主要分担车型；柴油货车各项污染物在机动车平均排放量占比中 $PM_{2.5}$ 和 NO_x 占比均超过 65%。

（2）车辆实际排放水平高，在用重型货车监管难。唐山市建立了新车登记环保检测，初步把住了准入关。通过第三方购买服务，对一部分车辆实施了一致性抽检。对国Ⅴ及以上车辆注册前要求安装在线监控，为新的重型车监管打下了良好的基础。但目前基础差、排放水平低、保有量大的在用车是监管重点和难点。根据对唐山市车辆检/监测情况的研究表明，超标柴油车中超过 80%的车辆注册地仍然以京津冀区域为主，然而目前机动车、非道路移动机械缺乏有效监管措施和手段，仍存在较多环检作弊、冒黑烟、篡改污染控制装置现象，以及不添加尿素、SCR 失效、使用劣质燃油等情况，都导致了柴油车 NO_x 实际排放居高不下。此外缺少定期的环保监管效果评估，评估手段和评估方法少也是目前面临的难题之一。

（3）唐山市重型车监管能力不足。首先，缺乏有效监管手段和措施，柴油车排放情况随着地域差距变化明显，管控力度大的城市排放水平明显优于其他地区。其次，缺少科学制定管控政策的方法以及政策的效果评估，例如，如何更精准地制定秋冬季错峰运输方案、怎样制定绕行路线和时间等措施，如何划定非道路移动机械低排放控制区等，以及采取这些管控措施之后的减排效果。最后，缺少移动源对空气质量影响的数据支撑，目前从污染物浓度角度出发评价空气质量，很难及时分解移动源的排放贡献率，与交通有关的数据较为分散、各部门不共享，且移动源排放清单不确定性较大，很难准确支撑移动源环境管理需要。

根据空气质量和唐山市源解析结果可以看出，机动车排放污染是唐山市 $PM_{2.5}$ 重要的贡献源，主要是对 $PM_{2.5}$ 中硝酸盐的贡献，硝酸盐可由机动车排放的 NO_x 经二次转化生成，机动车中 NO_x 的排放主要来自于柴油车[4]。针对柴油车实际排放高，监管困难等特点，亟须提高机动车管理的科学性、措施的有效性、监管的靶向性。同时，唐山市柴油货车污染问题较为严重，大型钢铁、焦化等重工业企业多，用车量大，管控企业运输车队是唐山市移动源管控的重要切入点，尤其是在秋冬季攻坚及重污染应急响应期间。所以唐山市移动源的管控，应从能力建设、监管效率提升、柴油货车实际排放监控等方面发力。根据国务院《打赢蓝天保卫战三年行动计划》[6]以及生态环境部《柴油货车污染治理攻坚行动方案》[7]，要求各地强化移动源污染防治，构建全国机动车超标排放信息数据库，加强非道路移动机械和船舶污染防治工作。统筹车、油、路治理，加快建设完善监控体系，建设“天地车人”一体化排放监控系统，加强数据分析应用，构建互联互通大数据分析应用。建设重型货车监管平台，可以为精准化、科学化管控唐山市机动车污染提供有力的科技支撑。

10.3 以企业需求调控为核心的货运行业强化管控与重污染应急管控方案

针对唐山市涉大宗物流运输企业多、运输需求大等特点，提出以企业需求调控为核心的货运行业强化管控措施，并已应用在唐山市秋冬季大气污染综合治理攻坚行动中。

10.3.1 大幅提升铁路货运量

按照国家及河北省运输结构调整三年行动方案，完成相应大宗货物、集装箱及中长距离货物运输公转铁、铁水联运等建设实施计划，明确运输结构调整目标。提升疏港矿石铁路运输比例，加快唐曹、水曹等货运铁路线建设，加快推广集装箱多式联运。

10.3.2 精细化管控重点企业

针对柴油车，改变传统的管理思路，梳理形成对重点用车企业的监管体系和制度。通过本项目研究，根据不同行业运输特点以及不同企业管控水平，分行业进行绩效分级，将企业按照管控水平分为不同等级，制定可监测、可核查的差异化减排措施，包括错峰运输、车队排放结构优化升级、建立企业门禁系统并接入唐山环保指挥中心。2018—2020年秋冬季大气污染防治攻坚强化督查帮扶中，督查帮扶组可调度唐山环保指挥中心的进场车辆数，查看是否存在企业未严格落实重污染天气应急响应措施问题，减少了人员投入，提高了检查效率。

10.3.3 严厉查处机动车超标排放行为

建立生态环境部门检测、公安交管部门处罚、交通运输部门监督维修的联合监管常态化工作机制，加大路检路查力度，依托超限超载检查站点等，开展柴油货车污染控制装置、车载诊断系统（OBD）、尾气排放达标情况等监督抽查。对物流园区、货物集散地、涉及大宗物料运输的工业企业、公交场站、长途客运站、施工工地、沿海沿江港口等车辆集中停放、使用的重点场所，采取“双随机、一公开”等方式，开展入户监督抽测，同步抽测车用燃油、车用尿素质量及使用情况。通过随机抽检、远程监控等方式加强对排放检验机构的监管，做到年度全覆盖，重点核查超标车、异地车辆、注册 5 年以上的营运柴油车的检测过程数据、视频图像和检测报告等，严厉打击排放检验机构弄虚作假行为。

10.3.4 加强非道路移动源污染防治

持续推进非道路移动机械摸底调查和编码登记工作。对低排放控制区内使用的工程机械开展定期抽查，加大老旧工程机械淘汰力度。推动靠港船舶优先使用岸电，新建码头（危险货物泊位除外）同步规划、设计、建设岸电设施，加快现有港口码头岸电设施建设。

10.3.5 强化车用油品监督管理

建立常态化管理机制，实行多部门联合执法，以城乡接合部、国省道、企业自备油库和物流车队等为重点，通过采取有奖举报、随机抽查和重点检查等手段，严厉打击违法销售车用油品的行为，涉嫌犯罪的移送司法机关。尤其加强物流基地、货运车辆停车场和休息区、施工工地等重点区域油品的检查。集中打击和清理取缔黑加油站点、流动加油车。

10.4 “天地车人”一体化在唐山市的应用

按照本书第 4 章已介绍的柴油车远程在线监控平台建设原则和方法，建设唐山市机动车排放管控综合平台，通过“天、地、车、人”四个方面的抓手，建设多元化的闭环监管平台，实现对机动车，尤其是重型货车道路实际排放的监控。依托整合机动车遥感监测、机动车年检检验、路检与入户执法抽查、柴油车远程（OBD）监控、企业运输门禁管控、加油站油气回收、新车销售等机动车相关业务，促进数据互联互通，建立移动源全方位闭环管理模式。实现机动车智能分析、溯源分析，精细化、精准化的监管与应用。其中多源实时排放监控系统侧重于对重型货车活动水平的动态跟踪分析、排放的管理、减排效果反馈评估以及为精准执法提供数据支撑。

平台通过对机动车业务系统数据进行整合，统一组织、存储和管理全市机动车相关的全部工作数据，全面整合各类机动车环保信息数据，实现数据的统一管理、集中共享，从底层实现机动车环保基础数据、地理信息数据和业务数据的共享，形成整个的共享网络体系，按照“一数一源、一源多用、多源共享”的要求，实现机动车环保信息数据的统计查询、综合分析、业务协同，为机动车环保监管工作提供科学、准确、及时、有效的数据。平台同样分为重点工业企业车队监控模块、OBD 远程在线监控模块和多源数据分析模块。通过对机动车环保数据资源的深入挖掘，全面提高唐山市机动车环保数据管理水平，增强机动车环保数据共享服务能力，为机动车环保领导决策、执法监管和环保公共服务提供重要支撑和全面的多层次的机动车环保数据服务。

10.4.1 唐山市重点企业车队监控系统

10.4.1.1 系统简介及监控方法

以唐山市钢铁、焦化企业为重点，开展大宗物料运输企业错峰运输监管体系研究。根据企业的生产能力、生产工艺、错峰生产要求等对企业每年（月、日）的运输量进行核算。通过在企业物料进出口设置监控视频，监控企业原料及成品运输情况和承担运输的重型柴油车的数量，进而对企业的车队结构进行分析，对企业的错峰运输政策落实情况进行评估和监控，设置企业运输交通流量预警，并通过互联网、短信等平台进行信息推送，对错峰运输政策实施情况进行有效监管。对于重污染应急措施监管方面，可以根据企业的生产能力、生产工艺、维持安全生产最低物料要求，原料及产品库存能力和日常库存水平等对企业的重污染天气应急措施进行评估，对企业重污染天气应急停止原料运入天数和产品运出天数进行核定，当重污染应急持续天数超过限运天数时，按照最低物料要求核定维持安全生产的最低运输车辆数。在唐山市政府启动重污染天气应急措施时，通过在企业物料进出口设置监控视频，监控企业重污染天气应急期间原料及成品运输情况和承担运输的重型柴油车的数量，设置企业运输交通流量预警，并通过互联网、短信等平台进行信息推送，对重污染应急措施实施情况进行有效监管。

通过对进出厂车辆信息进行数据挖掘，可以耦合到交通路网，为动态排放清单提供数据支持。政府可以采取鼓励机制，对运输车队建立信用体系，倡导工业企业选择绿色车队承担运输任务。工业企业货运流量视频监控对于落实重污染天气的错峰生产也是一种监控手段。根据车牌信息，与各地市年检数据库匹配，对承担唐山市工业企业物料运输的车辆排放阶段构成进行分析。根据秋冬季应急方案，落实各个工业企业的“一厂一策”，制定错峰运输方案，量化每家企业的进厂车辆数及构成。

10.4.1.2 唐山市 2018—2019 年秋冬季重点行业错峰生产管控效果评估

项目组以唐山市企业过车和遥感数据为基础，对《唐山市 2018—2019 年秋冬季重点行业错峰生产方案》政策进行评价，对流量、车型变化以及安装遥感监测后的减排效果评估。

根据《唐山市 2018—2019 年秋冬季重点行业错峰生产方案》（以下简称《方案》），按照分级标准将企业划分为 A、B、C 三个类别，各企业按自身类别制定的“一企一策”方案执行不同的错峰限产任务。企业移动源的管控政策主要包括以下几个方面：①排放标准控制，对国Ⅳ及以上货车车辆比例提出要求；②进出厂流量控制，对秋冬季和重污染天气预警期间的进出厂货车流量提出限额；③重污染预警期间流量的绝对控制，发布重污染应急橙色及以上预警后，企业在预警开始的前 3 天要对进出厂车流量进行绝对控制，即原则上不允许有任何货运车辆进出厂区。

对唐山市46家工业企业非秋冬季、秋冬季和重污染应急响应期间3个时段的车流量和车型结构的变化等进行对比分析，评估企业整体排放变化。定义了政策执行力度指标，评估了每家企业在秋冬季和重污染天政策执行力度，分析了其政策执行力度的分布区间以及其整体政策执行力度[8]。

（1）管控效果评估方法

企业减排效益是指由于企业在一定时间内，采取流量控制和车队结构管控，该企业机动车排放量减少，从而获得的减排效益。通过企业运输车队流量和排放阶段监控信息，评估企业政策的执行力度，得出企业实际减排效益。政策的执行力度采用排放标准执行力度见式（10-1）和流量控制执行力度见式（10-2）两个指标进行评估。

$$P_{std} = \frac{\eta_{real}}{\eta_0} \times 100\% \qquad (10\text{-}1)$$

$$P_f = \frac{f_0}{f_{real}} \times 100\% \qquad (10\text{-}2)$$

式中，P_{std}——企业排放标准（国Ⅳ及以上）执行力度，%；

η_{real}——企业中实际国Ⅳ以上车辆比例，%；

η_0——企业中限额要求国Ⅳ及以上车辆比例，%；

P_f——企业流量控制执行力度，%；

f_0——企业“一企一策”规定的最大货车流量，辆/d；

f_{real}——企业实际每日车货车流量，辆/d。

（2）企业运输车队监管效果

根据46家企业过车数据，秋冬季货车流量相比非秋冬季下降15.8%，重污染天流量相比非秋冬季下降33.7%，秋冬季和重污染天货车流量得到一定控制。

1）排放标准控制情况

46家企业中，共有35家的“一企一策”方案对运输车辆排放标准控制有要求。秋冬季，6家企业执行力度达到或超过100%，35家企业平均政策执行力度为79.5%（图10-3）（执行力度超过100%的企业按100%计，下同）。总体来看，车流量限额为100辆/d以下的企业政策执行力度较低，而限额100辆/d以上的企业，执行力度较好（图10-4）。重污染生产期间，4家企业执行力度达到100%，35家企业平均政策执行力度为77.3%（图10-5）。

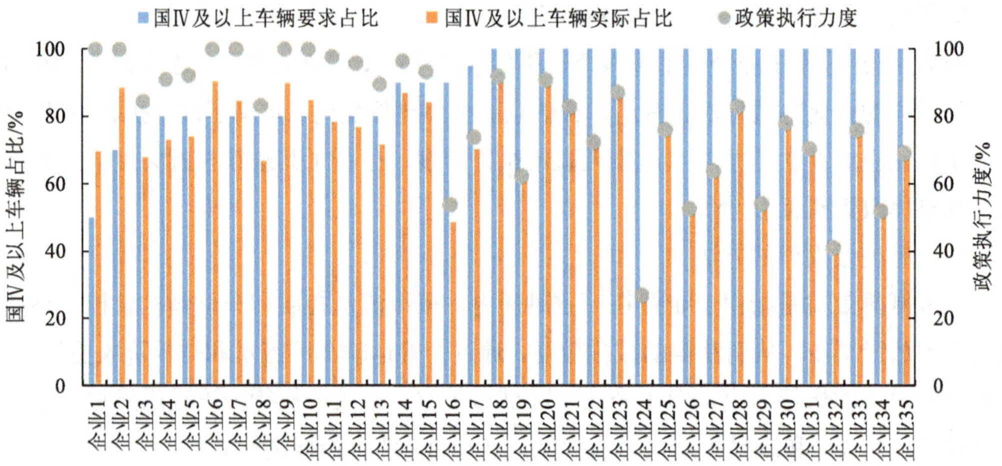

图 10-3 企业秋冬季车队排放标准控制执行力度

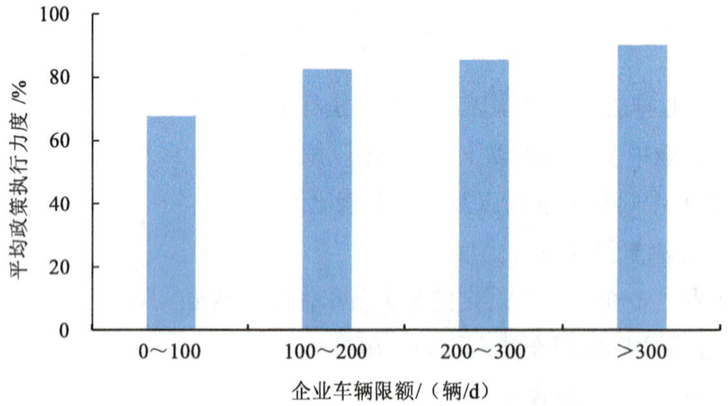

图 10-4 不同类型企业秋冬季车队排放标准控制执行力度

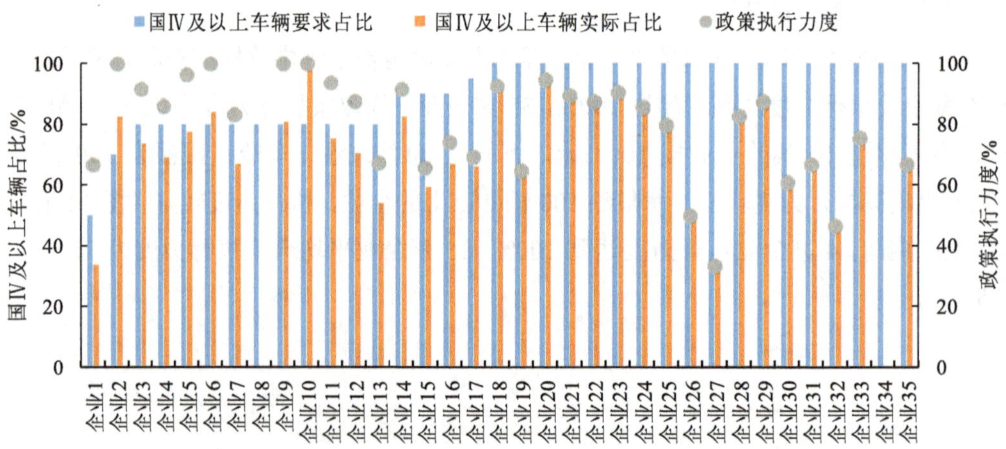

图 10-5 企业重污染应急响应期间排放标准控制执行力度

2）流量限额控制情况

秋冬季大气污染综合治理攻坚行动执行中，9 家企业对秋冬季流量政策执行力度达到或超过 100%，多数企业执行力度在 40%～60%或大于 100%，平均政策执行力度为 67.3%，企业间政策执行力度相差较大，限额较大的企业执行情况较好［图 10-6（a）（b）］。

重污染天气橙色及以上预警开始后，前 3 天要求企业进行绝对控制，即原则上不允许有任何货运车辆进出厂。根据实际过车数据，10 家企业能做到在重污染天气预警响应前 3 天控制车辆进出。除去前 3 天外，有 20 家企业执行力度达到或超过了 100%，平均政策执行力度达到 66.9%。虽然政策执行力度达到 100%的企业较多，但政策执行力度在 70%以下的企业占比在 50%以上，不同企业间的差距较大，限额较大的企业政策执行力度较好［图 10-6（c）］。

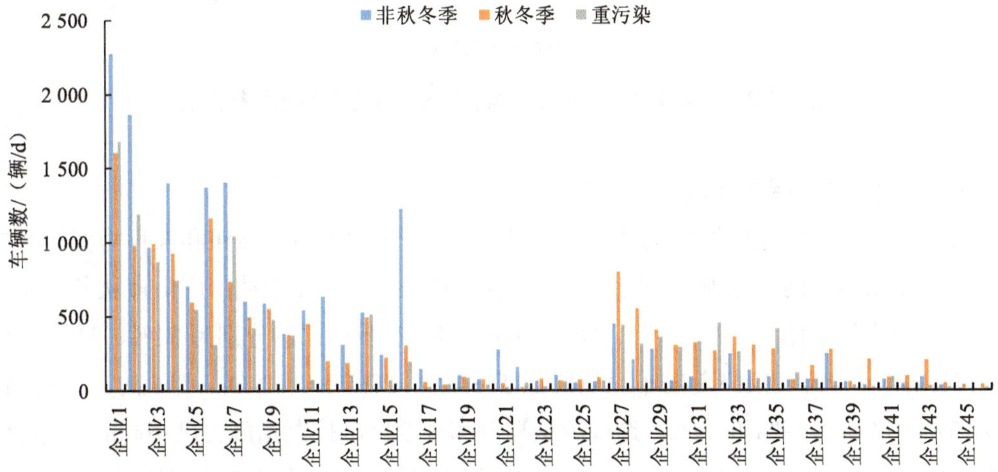

（a）企业日均货车流量变化

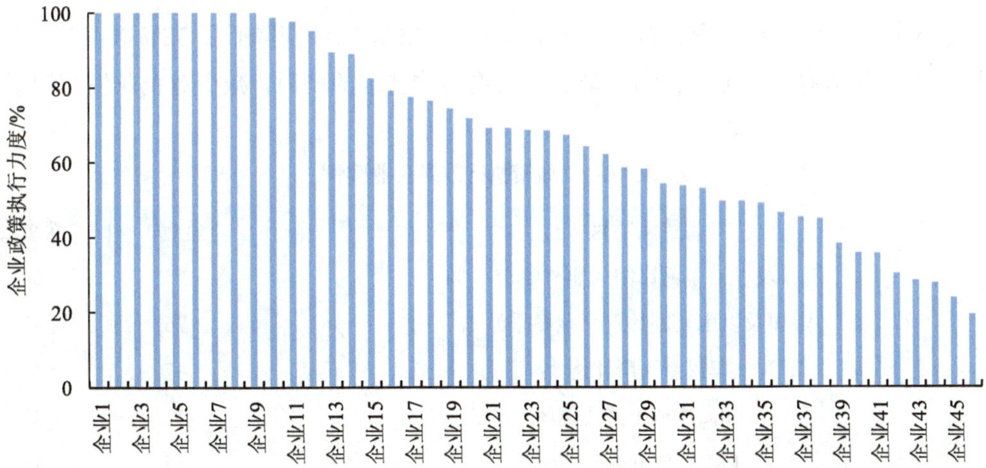

（b）秋冬季

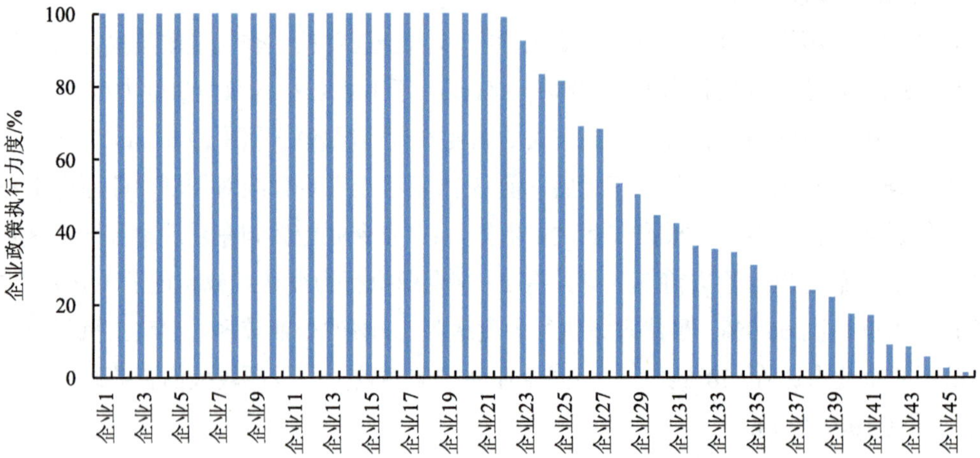

（c）重污染应急响应期

图 10-6 秋冬季和重污染应急响应期间流量控制政策执行力度

3）企业秋冬季减排效益评估

依据流量和排放阶段控制措施评估结果，可以看出由于执行政策和执行力度的不同，各企业车型结构不同，各种污染物减排比例也存在差距。结果表明：唐山市秋冬季 46 家企业平均车流量降低了 16%，CO、HC、NO_x、PM 的减排比例分别为 21%、21%、19% 和 16%；重污染天气预警期间车流量降低了 34%，CO、HC、NO_x、PM 的减排比例分别为 37%、38%、39%和 34%。选取流量控制和排放标准控制措施力度不同的 2 家企业（表 10-1）进行分析，其中，企业 1 主要采用流量控制措施，企业 2 采用流量和排放标准控制相结合的方式，车队结构有明显优化。由表 10-1 可见：企业 1 秋冬季车流量减少了 47%，NO_x 和 PM 排放分别降低了 41%和 45%；企业 2 车流量仅降低了 15%，同时国Ⅳ及以上车辆占比较非秋冬季升高了 13%，NO_x 和 PM 排放分别降低了 32%和 40%。因此，采用优化车队结构方式可以在满足降低污染物排放要求的同时，减少对企业生产的影响。

表 10-1 政策执行效果企业实例

监测项目	企业 1	企业 2
国Ⅳ及以上车辆比例（非秋冬季）/%	75	64
国Ⅳ及以上车辆比例（秋冬季）/%	76	77
车流量下降比例/%	47	15
NO_x 排放下降比例/%	41	32
PM 排放下降比例/%	45	40

10.4.2 OBD 远程在线监控系统

10.4.2.1 系统简介

通过 OBD 系统对车辆实时排放情况、加油情况、SCR 还原剂添加情况以及轨迹信息进行在线监控，分析柴油车 NO_x 排放水平和趋势，包括排放浓度特征、不同排放阶段车辆的排放水平；比对加油位置和加油站信息筛查黑加油站；分析 SCR 还原剂添加和 NO_x 排放情况，识别 SCR 工作状态；通过轨迹信息，耦合主要物流通道。

根据《唐山市大气污染防治若干规定》，唐山市发布关于《开展重型柴油车远程在线监控联网工作》的通知，从 2020 年 3 月开始，唐山在新车注册登记环节开始对重型柴油车 OBD 联网情况开始查验，如车辆没有加装 OBD 远程在线监控设备或已安装但未与国家平台进行联网的，将不予通过环检。

探索建立了地方城市与国家远程监控示范平台联网传输闭环管理机制。唐山市生态环境部门对已销售车辆进行上牌前环检时，由唐山示范平台向国家示范平台请求该车辆静态备案信息及通信接入结果，作为环检是否通过的依据。完成注册环节的车辆正式运行时，终端实时数据将通过企业示范平台正式上传至国家示范平台。唐山示范平台将 VIN、车牌号、注册登记时间等信息上传请求数据，国家示范平台根据车籍地判定将车辆的实时数据下发至唐山示范平台。

10.4.2.2 根据 OBD 数据分析唐山市柴油货车活动特征

（1）行驶特征

综合远程监控车辆的行驶里程数据，对车辆的行驶里程特征进行分析，结果如图 10-7 所示。监控的货运车辆在唐山市内的行驶里程（76%）远高于在市外的行驶里程（24%），所监控车辆主要为唐山市本地车辆，主要服务于唐山市内的货物运输，其中轻型、中型和重型货运车辆在监控期间（2019/2/1—2019/3/31）的行驶里程依次增大（图 10-7）。

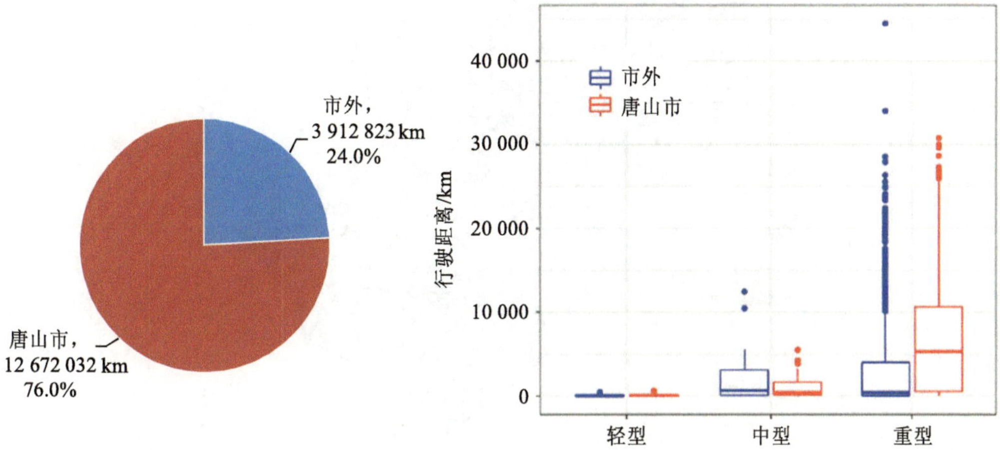

图 10-7 唐山市内外行驶里程分布

对轻型和中型货运车辆，白天的行驶里程高于夜间，全天小时行驶里程呈明显的单峰型分布（图 10-8），对重型货运车辆，夜间的行驶里程往往高于白天，结果可能与货运交通自身特点、夜间交通畅通等因素有关。

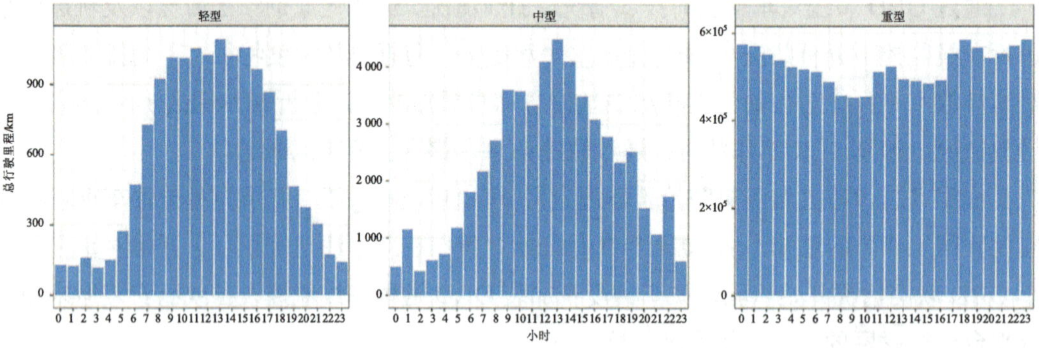

图 10-8 不同时刻行驶里程分布

（2）物流通道

如图 10-9 所示，根据平台中 1 153 辆重型柴油货车在 2019 年 2—3 月的 GPS 数据，绘制了唐山市物流通道分布图。研究期间经唐山市进出天津市、秦皇岛市、承德市的车流量分别占监测重型柴油车进出流量的 60.2%、30.4%、9.6%，其中，通过点 A～点 G 的车流量贡献了 62.8%，是主要的城际运输通道。在唐山市内，主要的物流通道呈现出“两纵四横”的特征，包括通过曹妃甸港区和京唐港区北上的 S262、S252 两条南北向道路，以及 G102、G205、X613 和 G228 四条横向物流通道。

图 10-9 主要物流通道示意图

（3）特定时段行驶特点分析

通过 2019 年 2—3 月包括春节以及 4 次重污染应急时段，图 10-10 绘制了平台监测车辆每日在中心城区及非中心区域的行驶里程及行驶车辆数变化。春节前后，监测车辆在唐山市的行驶里程明显下降，在春节当天降至最低，随后逐渐回升。非春节影响时期，轻型和重型柴油货车每日在唐山市内的行驶车辆数和里程较稳定，中型柴油货车由于监测车辆数较少，每日变动较大。3 类货车在非中心区域的行驶里程和行驶车辆数均远高于中心区域[9]。

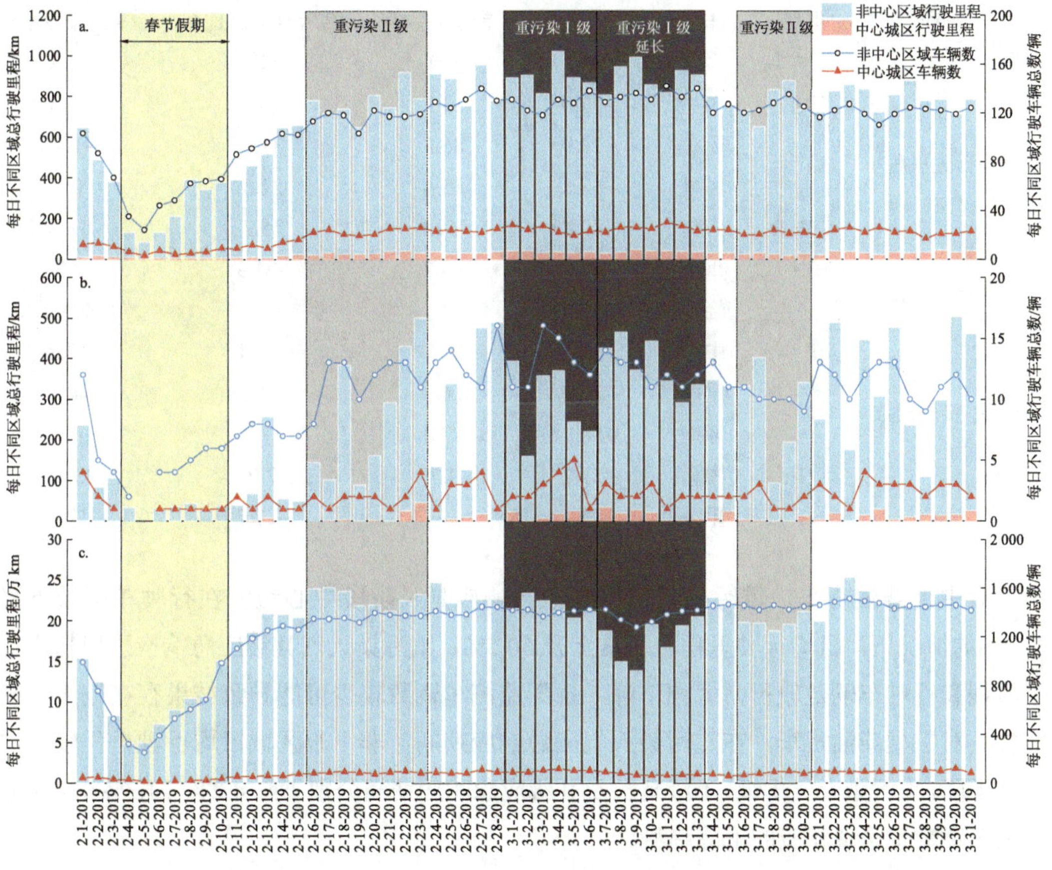

图 10-10　假期及重污染期间唐山市各区域柴油货车每日行驶里程及行驶车辆数

（a. 轻型柴油货车，b. 中型柴油货车，c. 重型柴油货车）

如表 10-2 所示，比较了春节和重污染应急管控期间研究车辆的活动水平与日常的差异，春节期间监测车辆在唐山市中心城区和非中心区域内的活动水平较日常大幅下降，中型柴油货车下降最为明显，重型柴油货车日均行驶里程较日常则分别下降 72.9%和 60.8%。重型柴油货车在春节期间行驶的车辆数在 3 类车型中缩减最大，在中心和非中心区域较日常分别下降 70.2%和 73.7%。

对于轻型柴油货车，在重污染天气Ⅰ级应急响应及延长期间，中心城区和非中心区域日均行驶里程和行驶车辆数均比日常阶段上升，重污染天气Ⅱ级应急响应时中心城区日均行驶里程则下降 12.8%。根据当地重污染天气应急响应通知，重污染预警期间对移动源的管控主要针对中心城区行驶的大型货车（本研究中的重型和中型柴油货车），导致一部分由重型货车承担的运输需求转移至轻型货车，此外，对轻型柴油货车的管控效果较差也可能导致轻型柴油货车在重污染时期活动水平不降反升。

表 10-2 春节期间和重污染应急管控期间的活动水平与日常的差异 单位：%

计算项	区域	车型	春节期间	重污染Ⅰ级	重污染Ⅰ级延长	重污染Ⅱ级
日均行驶里程	中心	轻型	−84.2	9.9	20.3	−12.8
		中型	−98.0	13.2	30.5	−54.5
		重型	−72.9	86.2	31.5	−1.4
	非中心	轻型	−67.6	15.4	22.3	−0.7
		中型	−89.8	−12.6	25.7	−18.7
		重型	−60.8	−4.2	−21.3	−4.3
日均行驶车辆数	中心	轻型	−45.0	17.1	14.8	2.5
		中型	−31.4	6.3	−32.1	−13.4
		重型	−70.2	14.9	−19.5	−4.1
	非中心	轻型	−58.7	17.2	17.3	6.0
		中型	−51.7	4.7	7.9	25.8
		重型	−73.7	−18.7	−27.7	−12.1

对中型柴油货车，重污染天气Ⅰ级应急响应延长阶段中心城区在行驶车辆数下降 32.1%的情况下，日均行驶里程较日常上升 30.5%，重污染天气Ⅱ级应急响应阶段日均行驶里程和行驶车辆数较日常大幅下降，由于监测车辆数较少可能导致结果存在较大不确定性。对重型柴油货车，在重污染天气应急响应期间，非中心区域日均行驶里程较日常明显下降，重污染天气Ⅰ级、Ⅰ级延长及Ⅱ级应急响应期间分别下降 4.2%、21.3%和 4.3%，行驶车辆数也呈现相应的下降趋势。

唐山市重点企业主要分布在非中心区域，在重污染应急响应期间通过禁止运输车辆进出厂区，在一定程度上降低了重型柴油货车在非中心区域的使用强度。随着重污染天气预警等级的提高，非中心区域重型柴油货车日均行驶里程总体逐步降低，进一步验证了管控措施的实施效果。在中心城区，重污染天气Ⅱ级应急响应时重型柴油货车日均行驶里程和行驶车辆数明显下降，但在重污染Ⅰ级期间日均行驶里程不降反升，此结果一方面是由于春节后运输需求猛增导致；另一方面中心城区监测的重型柴油货车数量较少，并且在中心城区的行驶里程占唐山市日均行驶里程的 1%以内，导致少数车辆的变化引起统计结果的较大改变，结果在一定程度上反映出中心城区对重型柴油货车的管控措施有待进一步完善。

10.4.3 平台多源数据分析技术

通过对唐山市年检站以及路检路查数据的收集和整理，构建车辆年检和道路抽检抽查数据库，进而在宏观层面上掌握唐山市机动车的排放数据，从而对车辆的实际排放状况进行系统分析。与此同时，对唐山市尾气遥感监测数据进行采集。通过分析大量的遥感监测数据，识别唐山市重型柴油车辆中超标率相对较高的品牌，同时与年检数据互相检验，通过独立系统校核数据的可靠性，可以通过遥感监测数据中超标车辆所在的年检机构进行排序，识别超标车辆比较集中的年检机构。结合实际排放监控信息，融合年检、路检路查信息、加油站信息等，实现溯源分析和车油联合管控功能。上述功能目前正在开发建设当中。以下仅对接入平台遥感数据的展示和分析做一简单介绍。

平台内可展示各个遥感点位位置信息。点开每个点位可以看到该点位的实况以及通过该点位最后一辆车的信息和所有的不合格车辆信息、检测车辆的技术分布统计。检测的车辆数及不合格比例，同时分站点统计各站点检测的数据情况以及不合格占比（图 10-11）。

图 10-11　遥感数据统计

以唐山市 364 省道（由东向西）、曹妃甸港区通岛路（由南向北）和唐曹路（由南向北）三个遥感点位 2019 年 2—3 月的监测数据为例进行分析，两条港区道路为曹妃甸港区出港主要通道，364 省道监测点用于监测京唐港区出港车流。遥感监测点位于出港主要道路，共监测注册地为唐山市、河北省非唐山市、省外和未识别车辆次占比分别为 60.9%、12.3%、25.6%和 1.2%，通过遥感点位的车辆中本地车占主导，其次为非河北省车辆。本地车辆中除占比 2.5%的未识别车次外，识别车队分布见图 10-12。曹妃甸港区车流量和车队构成与 364 省道接近，重型货车、小型客车和轻型货车是本地车流中的主要类型，重型货车主要以柴油和天然气为主，小型客车主要以汽油车为主，重型柴油货车分别占曹妃甸港区和 364 省道遥感点位本地车流的 39.1%和 38.5%。研究期间国Ⅰ和国Ⅱ重型柴油货车各有 3 辆次和 281 辆次，国Ⅲ至国Ⅴ阶段的重型柴油货车分别占 23.0%、44.6%和 32.2%，可见国Ⅳ及以上车辆接近重型货车通过量的 80%，但仍存在少量高排放车辆上路行驶，国Ⅲ及以前车辆由于技术水平低，污染物排放量较大。

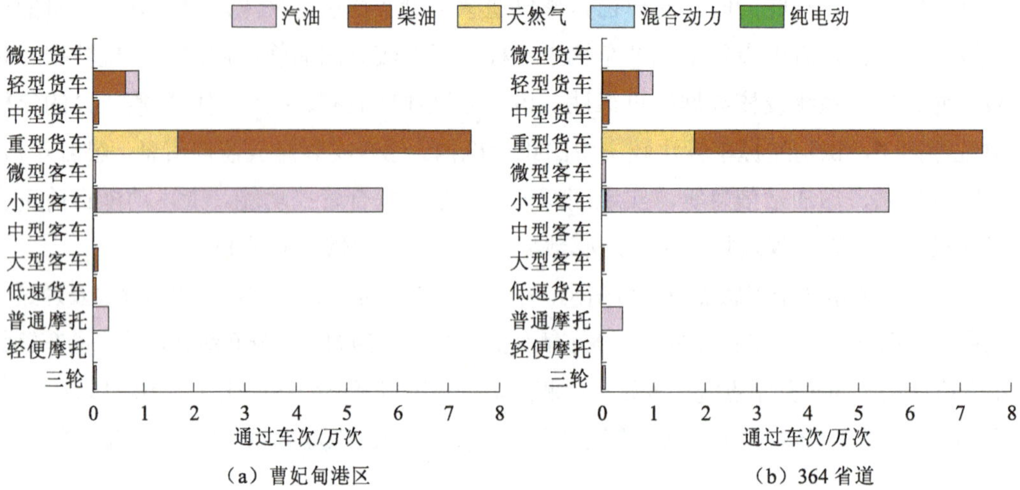

图 10-12 研究期间遥感点位监测车队组成

从小时车流量的变化来看（图 10-13），遥感点位车流量变化特征相似，总体表现为白天（7：00—20：00）高、夜间（21：00—8：00）低，曹妃甸港区和 364 省道重型柴油货车小时最高车流量均出现在 17：00。柴油货车全天流量较其他类型车辆更稳定，夜间由于总体车流量减小，重型柴油货车的比例相对升高，平均为 59.7%，白天平均占比 31.0%，夜间占比约为白天的 2 倍。

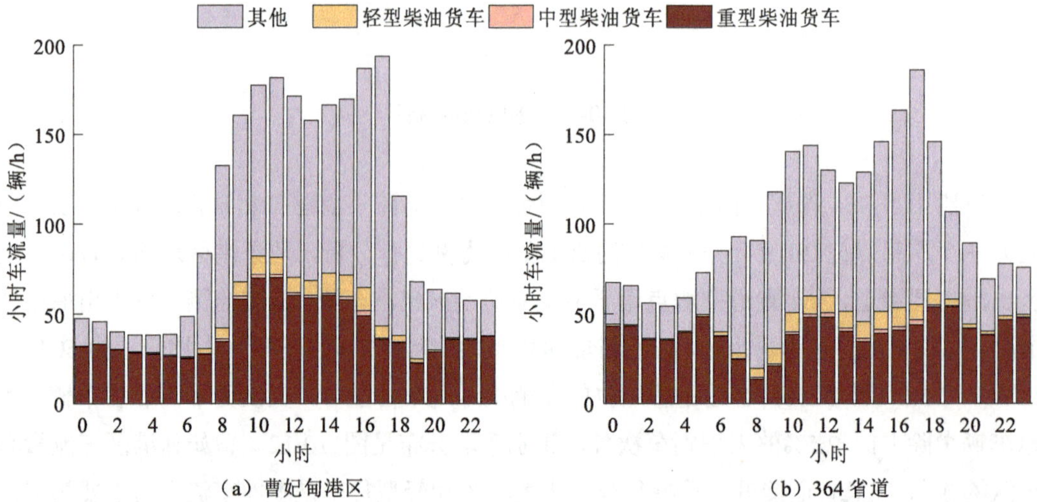

图 10-13 研究期间遥感点位监测本地车队小时流量变化

参考文献

[1] 唐山市生态环境局. 唐山市环境质量状况公报[EB/OL].唐山市：唐山市生态环境局，[2021-08-16]. https://sthjj.tangshan.gov.cn/cms/jsp/site001/channel.jsp?channelidenty=e253b3528d2c467b8c9e362a9b5c6280&a1b2dd=7xaac.

[2] 2019 年全市环境状况和环境保护目标完成情况[EB/OL]. 唐山市：唐山市人民政府网，(2020-06-06)[2021-08-01]. http://www.tangshan.gov.cn/zhuzhan/zhengwuxinwen/20200606/893222.html.

[3] 彭猛，崔璐璐，王磊，等. 唐山市大气 $PM_{2.5}$ 季节污染特征及来源分析[J]. 生态环境学报，2020，29（9）：1855-1861.

[4] 张浩杰，高健，孙孝敏，等. 唐山市 2017 年采暖期不同污染等级 $PM_{2.5}$ 化学组分特征对比与来源分析[J]. 环境科学研究，2019，32（5）：776-786.

[5] 唐山市统计局. 唐山统计年鉴[R/OL]. 唐山市：唐山市统计局，2020，[2021-08-16]. http://www.tangshan.gov.cn/zhuzhan/tjnj/20210105/1129009.html.

[6] 国务院. 国务院关于印发打赢蓝天保卫战三年行动计划的通知[EB/OL]. 北京市：中华人民共和国中央人民政府网，(2018-06-27) [2021-08-01]. http://www.gov.cn/zhengce/content/2018-07/03/content_5303158.htm.

[7] 生态环境部. 关于印发《柴油货车污染治理攻坚战行动计划》的通知[EB/OL]. 北京市：中华人民共和国生态环境部，(2018-12-30) [2021-08-01]. http://www.mee.gov.cn/xxgk2018/xxgk/xxgk03/201901/t20190104_688587.html.

[8] 田苗，王军方，黄健畅，等. 唐山市柴油车远程监控综合管控平台的开发及应用[J]. 环境科学研究，2021，34（1）：132-140.

[9] 王志伟，马帅，陈伟程，等. 唐山市柴油货车活动水平研究[J]. 环境科学学报，2020，40（6）：1958-1965.

第 11 章

总结和建议*

近年来，随着我国经济的快速发展，机动车、非道路移动机械等移动源保有量一直处于高速增长态势，同时带来巨大的大气污染物排放量。随着排放标准的升级，排放总量增速趋于平缓，部分污染物排放总量已经开始下降，但总量仍然十分巨大。另外，随着我国大气污染治理的进一步深化，移动源污染防治的重要性更加凸显，尤其是柴油机，由于其燃烧特性，排放的 PM 和 NO_x 远高于汽油机。目前，我国大气污染防治需要 PM 和 O_3 协同管控，移动源污染防治也需面临 VOCs、NO_x 协同减排的巨大压力，需要更加科学、系统、精准的管控措施。

本书是“大气重污染成因与治理攻关”项目“柴油机排放及强化管控措施”课题的研究成果凝练而成。围绕柴油机排放目前存在的主要问题，对如何有效识别道路上的高排放车辆、在用车污染控制和减排技术及适应性、大宗货物运输结构优化、柴油机排放强化管控措施及效果等展开研究。主要针对京津冀及周边地区柴油车、货物运输特点，通过实地调研、试验测试、在线监控、数值模拟等方法，基本摸清区域内柴油车、非道路机械、船舶等污染源排放的基本特点及污染治理存在的“瓶颈”问题，研发了在线监控、在用车治理、快速识别等关键技术，提出了基于“车、油、路、企”一揽子的综合解决方案，并在“2+26”城市进行了试点示范，支撑了国家《推进运输结构调整三年行动计划（2018—2020 年）》《柴油货车污染治理攻坚战行动计划》等政策的制定和实施。

通过对柴油车（机）排放和管控问题的梳理，综合评估柴油车（机）行业运营及管控措施，建议下一步柴油车（机）行业管控方案为：源头减排＞结构调整＞过程控制＞治理减排。

（1）坚持“车、油、路、企”统筹管控的思路，标本兼治，道路与非道路柴油车（机）并重的原则，确保柴油车（机）达标排放

坚持新车源头减排，煤炭、矿石、钢材、石油、粮食、建材、焦炭等大宗货物中长

---

* 本章作者：丁焰、王军方、尹航、田苗。

途运输推广使用铁路、水路或管道方式；中短途货物运输优先采用新能源车辆，加快国Ⅵ车辆替代高排放老旧车；城市货物运输主要采用新能源轻型物流车。严格实施国家第六阶段排放标准。强化用车企业主体责任，综合利用车载诊断系统、遥感监测、远程在线监控等先进技术手段，快速高效识别超标车辆，及时进行维修治理，确保尾气达标排放。

（2）强化车油联合管控，严厉打击黑加油站

加大柴油车油箱油品抽查力度，充分利用油品快速检测和溯源识别技术，提高监管效能。完善打击黑加油站点相关法律法规，规范执法流程，出台油品快速检测标准和现场快速处罚程序。

（3）建立和完善区域联防联控实施机制

通过京津冀等区域统一立法，打破属地管理传统模式，建立京津冀等区域柴油车（机）区域联防联控实施机制，统一管控标准，统一执法尺度。

（4）出台促进公转铁运输结构调整政策

制定“十四五”和中长期国家货物运输发展规划，改变目前“重客轻货”的现状。加大对环境友好运输方式的支持力度。解决铁路建设用地“瓶颈”问题；延续车辆购置税资金支持集疏港铁路建设；出台财税优惠政策支持物流园区和工矿企业铁路专用线建设。推进清理规范铁路货物运输收费，支持“一口价”结算政策。

致 谢

本书主要是大气重污染成因与治理攻关项目专题2课题7“柴油机排放及强化管控措施”的研究总结。编写组人员在各子课题的密切配合下写成本书，并经专家审核，最终定稿。衷心感谢参与书稿编写的全体人员。此外，本书研究内容以及出版得到多方帮助，首先，感谢生态环境部、交通运输部以及北京市、唐山市等地市相关部门对课题研究的帮助；其次，感谢攻关中心领导小组和攻关项目管理办公室的坚强领导和对我们工作的指导；再次，感谢北京理工大学葛蕴珊教授和中国环境科学研究院袁盈研究员对本书的审核把关；最后，本课题的各项研究成果以及本书的出版离不开所有参与单位的全力投入，包括本课题四个子课题的牵头单位：中国科学院生态环境研究中心、中国环境科学研究院、清华大学、交通运输部规划研究院，以及其他所有参与单位：中国科学院城市环境研究所、安徽艾可蓝环保股份有限公司、北京交通大学、北京交通发展研究院、唐山市环境监控中心、北京思路创新科技有限公司、中国汽车研究中心有限公司、北京工业大学、浙江大学、北京中交兴路车联网科技有限公司、南开大学，在此一并表示诚挚感谢。